Kurt Löffelbein:

Kompendium der mathematischen Wirtschaftstheorie

Kurt Löffelbein

Kompendium
der mathematischen Wirtschaftstheorie

I. Band

**Die mathematischen Grundlagen und die mathematische Statistik
für Volks- und Betriebswirte**

Betriebswirtschaftlicher Verlag Dr. Th. Gabler GmbH, Wiesbaden

ISBN 978-3-663-04076-7   ISBN 978-3-663-05522-8 (eBook)
DOI 10.1007/978-3-663-05522-8

Verlags-Nr. 605

Vorwort

Überlegungen, die das wirtschaftliche Denken der Menschen betreffen, hat es zu allen Zeiten in der Literatur der Kulturvölker gegeben und sie sind heute vielleicht aktueller geworden als je, einerseits weil in den letzten Jahrzehnten so manches Geheimnis der wirtschaftlichen Handlungen der Menschen gelüftet worden ist, andererseits, weil grundlegende erkenntnistheoretische Fragen auf dem Gebiete der Wirtschaftswissenschaften heute schärfer präzisiert werden können als jemals zuvor.

Die wirtschaftlichen Rechnungen - wie sie an den Hochschulen gelehrt und in der Praxis mit Erfolg angewendet werden - zeichnen sich durch eine ganz einheitliche wirtschaftliche Denkweise aus, weil sie sich immer nur mit aktuellen praktischen Einzelfragen befaßt haben. Die Zusammenfassung der Einzellösungen zu einem wissenschaftlichen Denksystem mit den nötigen theoretischen Auswertungen der mathematischen Grundgedanken wurde meines Wissens bisher in Deutschland wenig beachtet. Es soll darum keine vage "neue" Theorie aufgestellt werden, sondern eine Theorie, der ganz bestimmte, in der Wirklichkeit bereits als logisch vollkommen berechtigt geltende Handlungen der Volks- und Betriebswirte entsprechen.

Die Koordination der theoretischen Methoden als Zusammenfassung für eine mathematische Wirtschaftstheorie und eine Formulierung der statischen und dynamischen Theorie des wirtschaftlichen Gleichgewichts ist deshalb eine vordringliche Aufgabe geworden. Es ist selbstverständlich, daß von dem gewählten Standpunkt aus nur die moderne wirtschaftstheoretische Forschung und die mathematische Klassifizierung des Wirtschaftskreislaufes die Betrachtung beherrschen kann. In gewisser Hinsicht ist es die Fortführung meines ersten Buches "Zum Umbau der deutschen Wirtschaft", das 1949 in München erschienen ist.

Die Darstellung wurde mit Absicht so populär wie nur irgend möglich gehalten, dennoch bin ich mir dessen bewußt, daß sie noch immer recht erhebliche Anforderungen an die Allgemeinbildung und die Intelligenz des Lesers stellt. Der Stoff wurde deshalb in erster Linie entsprechend den Bedürfnissen der Volks- und Betriebswirte ausgewählt. Der vorliegende erste Band behandelt die für das Verständnis des zeitlichen Ablaufs der Wirtschaftstheorie grundlegende Mathematik und führt den Leser über die Differentialgleichungen, Integrationsmethoden und

Funktionstheorie zur Einführung in die theoretische Statistik. Ein Ergänzungsteil wird zur Vervollständigung des Systems die mathematische Fehlertheorie und die Kollektivmaßlehre behandeln. Dann werden sich als zweiter Band die Kaufkraftrelationen in Abhängigkeit von der Grenznutzentheorie, die Elastizität der individuellen Nachfrage- und Angebotsfunktion, die Determinanten der Marktkinetik, die partielle Wachstumsprobleme und wirtschaftliche Stabilität, die Strukturelemente wirtschaftlicher Funktionen, die Komponenten der Produktivität und Rentabilität, Exkurs über die mathematischen Probleme in der Verkehrstechnik und Sachversicherung und die neueren Argumente zu Gunsten des Schutzzolls und die Diskussion über den Geltungsbereich, anschließen. Es wird ein gewisser Fortschritt erzielt durch den Nachweis, daß sich die Grenznutzenlehre auch bei objektiven Bewertungen rechtfertigen lasse und den mathematischen Beweis für den funktionalen Charakter des Zinses sowie insbesondere durch die Einführung der Variationsgleichungen nach "Lagrange" in die ökonomische Theorie, was die Behandlung dynamischer Wirtschaftsprobleme gestattet. Dann werden das G e l d w e s e n u n d   d i e   N o t e n b a n k e n   sowie die p e r i o d i s c h e n   W i r t s c h a f t s k r i s e n behandelt.

Das Werk ist ein wichtiger Behelf für jeden, der sich mit der präzisen Folgerichtigkeit und den Begriffsdefinitionen der mathematischen-statistischen Volks- und Betriebswirtschaftslehre vertraut machen will und erleichtert vor allem den Studierenden an den deutschen Hochschulen den Zugang zur modernen mathematischen Wirtschaftstheorie.

Herrn Prof. Dr. Max B e c k danke ich für die Durchsicht des Manuskriptes und für die wertvollen Hinweise.

Herrn Prof. Dr. Josef L e n s e vom mathematischen Institut der Technischen Hochschule München danke ich für das besondere Entgegenkommen, daß ich verschiedene Abschnitte grundlegender mathematischer Einführungen, die im III. Kapitel näher bezeichnet sind, seinem ausgezeichneten Buch "Vorlesungen über höhere Mathematik" entnehmen konnte.

Die Reinschrift des Manuskriptes hat meine Tochter Helga besorgt, wofür ich ihr herzlich danke.

Kurt Löffelbein

Inhaltsverzeichnis

Einleitung:

Des volkswirtschaftlichen Wertes der Mathematik wird man sich bewußt, wenn man sie zweckentsprechend definiert, nämlich als die Lehre vom vorteilhaftesten Rechnen. Ohne Rechnen gibt es kein Wirtschaften und vor allem keinen Maßstab dafür, welche von zwei Arten des Wirtschaftens als die vorteilhaftere zu bezeichnen ist. Aber schon dadurch, daß uns die Mathematik sagt, wie wir eine gegebene Rechenaufgabe mit dem geringsten Aufwand an Denkbarkeit und Zeit zu lösen vermögen, ist sie für den Einzelwirtschafter wie für den Volks- und Betriebswirtschafter außerordentlich nützlich.

Man kann bekanntlich die meisten Rechenaufgaben auf sehr verschiedene Arten lösen. Das ist schon bei niederen Rechnungsmöglichkeiten offensichtlich. Es ist z.B. möglich, eine Multiplikationsaufgabe auch durch Addition und eine Divisionsaufgabe durch Subtraktion zu lösen, aber das ist nicht das günstigste Verfahren. Durch mehrmaliges Multiplizieren gelangt man auch zur Potenzierung, aber das ist nicht der einfachste und kürzeste Weg, usw. So läuft die ganze Lehre der Mathematik auf ein Variieren von Rechnungsarten hinaus, wobei es gilt, die vorteilhafteste Rechnungsart herauszufinden. Die Mathematik steht somit unter einer allgemeinen axiomatischen Extremforderung ökonomischer Art, und damit wird ihr wirtschaftlicher Nutzen ebenfalls evident.

Damit ist auch der statistische Wert der Mathematik gegeben und erkennbar. Die Statistik ist keineswegs auf eine verhältnismäßig kleine Gruppe von Erscheinungen der Wirklichkeit als darzustellendes Objekt beschränkt; sie wurde wohl zuerst bei der Erfassung von gesellschaftlichen Zuständen und Veränderungen verwendet und entwickelt, nachher kamen die wirtschaftlichen Erscheinungen dazu und bilden heute vielleicht die wichtigste und ausgedehnteste Anwendung der Statistik. Aber darüber hinaus dienen die Methoden der statistischen Darstellung und insbesondere der mathematischen Statistik auch in sehr zahlreichen anderen Wissenschaften dazu, um Zustände und deren Veränderungen festzustellen, wie z.B. in der Wetterkunde, in der Biologie, in der Physik usw.

Die Bedeutung des Wortes Statistik ist nach allgemeinem Sprachgebrauch eine doppelte; einmal wird die wissenschaftliche Methode der Erhebung und Verarbeitung statistischen Materials als Statistik bezeichnet, das andere Mal das Ergebnis der Methode, die zusammengestellten Zahlen, Zahlentafeln und graphische Größendarstellungen. Das sind also eigentlich zwei verschiedene Begriffe, die mit demselben Wort Statistik bezeichnet werden und nicht etwa wie in der Kunst die Begriffe Kunst und Kunstwerk schon im Namen voneinander unterschieden werden. Doch ist es im allgemeinen bei der Verwendung des Wortes Statistik nicht zweifelhaft, welcher der beiden Begriffe gemeint ist, denn dies ergibt sich in der Regel unzweideutig aus dem Inhalt des Satzes, in dem das Wort vorkommt. Zuerst trat die Bezeichnung Statistik im 18. Jahrhundert an den Universitäten auf, als eine wissenschaftliche Staatenkunde entwickelt wurde, in der die Beschreibung reichlich durch angeführte Zahlen und Zahlentafeln ergänzt war. Abgeleitet dürfte das Wort Statistik aus dem lateinischen Wort "status" (Stand, Zustand) und vielleicht auch aus dem neulateinischen Wort "statista" (Staatsmann) worden sein. Tatsächlich ist aber die Erhebung, Feststellung und Aufzeichnung von Zuständen und Veränderungen viel älter und kam bereits im Altertum vor.

So berichtet H e r o d o t (425 v. Chr.), daß an der Cheopspyramide (erbaut um 2700 v. Chr.) eine Tafel angebracht gewesen sei, die angab, wieviel Weizen, Vieh, Zwiebeln usw. von den Sklaven während des Baues der Pyramide verzehrt worden sind. Die Tafel war zur Zeit Herodots noch lesbar. Auch andere statistische Aufzeichnungen scheint es im alten Ägypten gegeben zu haben, die wohl hauptsächlich zu fiskalischen und militärischen Zwecken angelegt wurden. Doch auch das Bewässerungssystem mit seiner Kanalordnung und mit den Pflichten, die jeder bei der Erhaltung der Bewässerungsanlagen und beim Wasserschöpfen einzuhalten hatte, erforderten jedenfalls gewisse Aufzeichnungen. Aus ähnlichen fiskalischen und militärischen Gründen führten bei den a l t e n G r i e c h e n auch die Athener, Bürger - und Vermögensverzeichnisse. Weiter ausgebildet und vervollkommnet wurden derartige Aufzeichnungen von den alten Römern in ihrem "Census". Im M i t t e l a l t e r wurden derartige Erhebungen und Verzeichnisse wohl spärlicher, weil das feudale Lebenssystem schon bei den Erhebungen Schwierigkeiten bereiten mußte. Dennoch besitzen wir auch schon aus dem frühen Mittelalter dokumentarischer Hinweise, daß Listen angefertigt wurden, die wir heute als statistische bezeichnen würden. So ließ Karl der Große ein "Breviarium rerum fiskalium" anlegen und Wilhelm der Eroberer das sogenannte "Domesday Book", das in den Jahren 1083 - 86 nach dem Sieg bei Hastings und der Landverteilung unter die normannischen Ritter angelegt wurde. Zu deutsch heißt "Domesday Book" Buch des Jüngsten Gerichtes und es wurde so bezeichnet, weil niemand darin übersehen war, denn es enthielt eine groß angelegte und lückenlose Personen - und Vermögensaufnahme, wie sie zu dieser Zeit in keinem anderen Lande Europas vorkam. Auch der Dänenkönig Waldemar II. ließ ein "Erdbuch" anlegen, das ähnlichen Inhalt hatte. Die beiden Bücher sind bis heute erhalten. Gegen Ende des Mittelalters kam es auch schon zu regelrechten Volkszählungen. Als erste geschichtlich beglaubigte Zählung ist die Nürnberger vom Jahre 1449 zu verzeichnen.

In der N e u z e i t erwiesen sich zahlenmäßige Aufstellungen und Tabellen für die Staatsführung als notwendig und sie bekamen namentlich zur Zeit des Merkantilismus ziemlichen Umfang. Diesmal hauptsächlich aus volkswirtschaftlichen Gründen. Der Merkantilismus setzte sich bekanntlich zum Ziel, die Einfuhr von Gü -

tern, die auch im Inland hergestellt werden konnten, durch Zölle zu verhindern, dagegen die Ausfuhr von namentlich hochwertigen gewerblichen Produkten zu fördern. Man mußte also Zoll- und Subventionslisten führen und in Evidenz halten. Eine große Ausdehnung erhielt die staatliche Statistik durch die absoluten Monarchen, wobei wiederum hauptsächlich fiskalische und militärische Beweggründe maßgebend waren. Es entstand ein umfangreiches und vielfach ziemlich ungefüges System von Bevölkerungslisten, historischen und Generaltabellen. Diese Art kameralistischer Aufzeichnungen war besonders in Frankreich zur Zeit Colberts, in Preußen zur Zeit Wilhelms I. und Friedrichs des Großen, in Bayern unter dem Erstminister Montgelas gepflegt worden. Auch Napoleon legte großen Wert auf die Anlage und prompte Evidenzhaltung seiner kameralistischen Statistik.

Die Vorläufer der Universitätsstatistik waren im 16. und 17. Jahrhundert die Italiener S a n s o v i n o und B o t e r o, der Franzose V. d ' A v i t y, der Holländer G. v a n L a e t s und der Deutsche S e b. M ü n s t e r, die groß angelegte geographische Sammelwerke verfaßten, in denen immerhin auch schon ziemlich viel Zahlenmaterial enthalten war. Als Begründer der Universitätsstatistik gilt jedoch der Deutsche C o n r i n g, der um 1660 an der damaligen Universität Helmstedt wirkte. Bald griffen auch andere Universitäten den gleichen Gegenstand auf und am berühmtesten wurde dabei die Gothaer Schule unter den Professoren A c h e n - w a l l, S c h l ö z e r und B ü s c h i n g. Die Vorlesungen trugen den Namen "collegia statistica", doch wurde das Hauptwort Statistik erst von Achenwall gebraucht und dieser definierte den zugehörigen Begriff als "die Lehre der Verfassung eines oder mehrerer Staaten", wobei er unter Staatsverfassung den "Inbegriff der Wirklichkeiten und Merkwürdigkeiten eines Staates" verstand. Schlözer definierte den Unterschied zwischen einer Landeskunde und der Geschichte, indem er die erstere als "Stillstehende Geschichte", die letztere als "fortlaufende Statistik" bezeichnete. Alle diese Definitionen sind unbefriedigend und entsprechen in keiner Weise dem, was wir heute unter Statistik verstehen.

Im 18. Jahrhundert kam es zu einer weiteren Entwicklung, und zwar durch die Engländer G r a u n t, P e t t y und H a l l e y sowie die Deutschen C. N e u m a n n und I. P. S ü s s m i l c h. Man nannte diese Richtung "politische Arithmetik", denn aus ihr gingen die ersten Sterbetafeln hervor. Man suchte nach gesetzmäßigen Zusammenhängen in den Zahlenreihen, wobei Süssmilch als Geistlicher göttliche Gesetzmäßigkeiten entdeckt zu haben glaubte. Aber abgesehen von derartigen Abwegigkeiten wurde doch ziemlich viel Vorarbeit für eine Statistik geleistet, die im 19. Jahrhundert eine ungeahnte Erweiterung erfuhr.

Diese bemerkenswerte Erweiterung kam vom V e r s i c h e r u n g s w e s e n her und nahm ihren Anfang bei der britischen Seeversicherung. Hier wurde ein gewisses statistisches Material über die Zahl der Schiffe, die bei diesen Fahrten Schiffbruch erlitten, erfaßt. Fast ebenso alt sind die Versicherungen gegen Brand und Hagel. Hier erforderte die Verwendung des Erfahrungsmaterials schon eine ziemlich weitgehende mathematische Verarbeitung. Noch verwickelter wurde es in der L e -

b e n s - u n d R e n t e n v e r s i c h e r u n g . Aus diesem Grunde ist es auch nicht verwunderlich, daß die mathematische Statistik von den Versicherungsmathematikern entwickelt worden ist. Hier sind die Briten G i f f o n und P e a r s o n , sowie die Deutschen S o e t b e r und L e x i s zu nennen. Durch die mathematischen Statistiker der Briten erfolgte auch eine Anwendung der Methoden der mathematischen Statistik in der ökonomischen Theorie und darüber ist in Großbritanien eine ziemlich umfangreiche Literatur entstanden. Die wichtigsten Forscher auf diesem Gebiet waren in England S t . J e r o n s , C . E d g e w o r t h , A . M a r s h a l l , in der Schweiz W a l r a s und P a r e t o , in Italien B e r r y und P a n t a l e o n i u. a.

Durch die I n d u s t r i a l i s i e r u n g traten in der zweiten Hälfte des Jahrhunderts überdies weitreichende soziale Probleme auf, die eine ganz andere amtliche Statistik als sie vorher von den Kameralisten gepflegt worden ist, erforderte. Man mußte sich mit sozialen Größenerscheinungen beschäftigen und diese zahlenmäßig zu erfassen trachten. So wurde die staatliche Statistik zuerst um 1850 von K n i e s in ihre neue Gestaltung eingeführt. Von diesem stammt auch die bahnbrechende Schrift "Die Statistik als selbständige Wissenschaft". Weitere grundlegende Arbeiten lieferten in Deutschland M e i t z e n , H a u s h o f e r , C o n r a d - H e s s e , M i s c h l e r , v . M a y r , B l e i c h e r , S c h o t t , Ż i z e k , in Holland V e r r i j n S t u a r t , in Belgien Q u e t e l e t , in Frankreich B l o c k , B e r t i l l o n und L i e s s e , in Italien G a b o g l i o , in Großbritanien B o w l e y , in Rußland T s c h u p r o w und K a u f m a n n . Wesentliche Fortschritte in der mathematischen Behandlung erfolgten durch den Engländer P e a r s o n .

Der letzte Fortschritt und Aufschwung der Statistik erfolgte endlich im 20. Jahrhundert infolge des Bedürfnisses nach wirtschaftlicher Prognose. In dieser Beziehung haben der Cambridger Professor K e y n e s und der Berliner Universitätsprofessor W a a g e m a n n bahnbrechende Arbeit geleistet. Von ihnen wurden auch die Methoden der graphischen Größendarstellungen erweitert und vergrößert.

Durch die erwähnten Experten wurde die moderne Statistik zur Lehre von den Massenerscheinungen in der volklichen und wirtschaftlichen Entwicklung der Völker, wobei aber die Anwendung namentlich der Methoden der mathematischen Statistik auf andere Gegenstände durchaus offenblieb und auch betrieben wurde. Man begnügte sich nun nicht mehr mit der Zusammenstellung von Zahlen, Zahlentafeln und graphischen Größendarstellungen, sondern man untersuchte auch Regelmäßigkeiten, Gesetzmäßigkeiten und die ursächlichen Zusammenhänge. Die Massenerscheinungen stehen im allgemeinen unter dem G e s e t z d e r g r o ß e n Z a h l . Mitunter muß man allerdings bei kleineren Beobachtungsmengen auch das Gesetz der kleinen Zahl nach dem Theorème von P o i s s o n zur Anwendung bringen. Unterschieden wurde zwischen der Darstellung eines Zustandes und dem einer Bewegung, das heißt einer Zeitveränderlichkeit der Zahlen. Bei großen Mengen wurde bezüglich der Zeitveränderlichkeit ein gewisses Beharrungsvermögen festgestellt, was die Prognostik ermöglichte.

Bei der Ausfertigung statistischer Ergebnisse wurde das Vergleichen von größter Wichtigkeit, die eine strenge kritische Untersuchung voraussetzt, was und was nicht vergleichbar ist. Das geht so weit, daß man schon die primären Erhebungen so einzurichten hat, daß vergleichbares Material herauskommen kann. In dieser Beziehung erwiesen sich mitunter internationale Abmachungen als erwünscht.

Bis zu der Feststellung von Ursachen und Wirkungen kann der Statistiker auf Grund seiner eigenen Wissenschaft arbeiten; an dieser Grenze wird jedoch weitere Sachkenntnis erforderlich, wie z. B. in der Volkswirtschaft nationalökonomische, in der Heilkunde medizinische, in der Physik physikalische usw. Es war ein glücklicher Gedanke, daß man den britischen Universitäten das Studium der Statistik mit dem der Nationalökonomie gekuppelt hat. Das ist in Deutschland leider nicht der Fall gewesen, erst seit es Diplom-Volkswirte gibt, ist auch die Statistik als Hauptgegenstand bei der Prüfung eingeführt worden. Ein Statistiker, der nicht über gründliche volkswirtschaftliche Bildung verfügt, wird sehr leicht geneigt sein, aus seinen Zahlen unrichtige Kausalschlüsse zu ziehen, vor allem Ursachen mit Wirkungen zu verwechseln, ebenso kann aber auch der Volkswirtschafter die Zahlen des Statistikers falsch verstehen, wenn er nicht weiß, wie sie entstanden sind. Insbesondere das Gebiet der Wirtschaftsprognostik sollte nur von dem betrieben werden, der in beiden Disziplinen gleich gut beschlagen ist.

Im modernen Völkerleben hat die Statistik eine Bedeutung erlangt, die kaum überschätzt werden kann. Die gesellschaftlichen Verhältnisse sind so mannigfaltig und unübersehbar geworden, daß man sie durch Erfahrung oder mit dem Gedächtnis längst nicht mehr zu erfassen vermag. An Stelle von mehr oder minder willkürlicher Meinungen, die durch aufgenommene Schlagworte und Vorurteile getrübt sind, setzte die Statistik präzise Größenvorstellungen und objektive wissenschaftliche Erkenntnisse. Der Fortschritt des ganzen rationellen Denkens des 19. und 20. Jahrhunderts ist nicht zu geringem Teil der Statistik zu verdanken. Deshalb sind an einer gutgeführten Statistik die öffentlichen Körperschaften wie die einzelnen Glieder der menschlichen Vergesellschaftung, die Wirtschaft und die Wissenschaft in hohem Maße interessiert.

Die regelmäßige statistische Feststellung der Zustände und deren Änderungen, die Vergleichung der jüngeren Zahlen mit älteren oder den des eigenen Landes mit denen anderer Länder und Gebiete gibt dem Staatsmann und dem Volkswirt ein wichtiges Mittel der Kontrolle und wesentliche Anhaltspunkte für die Entschlüsse an die Hand. Die Statistik vermittelt die Erkenntnis der wirklichen Verhältnisse in einer übersichtlichen Weise durch Zahlen oder graphische Größendarstellungen, die von Schwankungen bereinigt sind, sie fordert die Erkenntnis der ursächlichen Zusammenhänge und gibt den verfassungsmäßigen Körperschaften ein Kriterium darüber, was gut und was schlecht ist, was zu erhalten und was zu reformieren wäre. Indem die Statistik gewissenhaft Buch über die wirtschaftlichen, sozialen und kulturellen Dinge und Ereignisse führt, also über die Wirkungen der Anordnungen und Maßnahmen des Staates, wird sie zum treuen Spiegel der Entwicklung des Landes, zum wirtschaftlichen und ethischen Gewissen der Gesellschaft, zur wichtigsten Quelle des Selbstbewußtseins eines Volkes.

Die Jahre großer Arbeit der Statistiker fallen in der Regel mit Epochen gesteigerter Tätigkeit der Gesetzgebung und Verwaltung zusammen. Neben allerlei Sondererhebungen werden dann die g r o ß e n B e s t a n d s a u f n a h m e n, wie Volks-, Berufs- und Betriebszählungen vorgenommen, deren Ergebnisse dank dem den statistischen Zahlen eigenen Beharrungsvermögen auf lange Zeit richtungweisend wirken. Während größerer und langandauernder Kriege geht dieses Beharrungsvermögen stark verloren und daraus wird es begreiflich, daß die Völker in Nachkriegszeiten meist mehr oder minder im Dunkeln tappen, woran selbst neueste statistische Erhebungen nicht viel zu bessern vermögen, weil in solchen Zeiten schon die Güte der statistischen Erhebungen zweifelhaft wird und überdies eine nutzbringende Verwertung im Drang dynamischer Geschehnisse nicht leicht ist. Die Statistik erzieht die Völker zur Gesellschaftsordnung und schärft das Bewußtsein für die notwendige Einordnung der Glieder in das Getriebe der Gemeinschaft. Sie öffnet die Einsicht in das Gefüge der Bevölkerung, in die Struktur der Wirtschaft, in die Entwicklungsmöglichkeiten und Wahrscheinlichkeiten der Zukunft, in die gegenseitige Verflechtung der einzelnen Gebietsteile eines Landes und jene zwischen der Volkswirtschaft des eigenen Landes und der Weltwirtschaft. Eine gewisse Kenntnis der Statistik gehört aus all diesen Gründen heute zur Allgemeinbildung und sollte gerade zum Gegenstand der staatsbürgerlichen Erziehung bis in die Jahrgänge der Oberschule herab gemacht werden. Die objektive Festlegung der Grundlagen und Richtungen der sozialen und wirtschaftlichen Verhältnisse in geeigneter Aufgliederung ist für die praktische Wirtschaft und für die Entschlüsse der Wirtschaftsführer von außerordentlichem Wert. Auf dem festen Boden der zahlenmäßig belegten Statistik kann sich eine privatwirtschaftliche Initiative der landwirtschaftlichen, gewerblichen und kaufmännischen Unternehmer bis an die Grenze der Vorteilsmöglichkeiten entwickeln und die Fehlunternehmungen können auf ein Mindestmaß beschränkt werden. Je zuverlässiger, prompter und vollständiger die Statistik eines Landes arbeitet, um so nutzbringender ist sie für die privatwirtschaftliche Unternehmertätigkeit. Durch Anwendung der statistischen Methoden haben es die modernen Großbetriebe gelernt, Aufzeichnungen zu führen, welche die Wirkung von Verbesserungen der technischen und organisatorischen Einrichtungen einwandfrei sichtbar und feststellbar macht.

Sehr viele Wissenschaften gewinnen aus der Statistik eine ganze Reihe von Erkenntnisgrundlagen. Deshalb hat E u l e n b u r g die Statistik als die "auf die Spitze getriebene systematische Induktion" bezeichnet. Grundlegend ist sie zweifellos für die V e r s i c h e r u n g s w i s s e n s c h a f t und speziell für die Versicherungsmathematik. Ergänzenden und unterstützenden Charakter hat sie für die N a t i o n a l ö k o n o m i e, für die F i n a n z w i s s e n s c h a f t, für die S o z i a l p o l i t i k, für die S o z i o l o g i e, für die Rechtswissenschaften, für die Geschichte, für die Geologie, für die Wetterkunde, für die Medizin u. a. Darüber hinaus haben die

Methoden der mathematischen Statistik auch Eingang auf die wissenschaftliche Behandlung anderer als gesellschaftliche Massenerscheinungen gefunden, wie insbesondere der Metrologie, der Biologie, der Chemie usw. Dadurch ist der Begriff der Statistik wesentlich erweitert worden.

Dementsprechend hat der Wiener Mathematiker C z u b e r die Statistik als "die planmäßige Sammlung und Ordnung von Tatsachen aus irgendeinem Erhebungsgebiet" definiert und als Zweck der Statistik angegeben: "Schlüsse zu ziehen, die zur Beleuchtung des Erhebungsgebietes und in letzter Linie zum Mitforschen an den beherrschenden Ursachen dienen können. " Diese Definition halten wir für eine der bedeutendsten aufgrund der jüngsten Entwicklung, die die Statistik genommen hat.

I. Die Organisation der statistischen Erhebungen

1. Die erhebenden Organe

Für die Erhebung des primären Tatsachenmaterials kommen sowohl staatliche als auch private Stellen in Betracht. Die öffentliche Hand, die vor allem ein staatsfinanzielles Interesse hat, hat schon zur Zeit der Kameralistik Erhebungen vorgenommen und sie in Listen zusammengestellt. Hierzu war die Erkenntnis der Kopfzahlen, der Vermögensbestände und der Einkommen der Staatsangehörigen für die d i r e k t e Besteuerung, der Umfang der Produktion, des Verbrauchs und des Aussenhandels für die i n d i r e k t e   Besteuerung von Wichtigkeit. Zu den fiskalischen Interessen reihten sich später auch volkswirtschaftliche. Eine rationelle Bevölkerungspolitik bedarf der Bevölkerungsstatistik, die Gewerbepolitik des Merkantilstaates erforderte eine, wenn auch bescheidene, Produktionsstatistik, die Außenhandelspolitik selbstverständlich ˜eine Außenhandelsstatistik, die moderne Sozialpolitik eine verbesserte Berufsstatistik usw. Auf die öffentliche Bestätigung in der Statistik wirkten allerdings auch machtpolitische Antriebe, die die Zahl der Wehrfähigen und des wehrfähigen Nachwuchses sowie Grundlagen für eine Beurteilung der Rüstungskapazität forderten.

Die Erhebungsarbeit fällt auch oft nichtstatistischen öffentlichen Behörden zu, die sie gewissermaßen nebenamtlich vornehmen, mitunter aber auch ganz privaten Stellen, wie z.B. den privaten Versicherungsgesellschaften, deren Material der Bundesrepublik Deutschland vom Bundesaufsichtsamt für das Versicherungs- und Bausparwesen gesammelt und periodisch veröffentlicht wird. Eine derartige Statistik wird in der Bundesrepublik Deutschland als "nicht ausgelöste Statistik" bezeichnet.

In der modernen Organisation der öffentlichen Statistik wurde es Regel, daß die statistischen Erhebungen unter wesentlicher Mitwirkung besonderer s t a t i s t i s c h e r B e h ö r d e n erfolgt. So wird etwa die Außenhandelsstatistik in der Bundesrepublik Deutschland durch das Statistische Bundesamt und nicht durch Behörden erstellt, zu deren Tätigkeit die Überwachung des Güterverkehrs über die Grenzen gehört. Der Vorteil besonderer statistischer Organe liegt in der sachkundigen Bearbeitung des Materials, dabei ist es gleichgültig, ob es öffentlicher oder privater Herkunft ist. Die Einrichtung statistischer Behörden hat aus diesen Gründen in den letzten Jahrzehnten stark zugenommen. Schon im Deutschen Reich wurde nicht nur das Statistische Reichsamt bedeutend ausgebaut, es entstanden überdies

statistische Ämter in den Ländern, namentlich in den kultur- und technisch hoch-
entwickelten, bediente man sich der sogenannten "s t a t i s t i s c h e n   B e i r ä t e",
zu denen Männer hinzugezogen wurden, die nicht den betreffenden statistischen
Äm tern angehörten, sondern vielmehr Kreisen der Gebraucher der Statistik und
Fachmänner des betreffenden Zweiges, der gerade in Frage kam, z. B. Männer
des praktischen Wirtschaftslebens für Wirtschaftsstatistik usw. Es entstand ein vielfaches Zusammenarbeiten der Reichs- und Landesorgane in manchmal einfachem,
mitunter aber auch kompliziertem Verfahren. Man unterscheidet auch deswegen
in der Bundesrepublik Deutschland eine unmittelbare und eine mittelbare Bundesstatistik. Als unmittelbare bezeichnet man diejenige, die ohne oder nur mit ge-
ringfügiger Beihilfe der Länder zustande kommt. Beispiele für reine Bundesstatistik
sind die Bundesfinanzen und der Aussenhandel. Als Beispiel für unmittelbare Bundesstatistik unter geringer Beihilfe der Länder könnte man die Kriminalstatistik
bezeichnen, bei der das Urmaterial durch die Justizbehörden der Länder gesammelt wird. Als mittelbare Bundesstatistik wird bezeichnet, die unter wesentlicher,
nicht nur technischer Mithilfe der Landesstellen zustande kommt. Die überwiegende Menge der Bundesstatistik dürfte dieser Art sein. Bei der Bevölkerungsstatistik sammeln die Landesstellen nicht nur das Urmaterial, sondern sie verarbeiten es auch planmäßig und liefern die Erhebungsergebnisse nur in dem Maße an
das Statistische Bundesamt ab, wie es benötigt und abgerufen wird. Ein ähnliches
Verfahren tritt bei den Berufs-, Betriebs- und auch Viehzählungen auf.

Die L ä n d e r begnügen sich nun nicht damit, Beihilfe für die Bundesstatistik zu
leisten, sondern sammeln auch statistisches Material, das lediglich für das betreffende Land Interesse hat, wie beispielsweise über die Landesfinanzen. Man
spricht somit von p a r t i k u l a r e r Landesstatistik. Sie umfaßt u. a. auch das Un-
terrichtswesen, weil dessen Verwaltung in den Händen der Landesbehörde liegt.
Das Statistische Bundesamt hat jedoch das Recht, auch diese Ermittlungen zusam-
menfassend zu veröffentlichen. In der DDR werden z. B. statistische Erhebungen
nur seitens der Staatlichen Zentralverwaltung für Statistik bei der Staatlichen
Plankommission der Regierung durchgeführt.

Es sind in den letzten Jahrzehnten auch i n t e r n a t i o n a l e   s t a t i s t i s c h e Or-
g a n e entstanden, die auf völkerrechtlicher Grundlage ziemlichen Umfang angenommen haben. In methodischer Hinsicht sind solche Stellen in vieler Beziehung
überlegen, weil die Verarbeitung des Materials nach einheitlichen Grundsätzen
vor sich geht, während gleich benannte statistische Zahlen verschiedener Länder
oft nicht die genau gleiche Bedeutung haben. Ferner können diese internationalen Organe doch auch Material erhalten, das von den einzelnen Staaten nicht veröffentlicht wurde, während ein einzelner Staat bei der Beschaffung derartigen aus-
ländischen Materials in der Regel Schwierigkeiten haben würde. Ein Einfluß auf einheitliche Erhebung und Verarbeitung des Materials kann seitens eines einzelnen
Staates auf einen anderen kaum durchdringen, wogegen ein internationales statistisches Organ eine solche Einheitlichkeit immerhin zu erreichen vermag. Ein

solches Organ kann auch leichter den Besonderheiten von Methoden der Erhebung und Verarbeitung nachforschen und etwaige daraus folgende Fehlerquellen entdecken. Auf die internationale statistische Arbeit dürfte es anspornend gewirkt haben, daß es vorwärts gehen kann, ohne daß Lebensinteressen der einzelnen Staaten miteinander kollidieren.

Derartige internationale statistische Arbeit wurde schon von dem 1865 errichteten Berner Büro der "Union télégraphique universelle" und von der 1878 ins Leben gerufenen "Union postale universelle" geleistet. Sehr fruchtbar ist auch die Arbeit des "Internationalen Landwirtschaftlichen Institutes" in Rom, geschaffen 1905 durch einen völkerrechtlichen Vertrag, das ein internationales agrarstatistisches Jahrbuch mit reichen Angaben hauptsächlich über die agrarische Produktion der verschiedenen Länder der Erde herausbringt. Ein bedeutendes statistisches Amt hat schließlich auch der Völkerbund 1919 in seinem Genfer Sekretariat eingerichtet, das alljährlich großangelegte Statistiken über verschiedene Tatsachen, die international von Interesse sein können, veröffentlicht.

Private Statistik wird zunächst in großem Umfang von den privaten Versicherungsgesellschaften betrieben, sowohl auf dem Gebiet des Elementarschadens, wie auf dem der Lebens- und Rentenversicherung. Außerdem gibt es manche Großunternehmungen, die ihr gesammeltes wirtschaftsstatistisches Material veröffentlichen, das zum Teil dann auch in die amtliche Statistik verarbeitet wird. Es handelt sich dabei etwa um laufende Schätzungen der Weltvorräte an gewissen wichtigen Massengütern um wahrscheinliche Verbrauchsberechnungen, um international-vergleichbare Preisstatistiken und ähnliches. Dieses Material wird dann teils durch die Preise, teils durch eigene periodische Mitteilungen bekanntgemacht. Auf dem Gebiet des Geld- und Kreditwesens pflegen die Notenbanken alljährlich einen statistisch belegten Bericht herauszugeben. Soweit die privaten Unternehmungen nur für das eigene Geschäft statistische Aufzeichnungen vornehmen, spricht man von i n t e r n e r Betriebsstatistik, soweit sie die Aufzeichnungen direkt oder indirekt allgemein bekanntmachen von e x t e r n e r Betriebsstatistik. Es gibt auch Interessenverbände, die statistisches Material sammeln und veröffentlichen, wie Verbände der Arbeitnehmer und der Arbeitgeber eines großen Geschäftszweiges oder Zentralorganisationen von landwirtschaftlichen oder gewerblichen Genossenschaften.

Von einzelnen Gelehrten ist ebenfalls verschiedentlich Erhebungsarbeit geleistet worden. Bekannt hierin ist der französische Gelehrte Frédéric le Play mit seinen Untersuchungen über die europäische Arbeiterschaft. Ferner der deutsche Gelehrte Richard Ehrenberg, der sich hauptsächlich mit Haushaltungsbüchern, wie z. B. von Krupp'schen Arbeiterfamilien befaßte. Auch wurde amtliches statistisches Material durch Gelehrte umgearbeitet, namentlich von Experten der Wirtschaftswissenschaften. Dagegen leidet die Erhebung durch Privatgelehrte in der Regel daran, daß die Menge der Bearbeitungen zu gering sind, um nach dem Gesetz der großen Zahl ausgewertet werden zu können.

Zwar nicht durch eigene statistische Arbeit, aber durch planmäßiges Einwirken
auf die statistischen Organe zwecks Verbesserungen der Erhebungen und der Ver-
arbeitungsmethoden haben sich vielfach Vereinigungen von gelehrten Statistikern
und Fachleuten verdient gemacht. Hier sind die Leistungen der "Internationalen
Statistischen Kongresse" und des "Internationalen Statistischen Instituts" zu erwähnen. Letzteres ist seit 1885 bestehender Verein und besitzt seit 1913 ein ständiges
Büro im Haag, das ein "Annuaire international de Statistique" herausgibt. In Großbritanien besteht schon seit 1834 die "Royal Statistical Society" zu London mit
eigenem "Journal", in Frankreich die "Société de Statistique de Paris" seit 1860,
ebenfalls mit eigenem "Journal". Die seit 1911 bestehende "Deutsche Statistische
Gesellschaft" besitzt zwei Zeitschriften, das "Allgemeine Statistische Archiv" und
das "Deutsche Statistische Zentralblatt". Das Statistische Bundesamt der Bundesrepublik Deutschland gibt neben dem "Statistischen Jahrbuch" eine Reihe grundlegender Veröffentlichungen heraus, wie: "Wirtschaft und Statistik", "Statistischer
Wochendienst" und "Die Statistik der Bundesrepublik Deutschland". In der DDR
erscheint als Publikationsorgan die Zeitschrift "Statistische Praxis" im VEB Zen-
tralverlag, Berlin (Ost).

Bekannt ist es ferner, daß sich einzelne Redaktionen von w i r t s c h a f t l i c h e n
F a c h b l ä t t e r n wie "The Economist" London, durch regelmäßige Veröffentlichung seiner Indexzahlen hervortut. Für internationale Vergleiche erscheint in
England das berühmte Diplomatenhandbuch "Statesmans Year Book". Schließlich
bringen auch fast alle größeren Tagesblätter fortlaufend die wichtigsten statistischen Zahlen, entweder unmittelbar oder verarbeitet in Aufsätzen. Die Redaktionen und ihre Mitarbeiter sind nicht nur durch Verarbeitung statistischen Materials
wirksam, sondern auch in der Forschung nach Verbesserung der statistischen Methoden.

2. Der Erhebungsgegenstand

Bevor man eine statistische Erhebung beginnt, muß man sich über den zu erhe-
benden Gegenstand im klaren sein. Es ist also zunächst wichtig, diesen Gegenstand genügend präzise zu definieren. In der Regel besteht er aus einer Menge von
gleichartigen oder zumindest irgendwie kommensurabelen Einheiten. Demnach
hat man zuerst den einzelnen Tatbestand festzulegen, der in seinem vielfachen
Auftreten beobachtet und gezählt oder gemessen werden soll. Ferner ist räumlich
und zeitlich der Umfang abzugrenzen, auf dem sich die Zählung bzw. Messung
zu erstrecken hat.

Der Statistiker spricht von einer "E r h e b u n g s e i n h e i t " und meint damit das
einzelne Objekt, das in seiner Häufigkeit erfaßt werden soll. Eine solche Einheit
ist bei einer Volkszählung der lebende Mensch, bei einer Feststellung eines Gü-
tervorrats ein bestimmtes Gewicht oder Raummaß. Leider ist in diesem Fall noch
keine internationale Einigung erzielt worden; die meisten Kulturvölker verwenden
das metrische Maß- und Gewichtssystem, nur die Angelsachsen und die Russen bil-

den Ausnahmen. Auch bei der Bearbeitung der Erhebungen treten Einheiten auf und diese brauchen nicht identisch mit der Erhebungseinheit zu sein; es ist möglich, daß zur Bearbeitung nur eines oder mehrere Merkmale der Erhebungseinheit herangezogen werden und dementsprechend muß dann auch die Bearbeitungseinheit gewählt werden.

Die statistische Erhebungseinheit ist gewöhnlich ein allgemeiner Begriff, wie z. B. die Person bei Volkszählungen, die Wohnung bei Wohnungszählungen, die berufstätige Person bei Berufszählungen usw. Ein solcher allgemeiner Begriff muß aber dann doch noch genauer abgegrenzt werden, wie etwa bei der Wohnung, ob auch zusammenhängende Räume ohne Küche als Wohnung aufzufassen sind, oder bei der Zählung von gewerblich genutzten Räumen, ob auch ein Raum mitzuzählen ist, der einem Kleinhandwerker gleichzeitig als Wohnraum und Werkstatt dient. Bei der Zählung landwirtschaftlicher Betriebe ist es nötig, von vornherein die Mindestgröße der Betriebe festzulegen, die noch mitgezählt werden sollen, ob also etwa Laubengärten und Vorgärten auszuschließen sind und ob andererseits das Vorwerk eines Großgrundbesitzes (Maierhof) als selbständiger Betrieb zu gelten hat.

Es gibt statistische Erhebungen, bei denen eine große Zahl von Einheiten in Betracht kommt. So bildet in einer Statistik des Außenhandels jede Warengattung eine Einheit, die ausgeführt oder eingeführt wird. Man nimmt hier die Feststellung der Einheiten durch besondere statistische Warenlisten vor, zu deren Aufstellung eine gewisse warenkundliche Sachkenntnis wohl unentbehrlich ist.

Von Erhebungsmerkmalen spricht der Statistiker, wenn er nicht nur eine Zählung der Einheiten beabsichtigt, sondern auch gleichzeitig ein Bild über gewisse typische, aber nicht in gleichem Grad vorhandene Eigenschaften der Einheiten gewinnen will. So wird bei einer Volkszählung gewöhnlich auch erhoben, ob die gezählte Person inländischer oder ausländischer Staatsbürger ist, welcher Religion sie angehört, in gemischt-sprachigen Ländern auch die Umgangssprache usw. Bei der Bestimmung des Erhebungsobjektes ist die genaue Festlegung der Merkmale ebenso wichtig wie die Festlegung der Erhebungseinheit, denn die Merkmale bilden bei der Bearbeitung des statistischen Materials, wie schon erwähnt, öfters Bearbeitungseinheiten.

Die Erhebungsmerkmale sind nicht selten schon bei jeder Einzelerhebung mannigfaltig, wie z. B. bei der statistischen Aufnahme des Außenhandels, bei der nicht nur nach der Menge und Art der Ware gefragt wird, sondern auch nach dem Wert, nach dem Bestimmungsland bzw. dem Herkunftsland. Ebenso kann bei einer Zählung von gewerblichen Betrieben gleichzeitig nach der Art des Betriebes, nach der Größe der Gefolgschaft, nach der Art und Stärke des Antriebs, nach dem durchschnittlichen Jahresumsatz usw. gefragt werden. Wichtig ist mitunter die Unterscheidung zwischen quantitativen und qualitativen Merkmalen. Quantitative Merkmale sind Lebensalter, Bodenflächen, Pferdekräfte der Antriebsmaschine, Produktionsumfang und dergl.; qualitative Merkmale sind solche, die nicht wägbar oder meßbar sind, wie etwa das Glaubensbekenntnis, die Umgangssprache, die Schulbildung usw. Der Umfang der Erhebungsmenge muß weit genug sein, damit das Gesetz der großen Zahl wirksam werden kann. (1) Das ist besonders bei einer Statistik für wissenschaftliche Zwecke nötig. Nur wenn es unmöglich ist, größere Mengen zu erfassen, muß man sich damit begnügen, auch kleinere zu verarbeiten, doch ist es notwendig, daß man dann sehr vorsichtig mit den daraus zu ziehenden Schlüssen ist. Man unterscheidet zwei Hauptarten von Erhebungsmengen, die B e s t a n d e s m e n g e n und die B e w e g u n g s m e n g e n . Die ersteren entsprechen einer Bestandesaufnahme in der Wirtschaft, die letzteren einem Wirtschaftserfolg während einer Zeiteinheit. Die Bestandesmengen sind bezeichnend für einen Zustand, der zu einem bestimmten Zeitpunkt vorlag. Die Bewegungsmengen bilden die Darstellung von Veränderungen an irgendwelchen statistischen Zahlen im Verlauf einer Zeiteinheit. Es handelt sich hier somit eigentlich um mittlere Differentialquotienten zeitveränderlicher statistischer Größen nach der Zeit. Bezeichnet man die Menge einer Bestandesaufnahme symbolisch mit M, so müßte man folgerichtig die Veränderung von M in einer Zeiteinheit mathematisch symbolisch mit $\dfrac{\partial M}{\partial t}$ bezeichnen, worin t selbstverständlich die Zeit bedeutet.

Von Natur aus sind Bestandesmengen die land- oder forstwirtschaftlich genutzten Bodenflächen, obwohl die betreffenden Zahlen zeitlich nicht ganz unveränderlich sind. Eine gewisse Verschiebung der Flächenzahlen im Laufe der Zeit ist selbstverständlich möglich und diese Veränderung hat dann Bewegungscharakter. Die Bevölkerungszahl an einem bestimmten Zeitpunkt bildet eine Bestandesmenge; dagegen sind die Zahlen der jährlich geborenen, der jährlich gestorbenen, der jährlich zu- oder abgewanderten Personen, Bewegungsmengen. Ähnlich ist es bei Berufszählungen, bei der Feststellung des Banknotenumlaufs, bei Viehzählungen usw.

Gewisse Bestandesmengen kann man nicht sehr oft aufnehmen, wie z. B. Volkszählungen; sie finden in der Regel nur alle 5 oder alle 10 Jahre statt. In der Zwischenzeit kann man den Bestand mit gewisser Annäherung aus den Bewegungszahlen berechnen, da die Zahlen der Geburten, der Todesfälle, der zu- und abgewanderten Personen sowieso einigermaßen in Evidenz gehalten werden; die Ungenauigkeit, die dabei entsteht, rührt hauptsächlich von unsichtbaren Zu- und Abwanderungen, von der Verheimlichung unehelicher Geburten, weniger aber von

---

(1) Das Gesetz der großen Zahl ist zuerst von Jakob Bernoulli (Schweizer Mathematiker 1654—1705) ausgesprochen worden. Es besagt in der damaligen Form, daß die Wahrscheinlichkeit a posteriori mit jener a priori um so besser übereinstimmt, je mehr tatsächliche Beobachtungen gemacht werden. Wenn man einen Sack mit bekannter Zahl von roten und weißen Kugeln hat, so kann man die Wahrscheinlichkeit, daß eine rote bzw. eine weiße Kugel gezogen wird, von vornherein berechnen; das ist die Wahrscheinlichkeit a priori. Macht man dann tatsächlich eine Anzahl von Ziehungen und vergleicht die Häufigkeit des Ziehens einer roten Kugel mit der Häufigkeit des Ziehens einer weißen, so erhält man ebenfalls eine Wahrscheinlichkeit, und diese heißt Wahrscheinlichkeit a posteriori. In der Statistik gibt es nur die letztere und deshalb muß man das Gesetz der großen Zahl so auffassen, wie dies in der mathematischen Fehlertheorie der Messungskunde üblich ist. Danach kommt ein errechneter Mittelwert dem wahren Mittelwert um so näher, je mächtiger die Menge der gemessenen Größen gleicher Art ist, von denen man den Mittelwert berechnet.

verheimlichten Todesfällen her und deshalb ist von Zeit zu Zeit doch wieder eine
Bestandesaufnahme erforderlich.
Bei einer Bestandesaufnahme muß der Augenblick präzisiert werden, für den er
gelten soll. In der Bundesrepublik Deutschland hat man für die Volkszählungen
die Mitternacht vom 30. November zum 1. Dezember festgesetzt. Der 1. Dezember heißt in diesem Falle der Stichtag. Die Wahl fiel auf diesen Termin, weil
sich um diese Jahreszeit verhältnismäßig wenig Menschen auf Reisen, auf Besu-
chen oder auf Erholung befinden, Umstände, die das Ergebnis zu trüben geeignet
sind. Dagegen nimmt man landwirtschaftliche Berufszählungen in der Regel im
Sommer, jedoch noch vor der Ernte vor, weil dann in vielen landwirtschaftlichen
Betrieben vorübergehend zusätzliche Hilfsarbeiter eingestellt sind und die Landwirte dann auch die Zeit und Ruhe haben, die Zählungslisten richtig und gewissenhaft auszufüllen. Gleichmäßige Zeitintervalle zwischen je zwei Zählungen sind
im allgemeinen am zweckmäßigsten. Im damaligen Deutschen Reich hat man bis
zum ersten Weltkrieg an der Volkszählung in 5-jährigen Epochen festgehalten. Dagegen erfolgte die deutsche Berufs- und Betriebszählung nicht im gleichen Zeit-
abstand. In den USA findet die sogenannte Census-Aufnahme, die eine Volks-,
Berufs- und Betriebszählung umfaßt, regelmäßig alle 10 Jahre statt.

Zu den **Bewegungsmengen** gehören außer den bereits erwähnten vor allem
die Erntemengen in der landwirtschaftlichen Produktion, die Fördermengen bei
Bergwerken, die Erzeugungsmengen in Industrie und Gewerbe sowie die Umsatz-
und Preisveränderungen im Handel, insbesondere auch die Zahlen der Außenhandelsstatistik. In neuerer Zeit ist es üblich geworden, die Bewegungen mit Vorliebe
durch graphische Größendarstellung wiederzugeben oder sie durch Indexzahlen auf
einen bestimmten Basiszeitpunkt zu beziehen. Bei manchen Bewegungsmengen,
wie namentlich den Erntezahlen, ist als Zeiteinheit selbstverständlich ein Jahr am
zweckmäßigsten. Bei anderen, namentlich bei den gewerblichen und industriel-
len Produktionszahlen sowie bei den Handelszahlen ist oft ein Monat oder auch
schon eine Woche als Zeiteinheit vorteilhafter. Bezüglich der Promptheit der Veröffentlichung statistischer Ergebnisse ist es von großer Wichtigkeit, daß die Bewegungszahlen vor den Bestandeszahlen bekannt werden, weil sie für private Wirt-
schaftsentschlüsse aber auch für die öffentliche Hand wichtige Anhaltspunkte geben.

3. Der Erhebungsvorgang

Wenn die Erhebungen durch statistische Amtspersonen oder nach deren Richtlinien
und Anweisungen vorgenommen werden, so bezeichnet man die Erhebung und das
Material als **primär**. Handelt es sich dagegen um statistische Aufzeichnungen
die von Stellen lediglich für eigene dienstliche Zwecke vorgenommen werden und
muß das für die allgemeine Statistik brauchbare Material erst herausgezogen werden, so daß die planmäßige statistische Arbeit erst mit der Bearbeitung des Materials beginnt, so spricht man von **sekundärer statistischer Aufnahme**
bzw. von **sekundärem statistischem Material**. Dieser Unterschied ist

für die Beurteilung der Erhebung und häufig auch für das Bearbeitungsergebnis von Wichtigkeit. Diese Unterscheidung hat der bayerische Statistiker v o n M a y r vertreten.

Bei der p r i m ä r e n s t a t i s t i s c h e n E r h e b u n g wird von vornherein nach planmäßigen statistischen Methoden vorgegangen. Das typische Beispiel einer primären statistischen Erhebung ist die Volkszählung, bei der der Vorgang bis in die Einzelheiten von vornherein durch statistische Behörden, in der Bundesrepublik Deutschland durch das Statistische Bundesamt, vorgeschrieben wird. Hier wird die statistische Absicht methodisch berücksichtigt und die ganze Erhebung lediglich darauf abgestimmt. Das gleiche gilt für Berufs- und Betriebsaufnahmen sowie auch für Viehzählungen. Die primären statistischen Erhebungen kommen jedoch nicht nur bei Bestandsmengen vor, wo in der Regel eine einmalige besondere Organisation zur Durchführung eingerichtet wird, sondern auch bei manchen Bewegungserhebungen. Ein Beispiel dieser Art ist die Außenhandelsstatistik, bei der ebenfalls der Erhebungsvorgang (die Formblätter) von einer statistischen Zentralbehörde vorgeschrieben wird. In den meisten Fällen sind derartige Formblätter typisch für primärstatistische Erhebungen. Es gibt Einzelfragebogen und Sammelfragebogen. Die ersteren kann man bei der statistischen Bearbeitung unmittelbar als Zählkarten benutzen, die letzteren haben den Vorteil einer größeren Übersichtlichkeit und einer gewissen Vereinfachung des Verfahrens.

Die p r i m ä r e n E r h e b u n g s s t e l l e n sind in der Regel örtliche und untergeordnete Behörden. Die Anweisungen, die ihnen von der statistischen Zentralstelle gegeben werden, sind mitunter Schriftstücke von recht ansehnlichem Umfang. Durchgeführt werden die Erhebungen meist durch Kommissionen, die für den besonderen Fall gebildet werden, aber auch häufig ehrenamtliche Bürger, die insbesondere bei den Bestandsaufnahmen mitwirken. Bei der Aufnahme von Bewegungsmengen fungieren in der Regel nur besonders ausgebildete statistische Amtspersonen, die z. B. bei den Ernteschätzungen besonders qualifiziert sein müssen. da die örtlichen Behörden nicht objektiv oder nicht sachkundig genug sind, um zuverlässiges Material zu liefern.

Bei s e k u n d ä r s t a t i s t i s c h e n E r h e b u n g e n ist das Verfahren erst in zweiter Linie für planmäßige statistische Bearbeitung bestimmt. Der besondere Zweck ergibt sich aus dem unmittelbaren praktischen Interesse der die Erhebung vornehmenden örtlichen Behörde oder überhaupt nichtamtlichen Stelle. Es hat sich jedoch in den letzten Jahrzehnten auch bei diesen Stellen ein so weitgehendes Verständnis für die allgemeine Statistik herausgebildet, daß die sekundärstatistischen Erhebungen für den statistischen Bearbeiter vielfach unmittelbar brauchbar geworden sind, fast ebenso gut wie primärstatistische Erhebungen.

4. Die Fehlerquellen bei den Erhebungen

Man kann die Erhebungsmethoden noch so raffiniert gestalten und die Durchführung noch so sorgfältig vornehmen, es werden sich immer irgendwelche Fehler einschleichen, die relativ so groß werden können, daß der Wert des ganzen Ergeb-

nisses zweifelhaft wird. Die häufigsten Fehler entstehen durch f a l s c h e A n -
g a b e n der auskunftgebenden Personen. Eine Absicht wird damit, außer bei Steu-
erbekenntnissen, in der Regel nicht verbunden, aber die genaue Feststellung der
Tatsachen, die nach den Fragebogen angegeben werden sollen, verursachen oft
große Mühe, wie z.B. bei Betriebszählungen. Deswegen werden die Angaben häufig auf Grund oberflächlicher Schätzungen gemacht, oder nach dem sogenannten
Gefühl zwischen Daumen und Zeigefinger, anstatt nach buchmäßigen Aufzeichnungen oder Berechnungen. Solche Fehler, die lediglich durch mangelhafte Sorgfalt entstehen, kann man im Sinne der Fehlertheorie als "zufällige Fehler" ansehen, bei denen eine gewisse Tendenz zur gegenseitigen Kompensation als um so
wirksamer ansehen kann, je größer die Zahl der angegebenen gleichartigen Erhebungsdaten ist (Gesetz der großen Zahl).

Andere Fehler entstehen durch U n k e n n t n i s und m a n g e l h a f t e s W i s s e n
der Auskunft gebenden Personen. Solche irrtümlichen Angaben erkennt der Statistiker meist bei der Verarbeitung des Materials. Es kann jedoch auch vorkommen, daß der Statistiker, der die Formulare verfaßt, die Fragen ungeschickt oder
nicht genügend klargestellt hat. Dergleichen sollte selbstverständlich von vornherein vermieden werden.

Es gibt wohl auch Fragen, bei deren richtiger Beantwortung die Auskunft gebende
Person einen wirklichen oder vermeintlichen Schaden befürchtet. Dies tritt typi-
scherweise bei Einkommens-und Vermögensbekenntnissen ein. Auch bei Angaben
über die Menge der Produktion eines landwirtschaftlichen oder gewerblichen Betriebes treten solche Bedenken auf, teils weil die Aufdeckung von Steuerhinter-
ziehungen möglich erscheint, teils weil in Zeiten der Zwangsbewirtschaftung eine
erhöhte Ablieferungsverpflichtung die Folge sein könnte. Andere Fehler sind die
Folge psychischer Einflüsse, wie etwa durch die Scham der Frauen, ihr Alter richtig anzugeben. Alle diese Fehler, die auf wissentlich falschen Angaben beruhen,
sind so wie die "systematischen Fehler" in der Fehlertheorie der Messungskunde
aufzufassen, das heißt, es besteht keine Tendenz zum gegenseitigen Ausgleich
der Fehlerwirkung, sondern eher zu einer Summierung im Gesamtergebnis, was
die Ursache von falschen Schlüssen sein kann, die daraus gezogen werden.

Eine B e k ä m p f u n g d e r F e h l e r muß naturgemäß nach Möglichkeit schon
an den Quellen einsetzen. Hier ist die individuelle Sorgfalt der die Zählung vornehmenden Personen bzw. der die Fragebogen einsammelnden Dienststellen von
Wichtigkeit. Diese müssen bei der Ausfüllung der Fragebogen weitgehend mithel-
fen und durch geschickte Fragen die Auskunft gebenden Personen dazu bringen,
richtige Angaben zu machen. Hier steht man allerdings vor der Schwierigkeit,
eine genügende Anzahl wirklich pflichteifriger ehrenamtlicher Mitwirker aufzu-
treiben, denn bezahlte Zähler würden die Kosten des Erhebungsverfahrens oft zu
sehr anwachsen lassen. Bei einer intelligenten Bevölkerung wird man durch über-
sichtliche Fragebogen, durch klare Formulierung der Fragen und durch entsprechende, den Fragebogen beigelegte Erläuterungen viele Fehler vermeiden kön-

nen; Strafandrohungen gegen falsche Angaben und Versicherungen, daß die Angaben nur zu statistischen Zwecken und keineswegs zu Steuerkontrollen verwendet werden, haben sich hingegen als wenig wirksam erwiesen.

Die F e h l e r e r m i t t l u n g bei der Bearbeitung des Materials geht zunächst darauf aus, Widersprüche in sich der einzelnen Fragebogen oder der Summe der gleichartigen Angaben aufzudecken. So kann auf dem Fragebogen für eine landwirtschaftliche Betriebszählung die gesamte landwirtschaftliche Nutzfläche kleiner oder größer angegeben sein, als die Summe aller für die einzelnen Fruchtarten angeführten Flächen. Die Summe der in einem Bezirk abgegebenen Bodenflächen kann nicht in Übereinstimmung stehen mit der von der Landvermessung ermittelten Gesamtbodenfläche des Bezirks usw. Bekannt ist der Unterschied, der sich regelmässig zwischen der Bewegungs- und Bestandesaufnahme der Volkszahl ergibt. Es werden Zu- und Abwanderungen nicht gemeldet, uneheliche Geburten unterschlagen, manchmal sogar Todesfälle verheimlicht. Deswegen ist die Bestandesaufnahme bei Volkszählungen immer genauer als die Bewegungsaufnahme.

Die erste F e h l e r b e r i c h t i g u n g erfolgte, wie man schon entnehmen konnte, durch die Zähler und Stellen, die die Fragebogen einsammeln. Wird ein Fehler erst bei der Verarbeitung des Materials als wahrscheinlich entdeckt, so besteht noch immer die Möglichkeit, durch Rückfrage eine Richtigstellung der betreffenden Angabe zu veranlassen. Das ist namentlich bei den etwas komplizierten Betriebszählungen nicht selten und auch der Grund dafür, daß die Veröffentlichung dieser Statistik oft erst verhältnismäßig spät erfolgen kann.

Es ist jedoch praktisch nicht möglich, jedem vermuteten Fehler auf diese Weise nachzugehen, denn das würde das statistische Verfahren außerordentlich verzögern und auch verteuern. Der Statistiker muß infolgedessen häufig trachten, die Summenwirkung bestimmter Arten von Fehlern abzuschätzen, um auf diese Weise zu einer berichtigten Zahlenangabe zu gelangen. Typisch dafür ist die Schätzung von "abgeleiteten" Einkommen sowie der abgeleiteten Einkommen der Giro- und Geldeinlagen in den Sparinstituten.

II. Einführung in die mathematischen Rechnungen

Die primären statistischen Ermittlungen bilden in der Regel eine große Menge von Zahlen, die unübersichtlich sind und die Bildung von volkspolitischen oder wirtschaftlichen Urteilen unmittelbar sehr erschweren würde. Man greift deshalb zu einer mathematischen Verarbeitung des erhobenen Zahlenmaterials, die je nach dem Zweck verschieden sein wird. Man verwendet heute dabei fast alle Methoden der Rechenkunst, von der gewöhnlichen Arithmetik bis zur höheren Mathematik und und höheren Graphik.

Die moderne mathematische Statistik ist dabei zu einer Vollkommenheit der Logik geworden, die kaum mehr überboten werden kann und vermittelt in höchstem Maße Einblick in das Geschehen der wirtschaftlichen Entwicklung, wie es vor der Ausgestaltung der mathematischen Statistik nicht möglich war. Sie ist für die Entschlußfassung der volkspolitischen und wirtschaftlichen Führung schlechthin unentbehrlich geworden, ob es sich dabei um die Führung eines größeren Wirtschaftsbetriebes oder um ganze Länder und große Staatsgebilde handelt.

1. Summierung und Differenzbildung

Die einfachste Rechenaufgabe ist die der Addition gleichartiger Zahlen, wie sie z. B. bei Volks- und Viehzählungen auftritt. Solche Zählungen müssen selbstverständlich an sehr vielen Orten nach Möglichkeit gleichzeitig vorgenommen werden, so daß das eintreffende Material in einer Zentralstelle durch Summierung zusammengezogen werden kann. Bei den erwähnten Zählungen kann man, wenn sie richtig organisiert werden, Doppelzählungen von vornherein als ausgeschlossen ansehen; bei anderen Zählungen, wie z. B. bei Einkommenserhebungen ist das weniger der Fall. Man muß hier beachten, daß die Summe aller Einkommen nicht das Volkseinkommen darstellt. Etwas ähnliches besteht auch bei der Summe aller Spareinlagen in Geldinstituten; hier stellt die Summe ebenfalls nicht gleich die gesamte Kaufkraft dieser Einlagen dar. In beiden Fällen kommen eben Doppel- und Mehrfachzählungen vor, die unbedingt ausgeschaltet werden müssen, wenn man volkswirtschaftliche Schlüsse aus dem Ergebnis ziehen will.

Es ist z. B. das Einkommen eines Arztes auch in dem Einkommen seiner Patienten mit enthalten, das Einkommen eines Friseurs in dem Einkommen seiner Kunden, das Einkommen eines Bademeisters in dem Einkommen der Badegäste usw. Hier liegt also offenkundig Doppelzählung vor. Hat der Arzt eine Haushälterin, so ist deren Einkommen in seinem mit enthalten. Es erscheint als dreifach gezählt usw. Der Statistiker nennt solche Einkommen a b g e l e i t e t e E i n k o m m e n . Genau ist die Summe der abgeleiteten Einkommen niemals erhebbar. Der Statistiker muß Ergänzungen auf Grund von Schätzungen vornehmen. Diese Schätzungen sind eine sehr verantwortliche Arbeit, die, wenn die Schätzungsfehler nicht zu groß ausfallen sollen, eine große praktische Erfahrung voraussetzt.

Allerdings kann man das Volkseinkommen auch auf Grund der Produktionsstatistik errechnen, doch ist auch diese nie vollkommen genau, weil der Selbstverbrauch der Erzeuger - z. B. der der Landwirte - nicht primär erfaßt werden kann. Schließlich sind bei den Einkommen ja auch die primären Erhebungen nie ganz zuverlässig, selbst bei den zur Steuer einbekannten Einkommen ist dies nicht der Fall, weil es sicherlich nur wenige gibt, die mehr fatieren, als sie tatsächlich eingenommen haben, während die Zahl derjenigen, die zu wenig fatieren, sicherlich sehr viel größer ist. Ebenso ist es in der Produktionsstatistik, in der aus verschiedenen Gründen auch oft weniger angegeben wird, als tatsächlich produziert wurde. Bei den Spareinlagen muß beachtet werden, daß etwa eine Sparkasse einen Teil der bei ihr eingelegten Spargelder bei einer Bank redeponiert; dieser Teil der Einlagen erscheint also doppelt gezählt. Die Bank hält wiederum aus Liquiditätsgründen einen Teil ihrer Bankeinlagen auf Girokonto bei der Notenbank, das ergibt eine Dreifachzählung. Der Statistiker bezeichnet solche Einlagen analog als a b g e l e i t e t e E i n l a g e n . Diese Summe ist ebenfalls nie genau erhebbar und man muß auch hier zwecks Ergänzung zu Schätzungen greifen. Die Anhaltspunkte der Schätzung sind hier jedoch besser als bei der Einkommenstatistik. Das ergibt sich etwa aus dem Vergleich der Neueinzahlungen und der Abhebungen während einer bestimmten Epoche.

Genauer kann die Differenzierung in der B e v ö l k e r u n g s s t a t i s t i k vorgenommen werden. Hier tritt sie bei der Gegenüberstellung von Lebendgeburten und Todesfällen auf. Ebenso - wenn auch nicht gleich genau - bei der Gegenüberstellung der Zahl der Eingewanderten mit der der ausgewanderten Personen; die Ungenauigkeit rührt daher, daß es auch eine sogenannte unsichtbare Ein- und Auswanderung gibt. Beide Differenzen zusammen ergeben bekanntlich den Bevölkerungszuwachs oder -abgang, während eines Jahres. Bedeutet z den Zuwachs während eines bestimmten Jahres, x_1 die Zahl der Lebendgeburten und x_2 die Zahl der Todesfälle im gleichen Jahr, ferner y_1 die Zahl der eingewanderten und y_2 die Zahl der ausgewanderten Personen, so gilt die Bezeichnung: $z = x_1 - x_2 + y_1 - y_2$. Wir wollen hier gleich annehmen, daß Zuwachs und Abgang während einer Zeiteinheit mathematisch eigentlich mittlere Differentialquotienten veränderlicher Größen nach der Zeit sind.

Ein besonderes Problem bei der Ein- und Ausfuhr entsteht bei der Bildung der Summe von Wertzahlen, während bei den Mengenzahlen nur die sogenannte unsicht-

bare Ein- und Ausfuhr durch Schätzung mit zu berücksichtigen ist. Bei den Wertzahlen gab es seinerzeit eine lange Diskussion, inwieweit man die Transportkosten
in den Wertangaben mit heranzuziehen habe. Schließlich ist man international
zu der Erkenntnis gelangt, daß die beste Annäherung an das theoretisch Richtige
erzielt wird, wenn man bei der Ausfuhr die Transportkosten bis zur Landesgrenze
dem Fertigwert *loco* Erzeugungsstätte hinzurechnet und ebenso bei der Einfuhr
dem im Ausland bezahlten Preis die Transportkosten, die im Ausland außerdem
entstehen. Beim Überseetransport auf eigenen Schiffen ist jedoch dieser Grundsatz
nicht ohne weiteres zu vertreten. Bemerkt sei noch, daß die Summierung von Mengen verschiedenster Güter eigentlich wenig besagen kann, während die Summierung der Wertzahlen immer ihre Bedeutung hat, weil eben die Werteinheit ein
K o l l e k t i v m a ß für alle Arten von Gütern bildet.

Die so gewonnenen Summen oder Differenzzahlen gestatten schon ohne weiteres,
volkspolitische oder volkswirtschaftliche Schlüsse zu ziehen. Insbesondere geschieht dies durch Vergleich der entsprechenden Zahlen aus gleich langen aufeinander folgenden Epochen, was ein Urteil darüber ermöglicht, ob eine günstige
oder ungünstige Entwicklung vorliegt. Auch Vergleiche entsprechender Zahlen
verschiedener Länder werden manchmal angestellt. Sowohl die vorher erwähnten
Vergleiche als auch insbesondere die letzteren werden jedoch noch weiterhin erleichtert, wenn man die Summen bzw. Differenzzahlen noch einer weiteren mathematischen Behandlung unterzieht.

2. Die Berechnung der Vergleichszahlen im Hundertsatz

Wenn man zwei Zahlen miteinander vergleichen soll, so ist es vielfach am be-
quemsten, die eine der Zahlen im Hundersatz der anderen auszudrücken. Noch
mehr gilt dies, wenn man Veränderungen in verschiedenen gleich langen Zeitepochen zu vergleichen hat oder gleichartige Veränderungen bei verschiedenen
Völkern während der gleichen Epoche. Als bekanntes Beispiel der ersten Art kann
man die I n d e x z a h l e n ansehen. Ein Preis zu einem bestimmten Zeitpunkt oder
ein Durchschnittspreis aus einer bestimmten längeren Epoche wird als Basis genommen und alle anderen Preise der gleichen Warengattung im Hundertsatz der
Basiszahl angegeben. Bezeichnen wir die Basiszahl, das heißt den Preis des Basis-
tages oder Basisjahres mit p_0 und den Preis zum Zeitpunkt t mit p_t, schließlich die
Indexzahl für den Zeitpunkt t mit i_t, so gilt die Definitionsgleichung der Indexzahl: $i_t = 100 \dfrac{p_t}{p_0}$.

Die I n d e x z a h l d e s B a s i s z e i t p u n k t e s oder der B a s i s e p o c h e i_0 ist
somit stets = 100 und aus jeder anderen Indexzahl kann man ohne weiteres entneh-
men, um wieviel Prozent der Preis gegen jenen des Basiszeitpunktes gestiegen oder
gefallen ist. Besonders vorteilhaft ist das System der Indexzahlen, wenn man
Preisänderungen in verschiedenen Ländern an der gleichen Ware oder Veränderungen an den Preisen verschiedener Güter im selben Land zu vergleichen hat.

Als typisches Beispiel der zweiten Art kommen die Bevölkerungszugänge bzw. -abgänge in Betracht. Hier pflegt man keine Indexzahl zu rechnen, sondern der Unterschied der Volkszahl am Anfang und am Ende einer Epoche (meist 5 oder 10 Jahre) wird immer in Prozenten der Bevölkerungszahl zu Beginn der Epoche angegeben. Der Prozentsatz kann dann auch als mittlerer Prozentsatz der Epoche auf ein Jahr bezogen werden. Beispielsweise wäre die Bevölkerungszahl eines Landes bei der Volkszählung von 1940 Z_0 gewesen, bei der Volkszählung 1950 hingegen Z_{10}, der Bevölkerungszuwachs ist dann in absoluter Zahl $z_{10} = Z_{10} - Z_0$.

Als durchschnittlicher Prozentsatz aller Zugänge für je ein Jahr wird dann annäherungsweise $z = \frac{1}{10} z_{10}$ angenommen. Das ist allerdings theoretisch nicht ganz richtig, denn eigentlich müßte man $z_1 = z_2 = \ldots = \overset{10}{\mid} Z_{10}$ setzen, doch ist der Unterschied bei kleineren Prozentsätzen oder gar Promillesätzen, wie dies bei Bevölkerungszugängen in der Regel zutrifft, nicht mehr groß.

Zahlen in Promillesätzen oder in Zehntausendstelsätzen werden ebenfalls verwendet. Sie sind beispielsweise aus der Lebens- und Rentenversicherung bekannt, z. B. aus den Sterbefällen. Auch in der Elementarversicherung kommen sie vor, denn die Wahrscheinlichkeit solcher Schäden sind nur kleine Brüche.

3. Die Gliederung und Gruppierung von Summenzahlen

Zur Fassung gewisser Erkenntnisse aus den Zahlen der Statistik ist nicht selten eine Ordnung der Menge erforderlich. Beispielsweise kann eine Unterteilung der Summenzahlen zwecks Bildung von Untergruppen zweckmässig sein. Im Sinne der Mengenlehre ist das eine Aufgliederung einer Totalmenge:

$$M = M_1 + M_2 + \ldots$$

Das typische Beispiel dafür ist wohl die Volkszahl, die zunächst nach männlichen und weiblichen Personen aufgegliedert wird, ferner auch nach Berufsgruppen oder nach Altersklassen usw. Ebenso häufig kommt die Aufgliederung bei Viehzählungen vor, etwa indem man die Zahl der Rinder in die Zahlen der Milchkühe, der Kälber, der Ochsen und der Stiere aufgliedert.

Eine andere Ordnung der Menge ergibt sich durch gattungsmäßige Verwandtschaft der Elemente. So bildet die Menge der Preise von Lebensmitteln eine Gruppe, ebenso die Menge der Preise der Metalle usw. Man stellt dann die Zahlen gewöhnlich in einer Tabelle zusammen, was die Übersicht erleichtert. Sehr wichtig ist die Gruppenbildung bei der Häufigkeit von Elementarschäden. Mit Steinen, Schindeln, Pappe oder Stroh gedeckte Gebäude bilden je eine Versicherungsgruppe gegen Brandgefahr, und diese Gefahr ist zwischen den Gruppen sehr verschieden, innerhalb ein und derselben Gruppe jedoch ziemlich einheitlich. Man muß daher Prämiensätze der Feuerversicherung nach ihren Gruppen abstufen.

4. Die Berechnung von Durchschnitts- und Mittelwerten

Es wird in der Literatur der mathematischen Statistik nicht immer genau zwischen den beiden Begriffen Durchschnittswert und Mittelwert unterschieden. Immerhin wurde es ziemlich gebräuchlich, die Bezeichnung D u r c h s c h n i t t s w e r t dann anzuwenden, wenn eine Reihe gleichartiger Zahlen vorliegt, die zu verschiedenen Zeitpunkten oder verschiedenen Zeitepochen gelten. Man spricht daher z. B. von einer Durchschnittsernte, wenn man die Ergebnisse der Ernten mehrerer aufeinanderfolgender Jahre zusammengestellt und durch die Zahl der Jahre dividiert hat. Bezeichnen wir die Weizenernte eines Landes während eines Jahrzehntes im 1., 2. usw. Jahr mit W_1, W_2... und mit W_d die Durchschnittsernte, so gilt:

$$W_d = {}^1/_{10} \cdot (W_1 + W_2 + \ldots + W_{10}).$$

Von jeder Ernte, die später fällt, kann man dann ohne weiteres aussagen, ob sie über oder unter dem 10jährigen Durchschnitt lag. Dagegen nennt man es einen m i t t l e r e n Hektarertrag, wenn man die Weizenerträge ein und desselben Jahres von verschiedenen mit Weizen bebaut gewesenen Parzellen zusammenstellt und durch die Gesamtfläche aller Parzellen dividiert. Bezeichnen wir mit W die Summe aller Weizenernten eines Gebietes in einem Jahr und mit H die gesamte, mit Weizen angebaut gewesene Fläche, berechnet in ha, so ist der mittlere ha-Ertrag

$$h_m = \frac{\Sigma W}{\Sigma H}.$$

Da jedes W immer $= h \cdot H$ ist, so kann man auch

$$h_m = \frac{\Sigma h \cdot H}{\Sigma H}$$

schreiben, woraus sich ergibt, daß der mittlere ha-Ertrag h das gewogene Mittel aus dem ha-Ertrag der einzelnen Weizenparzellen ist. Hätten wir Weizenparzellen mit den ha-Erträgen h bis h_n und den Flächenausmaßen H_1 bis H_n, so wäre das ungewogene Mittel

$$h_m = \frac{\Sigma h}{n}.$$

Berücksichtigt man jedoch, daß ein größerer Weizenacker mit seinem ha-Ertrag für den mittleren Ertrag weit schwerer in das Gewicht fällt, als ein kleiner Acker und nimmt man die verschiedenen Wahrscheinlichkeitsgewichte proportional zu den Ackerflächen an, so erhält man für den mittleren ha-Ertrag genau die gleiche Form wie oben. Das gewogene Mittel würde vom ungewogenen nicht sehr abweichen, wenn die Flächeninhalte der einzelnen Parzellen von einander nicht sehr verschieden wären, wie man leicht einsehen kann.

Der mittlere ha-Ertrag kommt in der Wirklichkeit niemals genau sondern höchstens zufällig angenähert auf diesem oder jenem Weizenacker vor. Ein Weizenacker, der den mittleren ha-Ertrag liefern würde, ist also ein lediglich gedachter Acker, ein angenommener Vergleichstypus, der für das wirtschaftliche Urteil zweckmäßiger ist als es etwa der Acker mit dem kleinsten oder mit dem größten ha -Ertrag eines Gebietes sein würde. Wäre die Verschiedenheit der ha -Erträge eine reine Zufälligkeit, so könnte man annehmen, daß der mittlere ha -Ertrag auch der wahrscheinlichste ist. Da aber bei den Ernten nicht reine Zufälligkeit vorliegt, sondern auch verschiedene kausale Ursachen mit im Spiele sind, wie etwa die verschiedene Fruchtbarkeit des Bodens, so kann man den mittleren ha -Ertrag nicht als den wahrscheinlichsten bezeichnen, wie dies in der mathematischen Fehlertheorie bei gemessenen Größen für das arithmetische bzw. geometrische Mittel gilt.

5. Die Saisonbereinigung von Wirtschaftszahlen und Indices

Es gibt verschiedene statistische Zahlen, die im Laufe eines Jahres gewisse ziemlich regelmäßige Schwankungen aufweisen, So steigen z. B. die Preise für landwirtschaftliche Urprodukte von einer Ernte bis zu anderen ziemlich regelmäßig an, weil Zuschläge für Zinsenverluste, Aufbewahrung und Schwund gemacht werden, Auch die Zahlen von Beschäftigten in gewissen Berufen unterliegen ähnlichen Schwankungen, wie etwa im Baugewerbe, das während der Wintermonate in Mitteleuropa stark eingeschränkt werden muß, in der Forstarbeit, die wiederum im Winter am regsten ist usw. Sehr deutlich sind auch Saisonschwankungen der Obst- und Gemüsepreise auf städtischen Märkten, wobei teilweise die gleiche Ursache vorliegt, wie bei den oben erwähnten landwirtschaftlichen Erzeugnissen, teils aber auch solche, die mit Unterschieden der Erzeugung zusammenhängen (Mistbeet- gemüse und Gartengemüse) oder mit der Nachfrage, die sich zu bestimmten Jahreszeiten häuft (Weihnachten, Ostern). Saisonmäßige Schwankungen gibt es ferner im Viehstand, teils weil sich z.B. beim Rind die Kalbungen in den Wintermonaten häufen, teils weil verstärkte Schlachtungen z.B. am Geflügel im Herbst vorgenommen werden.

Ehe man Schlüsse aus statistischen Zahlen zieht, erweist es sich oft als zweckmäßig, daß man derartige saisonmäßige Schwankungen der betreffenden Zahlen entsprechend b e r e i n i g t . Insbesondere aber ist es vor der Verwendung der Zahlen zu Berechnungen von Indexzahlen in der Regel notwendig. Die S a i s o n b e - r e i n i g u n g kann dabei auf zweierlei Wegen vor sich gehen, je nachdem man die Bereinigung nur der Indexzahlen oder auch der Erhebungszahlen beabsichtigt. Das erstere kommt bei Beschäftigungszahlen, das zweite bei Lebensmittelpreisen in Betracht.

Wünscht man lediglich saisonbereinigte Indexzahlen zu erhalten, so kann man folgendermaßen vorgehen. Man hätte etwa die Indexzahl für die Beschäftigung im Baugewerbe im Februar 1957 zu rechnen, wobei als Basis der Indexrechnung die mittlere Zahl der Epoche 1950 - 1955 zu dienen hätte. Nimmt man dann nicht die mittleren Beschäftigungszahlen der ganzen Jahre der Basisepoche, sondern nur das Mittel aus dem Monat Februar von 1950 - 1955 ermittelten Beschäftigungszahlen, so erhält man einen saisonbereinigten Index der Beschäftigung im Baugewerbe. Ebenso geht man für die anderen Monate des Jahres vor und erhält auf diese Weise die saisonbereinigte Indexzahl der Beschäftigung im Baugewerbe für das ganze Jahr 1957. Der saisonbereinigte Index schwankt in diesem Falle viel weniger als die Erhebungszahlen. Selbstverständlich hat die Saisonbereinigung wenig Sinn, wenn man die saisonmäßige Entwicklung der Bautätigkeit im Frühjahr und im Sommer beurteilen will. Bei saisonmäßig schwankenden Preiszahlen kann es erwünscht sein, daß auch die Erhebungszahlen selbst eine Saisonbereinigung erfahren. Das ist etwa bei Getreidepreisen oder Baumwollpreisen und solchen anderer Produkte, die erntemäßig anfallen, nicht selten. In diesem Falle muß der Statistiker bei branchekundigen Kaufleuten erheben, welcher monatliche Preiszuschlag für Zinsenverluste, Aufbewahrung und Schwund angemessen wäre; die Summe dieser Abzüge von der letzten Ernte bis zum Tag der Preiserhebung ist dann von dem erhobenen Preis in Abzug zu bringen. Verwendet man derartige saisonmäßig bereinigte Preiserhebungen zu einer Indexrechnung, so erhält man selbstverständlich ebenfalls einen saisonbereinigten Index.

Die saisonbereinigten Indexzahlen spielen in der Wirtschaftsprognostik eine erhebliche Rolle. Von besonderer Bedeutung sind sie für die Ermittlung der Linie des gleitenden Trends, von der im nächsten Kapitel noch die Rede sein wird.

6. Die Berechnung von Wahrscheinlichkeiten in der Statistik

Vorausgesetzt wird, daß große Mengen ein gewisses Beharrungsvermögen zeigen, so daß man aus Beobachtungen in der Vergangenheit auf die Zukunft schließen kann. Allerdings lassen sich für die Zukunft immer nur Wahrscheinlichkeitsaussagen machen. Dazu kommt noch der Umstand, daß die oben erwähnte Voraussetzung nicht immer genau erfüllt ist, indem sich die Verhältnisse im Laufe der Zeit ändern können, wenn auch in einer Reihe normaler Friedensjahre nur in einem verhältnismäßig langsamen Tempo. Gelegentlich wird dieses Tempo wohl rascher, wie dies z.B. infolge der Fortschritte der ärztlichen Wissenschaft während der letzten Jahrzehnte im Altersaufbau der europäischen Bevölkerung vorgekommen ist. In großen und lang andauernden Kriegen wird die Voraussetzung überhaupt hinfällig und deswegen werden dann die Wahrscheinlichkeitsaussagen für die Zukunft gänzlich unsicher. Die ältesten Berechnungen von Wahrscheinlichkeiten aus der Statistik erfolgten seitens der Versicherungsmathematiker für die L e b e n s - und   R e n t e n v e r s i c h e r u n g .

Stellt man sich durch eine Reihe von Jahren der Vergangenheit die Ablebensfälle zusammen und gruppiert sie nach dem Alter, in dem die betreffenden Personen verstorben sind, so kann man für jedes Beobachtungsjahr das Verhältnis der Zahl in bestimmtem Alter verstorbener Personen zur Gesamtzahl der Ablebensfälle des gleichen Jahres feststellen. Bezeichnen wir die Gesamtzahl der Todesfälle im 1. Jahr der Beobachtungsepoche mit M_I, im 2. Jahr mit M_{II} usw., ferner die Zahl der Kinder, die im 1. Beobachtungsjahr noch vor Erreichung des 1. Lebensjahres starben, mit m_{II}, die Zahl jener, welche im 2. Lebensjahr verschieden, mit m_{I2} usw. dann die entsprechenden Zahlen der folgenden Jahre mit m_{II1}, m_{II2}, ... endlich die Verhältniszahlen in Prozenten mit $\mu_{I1}, \mu_{I2} \ldots \quad \mu_{II1}, \mu_{II2}$

Wir haben dann zunächst

$$\mu_{I1} = 100\,\frac{m_{I1}}{m_I}, \quad \mu_{I2} = 100\,\frac{m_{I2}}{m_I} \ldots \mu_{II1} = 100\,\frac{m_{II1}}{m_{II}}, \quad \mu_{II2} = 100\,\frac{m_{II2}}{m_{II}} \ldots$$

zu setzen.

Die Verhältniszahlen μ können wir uns in einer Tabelle zusammenstellen und werden aus derselben ersehen, daß die Größen μ_{II}, μ_{III} um einen gewissen Durchschnittswert verhältnismäßig wenig schwanken. Nach dem Gesetz der großen Zahl wird diese Schwankung um so geringer sein, je größer die Zahl der Bevölkerung ist, deren Todesfälle wir registriert haben. Geht die Beobachtung über mehrere, sagen wir n Jahre, so können wir für die Durchschnittswerte der Verhältniszahlen μ_1, μ_2 ansetzen:

$$\mu_1 = \frac{1}{n}\,(\mu_{I1} + \mu_{III} + \ldots)$$

$$\mu_2 = \frac{1}{n}\,(\mu_{I2} + \mu_{II2} + \ldots)$$

Die Größen $\mu_1, \mu_2, \ldots$ kann man dann als Wahrscheinlichkeitszahlen in Prozenten für die Zukunft ansehen und daraus die sogenannten Sterbetafeln aufstellen, die angeben, wieviele von 1000 geborenen Personen eine bestimmte Lebensdauer etwa von 50 Jahren zu erwarten haben. Aufgrund einer derartigen Wahrscheinlichkeitsaussage kann man dann die angemessenen Prämien für Lebensversicherungen rechnen, doch gehört diese Rechnung in die Versicherungsmathematik, die eine spezielle umfangreich gewordene Disziplin ist, auf die wir im Rahmen unserer Arbeit nicht näher eingehen wollen.

Ein anderer Fall der Wahrscheinlichkeitsrechnung aus der Statistik ergibt sich in der E l e m e n t a r v e r s i c h e r u n g , z.B. in der Versicherung gegen Hagelschäden. Hierbei tritt allerdings die Schwierigkeit auf, daß es nicht nur totale, sondern auch partielle Schäden gibt. Über diese Schwierigkeit ist man in neuester Zeit mit Hilfe des Gesetzes von den kleinen Zahlen einigermaßen hinweggekommen. Jedenfalls bildet auch hier die Grundlage der Rechnung eine statistische Zusammenstellung der Schäden durch Hagel, die in einer Reihe vergangener Jahre in einem bestimmten Gebiet beobachtet worden sind. Sehr ähnlich sind die Berechnungen der Wahrscheinlichkeiten von Bränden, von Transporthavarien und auch von menschlichen Unfällen in bestimmten Berufen.

Diese empirisch gefundenen Wahrscheinlichkeiten - der Wahrscheinlichkeitsmathematiker nennt sie W a h r s c h e i n l i c h k e i t e n   a   p o s t e r i o r i - sind grundsätzlich von denen zu unterscheiden, die man von vornherein - a   p r i o r i - angeben kann. wie beispielsweise beim Lotteriespiel, beim Roulette, beim Ziehen einer Kugel bestimmter Farbe aus einem Sack, dessen Inhalt mit farbigen Kugeln bekannt ist.

Die aus der Statistik gewonnenen Wahrscheinlichkeiten sind analog jenen, die
man durch sehr zahlreiche Kugelziehungen aus einem Sack mit unbekanntem Inhalt ermitteln kann. Es gelten also für die Wahrscheinlichkeitsberechnung aus der
Statistik die Regeln der Wahrscheinlichkeitsrechnung, die für das Ziehen von Kugeln bestimmter Farbe aus einem Sack unbekannten Inhalts abgeleitet worden
sind.

7. Mächtigkeitszahlen

Nach der mathematischen Mengenlehre bezeichnet bei abzählbaren Mengen die
Zahl die Mächtigkeit der Menge. Die Erhebungseinheit ist als das Element einer Menge anzusehen. Derartige Mächtigkeitszahlen sind z.B. die Volks-
oder Viehzahl. Bei Mengen, die meßbar oder wägbar sind, wie bei Güterstapel,
wird die Mächtigkeit der Mengen in Gewichtseinheiten (Tonnen, 1000 to) oder
in Raummaßeinheiten (Hektoliter, Barrels usw.) angegeben, bei Licht und Kraft
in elektrischen Energieeinheiten (Kilowatt). Die endgültigen Mächtigkeitszahlen
entstehen durch einfache Summierung der Teilerhebungen. Von den Mächtigkeitszahlen ausgehend werden andere Zahlengruppen durch entsprechende Rechenoperationen ermittelt.

Wenn es sich um statistische Merkmale handelt, die meß- oder wägbar sind und
bei den Erhebungseinheiten in verschiedenem Grad auftreten, bilden die großen
Zahlen der Merkmale im Sinne der Mengenlehre keine Menge, sondern ein K o l -
l e k t i v . Das Maß, nach dem das betreffende Merkmal in seiner Größe gemessen
wird, heißt K o l l e k t i v m a ß . Ein solches Merkmal ist z.B. das Alter von Personen. Das Kollektivmaß für dieses Merkmal ist die Zeiteinheit, in der Regel ein
Jahr.

8. Verhältniszahlen

Verhältniszahlen entstehen dadurch, daß die Mächtigkeitszahlen einer Menge durch
die Mächtigkeitszahlen einer anderen Menge dividiert werden. Sie sind somit
Q u o t i e n t e n   v o n   M ä c h t i g k e i t s z a h l e n . Es gibt mehrere Hauptarten von
Verhältniszahlen, deren Charakter sich aus dem logischen Verhältnis zwischen
Zähler und Nenner des Quotienten ergibt. Manche Statistiker, namentlich französische und deutsche, bezeichnen die Verhältniszahlen auch als "Z i f f e r", was
aber nach dem deutschen Sprachgebrauch abwegig ist, weil zwischen Zahl und
Ziffer begrifflich zu unterscheiden ist. Es ist aber gut zu wissen, daß der Statistiker eine Menge meint, wenn er z.B. von der Geburtenzahl oder von der Heiratszahl spricht, hingegen eine Verhältniszahl im Auge hat, wenn er von einer "Ge-
burtsziffer" oder "Heiratsziffer" spricht. Im letzteren Falle ist die Menge je Jahr
oder die Menge je Jahr und tausend Einwohner gemeint.

Eine besondere Gruppe von Verhältniszahlen sind die Gliederungszahlen. Sie geben das Verhältnis einer Teilmenge zu einer Gesamtmenge an. Dies geschieht gewöhnlich in der Angabe von Prozent- oder von Promille-Sätzen der Gesamtmenge. Wenn wir z.B. die Bevölkerung eines Landes nach der Konfession aufgliedern sollen und die Gesamtmenge 60 Millionen Einwohner beträgt, wovon 24 Millionen Katholiken und 25 Millionen Protestanten sind, so erhalten wir die Verhältniszahl für die Katholiken durch den Bruch $\frac{24}{60}$ = 2/5 oder 40 %, für die Protestanten durch den Bruch $\frac{25}{60}$ = 5/12 oder 41, 67 %. Eine andere Gruppe statistischer Zahlen wird als Bestimmungszahl bezeichnet. Sie entsteht dadurch, daß man eine bestimmte Menge auf eine andere bestimmte Menge bezieht. Das typische Beispiel dafür sind die Zahlen für die sogenannte Bevölkerungsdichte, die angeben, wieviel Einwohner eines Landes im Mittel auf einen km^2 der gesamten Bodenfläche bzw. der landwirtschaftlich nutzbaren Bodenfläche entfallen. Beträgt die Volkszahl 60 Millionen, die Bodenfläche 1/2 Millionen km^2 , so ist die Zahl der Menschen, die im Mittel auf 1 km^2 kommen, 2 x 60 = 120. Selbstverständlich leben nicht auf jedem km^2 des Landes wirklich 120 Menschen, sondern die Dichte ist sehr verschieden und in den Großstädten weit stärker als auf dem flachen Lande. Es handelt sich also um eine sogenannte mittlere Zahl, die in der Wirklichkeit höchstens zufällig auf diesem oder jenem km^2 des Landes vorkommt, die aber immerhin gewisse Aufschlüsse volkswirtschaftlicher Art vermittelt. In diese Zahlengruppe gehören auch die sogenannten Häufigkeitszahlen. Diese geben an, wie oftmal sich irgendein bestimmtes Ereignis gleicher Art in einem bestimmten Zeitraum meist im Laufe eines Jahres einstellt. Das wäre beispielsweise die Zahl der Lebendgeborenen während eines Jahres oder der Sterbefälle oder der Heiraten. Wenn man die Bezeichnung noch auf die Anzahl der Einwohner ausdehnt, also die relative Geburtenzahl bzw. Sterbezahl bzw. Heiratszahl berechnet, so erhält man Beziehungszahlen, die für manche Vergleiche noch zweckmäßiger sind. Man kann bei einfachen Beziehungszahlen auch Zähler und Nenner miteinander vertauschen und erhält dann eine neue Gruppe von Bezeichnungszahlen; die beiden Gruppen werden als "korrespondierende" Bezeichnungszahlen verzeichnet. Ein typisches Beispiel dafür ist die Wohndichte (Anzahl von Personen, die auf einen Wohnraum entfallen) und die Wohnraumausstattung (Anzahl der Wohnräume, die auf eine Person entfallen). Korrespondierende Beziehungszahlen sind also offenkundig immer reziproke Werte.

Verhältniszahlen, die uns ein Bild darüber geben, wie sich eine statistische Menge in einem bestimmten Zeitraum verändert, vermehrt oder vermindert hat, nennt der Statistiker Veränderungszahlen. Erfolgt die Berechnung einer Veränderungszahl mit dem gleichen Nenner wie z.B. bei Indexzahlen, so bezeichnet man die Menge des Nenners als konstant, des Zählers als die veränderliche Menge. Eigentlich sind schon die vorerwähnten relativen Geburts- und Sterbezahlen Veränderungszahlen, denn ihre endgültige Differenz gibt ja die Veränderung der Volkszahl in der Zeiteinheit an; ebenso sind Produktions- und Verbrauchszahlen je Zeiteinheit ihrem Wesen nach Veränderungszahlen. Die wichtigste Gruppe der Veränderungszahlen in der Volkswirtschaft wird jedoch durch die Indexzahlen der Preisbewegungen gebildet. Bei der Erstellung solcher Veränderungszahlen ist hauptsächlich auf eine zweckmäßige Wahl der konstanten Menge zu sehen. Der Preis zu einem bestimmten Zeitpunkt kann nicht immer als zweckmäßig erscheinen, insbesondere dann nicht, wenn er zu diesem Zeitpunkt abnormal hoch oder abnormal niedrig war. Deswegen wählt man als konstante Menge, als Basispreis der Indexrechnung oft einen Durchschnittspreis aus einer längeren Epoche. Schließlich kann man auch den Durchschnittspreis aus einer ganzen betrachteten Epoche, für die die Veränderungen angegeben werden sollen, als Basispreis wählen. Das ist besonders in wirtschaftsgeschichtlichen Abhandlungen anzutreffen.

Gewisse statistische Zahlen, die aus der Vergangenheit gewonnen wurden, kann man als W a h r s c h e i n l i c h k e i t s z a h l e n für die Zukunft ansehen. Dabei ist ein gewisses Beharrungsvermögen der statistisch zu erfassenden Erscheinungen vorausgesetzt. Hat man z. B. für eine längere Reihe von Jahren festgestellt, daß auf 100 geborene Mädchen im Mittel immer 106 geborene Knaben kommen, so darf man auch für die nächsten Jahre der Zukunft darauf schließen, daß sich an diesem Verhältnis nicht viel ändern wird. Die Wahrscheinlichkeit für die Geburt eines Knabens in der Zukunft ist dann $\dfrac{106}{206}$ oder ungefähr 53 %, und für die Geburt eines Mädchens $\dfrac{100}{206}$ oder ungefähr 47 %.

Die Wahrscheinlichkeitszahlen sind in der Regel also Gliederungszahlen oder Verhältniszahlen aus der Vergangenheit. Die vorerwähnte Voraussetzung eines gewissen Beharrungszustandes braucht nicht immer zuzutreffen. Beispielsweise hat sich die Sterbetafel in den letzten Jahrzehnten durch Fortschritte der medizinischen Wissenschaft in der Therapie und in der Proplylaktik stark geändert, wodurch das mittlere Lebensalter der Bevölkerung in den Kulturländern verlängert wurde. Andererseits können durch Krieg, Seuchen oder umfangreiche Elementarereignisse auch Verschiebungen im entgegengesetzten Sinne eintreten. Für Abweichungen vom Beharrungszustande, die durch längere Zeit in gleicher Richtung und mehr oder minder gleichmäßig vor sich gehen, hat der Statistiker gewisse Kalküle, um auch solche Verschiebungen in seine Rechnung einzubeziehen und die Wahrscheinlichkeitszahlen für die Zukunft entsprechend zu korrigieren.

9. Die Zahlenreihen

Es kann eine Reihe von Zahlen derart beschaffen sein, daß nach einer gewissen Ordnung der Gruppe die Differenzen zwischen je zwei benachbarten Zahlen und der Verlauf dieser Differenzen besondere Aufschlüsse gestatten. Dies ist sowohl bei Mächtigkeitszahlen als auch bei Verhältniszahlen möglich und derartige Reihen kommen in der verarbeiteten Statistik sehr häufig vor. Man unterscheidet mehrere Arten von Reihen.

Die Regionalreihen beziehen sich auf gleichartige Zahlen aus verschiedenen Erhebungsgebieten. So kann man z.B. die Einwohnerzahlen verschiedener Länder, Kreise, Bezirke und Städte nach ihrer Größe ordnen und erhält auf diese Weise eine Regionalreihe. Ebenso kann man die Zahlen der Bevölkerungsdichte verschiedener Länder, Kreise, Bezirke ordnen,. was für manche Vergleiche noch zweckmäßiger sein dürfte. Auch aus Produktions- und Verbrauchszahlen werden derartige Reihen gebildet und ebenso aus den bezüglichen Verhältniszahlen je Kopf oder je Bodenflächeneinheit.

Betreffen die Zahlen einer Reihe ein Qualitätsmerkmal der Erhebungseinheiten, so spricht man von einer qualitativen Reihe. Als Beispiel mögen die Prozentsätze angeführt sein, nach denen die Bekenner verschiedener Glaubensbekenntnisse in einem Lande vertreten sind. Eine zweite solche Reihe könnte gebildet werden, in dem man die Zahlen der Fälle eines bestimmten Verbrechens bezogen auf je 1000 Angehörige eines Glaubensbekenntnisses zusammenzählen würde. Beide Reihen nebeneinander gestatten dann verschiedene moralpolitische Schlüsse zu ziehen.

Wenn das Merkmal, auf das sich die Zahlen einer Reihe beziehen, quantitativer Art ist, bezeichnet man auch die Reihe als eine quantitative. Die Reihe, die den Altersaufbau einer Bevölkerung darstellt, ist z.B. dieser Art. Gewöhnlich geschieht dies in der Form, daß man für Altersintervalle (etwa 1 Jahr oder 5 Jahre) den Prozentsatz der Einwohner angibt, die zu einem bestimmten Zeitpunkt etwa einer Volkszählung in diese Altersstufen fallen. Ebenso kann man die Prozentsätze zusammenzählen, die dartun, welchen Anteil die Bezieher von Einkommen in jeder Einkommenstufe an der Gesamtbevölkerung haben. Eine zweite Reihe könnte den Anteil der Ernährungskosten an den gesamten Lebenshaltungskosten für die Einkommenstufe angeben. Aus beiden Reihen kann man eine gewisse Regelmäßigkeit feststellen, nach der der prozentuale Anteil der Ernährungskosten mit wachsendem Einkommen abnimmt. Die Zahlen der beiden Reihen nehmen in der gleichen Richtung zu, was der Statistiker positive Korrelation nennt. Im umgekehrten Fall, wenn die Zahlen der beiden Reihen sich in entgegengesetzter Richtung ordnen, zu- oder abnehmen, liegt eine negative Korrelation vor. Am wichtigsten, namentlich für die volkswirtschaftliche Statistik, sind die zeitlichen Reihen. Sie geben die Veränderung irgendeiner Mächtigkeit oder einer bestimmten Wirtschaftsgröße im Verlauf der Zeit an. Als bekanntes Beispiel sind hier die mittleren Preise oder die Indexzahlen eines börsenmäßig gehandelten Gutes an den aufeinanderfolgenden Börsentagen anzuführen. Ebenso die Zusammenstellung der Ergebnisse von aufeinander gefolgten Volkszählungen. Diese liegen oft 5 oder gar 10 Jahre auseinander und es ist dabei noch nichts über die Bevölkerungszahlen der dazwischenliegenden Jahre gesagt. Man greift in solchen Fällen zur sogenannten Interpolation zwischen zwei benachbarten Erhebungszahlen. Eine logische Anwendung der "Interpolationsmethode" über die Endglieder der Reihe hinaus nennt man Extrapolation. Sie kann bei zeitlichen Reihen so-

wohl in der Zukunft als auch in der Vergangenheit vorgenommen werden. Vom
ersteren macht die Wirtschaftsprognose Gebrauch, vom letzteren der Wirtschafts-
historiker. Oft kann man mehrere solcher Reihen nebeneinander stellen und heraus-
finden, das positive oder negative Korrelationen zwischen ihnen bestehen. Bekannt
ist z. B. , daß Clearingshouse-Umsätze, die Zahlen der Eheschließungen, die Aus-
und Einfuhrzahlen oder andere, während Epochen wirtschaftlicher Blüte zunehmen,
in Epochen der Geschäftsstockungen hingegen abnehmen. Umgekehrt ist es bei den
Preisen und den Indexzahlen der Lebenshaltungskosten, bei den Eigentumsdelikten
usw., deren Zahlen während guter Wirtschaftskonjunktur ab-, während wirtschaftlicher Stockungen zunehmen. Bei der Darstellung der zeitlichen Reihen hat sich
die Methode der graphischen Statistik entwickelt. Am häufigsten wird das Koordinatensystem verwendet, deren Abszissenachse der verschiedenen Zeitpunkte,
deren Koordinatenachse den Maßstab für die betreffende zeitveränderliche Größe angibt. Bei Prozentzahlen, die in der Summe 100 ergeben, ist vielfach die
Darstellung durch Sektoren eines Kreises üblich geworden, namentlich in volks-
tümlichen Abhandlungen. Dadurch ist das Wort S e k t o r zu einer neuen Begriffsbezeichnung in Abhandlungen über Wirtschaft gelangt. Diese Darstellungsart ist
immerhin noch als wissenschaftlich zu bezeichnen, hingegen die Darstellung durch
verschieden große Getreidesäcke, verschieden große Raummaße oder Gewichte
kaum mehr. Liegen mehrere korrelative Reihen vor, so ist die Tabellenform am
üblichsten, nur wenn die Zahl der Reihen nicht sehr groß ist, gibt auch die graphische Darstellung ein sehr anschauliches Bild.

10. Mittelwert und Durchschnittszahlen

Unter Mittelwert versteht man in der Statistik genau das gleiche, was man in der
Mathematik darunter meint. Im Gegensatz zu den Verhältniszahlen beziehen sich
M i t t e l w e r t z a h l e n stets auf eine Reihe gleichartiger Zahlen, deren Größe
innerhalb gewisser Grenzen variiert. Ein typisches Beispiel dafür sind etwa die
Hektarerträge an Roggen. Sie schwanken je nach der Art des Bodens, der Menge
der Niederschläge und der sonstigen Witterung, während des betreffenden Wirt-
schaftsjahres, aber auch je nach der Intensität der Bewirtschaftung des Bodens. Der
Mittelwert des Hektarertrages gilt für ein bestimmtes Jahr und für ein bestimmtes
Gebiet, für Sommer- oder Winterroggen oder nur für eine oder die andere dieser
beiden Arten.

Man unterscheidet den u n g e w o g e n e n und den g e w o g e n e n M i t t e l w e r t.
Der ungewogene Mittelwert aus n-Zahlen entsteht, indem man sie addiert und
die Summe durch die Zahl n dividiert. Das ungewogene Mittel ist jedoch häufig
nur eine mehr oder minder gute Annäherung an den Wert, den man erhalten will.
So ist in unseren Beispielen der ungewogene Mittelwert verschiedener Hektarerträge nicht genau, weil der Hektarertrag einer großen Fläche stärker ins Gewicht
fällt als der Hektarertrag eines kleinen Feldes. Würde man den ungewogenen Mittelwert des Hektarertrages an Roggen mit der gesamten Fläche, die mit Roggen

bestellt war, multiplizieren, so würde man nicht die wirkliche gesamte Roggen-produktion erhalten, sondern nur eine Annäherung daran.

Aus diesen Gründen muß man je nach der Art der Zahlen, für die der Mittelwert gefunden werden soll , unter Umständen den gewogenen Mittelwert in Anwendung bringen. Dabei muß man sogenannte Wahrscheinlichkeits- oder Häufigkeitsge-wichte anbringen. Die richtige Wahl dieser Gewichte ist in manchen Fällen schwierig. In obigem Beispiel ist sie verhältnismäßig einfach, denn man kann die Gewichte proportional zu den Bodenflächen ansetzen, für die die Hektarerträge gelten. Der gewogene Mittelwert entsteht nun, indem man jede Zahl mit ihrem Wahrscheinlichkeitsgewicht multipliziert, die so gewonnene Produktion summiert und die Summe durch die Summe der Wahrscheinlichkeitsgewichte dividiert. Ein so errechneter mittlerer Hektarertrag mit der gesamten Bodenfläche multipliziert, ergibt dann auch die wirkliche Roggenproduktion des ganzen Gebietes, für welche der Mittelwert errechnet worden ist. Die bisher angeführten Mittelwerte nennt man arithmetische Mittel und in dem Beispiel der Hektarerträge hat nur dies einen Sinn.

Das arithmetische Mittel kann sowohl von Mächtigkeitszahlen als auch von Ver-hältniszahlen festgestellt werden. Das obige Beispiel des Hektarertrages betrifft eine Verhältniszahl. Die mittlere Zahl der Einwohner eines Landes je km² würde eine Mächtigkeitszahl betreffen, ebenso die mittlere Zahl der Milchkühe in bäu-erlichen Betrieben einer bestimmten Gegend.

Die statistischen Durchschnittszahlen sind im mathematischen Sinn ebenfalls Mittelwertszahlen, doch verwendet man die Bezeichnung Durchschnitts-zahlen in der Regel dann, wenn es sich um das mathematische Mittel aus einer Reihe gleichartiger Zahlen handelt, die aber zu verschiedenen Zeitpunkten gelten. Um auf das Beispiel mit den Roggenernten zurückzugreifen, hätten wir somit von einem durchschnittlichen Hektarertrag zu sprechen, wenn wir das Mittel der Er-träge ein und derselben Fläche in verschiedenen Jahren rechnen. Hier kommt das ungewogene Mittel in Betracht, wenn nur der Durchschnittswert einer bestimmten Parzelle gesucht wird. Würde es sich hingegen um den Durchschnittswert eines größeren Gebietes handeln und die gesamte mit Winterroggen bestellte Fläche in den einzelnen Jahren der betreffenden Epoche erheblich verschieden sein, dann wäre das gewogene arithmetische Mittel in Anwendung zu bringen.

Das geometrische Mittel kommt namentlich für Wertzahlen in Betracht. Vorläufig allerdings mehr theoretisch, denn in der statistischen Praxis wird auch bei Wert- und Preiszahlen bis heute noch ziemlich allgemein das arithmetische Mittel in Anwendung gebracht. Das geometrische Mittel aus n-Zahlen entsteht, wenn man diese n-Zahlen miteinander multipliziert und aus dem Produkt die n-te Wurzel zieht, bzw. der log. des Mittelwertes wird erhalten, wenn man die log. der betreffenden n-Zahlen summiert und die Summe durch n dividiert. Daraus ist ohne weiteres ersichtlich, daß der log. des geometrischen Mittels das arithmeti-sche Mittel aus den log. der betreffenden Zahlen ist, von denen das geometri -sche Mittel gesucht wird.

Außerdem gibt es noch ein h a r m o n i s c h e s Mittel. Dieses entsteht, indem man die reziproken Werte der betreffenden n-Größen summiert und dann die Zahl n durch jene Summe dividiert. Es kommt nur in Betracht, wenn die Unterschiede zwischen Größen beträchtlich sind.

Verwandt mit den mittleren und Durchschnittswerten sind die d i c h t e s t e n W e r t e und die Z e n t r a l w e r t e. Wenn wir eine größere Reihe von statistischen Zahlen, darunter auch einige gleichgroße oder nahezu gleichgroße vor uns haben, so bezeichnet man die Zahl, die am häufigsten vorkommt, als den dichtesten Wert. Sind die Variationen der Größen der Zahlen rein zufälliger Art, dann stimmt der dichteste Wert in der Regel mit dem Mittelwert überein. Wenn aber nicht nur Zufälle die großen Variationen verursachen, dann ist Übereinstimmung von dich - testem Wert und Mittelwert fraglich.

Ordnet man eine Reihe von gleichartigen Zahlen nach ihrer Größe, und ist die Mächtigkeit der Menge eine ungerade Zahl, so bezeichnet man die in der Mitte der Reihe stehende statistische Zahl als den Zentralwert. Man hätte also beispiels- weise die statistische Zahlenreihe 12, 14, 15, 16, 17, 18, 21 vor sich, dann ist die Zahl 16 der Zentralwert. Ist die Mächtigkeit der Menge eine gerade Zahl, so gibt es zwei b e n a c h b a r t e Zentralwerte, von denen man auch das arith- metische Mittel als Zentralwert ansehen kann. Wenn die Mächtigkeit der Menge gleichartiger statistischer Zahlen groß ist, dann kann man auch die Zahl heraus- heben, die zwischen 1. und 2. bzw. zwischen 3. und 4. Viertel der Zahlenreihe steht und man nennt dann diese Zahlen V i e r t e l w e r t e . Analog kann man noch weiter gehen und auch Achtelwerte oder sogar Hundertstelwerte herausheben. Eine praktische Anwendung hat der Zentralwert seinerzeit in der Statistik der Lebens- versicherung gefunden, doch ist dies heute nicht mehr üblich.

Bei sehr mächtigen Zahlengruppen kann man durch die Feststellung des dichtesten Wertes und des geometrischen Abweichungsgesetzes, analog dem Fehlergesetz in der Meßkunde, ein Kalkül gewinnen, ob das arithmetische oder das geometrische Mittel eine bessere Annäherung an den gewünschten Mittelwert liefert.

Die Abweichungen der einzelnen Zahlen von den Mittel- oder Durchschnittswer- ten nennt der Statistiker S t r e u u n g oder D i s p e r s i o n . Für die Stärke gibt es beim arithmetischen Mittel ein Maß ganz analog dem Präzisionsmaß, das G a u s s für die Messungskunde vorgeschlagen hat. Zeigen sich gewisse Ereignisse inner- halb eines Zeitabschnittes abnormal, wie z. B. Elementarschadensfälle oder Ver- brechen, so spricht man von einer H ä u f u n g . Das Gegenteil einer solchen, d. h. abnormal wenig Schadensfälle oder Verbrechen in einem Zeitabschnitt, kann man als H ö h l u n g bezeichnen, doch ist der letztere Ausdruck bisher nicht gebräuch- lich gewesen.

11. Der arithmetische und der geometrische Mittelwert

Die Mittelwertrechnung ist eigentlich die häufigste und auch wichtigste Arbeit des mathematischen Statistikers. Man unterscheidet dabei das arithmetische und geometrische Mittel. Bezeichnen wir mit x_1 bis x_n eine Gruppe von Größen gleicher Art, deren Mittelwert zu berechnen ist, so gilt für den arithmetischen Mittelwert $\overline{X}$ die Formel $\overline{X} = \frac{1}{n} \cdot (x_1 + x_2 + \ldots + x_n)$.   Dieser Mittelwert entspricht bekanntlich dem Gaußschen Grundsatz von den kleinsten Quadraten, das heißt, die Formel gilt auch aus der Forderung, daß die Summe der Quadrate der Differenzen zwischen jedem x und dem Mittelwert ein Minimum wird. In mathematischer Symbolik

$$(x_1 - \overline{X})^2 + (x_2 - \overline{X})^2 + \ldots + (x_n - \overline{X})^2 = \text{Minimum.}$$

Der so errechnete arithmetische Mittelwert ist als genügende Annäherung berechtigt, wenn die Unterschiede zwischen den Größen x und dem Mittelwert $\bar{x}$ verhältnismäßig klein sind. Das ist bekanntlich die Voraussetzung des Gaußschen Fehlergesetzes in der Fehlertheorie. Diese Voraussetzung trifft jedoch bei verschiedenen statistischen Größen nicht zu, insbesondere nicht bei Bewertungen von Gütern.

Nach dem Gaußschen Fehlergesetz würde eine Abweichung der gemessenen Grössen vom Mittelwert um 10 % nach oben ebenso wahrscheinlich sein, wie eine Abweichung um 10 % nach unten, was eine symmetrische Fehlerfunktion ergibt. Bei Wertschätzungen trifft das nicht zu, wie man sich leicht überzeugen kann. Würde z.B. das richtige Wertverhältnis zwischen Äpfel und Nüssen 1 Apfel = 4 Nüsse sein und es würde jemand die Fehlschätzung 1 Apfel = 5 Nüsse abgeben, so könnte man nicht sagen, ob er den Apfel überschätzt oder die Nüsse unterschätzt hat. Es ist also eine Überschätzung von 5/4 des richtigen Wertes ebenso möglich und wahrscheinlich wie eine Überschätzung von 4/5, ebenso eine Überschätzung auf das Doppelte wie eine Unterschätzung auf die Hälfte des richtigen Wertes.

Diese Überlegung führt dazu, daß nicht das arithmetische Mittel, sondern das geometrische als wahrscheinlichster Wert anzusehen ist. Das geometrische Mittel der Größen x_1 bis x_n wird aus der Formel berechnet

$$\overline{x_g} = \sqrt[n]{x_1 \cdot x_2 \cdot \ldots \cdot x_n} \quad \text{oder bei } log. \text{ Berechnung}$$

$log\,\overline{x} = 1/n \cdot (log\ x_1 + log\ x_2 + \ldots + log\ x_n)$. Man ersieht daraus, daß das arithmetische Mittel der log von x den log des geometrischen Mittels angibt. Trägt man Größen y in log. Maßstab auf, so kann man die betreffenden Längen $log\ y$ so behandeln, als ob man ein arithmetisches Mittel zu suchen hätte. Dies gibt Vorteile bei manchen graphischen Darstellungen statistischer Größen und Größenfunktionen. Der Gaussche Satz von den kleinsten Quadraten gilt jetzt für die Differenz zwischen dem log des Mittelwertes $\overline{x_g}$ und den log der Größen x deren geometrischer Mittelwert zu errechnen ist. Auch für den geometrischen Mittelwert ist ein Fehlergesetz abgeleitet worden, doch hat dies für praktische statistische Berechnungen keine Bedeutung. In graphischer Darstellung ist dieses Fehlergesetz eine unsymmetrische Glockenlinie, wie sie die Abb. 1 widergibt, zum Unterschied von der symmetrischen Glockenlinie nach dem Gaußschen Fehlergesetz, die zum Vergleich in der Abb. 2 wiedergegeben ist.

Fehlerfunktion

geometrisches Mittel   arithmetisches Mittel

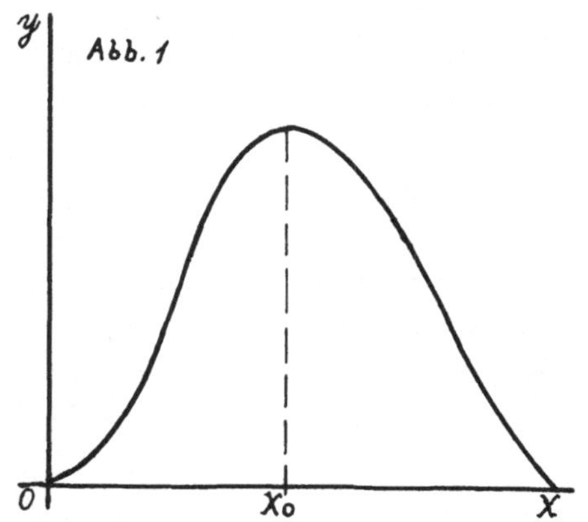

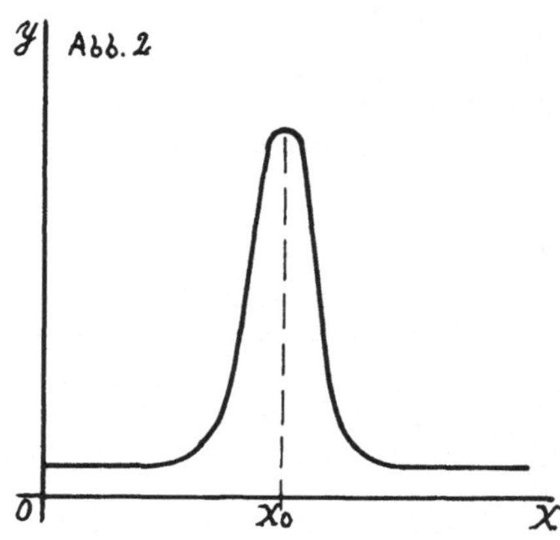

12. Das gewogene Mittel

Hat in einer Gruppe gleichartiger Größen y_1 bis y_n, von dem der Mittelwert $\bar{y}$ zu berechnet ist, nicht jedes y die gleiche Wichtigkeit, so liefert die Mittelwertrechnung, wie wir sie angegeben haben, nur eine Annäherung. Soll man z.B. den mittleren Preis einer Ware für einen bestimmten Börsentag berechnen, so muß man beachten, daß ein kleiner Börsenabschluß nicht von der gleichen Wichtigkeit ist wie ein großer. Würde man die Börsennotierungen des betreffenden Tages einsummieren und durch deren Zahl dividieren, also $\bar{y} = \dfrac{1}{n}\overset{n}{\Sigma} y$ setzen,

so wäre $\bar{y}$ ein sogenannter ungewogener Mittelwert, der nur eine gewisse Anhäherung an den richtigen Mittelwert vorstellen würde. Die Annäherung wäre offenbar um so besser, je weniger groß die Unterschiede der umgesetzten Gewichtsmengen wären.

Nimmt man an, daß die Gewichtigkeit jedes einzelnen Preises proportional zur zugehörigen umgesetzten Gewichtsmenge ist, so kann man die Mengen als sogenannte Wahrscheinlichkeitsgewichte verwenden. Bezeichnen wir diese Mengen

mit $\quad m_1, m_2, \ldots m_n,\quad$ so lautet die Formel für das gewogene Mittel $\bar{y} = \dfrac{\overset{n}{\Sigma} my}{\overset{n}{\Sigma} m}$

Werden so gewonnene Mittelwerte zur Indexrechnung verwendet, so erhält man einen sogenannten g e w o g e n e n I n d e x zum Unterschied vom ungewogenen Index, der aus ungewogenen Mittelwerten zustande gekommen wäre.
Von großer Wichtigkeit ist die Berechnung des gewogenen Mittels für die Aufstellung von G e n e r a l i n d e x z a h l e n , z.B. für die des Großhandels. Die ältere Berechnung bestand darin, daß man eine Reihe von wichtigen Gütern auswählte und deren Preis je Tonne summierte. Die Summe eines Basiszeitpunktes wurde gleich 100 Indexeinheiten angegeben (Indexzahl des "Economist"). Später er-

kannte man, daß es nicht richtig sei, alle Güter so zu behandeln, als ob sie volkswirtschaftlich von gleicher Gewichtigkeit wären, also z.B. Salz ebenso wie Weizen oder Eisen und deshalb wurde den Preisen für die verschiedenen Güter auch verschiedene W a h t s c h e i n l i c h k e i t s g e w i c h t e zugeordnet.

Darüber, welche Wahrscheinlichkeitsgewichte am zweckmäßigsten wären, ist unter den Statistikern allerdings noch keine volle Einigkeit erzielt worden. Die einen meinen, daß die von der gesamten Volkswirtschaft erzeugten Mengen der einzelnen Güter die zweckmäßigsten Wahrscheinlichkeitsgewichte wären, die anderen sagen, daß von der Volkswirtschaft verbrauchte Mengen richtigere Wahrscheinlichkeitsgewichte abgeben würden. Für den Generalindex des Exportes oder des Importes würde weder das eine noch das andere zu empfehlen sein. Die Entscheidung der Frage hängt in der Hauptsache davon ab, zu welchem Zweck man die errechnete Generalindexzahl zu verwenden gedenkt. 2) Das was die Überlegung über die Zweckmäßigkeit schwierig gestaltet, ist der Umstand, daß der Preis eines Rohstoffes im Halbfabrikat und im Fertigfabrikat wiederkehrt, also z.B. der Preis des Eisenerzes im Rohstahl bzw. in der Walzware und schließlich gegebenenfalls noch in den Maschinen, die aus der Walzware hergestellt wurden. Aus diesem Grunde ist auch die Meinung entstanden, daß man nur die Urprodukte zur Generalindexrechnung heranziehen sollte; dabei tritt aber die Frage auf, ob dann nicht auch die menschliche Arbeitskraft miteinbezogen werden müßte. Diese Ansicht vertrat z.B. Dr. Helfferich.

Bei manchen Generalindexzahlen, wie z.B. den der L e b e n s h a l t u n g s k o s t e n kann man auch auf einem anderen Weg zu gewogenen Indexzahlen kommen. Man stellt einen mittleren Haushalt etwa einer vierköpfigen Arbeiterfamilie als gedachten Typus auf, in dem die speziellen Ausgaben für irgendein Verbrauchsgut oder eine Leistung einen bestimmten Prozentsatz der gesamten Haushaltskosten bilden.

Auf dieser Grundlage verfolgt man die Veränderung der gesamten Lebenshaltungskosten und rechnet daraus die Indexzahl. Ungewogen wäre ein solcher Index, wenn man lediglich die Preise ausgewählter Verbrauchsgüter zusammenstellen und die Summe von Zeit zu Zeit miteinander im Wege der Indexrechnung vergleichen würde.

Auch gegen den gewohnten Lebenshaltungsindex kann man schließlich Einwendungen erheben. Wenn ein Verbrauchsgut zufällig sehr teuer wird, die Menge, die davon verbraucht zu werden pflegt, jedoch nicht zwangsläufig gleich bleibt, so kann das Wahrscheinlichkeitsgewicht dieses Gutes sich ändern, und dann wird die theoretische Richtigkeit der oben angegebenen Indexberechnung mehr oder weniger problematisch.

---

(2) Es handelt sich hier um einen typischen Fall, wo der Volkswirt zu unrichtigen Schlüssen gelangen kann, wenn er nicht weiß, wie die betreffenden statistischen Indexzahlen entstanden und berechnet worden sind.

III. Analytische Geometrie, Differentialgleichungen, Integrationsmethoden und Funktionentheorie[3])

1. Koordinaten und Winkelfunktionen

Nach den Grundregeln der Geometrie ergibt sich für die Länge einer der Abszissenachse parallelen Geraden, die durch die Punkte A_1 und A_2 mit den Abszissen x_1 und x_2 begrenzt ist, $x_2 - x_1$, und zwar gleichgültig für jede Lage der Endpunkte. Dabei wird die Strecke positiv, wenn die Richtung $A_1 A_2$ mit dem positiven, negativ, wenn diese mit dem negativen Durchlaufungssinn (entgegengesetzt dem Pfeil) übereinstimmt. Aus dieser Formel folgt für n beliebige Punkte der Geraden

$$A_1 A_2 + A_2 A_3 + \ldots + A_{n-1} A_n = A_1 A_n$$

Die Winkel messen wir durch die zugehörigen Bogen eines Kreises vom Halbmesser 1, dessen Mittelpunkt im Scheitel des Winkels liegt (Abb. 3). Sind die Schenkel des Winkels gerichtete Gerade a und b und ist in der Ebene ein positiver Drehungssinn gegeben, so ist der Winkel bis auf Vielfache von 2π festgelegt und mit Vorzeichen versehen. Sehen wir also im folgenden von solchen Vielfachen ab, so gilt immer $\sphericalangle (ab) = - \sphericalangle (ba)$ und für drei Strahlen

$$\sphericalangle (ab) + \sphericalangle (bc) = \sphericalangle (ac),$$

allgemein für n Strahlen

$$\sphericalangle (a_1 a_2) + \sphericalangle (a_2 a_3) + \ldots + \sphericalangle (a_{n-1} a_n) = \sphericalangle (a_1 a_n).$$

(Abb. 3).

Wir wählen in der Ebene zwei aufeinander senkrechte, gerichtete Gerade als Achsenkreuz (Abb. 4) und fällen von einem beliebigen Punkt P die Lote auf diese beiden Achsen. Durch die Fußpunkte P' und P'' sind auf den gerichteten Geraden OX und OY zwei reelle Zahlen $x = OP'$

(3) Mit Ausnahme der mathematischen-statistischen Abschnitte Ziffer 3, 6, 9, 10 und 23 ist dieses Kapitel zur Wiederholung der Grundlehre über Differentialgleichungen, Integrationsmethoden und Funktionstheorie eingeschaltet und mit Abbildungen dem ausgezeichneten Vorlesungsstoff über höhere Mathematik des Prof. Dr. Josef Lense in knapper Fassung entnommen worden. Zur weiteren Vertiefung empfehlen wir Josef Lense: „Vorlesungen über höhere Mathematik", erschienen 1948 im R. Oldenbourg-Verlag, München.

(Abszisse) und $y = O P''$ *(Ordinate)* bestimmt, die *rechtwinkeligen Koordinaten* von P, und umgekehrt bestimmen zwei solche Zahlen immer genau einen Punkt *(Descartes, Fermat).* Den Fahrstrahl $r = O P$ rechnen wir vorderhand immer positiv. Als positiven Drehsinn wählen wir jenen, der die positive X-Achse durch Drehung um $\pi/2$ in die positive Y-Achse überführt. Dadurch ist der Winkel $\varphi = \sphericalangle\, X O P$ samt

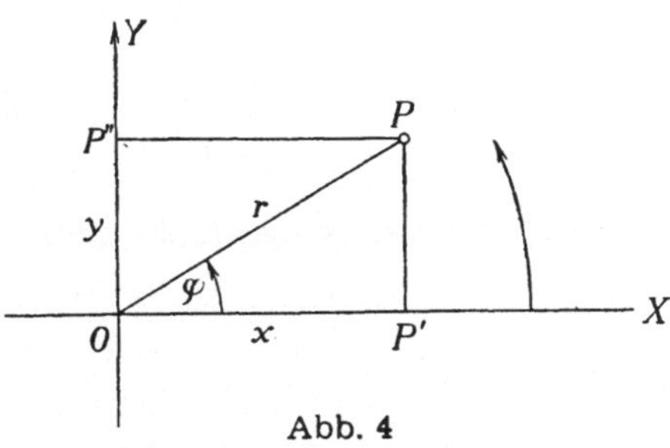

Abb. 4

Vorzeichen bis auf Vielfache von 2π bestimmt. r und φ heißen die *Polarkoordinaten* von P.

Wir setzen
$$\cos \varphi = x/r, \ \sin \varphi = y/r \quad \dots \dots \dots \dots \quad (1)$$
Spiegelung von P an O bzw. an der X-Achse liefert gültig für jeden Winkel
$$\begin{aligned}
\cos (\varphi + \pi) &= -\cos \varphi, & \sin (\varphi + \pi) &= -\sin \varphi \\
\cos (-\varphi) &= \cos \varphi, & \sin (-\varphi) &= -\sin \varphi
\end{aligned} \quad \dots \dots \quad (2)$$

Aus diesen Beziehungen ergibt sich sofort, daß sich $\cos \varphi$ und $\sin \varphi$ nicht ändern, sobald der Winkel φ um 2π vermehrt wird *(Periode 2π)*, ferner folgende Formeln, wenn man φ durch $-\varphi$ in der ersten Zeile von (2) ersetzt,
$$\cos (\pi - \varphi) = -\cos \varphi, \quad \sin (\pi - \varphi) = \sin \varphi \quad \dots \dots \quad (3)$$
Es gilt nach (1)
$$\cos^2 \varphi + \sin^2 \varphi = 1 \quad \dots \dots \dots \dots \dots \quad (4)$$

Aus Abb. 5 erkennt man, daß bei Vermehrung des Winkels um $\pi/2$ der Sinus des neuen Winkels gleich dem Kosinus des alten wird. Daß auch das Vorzeichen stimmt, folgt daraus, daß in den vier Quadranten für die Vorzeichen gemäß der Definition gilt

	I	II	III	IV
sin	+	+	−	−
cos	+	−	−	+,

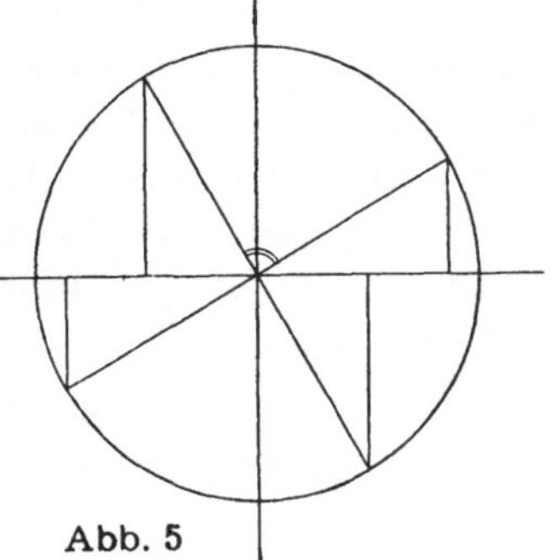

Abb. 5

also durch Weiterschreiten um $\pi/2$ aus den Vorzeichen des Sinus die früheren des Kosinus werden.

Man hat daher allgemein die Beziehung
$$\sin [\varphi + (\pi/2)] = \cos \varphi$$
und dann nach (2)
$$\sin [(\pi/2) - \varphi] = \cos \varphi \quad \dots \dots \dots \dots \quad (5)$$

Wir definieren ferner $\operatorname{tg} \varphi = (\sin \varphi/\cos \varphi)$ und $\operatorname{ctg} \varphi = (\cos \varphi/\sin \varphi)$.
Tangens und Kotangens ändern sich also nach dem Obigen nicht, wenn man

den Winkel um π vermehrt (*Periode* π), ändern dagegen mit dem Winkel das Vorzeichen. Aus (5) folgt

$$\operatorname{tg}\,[(\pi/2) - \varphi] = \operatorname{ctg} \varphi \ \ldots \ldots \ldots \ldots \quad (6)$$

2. Koordinatentransformation und Additionssätze der Winkelfunktionen

Denkt man sich die Strecke OP parallel zu sich selbst längs der Y-Achse verschoben, so entsteht Abb. 6 und daher $A'B' = AB \cos (gg')$ nach For-

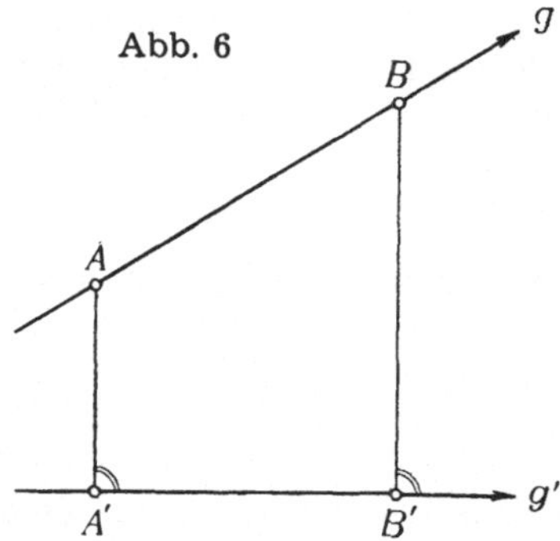

mel 1 (1). Diese Beziehung gilt aber auch, wenn die Richtung von g umgekehrt wird, weil dann AB und $\cos (gg')$ gemäß 1 (3) ihr Zeichen ändern, also allgemein. Projiziert man auf diese Weise einen aus n Strecken bestehenden Zug auf g', so erhält man zufolge der Beziehung 1 (1) den Satz: Die Projektion des Streckenzuges ist gleich der Projektion der Strecke, die den Anfangspunkt mit dem Endpunkt des Zuges verbindet.

Das Achsenkreuz $X'Y'$ (Abb. 7) sei gegen das Achsenkreuz XY parallel verschoben und gedreht, Koordinaten von O': a, b, Drehwinkel φ. Der Punkt P habe in bezug auf das System XY die Koordinaten x, y, in bezug auf $X'Y'$ die Koordinaten $x'y'$. Man erhält x, y, wenn man OP auf OX und OY projiziert. Nach dem eben abgeleiteten Satz kann man statt dessen den Streckenzug $OO'QP$ projizieren, wodurch sich die Formeln

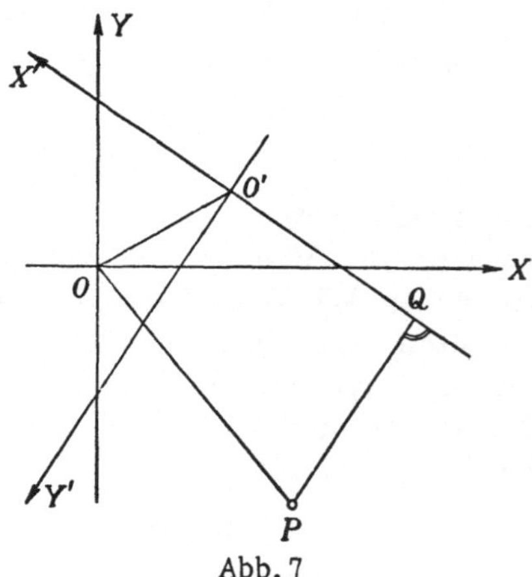

$$x = a + x' \cos (XX') + y' \cos (XY')$$
$$y = b + x' \cos (YX') + y' \cos (YY')$$

ergeben. Nun ist

$$\sphericalangle\,(XX') = \varphi, \quad \sphericalangle\,(XY') = \sphericalangle\,(XX') + \sphericalangle\,(X'Y') = \varphi + (\pi/2),$$
$$\sphericalangle\,(YX') = \sphericalangle\,(YX) + \sphericalangle\,(XX') = -(\pi/2) + \varphi,$$
$$\sphericalangle\,(YY') = \sphericalangle\,(YX) + \sphericalangle\,(XY') = -(\pi/2) + \varphi + (\pi/2) = \varphi,$$

somit nach 1 (2) und 1 (5)

$$\begin{aligned} x &= a + x' \cos \varphi - y' \sin \varphi \\ y &= b + x' \sin \varphi + y' \cos \varphi \end{aligned} \cdot \ \ldots \ldots \ldots \ldots \quad (1)$$

(*Transformation der rechtwinkeligen Koordinaten*).

Ist $\varphi = 0$, so hat man eine *reine Parallelverschiebung*

$$\left.\begin{aligned} x &= x' + a \\ y &= y' + b, \end{aligned}\right\} \quad\cdots\cdots\cdots\cdots\cdots \quad (2)$$

ist dagegen $a = b = 0$, eine *reine Drehung*

$$\left.\begin{aligned} x &= x' \cos \varphi - y' \sin \varphi \\ y &= x' \sin \varphi + y' \cos \varphi \end{aligned}\right\} \quad\cdots\cdots\cdots\cdots \quad (3)$$

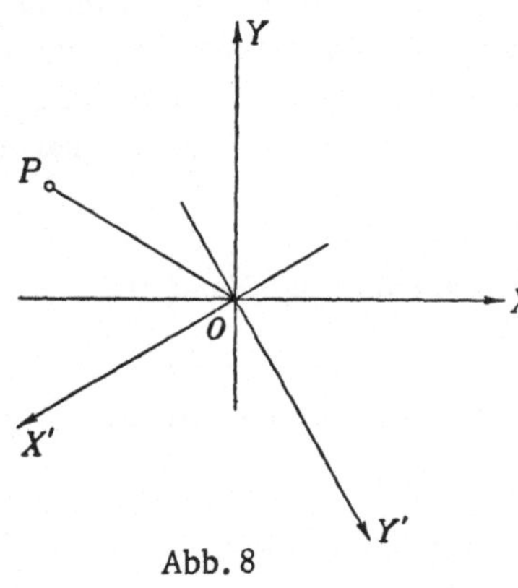

Abb. 8

Bezeichnen wir $\sphericalangle X'OP$ (Abb. 8) mit φ', so ist $\sphericalangle XOP = \sphericalangle XOX' + \sphericalangle X'OP = \varphi + \varphi'$, ferner nach 8 (1)

$$\begin{aligned} x &= r \cos (\varphi + \varphi') \quad\text{und}\quad x' = r \cos \varphi' \\ y &= r \sin (\varphi + \varphi') \qquad\quad\, y' = r \sin \varphi', \end{aligned}$$

somit wird aus (3) für alle beliebigen Winkel φ und φ'

$$\left.\begin{aligned} \cos (\varphi + \varphi') &= \cos \varphi \cos \varphi' - \sin \varphi \sin \varphi' \\ \sin (\varphi + \varphi') &= \sin \varphi \cos \varphi' + \cos \varphi \sin \varphi' \end{aligned}\right\} \quad\cdots \quad (4)$$

(*Additionssätze von Kosinus und Sinus*).

Aus (4) folgt für $\varphi' = \varphi$

$$\left.\begin{aligned} \cos 2\varphi &= \cos^2 \varphi - \sin^2 \varphi \\ \sin 2\varphi &= 2 \sin \varphi \cos \varphi \end{aligned}\right\} \quad\cdots\cdots\cdots \quad (5)$$

und zusammen mit 1 (5)

$$\left.\begin{aligned} 1 + \cos 2\varphi &= 2 \cos^2 \varphi \\ 1 - \cos 2\varphi &= 2 \sin^2 \varphi \end{aligned}\right\} \quad\cdots\cdots\cdots \quad (6)$$

Ersetzt man in (4) φ' durch $-\varphi'$, so folgt

$$\left.\begin{aligned} \cos (\varphi - \varphi') &= \cos \varphi \cos \varphi' + \sin \varphi \sin \varphi' \\ \sin (\varphi - \varphi') &= \sin \varphi \cos \varphi' - \cos \varphi \sin \varphi' \end{aligned}\right\} \quad\cdots\cdots \quad (7)$$

und durch Addition und Subtraktion entsprechender Zeilen aus (4) und (7) mit $\alpha = \varphi + \varphi'$, $\beta = \varphi - \varphi'$

$$\begin{aligned} \sin \alpha + \sin \beta &= 2 \sin [(\alpha + \beta)/2] \cos [(\alpha - \beta)/2] \\ \sin \alpha - \sin \beta &= 2 \cos [(\alpha + \beta)/2] \sin [(\alpha - \beta)/2] \\ \cos \alpha + \cos \beta &= 2 \cos [(\alpha + \beta)/2] \cos [(\alpha - \beta)/2] \\ \cos \alpha - \cos \beta &= -2 \sin [(\alpha + \beta)/2] \sin [(\alpha - \beta)/2] \end{aligned}$$

Aus (4) und (7) erhält man durch Division

$$\text{tg}\,(\varphi \pm \varphi') = (\text{tg}\,\varphi \pm \text{tg}\,\varphi')/(1 \mp \text{tg}\,\varphi\,\text{tg}\,\varphi') \quad\cdots\cdots\cdots \quad (8)$$

3. Die graphische Darstellung statistischer Zahlen

Seit längerer Zeit ist man auch vielfach dazu übergegangen, statistische Zahlen und Zahlengruppen graphisch darzustellen.

Die einfachste Art dieser Darstellung ist die durch gerade Linien verschiedener Längen. Selbstverständlich muß immer der Maßstab angegeben werden, in welchem die verschiedenen Mengen aufgetragen worden sind, z.B. eine Einheit der statistischen Zahl = 1 cm. Eine Reihe gleichartiger statistischer Zahlen für verschiedene Zeitpunkte einer Epoche kann man dann in einem Koordinaten-System eintragen, auf dessen Abszissen-Achse die Größe der Zeit gemessen wird; in diesem Fall muß auch der Zeitmaßstab angegeben werden, wie Abb. 9 deutlich macht:

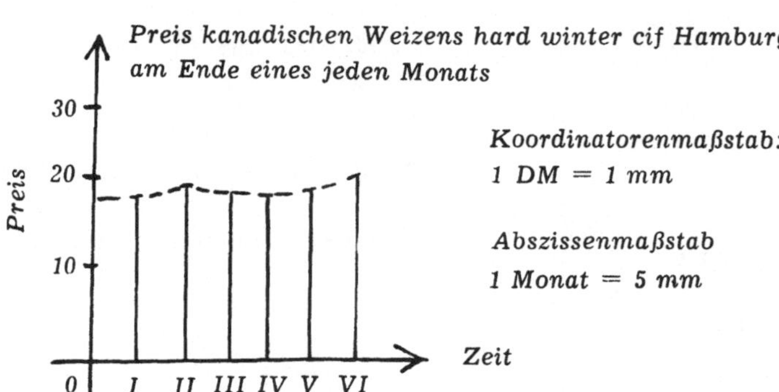

Abb. 9

Die oberen Endpunkte der Ordinaten werden häufig durch gerade Linien verbunden, wie es gestrichelt in der Abbildung angedeutet ist. Eine solche Linie gibt dann ein anschauliches Bild der Preisbewegung.

Bei statistischen Zahlen, die nicht gleichartig sind und jedoch ein gemeinsames Kollektivmaß besitzen, wird oft die Darstellung durch Rechtecke vorgezogen, wobei die Basis der Rechtecke immer gleich und nur die Höhe verschieden ist. Bei statistischen Verhältniszahlen ist die Darstellung durch Kreissektoren beliebt geworden, z.B. wenn man die Aufgliederung einer Bevölkerung nach Berufsarten anschaulich machen will oder die Aufgliederung der Produktion nach Gütergruppen usw. Diese Darstellung erfordert nicht unbedingt eine Maßstabsangabe, weil es selbstverständlich ist, daß bei der $100°$ Teilung $4°$ einem Prozent entsprechen.

In Amerika ist die Darstellung statistischer Zahlen durch Bildchen in Mode gekommen, etwa durch Säcke verschiedener Größen oder durch die Abbildung von Gewichten usw. Dies dient jedoch nur zu populären Vorführungen und kommt für wissenschaftliche Zwecke nicht in Betracht.

4. Grenzwert

Die *unendliche Folge* von reellen Zahlen a_1, a_2, a_3, ... heißt *beschränkt*, wenn die absoluten Beträge aller Zahlen der Folge unterhalb einer festen Schranke M liegen: $|a_\nu| < M$ für $\nu = 1, 2, 3, ...$ Eine reelle Zahl a heißt eine *Häufungsstelle* der Folge, wenn es in beliebiger Nähe von a unendlich viele Zahlen der Folge gibt: $|a - a_\nu| < \varepsilon$ (ε beliebig kleine positive Zahl) für unendlich viele ν, dagegen *Grenzwert (limes)* der Folge, wenn alle Zahlen der Folge mit Ausnahme einer endlichen Anzahl in beliebiger Nähe von a liegen: $|a - a_\nu| < \varepsilon$ für alle $\nu > N$, wobei N von ε abhängt. Man sagt auch, die Folge *konvergiert* gegen a und schreibt

$$a = \lim_{\nu \to \infty} a_\nu \qquad \text{oder} \qquad a_\nu \to a.$$

Jede konvergente Folge ist also beschränkt.

Jede beschränkte Folge hat mindestens eine Häufungsstelle (Satz von *Bolzano-Weierstraß*). Denn teilt man das durch $- M$ und $+ M$ begrenzte Intervall in zwei gleiche Teile, so müssen in mindestens einem dieser Teile unendlich viele Zahlen dieser Folge liegen. Durch fortwährendes Halbieren erhalten wir so eine ineinander geschachtelte Folge von Intervallen, die beliebig klein werden und immer unendlich viele Zahlen der Folge enthalten, dadurch ist aber wie in Ziffer 1 genau ein Punkt der Zahlengeraden und damit genau eine reelle Zahl a bestimmt mit der Eigenschaft, daß in jeder noch so kleinen Umgebung unendlich viele Zahlen der Folge liegen.

Nach dem Obigen unterscheiden sich die Zahlen einer konvergenten Folge schließlich beliebig wenig vom Grenzwert, daher auch untereinander beliebig wenig, also $|a_\mu - a_\nu| < \varepsilon$ für alle genügend großen μ und ν, z. B. μ, $\nu > N$. Ist umgekehrt diese Bedingung erfüllt, so konvergiert die Folge gegen einen Grenzwert. Denn zufolge dieser Bedingung unterscheiden sich alle Glieder a_{N+2}, a_{N+3}, ... der Folge von einem festen a_{N+1} um weniger als ε, liegen also zwischen $a_{N+1} - \varepsilon$ und $a_{N+1} + \varepsilon$, haben daher eine Häufungsstelle a, die ebenfalls in diesem Intervall liegt, und zwar nur eine, weil sonst die Unterschiede aller Zahlen untereinander mit genügend großen Zeigern nicht beliebig klein werden könnten. Diese Häufungsstelle ist sonach der Grenzwert *(Konvergenzkennzeichen von Cauchy)*.

Eine Folge heißt *monoton*, wenn die Zahlen niemals abnehmen oder niemals zunehmen, also $a_{\nu+1} \geqq a_\nu$ oder $a_{\nu+1} \leqq a_\nu$ für alle ν. Jede beschränkte monotone Folge konvergiert, denn sie hat eine Häufungsstelle und zwar nur eine wegen der Monotonieeigenschaft.

Aus dem Begriff des Grenzwertes folgt sofort: Wenn $a_\nu \to a$, dann ist auch $|a_\nu| \to |a|$, und wenn $a_\nu > b_\nu$, dann ist $\lim\limits_{\nu \to +\infty} a_\nu \geqq \lim\limits_{\nu \to +\infty} b_\nu$.

Wenn $|a - a_\nu| < \varepsilon$ und $|b - b_\nu| < \varepsilon$ für alle $\nu > N$, dann ist bei genügend kleinem ε

$$|(a \pm b) - (a_\nu \pm b_\nu)| < 2\,\varepsilon, \quad |ab - a_\nu b_\nu| = |(a - a_\nu)\,b + (b - b_\nu)\,a_\nu|$$
$$< (|b| + M)\,\varepsilon, \quad |(1/a) - (1/a_\nu)| = |(a - a_\nu)/(a\,a_\nu)| < 2\,\varepsilon \,/\, |a|^2$$

(letzteres nur für $|a| \neq 0$ möglich); d. h. addiert, subtrahiert, multipliziert, dividiert man bei zwei konvergenten Folgen die Zahlen mit gleichem Zeiger, so erhält man jedesmal eine neue Folge, deren Grenzwert gleich Summe, Differenz, Produkt, Quotient der Grenzwerte der ursprünglichen Folgen ist (immer vorausgesetzt, daß kein Nenner Null ist).

Wenn die absoluten Beträge der Zahlen einer Folge über alle Schranken wachsen und dabei die Vorzeichen schließlich alle positiv oder alle negativ sind, so ordnen wir der Folge den *uneigentlichen Grenzwert* $+\infty$ bzw. $-\infty$ zu, also $a_\nu \to \pm\infty$, sobald $\pm a_\nu$ beliebig groß für alle genügend großen ν wird. Wir sagen, die Folge *divergiert* nach $\pm\infty$.

5. Stetige Funktionen

Die Gesamtheit aller reellen Zahlen x zwischen a und b einschließlich der Grenzen, $a \leq x \leq b$, nennen wir ein *abgeschlossenes Intervall*. Werden die Grenzen a und b ausgelassen, $a < x < b$, so nennt man das Intervall *offen*. Wir sagen, y ist in einem Intervall *Funktion* von x, $y = f(x)$, wenn jeder Zahl x des Intervalls eine reelle Zahl y zugeordnet ist (geometrische Deutung durch eine Kurve, x, y rechtwinkelige Koordinaten in der Ebene).

Wenn für alle Zahlenfolgen x, die x_0 zum Grenzwert haben, deren Glieder aber von x_0 verschieden sind, die entsprechenden Werte von $f(x)$ denselben Grenzwert A haben, so schreiben wir

$$\lim_{x \to x_0} f(x) = A \quad \text{oder} \quad f(x) \to A \text{ für } x \to x_0.$$

An Stelle von x_0 oder A können auch die uneigentlichen Grenzwerte $\pm\infty$ treten.

$f(x)$ heißt *stetig* an der Stelle x_0, wenn $\lim\limits_{x \to x_0} f(x) = f(x_0)$, oder was dasselbe ist, wenn sich zu jeder noch so kleinen positiven Zahl ε eine positive Zahl δ finden läßt, so daß $|f(x) - f(x_0)| < \varepsilon$ für alle $|x - x_0| < \delta$. Man könnte auch schreiben $\lim\limits_{x \to x_0} f(x) = f(x_0) = f(\lim\limits_{x \to x_0} x)$ (Vertauschung von Funktions- und Limeszeichen). Aus dieser Definition und den Grenzwertsätzen von 4 folgt sofort: Summe, Differenz, Produkt, Quotient und absoluter Betrag von stetigen Funktionen sind wieder stetige Funktionen (Nenner $\neq 0$); ist $y = f(x)$ stetige Funktion von x und $x = \varphi(u)$ stetige Funktion von u, so ist auch $y = f[\varphi(u)]$ stetige Funktion von u. Alle Funktionen, die aus Konstanten und einer Veränderlichen x durch die vier Grundrechnungsarten entstehen, nennt man *rationale* Funktionen; sie lassen sich sonach als Quotient zweier *Polynome* darstellen

$$(a_0 x^m + a_1 x^{m-1} + \dots + a_m)/(b_0 x^n + b_1 x^{n-1} + \dots + b_n)$$

und sind nach dem eben Erwähnten stetige Funktionen von x an allen Stellen, an denen der Nenner nicht Null ist.

Wenn $f(x)$ für $x = x_0$ stetig und von Null verschieden ist, läßt sich um x_0 ein Intervall $|x - x_0| < \delta$ abgrenzen, so daß in diesem Intervall $f(x)$ von

Null verschieden ist und dasselbe Zeichen wie $f(x_0)$ hat. Man braucht nämlich nur $\varepsilon < |f(x_0)|$ zu wählen und das zugehörige δ zu suchen. Dann ist in diesem Intervall der Unterschied zwischen $f(x)$ und $f(x_0)$ dem absoluten Betrage nach kleiner als $|f(x_0)|$ und damit die Behauptung bewiesen.

Weitere Eigenschaften einer stetigen Funktion in einem abgeschlossenen Intervall $a \leq x \leq b$:

1. Sie ist beschränkt. Denn sonst würde sie auf einer bestimmten Zahlenfolge x über alle Schranken wachsen, diese Zahlenfolge hätte eine dem Intervall angehörige Häufungsstelle. Dort hat aber die Funktion einen bestimmten Wert und in einer genügend kleinen Umgebung Werte, die sich von dem genannten beliebig wenig unterscheiden, d. h. die Annahme des Wachsens über alle Schranken ist falsch.

2. Sie nimmt mindestens einmal einen größten und mindestens einmal einen kleinsten Wert an. Wir teilen nämlich das Intervall in zwei gleiche Teile und wählen jenen aus, in dem es einen Funktionswert gibt, der alle Funktionswerte des anderen Teils übertrifft. Wenn es keinen solchen Teil gibt, wählen wir einen beliebigen der beiden Teile, z. B. den linken. Durch fortgesetztes Halbieren und Auswählen kommen wir so auf eine Stelle, für welche die Funktion ihren größten Wert annimmt. Denn der Grenzwert für diese Stelle (und der ist vorhanden wegen der Stetigkeit und gleich dem Funktionswert) wird nach der getroffenen Auswahl der Intervalle von keinem anderen Funktionswert überschritten. Ebenso beim kleinsten Wert.

3. Sie nimmt jeden zwischen $f(a)$ und $f(b)$ gelegenen Wert im Innern des Intervalles mindestens einmal an. Denn man teile das Intervall in zwei gleiche Teile und wähle jenen, bei dem der gesuchte Zwischenwert zwischen den Werten an beiden Enden liegt. Durch Fortsetzung des Halbierungsverfahrens erhält man eine Zahl x, für welche die Funktion den Zwischenwert annimmt. Denn würde sie dort einen anderen Wert annehmen, so gäbe es ein diese Stelle enthaltendes Intervall, an dessen Enden die Funktion Werte annehmen würde, die beide wegen der Stetigkeit über oder unter dem Zwischenwert lägen, was der von uns getroffenen Intervallauswahl widerspräche. Diese Stelle liegt natürlich zwischen a und b.

4. Sie ist gleichmäßig stetig, d. h. in der obigen Definition der Stetigkeit läßt sich zu jedem ε ein von x_0 unabhängiges δ finden; d. h. man kommt mit einem bestimmten kleinsten δ für das ganze Intervall aus. Wäre das nämlich nicht der Fall, so gäbe es eine Folge von Zahlen x_0, für welche die zugehörigen δ schließlich beliebig klein würden.

Diese Folge hat im abgeschlossenen Intervall (a, b) eine Häufungsstelle $\overline{x_0}$. Dort ist die Funktion stetig. Somit kann man um $\overline{x_0}$ nach beiden Seiten ein Intervall $I\,(\overline{x_0} - \delta', \overline{x_0} + \delta')$ abgrenzen, so daß für irgend zwei Punkte x' und x'' in I die Ungleichungen $|f(x') - f(\overline{x_0})| < \varepsilon/2$ und $|f(x'') - f(\overline{x_0})| < \varepsilon/2$ gelten, daher auch $|f(x') - f(x'')| < \varepsilon$ (wenn x mit a oder b zusammenfällt, natürlich nur nach einer Seite). Wir grenzen nun um $\overline{x_0}$ ein Intervall $I'\,(\overline{x_0} - \delta'/2, \overline{x_0} + \delta'/2)$ ab und wählen als Punkt x' einen Punkt unserer Folge innerhalb I' und genügend nahe an x_0, so daß das zugehörige δ nach der Annahme über die Folge kleiner als $\delta'/2$ ist. Weil aber x' in I liegt, muß das zugehörige δ mindestens gleich dem Abstand des Punktes x' vom nächstgelegenen Randpunkt des Intervalles I, also größer als $\delta'/2$ sein. Infolge dieses Widerspruches ist sonach die Annahme der Punktfolge falsch und damit die Behauptung bewiesen.

Das Intervall (a, b) läßt sich also in Teilintervalle von der Länge $< 2\,\delta$ zerlegen, so daß der Unterschied der Funktionswerte in irgend zwei Punkten jedes Teilintervalles dem absoluten Betrag nach $< 2\,\varepsilon$ ist.

Den Beweisen dieser Sätze ist gemeinsam, daß die auftretenden Häufungsstellen wegen der Abgeschlossenheit des Intervalls noch zum Intervall und daher zum Stetigkeitsbereich der Funktion gehören. Ist das Intervall nicht abgeschlossen, so braucht das nicht der Fall zu sein, denn sie können ja in die Endpunkte fallen. Dann sind auch diese Sätze nicht mehr richtig, wie das Beispiel $f(x) = 1/x$ für $0 < x < 1$ zeigt.

$f(x)$ heißt monoton wachsend, wenn $f(x_1) < f(x_2)$ für $x_1 < x_2$, monoton abnehmend, wenn $f(x_1) > f(x_2)$ ist. Bei einer stetigen monotonen Funktion entspricht jedem Wert x eines Intervalles ein Wert y eines bestimmten Intervalles und umgekehrt, die Beziehung zwischen x und y ist umkehrbar eindeutig, aus $y = f(x)$ folgt $x = \varphi(y)$, wobei die Funktion $\varphi(y)$ ebenfalls stetig und monoton ist. Die Behauptung ergibt sich unmittelbar aus der Definition, wenn man noch den Satz 3 über den Zwischenwert hinzunimmt. φ heißt die *Umkehrungsfunktion* von f. Die Kurve $y = \varphi(x)$ erhält man durch Spiegelung der Kurve $y = f(x)$ an der Winkelhalbierenden des ersten Quadranten $y = x$.

Die Gerade $y = mx + b$ ist Asymptote der Kurve $y = f(x)$, wenn

$$f(x) = mx + b + \varepsilon \text{ mit } \varepsilon \to 0 \text{ für } x \to \pm\infty;$$

d. h. wenn $\lim\limits_{x \to \pm\infty} f(x)/x = m$ und $\lim\limits_{x \to \pm\infty} [f(x) - mx] = b$ ist. $x = a$ ist *Asymptote*, wenn $\lim\limits_{x \to a} f(x) = \pm\infty$.

6. Die mittleren Funktionen

Man kann grundsätzlich jede beliebige Art von Funktionen als mittlere Funktion wählen. Es sei die Funktion $F(x, y, a, b, c \ldots) = 0$ als solche gewählt worden, in der die Größen $a, b, c \ldots$ Festgrößen sind, die jedoch so variiert werden sollen, daß die Funktion F einer gegebenen Funktion $\Phi(x, y) = 0$ so nahe als möglich kommt. Besteht die Funktion Φ aus den isolierten Punkten, die durch die zugehörigen Größenspaare $x_1\,\eta_1, x_2\,\eta_2, \ldots x_n\,\eta_n$

gegeben sind, so gilt als Bedingung für die mittlere Funktion einer Gruppe von partiellen Differentialgleichungen folgender Art

$$\frac{\partial \sum\limits_{1}^{n} (y - \eta)^2}{\partial a} = 0; \quad \frac{\partial \sum\limits_{1}^{n} (y - \eta)^2}{\partial b} = 0$$

Ist hingegen die Funktion Φ als eine stetige Funktion anzusehen, so tritt anstelle der Summe in den obigen Differentialgleichungen das Integral $\int\limits_{1}^{u} (y - \eta)^2 \, dx$.

Bei der praktischen Berechnung der mittleren Funktion muß man jedoch anstelle der stetigen Funktion eine mehr oder minder große Zahl von isolierten Punkten setzen und für diese die mittlere Funktion bestimmen.

Die einfachste Funktion, die man als mittlere wählen kann, ist die lineare Funktion $y = a + bx$, das ist graphisch im Koordinatensystem xy eine gerade Linie. Bedeutet x die Zeit und y eine zeitveränderliche Größe, so wird die betreffende mittlere lineare Funktion in der mathematischen Statistik als T r e n d l i n i e bezeichnet. Je nach der Länge der Zeitepoche, für welche die Trendlinie gelten soll, spricht man von einem Jahrestrend, von einem Zehnjahrestrend usw. Die Berechnung solcher linearen Funktionen ist nicht schwierig, aber etwas umständlich, namentlich wenn die Zahl n der gegebenen Funktionswerte verhältnismäßig groß ist. Es gibt auch ein rein graphisches Konstruktionsverfahren. Die Bedeutung der Trendlinien ist vor allem für die Wirtschaftsprognostik von großem Wert und werden darin auch weitgehendst verwendet. Aber auch zu anderen Zwecken, wie z. B. in der wissenschaftlichen Betriebsführung, hat die Verwendung von Trendlinien manche Vorteile. Allerdings können sich nur größere Unternehmungen eine Betriebsstatistik leisten, in der auch die Trendlinien laufend berechnet bzw. konstruiert werden.

Eine andere einfache Funktion, die man als mittlere Funktion wählen kann, ist die log. Funktion $y = a\,e^{bx}$ worin e die Basis der natürlichen log bezeichnet. Werden y in der graphischen Darstellung im log. Maßstab aufgetragen, so ist die mittlere log. Funktion obiger Art eine gerade Linie in diesem Koordinatensystem. Zur Konstruktion kann man ebenfalls das in Abb. 10 angegebene graphische Verfahren benutzen.

Hat man für ein und dieselbe gegebene Funktion mehrere verschiedene mittlere Funktionen $F_1, F_2, \ldots$ berechnet, so gibt es ein Kriterium dafür, welche dieser mittleren Funktionen der gegebenen Funktion am nächsten kommt. Es ist jene, bei welcher die $\sum (y - \eta)^2$ bzw. $\int (y - \eta)^2 \, dx$ den kleinsten Wert erreicht.

Die Wahl der mittleren Funktion ist an sich - wie schon gesagt - willkürlich, aber man trifft sie nach Zweckmäßgkeitsgründen. Für Preisbewegungen wird in der Regel die mittlere lineare Funktion, für Bewegungen einer Bevölkerungszahl üblicherweise die oben angegebene log. Funktion gewählt. Für eine gegebene Funktion, die sowohl einen fallenden wie einen aufsteigenden Ast besitzt, kann eine Parabelfunktion von der Gestalt $(y - y_0)^2 = a + b\,(x - x_0)$ am zweckmäßigsten sein.

Hätten wir als gegebene Funktion eine Reihe von Verteilungsfunktionen, die zu verschiedenen Zeitpunkten gelten und bringen wir im Ursprung der ersten Verteilungsfunktion eine dritte Achse als Zeitachse an, so erhalten wir im dreiachsigen Koordinatensystem xyz graphisch eine Flächenfunktion. Es ist möglich, auch für eine solche Flächenfunktion eine mittlere Flächenfunktion zu suchen. Wiederum ist die Wahl einer solchen mittleren Flächenfunktion grundsätzlich frei. Die einfachste Wahl, die man sich denken kann, ist in diesem Falle eine mittlere ebene Funktion von der Art $z = a + bx + cy$. Die Bedingungen für mittlere Flächenfunktionen hat der russische Mathematiker Tschebyscheff angegeben. Es handelt sich um ziemlich schwierige höhere Mathematik, die vorläufig in der praktischen Statistik noch nicht zur Anwendung gelangt ist.

7. Bestimmte Integrale

$f(x)$ sei stetig im abgeschlossenen Intervall $a \leq x \leq b$. Wir teilen das Intervall in n Teile, der νte Teil möge die Länge δ_ν haben ($\nu = 1, 2, \ldots, n$), ξ_ν sei ein Punkt im Innern oder am Rand dieses Teilintervalles. Wir bilden $\sum_{\nu=1}^{n} f(\xi_\nu)\, \delta_\nu$. Man kann beweisen, daß für jede Folge von Einteilungen, bei denen die Längen aller Teilintervalle gegen Null konvergieren, die entsprechenden Summen gegen einen und denselben Grenzwert konvergieren, den man das *bestimmte Integral* von $f(x)$ zwischen den Grenzen a und b nennt und mit $\int_a^b f(x)\, dx$ bezeichnet (das Zeichen $\int$ bedeutet $S = $ Summe und kommt zum ersten Male bei *Leibniz* vor).

Beweis: Wir bezeichnen die obige Summe kurz mit S_1, denken uns dann irgendeine andere derartige Einteilung gemacht und nennen die zugehörige Summe S_2. Wenn wir die Teilpunkte der zweiten Einteilung zu denen der ersten Einteilung hinzunehmen, so entsteht eine dritte mit der entsprechenden Summe S_3. Dadurch wird z. B. das νte Intervall in mehrere Teilintervalle zerlegt, also $\delta_\nu = \delta_\nu' + \delta_\nu'' + \ldots$ An Stelle des Gliedes $f(\xi_\nu)\,\delta_\nu$ in S_1 treten daher in S_3 die Glieder $f(\xi_\nu')\,\delta_\nu' + f(\xi_\nu'')\,\delta_\nu'' + \ldots$, wo ξ_ν' in δ_ν', ξ_ν'' in δ_ν'' usw. liegt. Der Unterschied dieser beiden Ausdrücke ist

$$[f(\xi_\nu) - f(\xi_\nu')]\, \delta_\nu' + [f(\xi_\nu) - f(\xi_\nu'')]\, \delta_\nu'' + \ldots,$$

ist also wegen der gleichmäßigen Stetigkeit der Funktion (Ziffer 5) dem absoluten Betrage nach $< 2\,\varepsilon\,(\delta_\nu' + \delta_\nu'' + \ldots) = 2\,\varepsilon\,\delta_\nu$, sobald alle $\delta_\nu < 2\,\delta$, d. h. die Einteilung genügend fein ist, daher $|S_1 - S_3| < 2\,\varepsilon\,\Sigma\,\delta_\nu = 2\,\varepsilon\,(b-a)$. Da ebenso $|S_2 - S_3| < 2\,\varepsilon\,(b-a)$, so wird $|S_1 - S_2| < 4\,\varepsilon\,(b-a)$. Hat man also eine Folge von immer feiner werdenden Einteilungen, so unterscheiden sich die zu irgend zweien dieser Einteilungen gehörigen Summen voneinander beliebig wenig, konvergieren also gemäß Ziffer 4 gegen einen Grenzwert. Da sich aber die zu irgend zwei genügend feinen Einteilungen gehörigen Summen beliebig wenig unterscheiden, haben alle zu solchen Folgen gehörigen Summen S denselben Grenzwert.

8. Unbestimmte Integrale

Wir denken uns die obere Grenze b veränderlich, betrachten also

$$F(b) = \int_a^b f(x)\,dx$$

als Funktion von b. Es ist

$$[F(b + h) - F(b)]\,/\,h = (1/h)\int_b^{b+h} f(x)\,dx = f(\xi),$$

wobei ξ zwischen b und $b + h$ liegt, daher $F'(b) = f(b)$. Das Integral ist als differenzierbare Funktion auch stetige Funktion seiner oberen Grenze. Es möge nun $\Phi(x)$ eine Funktion bedeuten, für die $\Phi'(x) = f(x)$ ist. Weil $\Phi(x)$ und $F(x)$ dieselbe Ableitung haben, ist ihr Unterschied konstant, daher $F(x) = \Phi(x) + C$. Nun ist $F(a) = 0$, also $C = -\Phi(a)$,

somit $\int_a^b f(x)\,dx = \Phi(b) - \Phi(a)$ (*Hauptsatz der Integralrechnung*). $\Phi(x)$ ist stetige Funktion von x und heißt ein *unbestimmtes Integral* von $f(x)$; man schreibt $\Phi(x) = \int f(x)\,dx$. Es gibt unendlich viele, die sich alle voneinander nur durch Konstante unterscheiden. Für $\Phi(b) - \Phi(a)$ schreibt man oft abgekürzt $[\Phi(x)]_a^b$.

Aus der Differentiationsformel

$$d f(x)\,g(x)\,/\,dx = f(x)\,g'(x) + f'(x)\,g(x)$$

können wir somit die Formel der sogenannten *teilweisen Integration* ableiten:

$$\int_a^b f(x)\,g'(x)\,dx = [f(x)\,g(x)]_a^b - \int_a^b f'(x)\,g(x)\,dx.$$

Ferner wollen wir durch $x = \varphi(u)$ mit stetigem $\varphi'(u)$ eine *neue Veränderliche* u einführen. Die Beziehung zwischen x und u sei umkehrbar eindeutig; den Werten a und b von x mögen die Werte α und β von u entsprechen. Schließlich sei $\Psi(u) = \Phi[\varphi(u)]$. Dann ist

$$\int_a^b f(x)\,dx = \Phi(b) - \Phi(a) = \Psi(\beta) - \Psi(\alpha)$$

$$= \int_\alpha^\beta \Psi'(u)\,du = \int_\alpha^\beta \Phi'[\varphi(u)]\,\varphi'(u)\,du = \int_\alpha^\beta f[\varphi(u)]\,[\varphi'(u)]\,du.$$

Aus der Definition des unbestimmten Integrals und den Differentiationsformeln der Ziffer 11 ergeben sich als Umkehrung die Integrationsformeln

$$\int(u + v + w + \ldots)\,dx = \int u\,dx + \int v\,dx + \int w\,dx + \ldots$$

$$\int cu\,dx = c\int u\,dx \quad (c \text{ fest})$$

$$\int uv'\,dx = uv - \int u'v\,dx$$

$$\int f(x)\,dx = \int f[\varphi(u)]\,\varphi'(u)\,du$$

$$\int x^r \, dx = x^{r+1} / (r+1) \quad (r \neq -1)$$

$$\int \sin x \, dx = -\cos x, \quad \int \cos x \, dx = \sin x$$

$$\int (dx / \cos^2 x) = \operatorname{tg} x, \quad \int (dx / \sin^2 x) = -\operatorname{ctg} x$$

$$\int (dx / \sqrt{1 - x^2}) = \arcsin x \text{ (Hauptwert)}, \quad \int [dx / (1 + x^2)] = \operatorname{arc tg} x.$$

In den letzten sieben Formeln dieser Tafel müßte eigentlich auf der rechten Seite immer noch eine beliebige Konstante C, die sogenannte *Integrationskonstante*, hinzugefügt werden, da sich alle unbestimmten Integrale um Konstanten voneinander unterscheiden. Man pflegt sie aber meist nicht zu schreiben. Bedeutet x einen Winkel, so ist immer das Bogenmaß zu nehmen.

9. Die statistischen Größenfunktionen

Aufgrund der graphischen Darstellung statistischer Größen ist man zur Verwendung graphischer statistischer Größenfunktionen gelangt, welche für manche volkspolitische, volkswirtschaftliche, versicherungspraktische aber auch für wissenschaftliche Urteile oft sehr aufschlußreich sind. Haben wir zwei Gruppen von veränderlichen oder variierbaren Größen, x und y derart gegeben, daß jeder bestimmten Größe x eine ganz bestimmte Größe y eindeutig zugeordnet werden kann, so ist es möglich, die Größen in einem Koordinatensystem $x\,y$ einzutragen. Verbindet man die oberen Endpunkte der Ordinaten durch eine Linie, so bildet diese Abhängigkeit der Größen x und y ab. In mathematischer Symbolik schreibt man die Abhängigkeit bekanntlich in der Form $y = f(x)$ oder $F(x, y) = 0$ an.

Ein Beispiel solcher Größenfunktion ergibt sich aus der graphischen Darstellung der Sterbetafeln. Mit x sei das Lebensalter in Jahren, mit y die Wahrscheinlichkeit in Prozenten bezeichnet, mit welcher der Mann im x. Lebensjahr stirbt. In der Abbildung 10 ist diese Funktion graphisch dargestellt. Man sieht, daß sie in den ersten Kindheitsjahren rasch fällt, dann bis etwa zum 65. Lebensjahr wieder ansteigt, um von da ab gegen 0 abzusinken.

Graphische Sterbetafel   (y Maßstab   o/oo = 2 mm

                                  x Maßstab 1 Jahr = 1 mm)

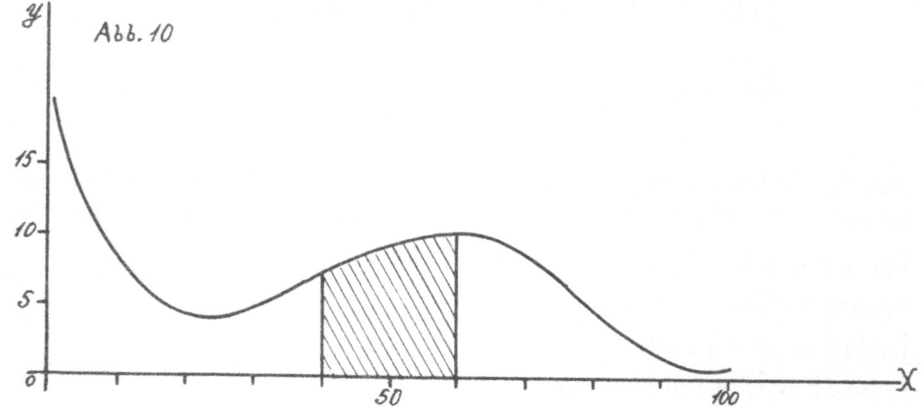

Man kann verschiedene andere Wahrscheinlichkeitsfragen aus der Abbildung be-
anworten. In geeignetem Maßstab gemessen gibt z. B. die in der Abbildung gestrichelte Fläche die Wahrscheinlichkeit an, daß der Mann zwischen dem 40. und
60. Lebensjahr stirbt. Im gleichen Maßstab gemessen muß die gesamte Fläche
zwischen der krummen Linie und der Abszissenachse selbstverständlich gleich 1000
⁰/₀₀ sein. In userem Falle ist der Flächenmaßstab offenbar $2\ mm^2 = 1$ ‰.
Ein anderes Beispiel gibt uns die sogenannte Verteilungsfunktion. Wir hätten die
Aufgabe, für ein neues Siedlungsland die Bodenverteilung unter den Farmern darzustellen. Die Erhebungen würden ergeben haben: 10 % der Farmer (der kleinsten)
besitzen zusammen 3 % des ganzen besiedelten Landes, 10 % weiterer Farmer (der
nächst größeren) zusammen 4 %, 10 weitere % der Farmer (wieder die nächst größeren) zusammen 6 % der besiedelten Fläche usw. bzw. 8, 10, 11, 13, 14, 15 und
16 % des besiedelten Gebietes. Wir tragen auf der Abszissenachse die Prozente der
Farmer ab, auf der Ordinatenachse die Summe der Prozente der Landflächen, welche den betreffenden Farmer-Prozentsätzen zugehören, also beispielsweise bei der
Farmerprozentzahl 20 die Gebietsprozentsätze 3 + 4 = 7 usw. Die krumme Linie
der Abb. 11 gibt uns dann eine Darstellung der Bodenverteilung bzw. der Ungleichheit. Wäre die Verteilung vollkommen gleichmäßig, d. h. würde jeder Farmer
gleichviel Land besitzen, so würde anstatt der krummen Linie die gerade $\overline{OA}$ gelten. Die Fläche zwischen dieser geraden und der krummen Linie (in der Abbildung
gestrichelt) gibt uns ein Maß für den Grad der Ungleichheit der Verteilung. Ein
noch besseres Maß erhalten wir, wenn wir diese Fläche ins Verhältnis zur gesamten
Dreiecksfläche OXA setzen. In mathematischer Symbolik ist die gestrichelte Fläche offenbar gleich der Dreiecksfläche OXA weniger der Fläche zwischen der
krummen Linie und der Abszissenachse. Die Dreiecksfläche ist wie man leicht

einsieht 5000 und somit die gestrichelte Fläche $u = 5000 - \int\limits_{0}^{100} y\,dx$

Verteilungsfunktion

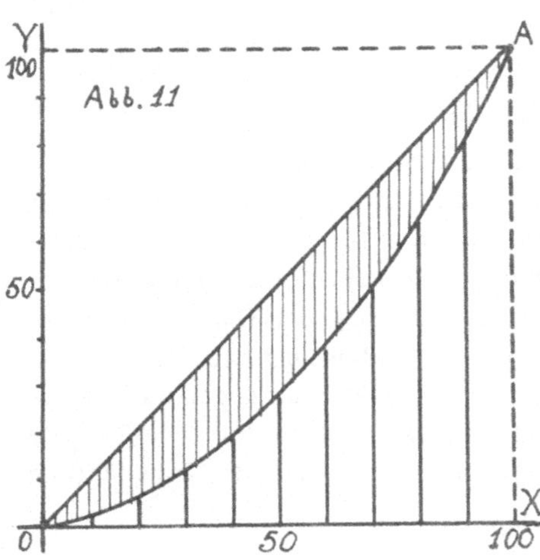

Am meisten verbreitet ist die Verwendung der statistischen Zeitfunktionen,
bei welchen auf der x-Achse die Zeit
aufgetragen wird, auf der y-Achse irgendeine zeitveränderliche Größe, etwa der Preis für Rohstahlingots, Frachtbasis Oberhausen, oder irgendeine Indexzahl oder eine Bevölkerungszahl
usw. Diese Zeitfunktionen bestehen
eigentlich aus isolierten Punkten, aber
man pflegt diese Punkte miteinander
zu verbinden, um das Bild anschauli-
cher zu machen. Wir werden ja gerade
mit diesen Zeitfunktionen im weiteren
noch öfter zu tun haben.

10. Die Linie des gleitenden Trends

Am besten erklärt man die Linie des gleitenden Trends, indem man beschreibt,
wie eine solche Linie entsteht. Wir hätten für die Epoche 1875 - 1900 den gleitenden Fünfjahrestrend für den Preis des schottischen Roheisens zu ermitteln. Wir
berechnen oder konstruieren nacheinander die Linie des Fünfjahrestrends für die
Epochen 1871 - 1876, 1872 - 1877, ..., 1899 - 1904. Diese Trendlinien tragen
wir in ein Koordinatensystem ein und erhalten so eine Schar von geraden Linien,
zu der wir eine einhüllende krumme Linie zeichnen können, wie es die Abbildung
12 ersichtlich macht. Diese einhüllende Linie nennt man die Linie des gleitenden Fünfjahrestrends.

Linie des gleitenden Fünfjahrestrends

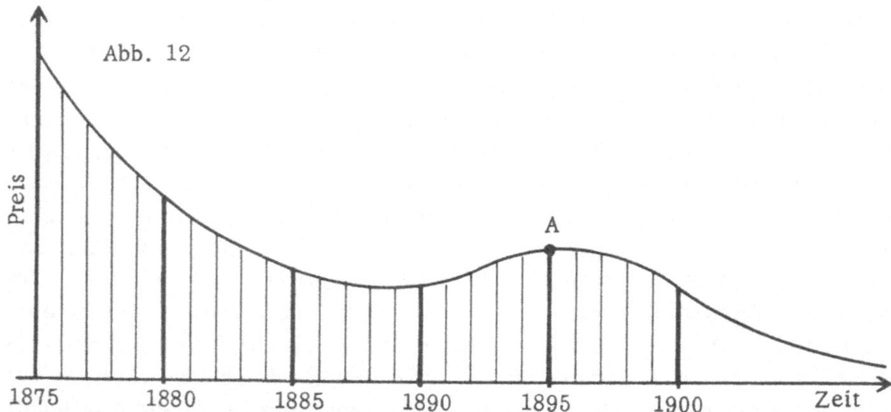

Die Linien des gleitenden Trends bedeuten im gewissen Sinne eine Bereinigung der
Bewegung der betreffenden statistischen Zahl von kurzfristigen Schwankungen, die
mehr oder minder zufälligen Charakter tragen, während die große Bewegung in der
betrachteten längeren Epoche mehr kusaler Art ist und hauptsächlich auf Verbesserungen der Produktion des betreffenden Gutes, aber auch auf anderen technisch-
wirtschaftlichen Fortschritten, insbesondere z. B. auf dem Gebiet des Verkehrswesens
beruht. Von besonderer Wichtigkeit sind die Wendepunkte der Linien des gleitenden Trends in denen sich die Krümmung umkehrt.

Im Beispiel der Abbildung nimmt das Tempo, in dem der Preis jährlich sinkt vom
Jahre 1890 bis zum Punkt A zu, der ungefähr in die Mitte zwischen 1894 und 1895
fällt. Von da ab sinkt das Tempo bis gegen 1900. Daß im Wendepunkt der krummen Linie ein Maximum des Bewegungstempos entsteht, ist mathematisch begründet, denn im Wendepunkt wird die zweite Ableitung der Ordinate nach der
Zeit gleich Null, weshalb in diesem Punkt die erste Ableitung nach der Zeit ein
Maximum hat, d.h. die Tangente an die Linie im Punkt a hat gegen die Abszissenachse einen steileren Winkel als vor dem Punkt A und nach ihm. Die Tangens
des Winkels ist bekanntlich ein Maß für das Tempo, in welchem der Preis jährlich
sinkt.

Für die Wirtschaftsgeschichte, soweit sie keine solche periodischer Konjunktur-schwankungen sein soll, sind die Linien des gleitenden Trends von besonderer An-schaulichkeit, denn die seculären Bewegungen zeitveränderlicher Wirtschaftszah-len geben sie recht gut wieder. Anmerken wollen wir hier, daß die üblichen Wert-einheiten, selbst Goldmünzen für so lange Epochen, wie sie hier in Betracht kom-men, nicht stabil genug sind, um ein unverzerrtes Bild zu liefern. Gerade in der Epoche der obigen Abbildung, von 1873 - 1900 stieg die Kaufkraft des Goldes um fast 50 % an, denn die Generalindexzahlen des britischen Großhandels sanken in dieser Epoche um mehr als 30 % ab. Für manche Zwecke ist es deshalb angezeigt, nicht nur eine Saisonbereinigung der betreffenden statistischen Zahlen vorzuneh-men, sondern auch eine Bereinigung der verschiedenen Kaufkraft der verwendeten Geldeinheit, d. h. man hätte dann Bewertungen in Geldeinheiten auf Bewertungen in Generalindexeinheiten umzurechnen. Es kann unter Umständen dadurch ein we-sentlich anderes Bild entstehen, wie z. B. beim Wert der jährlichen britischen Aus-fuhr in der Epoche von 1870 - 1900. Ohne die Wertbereinigung auf Generalindex - einheiten würde die Linie des gleitenden Zehnjahrestrends für den Wert der bri-tischen Ausfuhr eine flache Wellenlinie ergeben, die gar keine Aufstiegstendenz erkennen ließe. Nach Umrechnung der Wertzahlen auf Generalindexeinheiten er-sieht man jedoch aus der Linie des gleitenden Zehnjahrestrends eine sehr deutliche Aufstiegstendenz, wenn auch das Aufstiegstempo etwas schwächer war als in der vorangegangenen Epoche von 1850 - 1970.

11. Differentiationsregeln

Aus der Definition und den Rechenregeln für den Grenzwert von Ziffer 4 ergeben sich folgende Differentiationsregeln:

$$y = cu \ (c \text{ fest}) \qquad y' = cu'$$
$$y = u + v + w \ldots \qquad y' = u' + v' + w' + \ldots$$
$$y = uvw \ldots \qquad y' = u'vw \ldots + uv'w \ldots + uvw' \ldots + \ldots$$
$$y = (u/v) \qquad y' = (vu' - uv')/v^2$$

Beim Produkt braucht man nämlich nur zu beachten, daß

$$(u + \Delta u)(v + \Delta v)(w + \Delta w) \ldots$$
$$= uvw \ldots + \Delta u \cdot vw \ldots + \Delta v \cdot uw \ldots + \Delta w \cdot uv \ldots + \ldots + \Delta u \Delta v \cdot w \ldots + \ldots,$$

beim Quotienten, daß

$$[(u + \Delta u) / (v + \Delta v)] - (u/v) = (v\Delta u - u\Delta v) / [v(v + \Delta v)]$$

ist. Aus der Produktregel ergibt sich $y' = nx^{n-1}$ für $y = x^n$.

Ist $y = f(x)$ stetig und monoton, so ist auch die Umkehrungsfunktion $x = \varphi(y)$ stetig und monoton und man erhält $dx/dy = 1/f'[\varphi(y)]$, solange $f'(x) + 0$ ist.

Ist $y = f(u)$ und $u = \varphi(x)$, so ist $y' = f'[\varphi(x)] \varphi'(x)$. Denn $\Delta u = [\varphi'(x) + \varepsilon] \Delta x$ und $\Delta y = [f'(u) + \eta] \Delta u$, wobei $\varepsilon, \eta \to 0$ für $\Delta x \to 0$, daher $\Delta y/\Delta x = [f'(u) + \eta][\varphi'(x) + \varepsilon]$.

Nach diesen Regeln erhält man aus $y = x^n$:

$$x = y^{(1/n)}, \quad dx/dy = 1/n\, x^{n-1} = (1/n)\, y^{(1/n)-1},$$

ferner aus $y = x^{m/n} = (x^{1/n})^m$:

$$y' = m\,(x^{1/n})^{m-1} \cdot (1/n)\, x^{1/n-1} = (m/n)\, x^{m/n-1}$$

und daher nach der Quotientenregel für

$$y = x^{-r} = 1/x^r \quad (r \text{ positiv rational})$$

$$y' = -r\, x^{r-1}/x^{2r} = -r\, x^{-r-1};$$

also gilt allgemein für jedes rationale r die Potenzregel:

$$y = x^r \text{ gibt } y' = r\, x^{r-1}.$$

Aus Abb. 13 liest man ab

$$(1/2) \sin \alpha \cos \alpha < \alpha/2 < (1/2)\, \mathrm{tg}\, \alpha$$
$$\text{oder} \quad \cos \alpha < \alpha/\sin \alpha < 1/\cos \alpha,$$

somit ist $\lim_{\alpha \to 0} (\sin \alpha/\alpha) = 1$ (α im Bogenmaß).

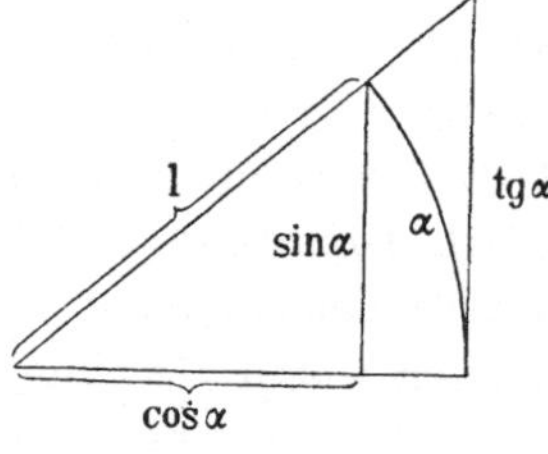

Abb. 13

Es ist also $\sin(x + \Delta x) - \sin x = \sin x\,(\cos \Delta x - 1) + \cos x \sin \Delta x$, daher

$$\lim_{\Delta x \to 0} \frac{\sin(x + \Delta x) - \sin x}{\Delta x} = \cos x,$$

denn

$$\frac{\cos \Delta x - 1}{\Delta x} = \frac{\cos^2 \Delta x - 1}{\Delta x\,(\cos \Delta x + 1)} = -\frac{\sin \Delta x}{\Delta x} \cdot \frac{\sin \Delta x}{\cos \Delta x + 1}.$$

Beachtet man, daß $\cos x = \sin[(\pi/2) + x]$, $\mathrm{tg}\, x = \sin x/\cos x$ und $\mathrm{ctg}\, x = \cos x/\sin x$ ist, so ergeben sich gemäß den Differentiationsregeln die Formeln (x im Bogenmaß):

$$
\begin{aligned}
y &= \sin x & y' &= \cos x \\
y &= \cos x & y' &= -\sin x \\
y &= \mathrm{tg}\, x & y' &= 1/\cos^2 x \\
y &= \mathrm{ctg}\, x & y' &= -1/\sin^2 x
\end{aligned}
$$

und für die Umkehrungsfunktionen:

$$x = \arcsin y, \quad (dx/dy) = 1/\cos x = \pm 1/\sqrt{1 - y^2} \quad \text{(beim Hauptwert immer positiv)}$$
$$x = \mathrm{arc\,tg}\, y, \quad (dx/dy) = \cos^2 x = 1/(1 + y^2).$$

In den folgenden Beispielen kann man die Ableitung an der Stelle $x = 0$ nicht nach den Differentiationsregeln berechnen, weil $\sin(1/x)$ dort nicht differenzierbar ist; man muß also die Definition der Ableitung verwenden. Die Funktion $f(x) = x^n \sin(1/x)$ ($f(0) = 0$; $n = 0, 1, 2, \ldots$) ist in $x = 0$ für $n = 0$ unstetig, für $n > 0$ stetig; sie hat in $x = 0$ für $n = 0{,}1$ keine Ableitung, für $n > 1$ die Ableitung $\lim_{x \to 0} x^{n-1} \sin(1/x) = 0$.

Die Ableitung ist in $x = 0$ für $n = 2$ unstetig, für $n > 2$ stetig, da $f'(x) =$

$n x^{n-1} \sin(1/x) - x^{n-2} \cos(1/x)$ für $x \neq 0$ ist. Die Kurve verläuft zwischen den beiden Kurven $y = \pm x^n$ und berührt diese in den Punkten, wo $\sin(1/x) = \pm 1$ und daher $\cos(1/x) = 0$ ist.

Die Funktion $f(x) = cx + ax^2 + (1/2)(a-b)x^2[\sin(1/x)-1]$ $(a > b > 0,$ $c > 0;\ f(0) = 0)$ hat in $x = 0$ die Ableitung c; die Ableitung der Funktion ist in $x = 0$ unstetig, weil $f(x) = c + (a+b)x + (1/2)(a-b)[2x\sin(1/x) - \cos(1/x)]$ für $x \neq 0$. Die Kurve verläuft zwischen den beiden Parabeln $y = cx + ax^2$ und $y = cx + bx^2$ und berührt diese in den Punkten, wo $\sin(1/x) = \pm 1$ ist. In einer hinreichend kleinen Umgebung von $x = 0$ ist $f(x) \gtreqless 0$ für $x \gtreqless 0$; doch wächst die Funktion in jeder noch so kleinen Umgebung von $x = 0$ nicht monoton.

12. Graphische Integration

Es soll $\int\limits_a^b f(x)\,dx$ graphisch ermittelt werden. Durch eine Parallelverschiebung des Koordinatensystems längs der X-Achse kann man erreichen, daß die untere Grenze des Integrals gleich Null wird. Man teilt das Integrationsintervall durch die Teilungspunkte A_1, A_2, ... in mehrere Teile. In Abb. 14 sind drei gezeichnet. Durch die auf der Kurve $y = f(x)$ gelegenen Endpunkte der

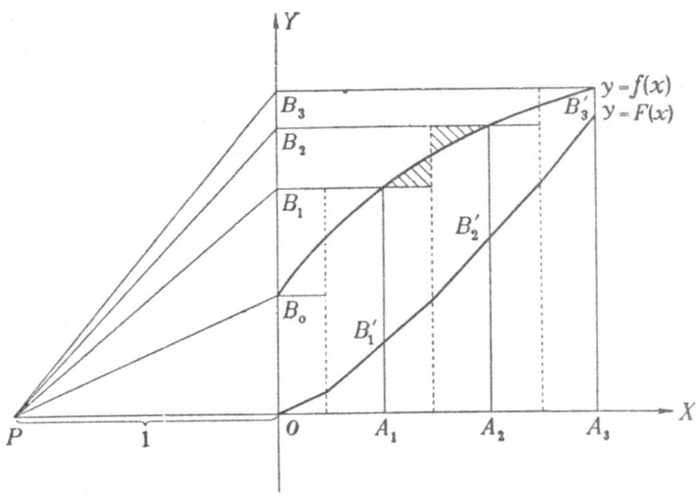

Abb. 14

zu den Punkten A_1, A_2, A_3, ... gehörigen Ordinaten zieht man Parallele zur X-Achse, welche die Y-Achse in den Punkten B_1, B_2, B_3, ... schneiden. Die gestrichelten Ordinaten werden dann so gezeichnet, daß in jedem der Intervalle OA_1, A_1A_2, A_2A_3, ... die beiden kleinen Dreiecke oberhalb und unterhalb der Kurve dem Augenmaß nach einander gleich werden. Man ersetzt damit die Kurve $y = f(x)$ durch eine Treppenlinie, wobei an dem Wert des bestimmten Integrals nichts geändert wird, da die beiden von der Kurve bzw. der Treppenlinie, der X-Achse und den Ordinaten in den Endpunkten des Integrationsintervalles begrenzten Flächen denselben Inhalt haben.

Nun macht man $\overline{PO} = 1$, zieht durch O eine Parallele zu PB_0, durch ihren Schnittpunkt mit der ersten gestrichelten Ordinate. eine Parallele zu PB_1, durch deren Schnittpunkt mit der zweiten gestrichelten Ordinate eine Parallele zu PB_2 usw. Dadurch entsteht der Streckenzug $y = F(x)$. Er trifft die zu den Punkten A_1, A_2, A_3, ... gehörigen Ordinaten in den Punkten B_1', B_2', B_3', ... In O und diesen Punkten ist gemäß der Konstruktion $F'(x) = f(x)$. Abgesehen von den Punkten, in denen die Strecken des Zuges aneinanderstoßen, ist $F'(x)$ gleich der zu x gehörigen Ordinate der Treppenlinie, ferner ist $F(0) = 0$. $F(x)$ ist daher der Inhalt einer Fläche, die von der Treppenlinie, den beiden Achsen und der zu x gehörigen Ordinate begrenzt wird. Der Wert von $F(x)$ im Endpunkt des Integrationsintervalles ist somit gleich dem gesuchten Integral. Auf diesem Verfahren beruht der *Integraph von Abdank-Abakanowicz.*

13. Gewöhnliche Differentialgleichungen

Eine Gleichung $F(x, y, y', y'', ..., y^{(n)}) = 0$, in der y Funktion von x ist und die n-te Ableitung $y^{(n)}$ wirklich vorkommt, während x, y und die übrigen Ableitungen fehlen können, nennt man eine *gewöhnliche Differentialgleichung n-ter Ordnung.*

$f(x, y)$ sei stetig für $|x - x_0| \leq a$, $|y - y_0| \leq b$, und außerdem sei in diesem Bereich $|f(x, y) - f(x, y^*)| \leq k |y - y^*|$ mit festem k (*Lipschitz*). Wegen der Stetigkeit ist $|f(x, y)| \leq M$ (M fest). Bedeuten x und y komplexe Veränderliche, so möge $f(x, y)$ im genannten Bereich analytisch sein. Dann ist die zweite Bedingung von selbst erfüllt. Es ist ja $f(x, y) - f(x, y^*) = \int_{y^*}^{y} f_y(x, \eta)\, d\eta$, woraus wegen der Beschränktheit von $\partial f/\partial y$ die Behauptung folgt.

Wir suchen eine Lösung der gewöhnlichen Differentialgleichung $dy/dx = f(x, y)$, die für $x = x_0$ den Wert $y = y_0$ annimmt. Wir bilden zu diesem Zweck die Funktion $y_1 = y_0 + \int_{x_0}^{x} f(x, y_0)\, dx$. Sie wird y_0 für $x = x_0$, und es ist $|y_1 - y_0| \leq M |x - x_0| \leq M\delta$, wenn $|x - x_0| \leq \delta \leq a$ ist. Wählen wir außerdem $\delta \leq b/M$, so ist $|y_1 - y_0| \leq b$. Es ist nämlich $\int_{x_0}^{x} ds = |x - x_0|$ mit $s = |x - x_0|$, wenn wir geradlinig integrieren. Die neue Funktion ist ebenfalls stetig bzw. analytisch für $|x - x_0| \leq \delta$.. Nun bilden wir $y_2 = y_0 + \int_{x_0}^{x} f(x, y_1)\, dx$. Auch diese Funktion ist stetig bzw. analytisch für $|x - x_0| \leq \delta$; ferner ist $|y_2 - y_0| \leq b$ und $y_2 = y_0$ für $x = x_0$. So fahren wir fort und erhalten schließlich eine Funktion $y_n = y_0 + \int_{x_0}^{x} f(x, y_{n-1})\, dx$ mit denselben Eigenschaften.

Nun ist
$$y_2 - y_1 = \int_{x_0}^{x} [f(x, y_1) - f(x, y_0)]\, dx,$$

somit
$$|\, y_2 - y_1\,| \leq k M\, (|\, x - x_0\,|^2 / 2!),$$

denn
$$\int_{x_0}^{x} |\, x - x_0\,|\, ds = \int_{0}^{s} s\, ds = |\, x - x_0\,|^2 / 2!$$

mit $s = |\, x - x_0\,|$, wenn wir geradlinig von x_0 bis x integrieren. Ähnlich ist $|\, y_3 - y_2\,| \leq k^2 M\, (|\, x - x_0\,|^3 / 3!)$ usw., $|\, y_n - y_{n-1}\,| \leq k^{n-1} M\, (|\, x - x_0\,|^n / n!)$.

Infolgedessen konvergiert $y_0 + \sum\limits_{\nu=1}^{\infty} (y_\nu - y_{\nu-1})$ absolut und gleichmäßig für

$|\, x - x_0\,| \leq \delta$ gemäß Ziffer 19, 21. Die Summe dieser Reihe ist $y = \lim\limits_{n \to +\infty} y_n$ und ist somit eine stetige bzw. analytische Funktion für $|\, x - x_0\,| \leq \delta$ (analytisch für $|\, x - x_0\,| < \delta$). Durch Grenzübergang folgt aus der Definitionsgleichung für y_n

$$y = y_0 + \int_{x_0}^{x} f(x, y)\, dx \quad \text{oder} \quad dy/dx = f(x, y).$$

Es ist nämlich $|\int_{x_0}^{x} [f(x, y) - f(x, y_n)]\, dx\,| \leq k \int_{x_0}^{x} |\, y - y_n\,|\, ds \leq k \varepsilon \delta$ für

alle $|\, x - x_0\,| \leq \delta$ und $n > N$, wobei N nur von $\varepsilon > 0$, aber nicht von x abhängt (im Komplexen für $|\, x - x_0\,| \leq \delta' < \delta$).

Damit ist die gesuchte Lösung durch ein Verfahren schrittweiser Näherungen gefunden (*Picard*).

Es gibt keine andere derartige Lösung. Denn sei $\eta = y_0 + \int_{x_0}^{x} f(x, \eta)\, dx$ eine zweite stetige oder analytische Lösung, die für $x = x_0$ den Wert y_0 annimmt, dann hat man wie oben

$$|\, \eta - y_0\,| \leq M\, |\, x - x_0\,|$$

$$|\, \eta - y_1\,| = |\int_{x_0}^{x} [f(x, \eta) - f(x, y_0)]\, dx\,| \leq k M\, (|\, x - x_0\,|^2 / 2!)$$

$$|\, \eta - y_2\,| = |\int_{x_0}^{x} [f(x, \eta) - f(x, y_1)]\, dx\,| \leq k^2 M\, (|\, x - x_0\,|^3 / 3!),$$

$$\cdots\cdots\cdots\cdots\cdots\cdots\cdots\cdots\cdots\cdots$$

$$|\, \eta - y_n\,| \leq k^n M\, [|\, x - x_0\,|^{n+1} / (n+1)!] \leq M\, (k\delta)^{n+1} / k\, (n+1)!,$$

somit $y = \lim\limits_{n \to +\infty} y_n = \eta$ gemäß Ziffer 19.

14. Gewöhnliche Differentialgleichungen höherer Ordnung

Die Lösungen einer gewöhnlichen Differentialgleichung $n$ter Ordnung

$$f(x, y, dy/dx, d^2y/dx^2, \ldots, d^n y/dx^n) = 0$$

hängen von n Integrationskonstanten ab, stellen also eine Kurvenschar $F(x, y, C_1, C_2 \ldots, C_n) = 0$ dar, die von n Konstanten oder Parametern abhängt (n-parametrige Kurvenschar). Differenzieren wir umgekehrt die Gleichung einer solchen Kurvenschar n mal nach x und eliminieren aus diesen $n + 1$ Gleichungen die n Konstanten, so erhalten wir eine Differentialgleichung n ter Ordnung.

Wenn in der Differentialgleichung y und seine Ableitungen bis zur Ordnung $k - 1$ fehlen, so führe man $d^k y/d x^k = u$ als neue Veränderliche statt y ein. Man erhält dadurch eine Differentialgleichung von der Ordnung $n - k$ für u. $d^k y/d x^k = u$ liefert dann y durch k malige Integration von u. Fehlt dagegen x in der Differentialgleichung, so setze man $d y/d x = p$ und fasse p als Funktion von y auf. Dann wird

$$d^2 y/d x^2 = dp/dx = (dp/dy)\,(dy/dx) = p\,(dp/dy),$$
$$d^3 y/d x^3 = (d/dx)\,[p\,(dp/dy)] = p\,(d/dy)\,[p\,(dp/dy)] \text{ usw.,}$$

d. h. man erhält eine Differentialgleichung von der Ordnung $n - 1$ für p als Funktion von y. Hat man p als Funktion von y berechnet, so wird $x = \int (dy/p)$.

15. Potentialfunktionen

Eine zweimal stetig differenzierbare Lösung der Laplaceschen Potentialgleichung $\Delta u = 0$ wird als Potentialfunktion bezeichnet. Mit Hilfe der Cauchy-Riemannschen Differentialgleichungen kann man sie auf eine Funktion $f(z) = u + iv$ einer komplexen Veränderlichen $z = x + iy$ ergänzen. Man hat in einem einfach zusammenhängenden Bereich (solche sollen im folgenden betrachtet werden)

$$v = \int_{P_0}^{P} (v_x\,\dot{x} + v_y\,\dot{y})\,dt + \text{const}$$
$$= \int_{P_0}^{P} (-u_y\,\dot{x} + u_x\,\dot{y})\,dt + \text{const}.$$

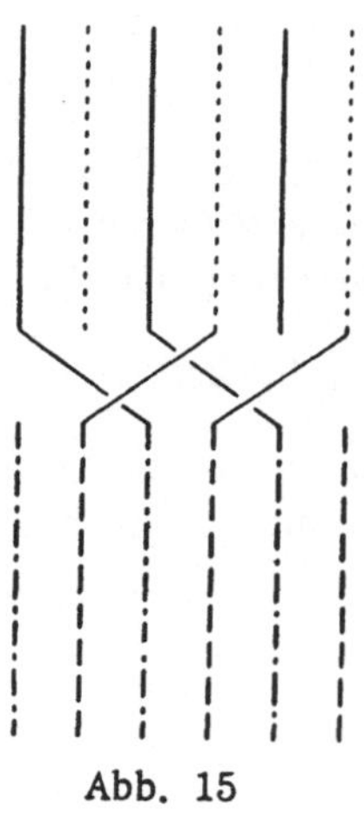

Abb. 15

Da nun $f(z)$ Ableitungen jeder Ordnung besitzt und sich um eine reguläre Stelle in eine Potenzreihe entwickeln läßt, gilt dasselbe für die Potentialfunktion.

Bildet man ein Gebiet der z-Ebene durch die analytische Funktion $z = \varphi(\zeta)$ mit nicht verschwindender Ableitung, wobei $\zeta = \xi + i\eta$ sei, umkehrbar eindeutig und konform auf ein Gebiet der ζ-Ebene ab, so wird $u + iv = f[\varphi(\zeta)]$ eine analytische Funktion von $\xi + i\eta$, d. h. u genügt als Funktion von ξ und η der *Laplaceschen Differentialgleichung.*

Wenn u in einem Teilgebiet des Definitionsgebietes verschwindet, so verschwindet es im ganzen Definitionsgebiet. Denn dann ist in dem Teilgebiet die zugehörige Funktion $f(z)$ eine rein imaginäre Konstante, daher auch im ganzen Definitionsgebiet. *Ist also u in einem Teilgebiet konstant, so ist es im ganzen Definitions-*

gebiet konstant, weil der Unterschied von u und dieser Konstanten verschwindet. $z - a$ ist analytische Funktion, daher auch $\ln (z - a)$ für $z \neq a$, somit ist $\ln | z - a |$ Potentialfunktion.

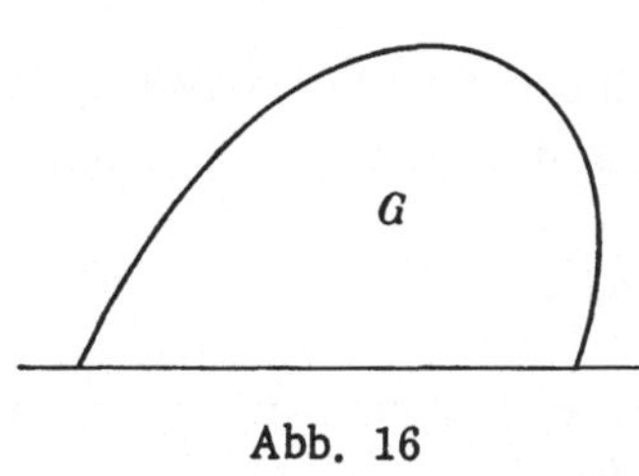

Abb. 16

Die Potentialfunktion u sei in dem Gebiet G der oberen Halbebene definiert (Abb. 16), bei dem ein Stück der reellen Achse einen Teil der Begrenzung bildet. Auf diesem Stück sei $u = 0$ und dieser Wert soll sich stetig an die Werte von u in der oberen Halbebene anschließen. Wir ergänzen u mit v zu einer analytischen Funktion $f(z)$ und setzen $i f(z) = i u - v$ nach dem Spiegelungsprinzip von Schwarz in die untere Halbebene fort, d. h. wir ordnen dem Punkt $x - i y$ den Funktionswert $- i u - v$ zu. *Wir haben damit eine Potentialfunktion erhalten, die in G und seinem Spiegelbild bezüglich der reellen Achse definiert ist und in konjugiert komplexen Punkten entgegengesetzte Werte annimmt.*

16. Systeme linearer Differentialgleichungen

Wir betrachten ein System linearer Differentialgleichungen erster Ordnung

$$d y_\mu / d x = \sum_{\nu = 1}^{n} f_{\mu \nu} (x) \, y_\nu + f_\mu (x) \quad (\mu = 1, 2, \ldots, n).$$

Als Bereich B legen wir im Reellen ein Stetigkeitsintervall der Koeffizienten $f_\mu (x)$, $f_{\mu \nu} (x)$ zugrunde, im Komplexen einen Kreis, in welchem die Koeffizienten analytisch sind. Es gibt innerhalb von B eine stetig differenzierbare bzw. analytische Lösung, die in einem beliebig gegebenen Punkt $x = x_0$ von B beliebig gegebene Werte $y_{\mu 0}$ annimmt. Der Gedankengang des Beweises ist derselbe wie bei den linearen Differentialgleichungen $n$ter Ordnung. Das System heißt *verkürzt*, wenn alle $f_\mu (x) = 0$ sind, sonst *erweitert*.

17. Rechnen mit unendlichen Reihen

Es sei $\sum_{\nu = 1}^{\infty} a_\nu = A$ (Teilsummen A_n), $\sum_{\nu = 1}^{\infty} b_\nu = B$ (Teilsummen B_n). Dann konvergiert $s_n = A_n \pm B_n$ gegen $s = A \pm B$, also $\sum_{\nu = 1}^{\infty} (a_\nu \pm b_\nu) = \sum_{\nu = 1}^{\infty} a_\nu \pm \sum_{\nu = 1}^{\infty} b_\nu$.

Ferner konvergiert cA_n gegen cA, also $\sum_{\nu = 1}^{\infty} c a_\nu = c \sum_{\nu = 1}^{\infty} a_\nu$.

Ist $\sum_{\nu = 1}^{n} | a_\nu | = A_n{}'$ und $\sum_{\nu = 1}^{n} | b_\nu | = B_n{}'$, dann ist $\sum_{\nu = 1}^{n} | a_\nu \pm b_\nu | \leq A_n{}' + B_n{}'$

und $\sum_{\nu = 1}^{n} | c a_\nu | = | c | \, A_n{}'$, d. h. wenn zwei Reihen absolut konvergieren, so konvergieren auch die Reihen absolut, die durch gliedweise Addition und Subtraktion oder durch gliedweise Multiplikation mit einer Zahl entstehen, da die absoluten Beträge ihrer Teilsummen beschränkte, monoton wachsende Zahlenfolgen sind.

Multiplizieren wir jedes Glied a_μ der einen Reihe mit jedem Glied b_ν der anderen Reihe und bilden eine Teilsumme $\sum a_\mu b_\nu$ der neuen Reihe, dann ist

$$\sum |a_\mu b_\nu| \leq \sum_{\mu=1}^{n} |a_\mu| \sum_{\nu=1}^{n} |b_\nu|\,,$$

wenn n den größten Zeiger unter den Gliedern der linken Seite dieser Ungleichung bedeutet. Die Reihe $\sum a_\mu b_\nu$ konvergiert somit absolut, wenn die beiden ursprünglichen Reihen absolut konvergieren, weil die linke Seite dieser Ungleichung eine beschränkte, monoton wachsende Zahlenfolge ist. Wir können daher die Glieder $a_\mu b_\nu$ beliebig anordnen, z. B. so, daß die Teilsummen der Reihe nach $A_n B_n$ sind, die Summe der neuen Reihe ist also $A B$.

Ist $|a_\nu| \leq |b_\nu|$, so ist $A_n' \leq B_n'$, d. h. die Reihe $\sum\limits_{\nu=1}^{\infty} a_\nu$ konvergiert absolut, wenn $\sum\limits_{\nu=1}^{\infty} b_\nu$ absolut konvergiert, dagegen divergiert $\sum\limits_{\nu=1}^{\infty} |b_\nu|$, wenn $\sum\limits_{\nu=1}^{\infty} |a_\nu|$ divergiert.

Ist also z. B. von einem bestimmten n an $|a_{n+1}/a_n| < q < 1$, so konvergiert die Reihe absolut, weil $|a_{n+m}| < |a_n| q^m$ ist und $\sum\limits_{m=1}^{\infty} q^m = \lim\limits_{n\to+\infty} (1-q^n)/(1-q)$ $= 1/(1-q)$ konvergiert (*Cauchy*); ebenso, wenn von einem bestimmten n an $\sqrt[n]{|a_n|} < q < 1$ ist, weil dann $|a_n| < q^n$ ist. Dagegen ist in beiden Fällen $\sum\limits_{n=1}^{\infty} |a_n| = +\infty$, wenn $|a_{n+1}/a_n|$ bzw. $\sqrt[n]{|a_n|}$ von einem bestimmten n an $> q > 1$ ist, weil dann $\sum\limits_{n=1}^{\infty} q^n = +\infty$ ist.

Wenn $a_n \geq b_n$ für alle n ist, hat man $\sum\limits_{n=1}^{\infty} a_n \geq \sum\limits_{n=1}^{\infty} b_n$, wobei das Gleichheitszeichen nur gilt, wenn $a_n = b_n$ für alle n ist. Denn ist $a_k > b_k$, so ist $\sum\limits_{n=1}^{\infty} a_n \geq \sum\limits_{n=1}^{\infty} b_n$ mit $n \neq k$, daher $\sum\limits_{n=1}^{\infty} a_n > \sum\limits_{n=1}^{\infty} b_n$, wenn man $a_k > b_k$ hinzufügt.

Wir untersuchen die Reihe $\sum\limits_{n=1}^{\infty} 1/n^\alpha$. Wir vergleichen sie mit der Funktion $y = 1/x^\alpha$ (siehe Abb. 17). Für die Teilsummen erhält man bei $\alpha > 1$:

$$s_n < 1 + \int_1^n \frac{dx}{x^\alpha} = 1 + \left[\frac{x^{1-\alpha}}{1-\alpha}\right]_1^n = \frac{\alpha}{\alpha-1} - \frac{1}{(\alpha-1)\, n^{\alpha-1}}\,,$$

bei $0 < \alpha < 1$:

$$s_n > \int\limits_1^{n+1} \frac{dx}{x^\alpha} = \left[\frac{x^{1-\alpha}}{1-\alpha}\right]_1^{n+1} = \frac{(n+1)^{1-\alpha}}{1-\alpha} - \frac{1}{1-\alpha}\,,$$

bei $\alpha = 1$:

$$s_n > \int\limits_1^{n+1} \frac{dx}{x^\alpha} = \left[\ln x\right]_1^{n+1} = \ln(n+1).$$

Die Reihe konvergiert also für $\alpha > 1$ und divergiert für $\alpha \leq 1$.

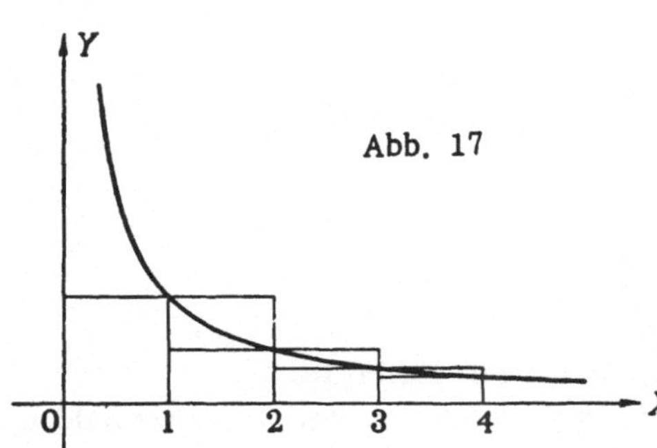

Abb. 17

Man kann eine absolut konvergente Reihe $\sum\limits_{\nu=1}^{\infty} a_\nu = s$ auch so anordnen, daß man die Glieder zu unendlich vielen einzelnen unendlichen Reihen $S_1, S_2, \ldots, S_n, \ldots$ zusammenfaßt. Denn jede einzelne Reihe S_ν konvergiert selbst absolut, weil ihre Glieder ein Teil der Glieder der ursprünglichen Reihe sind. Ferner können wir $\left|s - \sum\limits_{\nu=1}^{k} S_\nu\right|$ dadurch beliebig klein machen, daß wir k genügend groß wählen. Denn dann kommen in den S_ν schließlich alle a_ν bis zu einem bestimmten a_n mit beliebig großem, festem n vor. Da nun $\sum\limits_{\nu=1}^{k} S_\nu$ als Summe von endlich vielen absolut konvergenten Reihen selbst absolut konvergiert, kann man die Glieder beliebig anordnen, daher fallen in $s - \sum\limits_{\nu=1}^{k} S_\nu$ alle a_ν bis a_n heraus und somit ist für genügend große n, d. h. für alle genügend großen k unsere Behauptung bewiesen, d. h. $s = \sum\limits_{\nu=1}^{\infty} S_\nu$.

Umgekehrt seien S_ν ($\nu = 1, 2, 3, \ldots$) unendlich viele absolut konvergente Reihen, ferner die entsprechenden Summen S_ν', wenn man die absoluten Beträge der Glieder nimmt, und es möge $\sum\limits_{\nu=1}^{\infty} S_\nu'$ konvergieren. Addiert man dann die Glieder a_ν aller Reihen in beliebiger Anordnung, so ist

$$\sum_{\nu=1}^{n} |a_\nu| \leq S_1' + S_2' + \ldots + S_k'$$

für alle genügend großen k, d. h. $\sum\limits_{\nu=1}^{\infty} a_\nu$ konvergiert absolut und die Reihe $\sum\limits_{\nu=1}^{\infty} S_\nu$ ist eine Umordnung obiger Art von $\sum\limits_{\nu=1}^{\infty} a_\nu$, also $\sum\limits_{\nu=1}^{\infty} S_\nu = \sum\limits_{\nu=1}^{\infty} a_\nu$.

18. Einige besondere Reihen

Setzt man $f(x) = e^x$, $a = 0$, $h = x$, so erhält man

$$e^x = 1 + x/1! + x^2/2! + \ldots + x^n/n! + R_n \text{ mit } R_n = [x^{n+1}/(n+1)!]\, e^{\vartheta x},$$

wobei $0 < \vartheta < 1$ ist.

Nun ist $\lim\limits_{n \to +\infty} |x|^n/n! = 0$, denn in

$$|x|^n/n! = (|x|/1)(|x|/2) \ldots (|x|/k)\,[|x|/(k+1)]\,[|x|/(k+2)] \ldots |x|/n,$$

wobei $k+1 > |x|$ sein möge, sind alle Faktoren hinter $|x|/k$ kleiner als $q < 1$. Es ist daher $\lim\limits_{n \to +\infty} R_n = 0$ wegen $|R_n| \leqq [|x|^{n+1}/(n+1)!]\, e^{|x|}$, also konvergiert die Reihe

$$e^x = 1 + (x/1!) + (x^2/2!) + \ldots + (x^n/n!) + \ldots$$

für jedes x und hat e^x zur Summe.

Für $x = 1$ ergibt sich

$$e = 1 + (1/1!) + (1/2!) + \ldots + (1/n!) + \ldots,$$

somit liegt e zwischen 2 und 3, denn

$1/2! + 1/3! + \ldots < 1/2 + 1/2^2 + \ldots = 1$ nach Ziffer 18.

e ist irrational. Denn wäre $e = p/q$ (p, q teilerfremde positive ganze Zahlen), so müßte

$$p/q = 1 + \sum_{\nu=1}^{q} 1/\nu! + \sum_{\nu=q+1}^{\infty} 1/\nu!$$

sein, woraus sich durch Multiplikation mit $q!$ ergeben würde, daß die von Null verschiedene unendliche Summe $[1/(q+1)] + [1/(q+1)(q+2)] + \ldots$ eine ganze Zahl wäre. Nun ist aber diese Summe

$< [1/(q+1)] + [1/(q+1)^2] + \ldots = 1/q$, also niemals ganz (*Fourier*).

Aus der Reihe für e^x erhält man

$$\mathfrak{Sin}\, x = x + (x^3/3!) + (x^5/5!) + \ldots$$
$$\mathfrak{Cof}\, x = 1 + (x^2/2!) + (x^4/4!) + \ldots$$

Setzen wir $\sin x$ bzw. $\cos x$ für $f(x)$ und wieder $a = 0$, $h = x$, so erhalten wir wegen $|\sin \vartheta x|$, $|\cos \vartheta x| \leq 1$ die für alle x konvergenten Reihen

$$\left.\begin{array}{l} \sin x = x - (x^3/3!) + (x^5/5!) - \ldots \\ \cos x = 1 - (x^2/2!) + (x^4/4!) - \ldots \end{array}\right\} \quad (x \text{ im Bogenmaß}).$$

Schließlich wählen wir x^α für $f(x)$ mit $a = 1$, $h = x$. Dann ergibt sich

$$(1+x)^\alpha = 1 + \frac{\alpha}{1}\,x + \frac{\alpha(\alpha-1)}{1 \cdot 2}\,x^2 + \ldots + \frac{\alpha(\alpha-1)\ldots(\alpha-n+1)}{1 \cdot 2 \cdot \ldots \cdot n}\,x^n + R_n$$

mit
$$R_n = \frac{\alpha(\alpha-1)\ldots(\alpha-n)}{1 \cdot 2 \cdot \ldots \cdot (n+1)}\,x^{n+1}(1 + \vartheta_1 x)^{\alpha-n-1}$$
$$= \frac{\alpha(\alpha-1)\ldots(\alpha-n)}{1 \cdot 2 \cdot \ldots \cdot n}\,x^{n+1}(1 - \vartheta_2)^n (1 + \vartheta_2 x)^{\alpha-n-1}.$$

Es sei zuerst $0 \leqq x < q < 1$: Nun ist $\displaystyle\lim_{n \to +\infty} \left| \frac{\alpha - n}{n + 1} \right| = 1$;

daher ist $R_n \to 0$, weil für alle genügend großen n alle Faktoren in $\dfrac{\alpha x}{1} \cdot \dfrac{(\alpha - 1) x}{2} \cdot \ldots \cdot \dfrac{(\alpha - n) x}{n + 1}$ von einem bestimmten an dem Betrag nach $< q$ sind und $(1 + \vartheta_1 x)^{\alpha - n - 1} \leqq 1$ ist. Wenn $-1 < x \leqq 0$ ist, wobei $x \mid < q < 1$ ist, so ist aus demselben. Grunde $R_n \to 0$, da jetzt

$$(1 - \vartheta_2)^n \, (1 + \vartheta_2 x)^{\alpha - n - 1} = \left(\frac{1 - \vartheta_2}{1 - \vartheta_2 \mid x} \right)^n (1 - \vartheta_2 \mid x \mid)^{\alpha - 1} < \frac{1}{(1 - q)^{\mid \alpha - 1 \mid}}$$

Wir erhalten also die für $-1 < x < 1$ konvergente *binomische Reihe*

$$(1 + x)^\alpha = 1 + \frac{\alpha}{1} x + \frac{\alpha (\alpha - 1)}{1 \cdot 2} x^2 + \ldots + \frac{\alpha (\alpha - 1) \ldots (\alpha - n + 1)}{1 \cdot 2 \cdot \ldots \cdot n} x^n + \ldots$$

Da die absoluten Beträge der Glieder dieser Reihe für $\mid x \mid > q > 1$ gemäß den obigen Betrachtungen über alle Schranken wachsen, so divergiert die Reihe für $\mid x \mid > 1$. Für $\mid x \mid = 1$ wollen wir sie nicht näher untersuchen. $\alpha = -1$ liefert die bekannte *geometrische Reihe* $1/(1 - x) = 1 + x + x^2 + \ldots$ Ist α eine positive ganze Zahl n, so bricht die Reihe mit x^n ab und man erhält, indem man noch $x = b/a$ setzt und mit a^n multipliziert, die bekannte Entwicklung

$$(a + b)^n = a^n + (n/1) a^{n-1} b + ([n (n - 1)]/(1.2)) a^{n-2} b^2 + \ldots + b^n.$$

Man schreibt zur Abkürzung

$$\binom{\alpha}{n} = \frac{\alpha (\alpha - 1) \ldots (\alpha - n + 1)}{1.2 \ldots n}, \quad \binom{\alpha}{0} = 1, \; 0! = 1.$$

19. Integration von rationalen Funktionen

In der Zerlegung der vorigen Ziffer kann man jedes Glied integrieren. Wir müssen es noch für

$$\int [(P x + Q)/(x^2 + p x + q)^k] \, d x$$

zeigen. Es ist

$$x^2 + p x + q = [x + (p/2)]^2 + q - (p^2/4)$$

mit $q - (p^2/4) > 0$. Führen wir die neue Veränderliche

$$u = [x + (p/2)]/\sqrt{q - (p^2/4)}$$

ein, so erhalten wir Integrale von der Gestalt

$$\int [u d u/(u^2 + 1)^k] \quad \text{und} \quad \int [d u/(u^2 + 1)^k].$$

Das erste läßt sich sofort berechnen, wenn wir $v = u^2 + 1$ einführen. Beim zweiten schreiben wir

$$\int [d u/(u^2 + 1)^k] = \int ([(u^2 + 1 - u^2)/(u^2 + 1)^k] \, d u) = \int [d u/(u^2 + 1)^{k-1}]$$
$$- \int [u^2 d u/(u^2 + 1)^k]$$

und

$$\int [u^2 d u/(u^2 + 1)^k] = \int u \cdot [u d u/(u^2 + 1)^k] = (u/[2 (1 - k) (u^2 + 1)^{k-1}])$$
$$- [1/2 (1 - k)] \int [d u/(u^2 + 1)^{k-1}].$$

Damit ist der Exponent um 1 verringert. Durch Fortsetzung des Verfahrens kommt man schließlich auf $\int [d u/(u^2 + 1)] = \text{arctg } u$.

Hat man eine rationale Funktion von x und $y = \sqrt{a x^2 + b x + c}$ zu integrieren, so wählt man einen Wert x_0, für den $y_0 = \sqrt{a x_0^2 + b x_0 + c}$ reell ist. Dann ist

$$y^2 - y_0^2 = a (x^2 - x_0^2) + b (x - x_0),$$

daher mit
$$u = (y - y_0)/(x - x_0)$$
$$u (y + y_0) = a (x + x_0) + b$$

oder

$$a x - u y = u y_0 - a x_0 - b$$

und

$$u x - y = u x_0 - y_0.$$

Aus diesen Gleichungen erhält man x und y und damit auch $d x/d u$ als rationale Funktion von u, womit die Aufgabe auf die frühere zurückgeführt ist.

Hat man eine rationale Funktion von $\sin x$ und $\cos x$ zu integrieren, so führt man $u = \text{tg } (x/2)$ als neue Veränderliche ein. Dann ist

$$\sin x = 2u/(1 + u^2), \quad \cos x = (1 - u^2)/(1 + u^2), \quad d x/d u = 2/(1 + u^2)$$

und die Aufgabe wieder auf die Integration rationaler Funktionen zurückgeführt. Das gleiche geschieht, wenn man eine rationale Funktion von e^x zu integrieren hat und $u = e^x$ als neue Veränderliche einführt.

20. Doppelintegrale

Der Bereich B (siehe Abb. 18) sei von zwei Parallelen zur Y-Achse und den beiden Kurven $y = \varphi (x)$ und $y = \psi (x)$ (φ und ψ stetige Funktionen von x im Intervall $a \leq x \leq b$) begrenzt. Dann ist

$$\int_B f (P) d\omega = \int_a^b d x \int_{\varphi (x)}^{\psi (x)} f (x, y) d y.$$

Beweis: 1. $\int_{\varphi (x)}^{\psi (x)} f (x, y) d y$ ist stetige Funktion von x, denn wir setzen $y = \varphi (x)$ $+ u [\psi (x) - \varphi (x)]$ und erhalten wegen $\psi (x) > \varphi (x)$

$$\int_{\varphi (x)}^{\psi (x)} f (x, y) d y = \int_0^1 f \{x, \varphi (x) + u [\psi (x) - \varphi (x)]\} \cdot [\psi (x) - \varphi (x)] d u.$$

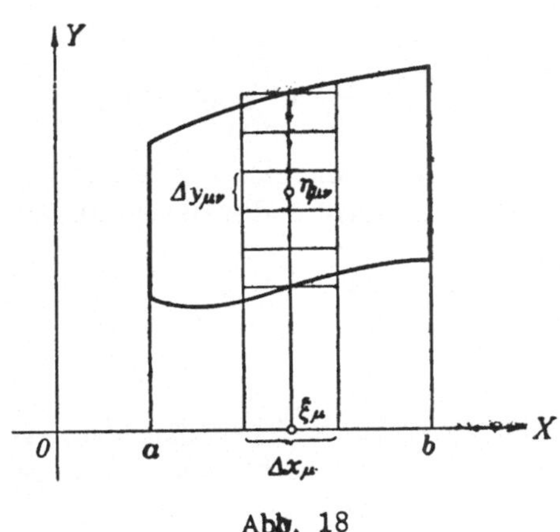

Abb. 18

Die Formel gilt auch für $\varphi(x) = \psi(x)$, weil dann auf beiden Seiten null steht. Dieses Integral ist aber stetig in x.

2. Wir teilen das Intervall (a, b) in Teilintervalle Δx_μ und wählen in jedem Teil einen Punkt ξ_μ. Die Ordinate von ξ_μ trifft die beiden Begrenzungskurven in zwei Punkten, dadurch entsteht ein Intervall auf dieser Ordinate. Dieses Intervall teilen wir in Teilintervalle $\Delta y_{\mu\nu}$ und wählen in jedem Teil einen Punkt mit der Ordinate $\eta_{\mu\nu}$. Auf diese Art und Weise wird der Bereich B mit Rechtecken überdeckt, die teilweise ihn nicht erschöpfen, teilweise über ihn hinausgehen. Nach dem Zerlegungs- und Mittelwertsatz der Integralrechnung ist bei passender Wahl der ξ_μ und $\eta_{\mu\nu}$

$$\int_a^b dx \int_{\varphi(x)}^{\psi(x)} f(x, y)\, dy = \sum_\mu \Delta x_\mu \int_{\varphi(\xi_\mu)}^{\psi(\xi_\mu)} f(\xi_\mu, y)\, dy = \sum_\mu \Delta x_\mu \sum_\nu \Delta y_{\mu\nu}\, f(\xi_\mu, \eta_{\mu\nu}).$$

Wenn wir zu dieser Summe noch jene Teile ω_ν' hinzufügen, die durch die Rechtecke nicht erschöpft werden, und wegnehmen, die darüber hinausgehen, jedesmal mit $f(P_\nu)$ multipliziert, wobei P_ν bei jenen irgendein Punkt in dem betreffenden ω_ν', aber noch in oder auf dem Rand von B gewählt ist, bei diesen der Punkt $(\xi_\mu, \eta_{\mu\nu})$ des betreffenden Rechteckes ist, so ist nach der vorigen Ziffer $\sum f(P_\nu)\, \omega_\nu = \sum_\mu \sum_\nu + \sum_{\text{Rand}}$. Dabei bedeutet $\sum_\mu \sum_\nu$ die

eben betrachtete Doppelsumme, $\sum_{\text{Rand}}$ die von den erwähnten ω_ν' herrührenden Glieder. Die von der Kurve $y = \varphi(x)$ herrührenden ω_ν' sind alle kleiner oder gleich den in der Abb. 19 gezeichneten Rechtecken, bei denen immer die größten und kleinsten Ordinaten in jedem Intervall Δx_μ genommen wurden. Die Summe dieser Rechtecke strebt aber gegen Null, weil

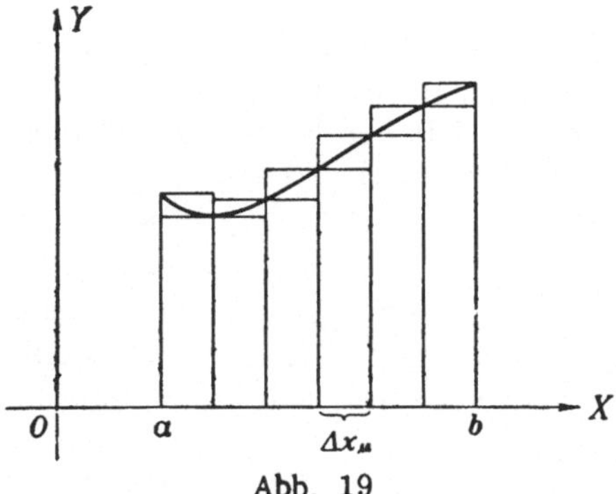

Abb. 19

sowohl die von dem oberen als auch von dem unteren Streckenzug begrenzten Flächen denselben Grenzwert, nämlich $\int_a^b \varphi(x)\, dx$ haben. Dasselbe gilt für die Kurve $y = \psi(x)$. Es ist also $\left| \sum_{\text{Rand}} \right| \leq M \sum \omega_\nu'$ wegen $|f(x, y)| \leq M$, daher bei immer feiner werdender Einteilung $\lim\limits_{\text{Rand}} \sum = 0$

und $\int\limits_B f(P)\,d\omega = \lim \sum f(P_\nu)\,\omega_\nu = \lim \sum\limits_\mu \sum\limits_\nu = \int\limits_a^b dx \int\limits_{\varphi(x)}^{\psi(x)} f(x,y)\,dy.$

Das Integral läßt sich daher durch zwei hintereinander ausgeführte einfache Integrale darstellen, heißt darum *Doppelintegral* und man schreibt auch

$$\int\limits_B f(P)\,d\omega = \iint\limits_B f(x,y)\,dx\,dy.$$

21. Divergenz

Der räumliche Bereich B sei von der geschlossenen Fläche R begrenzt. R soll von jeder Parallelen zu den Achsen des Koordinatensystems höchstens in je zwei Punkten getroffen werden. $\mathfrak{n}$ sei der Einheitsvektor der Normalen von R, positiv nach außen gezählt, und R' die senkrechte Projektion von R auf die XY-Ebene. Durch die Berührungskurve mit dem projizierenden Zylinder wird R in zwei Teile, einen unteren R_1 und einen oberen R_2 geteilt. R_1 sei durch $z = \varphi_1(x, y)$, R_2 durch $z = \varphi_2(x, y)$ gegeben, φ_1 und φ_2 seien stetig differenzierbar. In Integralen über räumliche Bereiche schreiben wir $d\tau$ für $d\omega$, in solchen über krumme Flächen $d\sigma$ oder $\sqrt{EG - F^2}\,du\,dv$ für $d\omega$. $f(x, y, z)$ sei stetig differenzierbar in B samt Rand. Dann ist (siehe Abb. 20)

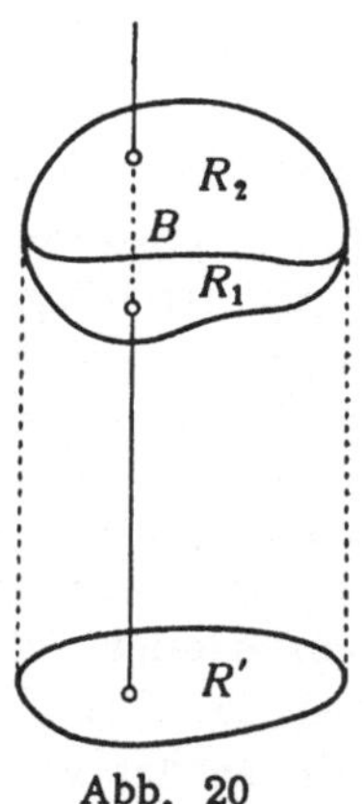

Abb. 20

$$\int\limits_B (\partial f/\partial z)\,d\tau = \int dx \int dy \int (\partial f/\partial z)\,dz$$

$$= \iint\limits_{R'} \big\{ f[x, y, \varphi_2(x, y)] - f[x, y, \varphi_1(x, y)] \big\}\,dx\,dy = \int\limits_R f \cos(\mathfrak{n}z)\,d\sigma,$$

wenn wir die Formel umrechnen und dabei berücksichtigen, daß $\sphericalangle(\mathfrak{n}z)$ auf R_2 spitz, auf R_1 stumpf ist. Wenn der projizierende Zylinder selbst Teil von R ist, fällt der betreffende Teil des Randintegrals, wie es sein muß, weg, weil $\cos(\mathfrak{n}z) = 0$ ist.

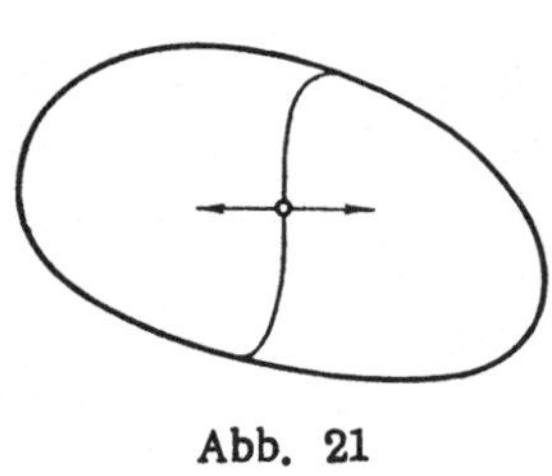

Abb. 21

Die Gleichung gilt auch für allgemeine Bereiche, die sich in endlich viele Teilbereiche der obigen Art zerlegen lassen. Denn die Oberflächenintegrale über die Flächen, durch welche B zerlegt wird, heben sich weg, weil sie je zweimal auftreten und zwar mit entgegengesetztem Zeichen, da $\mathfrak{n}$ als äußere Normale zweier aneinandergrenzenden Bereiche in beiden Fällen entgegengesetzt gerichtet ist (siehe Abb. 21).

Der Vektor $\mathfrak{v}\,(a, b, c)$ habe stetig differenzierbare Komponenten in B. Wir definieren

$$\operatorname{div} \mathfrak{v} = a_x + b_y + c_z \quad (\textit{Divergenz}).$$

Wenden wir die eben abgeleitete Formel an, indem wir sie passend abändern,
wenn x oder y statt z steht, so erhalten wir

$$\int \operatorname{div} \mathfrak{v}\, d\tau = \int (\mathfrak{v}\, \mathfrak{n})\, d\sigma \quad (Gau\beta).$$

Lassen wir B auf einen Punkt P zusammenschrumpfen, so erhält man nach
dem Mittelwertsatz

$$\operatorname{div} \mathfrak{v} = \lim_{B \to P} (1/B) \int_B (\mathfrak{v}\, \mathfrak{n})\, d\sigma.$$

Dadurch ist die Divergenz unabhängig vom Koordinatensystem definiert. Ist
$\mathfrak{v}$ die Geschwindigkeit einer Strömung, so ist das Integral der Fluß durch
die Fläche R, die Divergenz bedeutet also die Ergiebigkeit einer Quelle oder
Senke von $\mathfrak{v}$.

22. Vektorfelder

Wenn sich in einem Bereich jede geschlossene Kurve, die aus einem Kreis
durch stetige Abänderung entsteht, stetig auf
einen Punkt zusammenziehen läßt, so ist das
über irgendeine Kurve C des Bereiches (siehe
Abb. 22) erstreckte Integral $\int_{P_0}^{P} (\mathfrak{t}\, \mathfrak{v})\, ds$ dann und
nur dann von der Kurve unabhängig, d. h. nur
von den Endpunkten und $\mathfrak{v}$ abhängig oder, was
dasselbe ist, über jede geschlossene Kurve des
Bereiches Null, wenn $\operatorname{rot} \mathfrak{v} = 0$ im ganzen Bereich
ist (*wirbelfreies Vektorfeld*). In diesem Fall ist

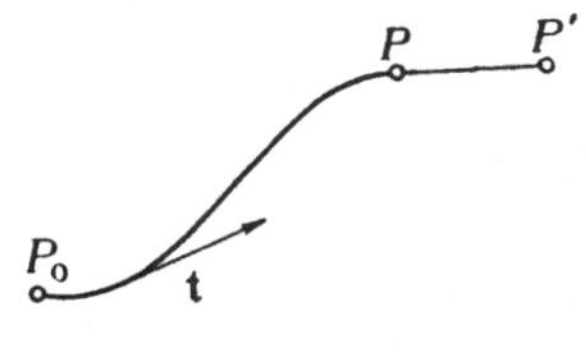

Abb. 22

$$\mathfrak{v} = \operatorname{grad} V \quad \text{mit} \quad V = \int_{P_0}^{P} (\mathfrak{t}\, \mathfrak{v})\, ds + \text{const} \quad (\textit{skalares Potential}).$$

Denn $V(P') - V(P) = \displaystyle\int_{P}^{P'} (\mathfrak{t}\, \mathfrak{v})\, ds$, daher nach dem Mittelwertsatz $\mathfrak{t}$
$\operatorname{grad} V = \mathfrak{t}\mathfrak{v}$ für jedes beliebige $\mathfrak{t}$, d. h. alle Komponenten von $\operatorname{grad} V$
und $\mathfrak{v}$ stimmen überein. Damit haben wir also eine besondere Lösung $V = \int_{P_0}^{P} (\mathfrak{t}\, \mathfrak{v})\, ds$ der Gleichung $\mathfrak{v} = \operatorname{grad} V'$ gefunden. Um die allgemeine Lösung V'
zu erhalten, beachten wir, daß aus $\mathfrak{v} = \operatorname{grad} V'$ und $\mathfrak{v} = \operatorname{grad} V$ folgt, daß
die Ableitungen von $V' - V$ verschwinden, somit $V' - V$ konstant ist.
Womit die Behauptung bewiesen ist.

Ist $\mathfrak{v}$ ein Kraftvektor, so bedeutet das über die Kurve C erstreckte Integral
$\int_{P_0}^{P} (\mathfrak{t}\, \mathfrak{v})\, ds$ die Arbeit, die vom Feld auf diesem Weg geleistet wird. Nach dem
eben bewiesenen Satz ist diese Arbeit dann und nur dann vom Weg unab-
hängig, wenn $\mathfrak{v} = \operatorname{grad} V$ ist. Wenn V im Unendlichen verschwindet, stellt

$V(P)$ wegen $V(Q) - V(P) = \int\limits_{P}^{Q} (\mathfrak{t}\,\mathfrak{v})\,ds$ die Arbeit dar, die das Feld auf einem Wege leistet, der aus dem Unendlichen nach P führt.

Das von einem Punkt mit der Masse m erzeugte Feld der *Newtonschen Anziehungskraft* ist wirbelfrei mit $V = k^2\,m/r$ (k^2 Gravitationskonstante). Denn $\partial V/\partial r = - k^2\,m/r^2$ und das ist genau die Kraft, mit der ein Probekörper von der Masse 1 in der Entfernung r von m angezogen wird. Wird das Feld von einer elektrischen Ladung e erzeugt, so ist $V = - e/r$, weil die Ladung 1 in der Entfernung r von e mit der *Coulombschen Kraft* e/r^2 abgestoßen wird. Um also denselben Ausdruck wie in der Mechanik zu erhalten (bis auf den Faktor k^2), verwendet man bei der elektrischen Kraft die Formel $\mathfrak{v} = -\operatorname{grad} V$ mit $V = e/r$. In diesem Fall bedeutet demnach V die gegen das elektrische Kraftfeld geleistete Arbeit, die potentielle Energie des Feldes.

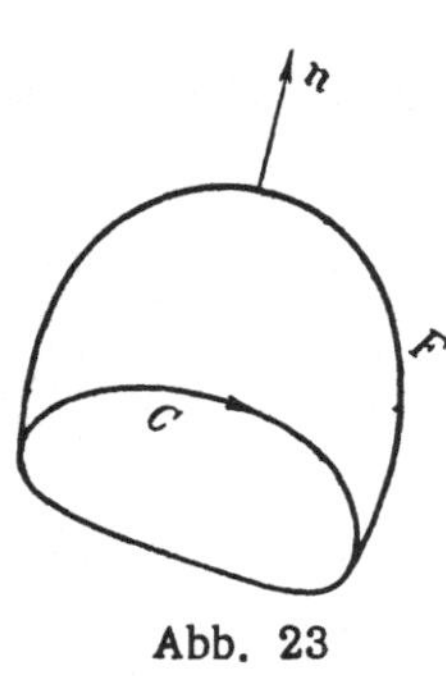

Abb. 23

Aus Ziffer 21 entnehmen wir folgendes: Wenn sich in einem Bereich jede geschlossene Fläche, die aus einer Kugel durch stetige Abänderung entsteht, stetig auf einen Punkt zusammenziehen läßt, so ist das über irgendeine Fläche F des Bereiches (siehe Abb. 23) erstreckte Integral $\int\limits_{F} (\mathfrak{n}\,\mathfrak{v})\,d\sigma$ dann und nur dann unabhängig von F, also nur abhängig von der Randkurve C und $\mathfrak{v}$ oder, was dasselbe ist, über jede geschlossene Fläche des Bereiches erstreckt, Null wenn $\operatorname{div} \mathfrak{v} = 0$ im ganzen Bereich ist (*quellenfreies Vektorfeld*). In diesem Fall ist in einem Quader mit achsenparallelen Kanten $\mathfrak{v} = \operatorname{rot}(\mathfrak{W} + \operatorname{grad} V)$ mit beliebigem V und $\mathfrak{W} = (A, B, C)$ (*vektorielles Potential*), wo z. B.

$$A = \int\limits_{z_0}^{z} b\,(x, y, \zeta)\,d\zeta - \int\limits_{y_0}^{y} c\,(x, \eta, z_0)\,d\eta, \quad B = - \int\limits_{z_0}^{z} a\,(x, y, \zeta)\,d\zeta, \quad C = 0$$

ist; (x_0, y_0, z_0) ist ein beliebiger Punkt des Bereiches. Daß $\mathfrak{W}$ eine Lösung der Gleichung $\mathfrak{v} = \operatorname{rot} \mathfrak{W}'$ ist, findet man durch Ausrechnen, wenn man $\operatorname{div} \mathfrak{v} = 0$ berücksichtigt. Für die allgemeine Lösung $\mathfrak{W}'$ erhält man $\mathfrak{W}' - \mathfrak{W} = \operatorname{grad} V$ wegen $\operatorname{rot} \mathfrak{W}' - \operatorname{rot} \mathfrak{W} = \operatorname{rot}(\mathfrak{W}' - \mathfrak{W}) = 0$, womit die Behauptung bewiesen ist.

Ist B ein Bereich der XY-Ebene, so wird für den Vektor $\mathfrak{v} = (a, b, 0)$,

$$\iint\limits_{B} [(\partial b/\partial x) - (\partial a/\partial y)]\,dx\,dy = \int\limits_{R} (a\dot{x} + b\dot{y})\,ds,$$

wobei die Randkurve R so durchlaufen wird, daß die Fläche B zur Linken liegt. B sei *einfach zusammenhängend*, d. h. in B möge sich jede geschlossene Kurve, die aus einem Kreis durch stetige Abänderung entsteht, stetig auf einen Punkt zusammenziehen lassen. Dann ist das über die Kurve C des Bereiches erstreckte Integral $\int\limits_{C} (a\dot{x} + b\dot{y})\,ds$ dann und nur dann unabhängig von C,

d. h. nur abhängig von den Endpunkten und a und b oder, was dasselbe ist, über jede geschlossene Kurve des Bereiches Null, wenn $\partial b/\partial x = \partial a/\partial y$ im ganzen Bereich ist. In diesem Fall ist

$$a = \partial V/\partial x, \quad b = \partial V/\partial y \ \text{ mit } \ V = \int_{P_0}^{P} (a\dot{x} + b\dot{y})\, ds + \text{const,}$$

wobei P_0 irgendein Punkt des Bereiches ist. Dabei ist $\dot{x} = dx/ds$, $\dot{y} = dy/ds$. s kann auch einen andern Parameter als den Bogen bedeuten, wie sich ergibt, wenn man in dem Integral t statt s als Veränderliche einführt.

23. Die aus der Mengen- und Kollektivmaßlehre übernommenen Begriffsbezeichnungen

Wenn in der Wirklichkeit gewisse Erscheinungen lediglich abgezählt werden sollen, d. h. die Unterschiede zwischen den Erscheinungen, soweit solche vorhanden sein sollten, interessieren uns überhaupt oder doch zunächst nicht, so spricht man in der Statistik von einer "M e n g e " und versteht darunter das gleiche, was man in der Mengenlehre damit zu bezeichnen pflegt. Die Zahl der Erscheinungen wird wie in der Mengenlehre als Mächtigkeit der Menge bezeichnet. Auch wenn keine Abzählung, sondern eine Messung oder Wägung vorliegt, spricht der Statistiker von Mengen und die Mächtigkeit derselben ist durch eine festgestellte Zahl von Raum- oder Gewichts- oder anderen Maßeinheiten gegeben. Solche weitere Maßeinheiten haben wir etwa in der Kalorie, in der Pferdekraft, im Kilowatt usw. Die abzählbaren Mengen sind nur nach Maßzahlen in Teilmengen zerlegbar, bei gemessenen oder gewogenen Mengen auch nach Bruchteilen einer Maßeinheit. Es gibt zeitunveränderliche und zeitveränderliche Mengen und im letzteren Falle meint man, daß sich die Mächtigkeit der betreffenden Menge im Laufe der Zeit ändert. Die Änderung der Mächtigkeit in der Zeiteinheit ist ein mittlerer Differentialquotient der Mächtigkeit nach der Zeit. Er gibt eine Darstellung der mittleren Geschwindigkeit der Änderung in einem Zeitintervall. Die einzelnen Glieder einer Menge heißen wie in der Mengenlehre Elemente, in der mathematischen Statistik wird jedoch häufig der Ausdruck E r h e b u n g s e i n h e i t verwendet, namentlich wenn es sich um abzählbare Mengen handelt. Die Zusammenfassung von Erhebungseinheiten zu einer Menge hat nur einen Sinn, wenn dieselben wenigstens ein gemeinsames Merkmal besitzen.

Es gibt nicht nur konkrete Mengen in der Wirklichkeit, sondern auch Mengen abstrakter Begriffe. Die Ordinaten der Funktion $y = c$ im Koordinatensystem xy sind eine solche Menge. Aber auch bei jeder beliebigen anderen Funktion kann man die Ordinaten als Menge betrachten, solange uns die Beschaffenheit deren Länge nicht interessiert. Die Mächtigkeit solcher Mengen ist eine transzendente Zahl, außer wenn die Funktion aus einer endlichen Zahl isolierter Punkte besteht.

Haben die Elemente außer dem gemeinsamen Merkmal auch noch andere Merkmale, durch welche sie sich unterscheiden, bzw. außer einer gemeinsamen Eigenschaft, die in gleicher Weise bei allen Elementen zutrifft, auch noch andere Eigenschaften, die meßbar oder wägbar sind und nicht in gleichem Maße vorkommen, so spricht man von keiner Menge, sondern bezeichnet ihre Gesamtheit als ein K o l l e k t i v. Mindestens eine Maßeinheit muß es geben, nach der die unterschiedliche Beschaffenheit in diesem Falle gemessen werden kann. Eine solche Maßeinheit heißt dann K o l l e k t i v m a ß e i n h e i t. So betrachten wir beispielsweise die Bevölkerung eines Landes, solange uns nur die Zahl der Personen interessiert, als Menge, so wie uns auch das Alter der Personen interessieren würde, haben wir ein Kollektiv vor uns, dessen Kollektivmaßeinheit die Zeiteinheit in der Regel ein Jahr ist. Es kommen aber auch mehrere Kollektivmaßeinheiten in Betracht, wenn verschiedene Eigenschaften in ungleichem Maße bei den Elementen vorhanden sind und uns interessieren. So haben verschiedene Weizensorten nicht nur verschiedenes Hektolitergewicht, sondern auch verschiedenen Klebergehalt. Es gibt also zwei Eigenschaften (Merkmale), nach welchen sie sich unterscheiden, aber für beide ist zufällig die Kollektivmaßeinheit ein Gewicht je Raummaßeinheit oder ein sogenanntes spezifisches Gewicht. Interessiert uns bei einer Bevölkerung nicht nur das Alter der Personen, sondern auch etwa deren Körpergröße, so haben wir zwei verschiedene Kollektivmaßeinheiten. Die eine ist, wie oben gesagt, die Zeiteinheit, die andere die Längenmaßeinheit, gewöhnlich 1 cm. Interessiert uns auch das verschiedene Körpergewicht der einzelnen Personen, so kommt noch ein weiterer Kollektivmaßstab dazu, dessen Einheit, die Gewichtseinheit, in der Regel 1 kg ist.

Grundsätzlich kann die Ordnung der Elemente (4) eines Kollektivs willkürlich erfolgen, d.h. der Statistiker kann sie beliebig vornehmen, z. B. nach monoton fallenden oder nach monoton steigenden Kollektivmaßzahlen oder es kann auch eine angenäherte symmetrische Ordnung gewählt werden. Maßgebend für die Wahl des Ordnungsprinzips ist der Zweck, welcher durch die Ordnung verfolgt wird. Manchmal werden die Elemente eines Kollektivs auch zu Gruppen zerlegt, wobei in eine Gruppe alle Elemente fallen, deren Kollektivzahlen innerhalb gewisser Grenzen bleiben; unter Umständen wird dann die Gruppe als Menge betrachtet und die Gesamtheit der Gruppen kollektivmäßig behandelt. Beispiele davon sind die Altersklassen in der Bevölkerung oder die Einkommensstufen bei der Besteuerung. Nur wenn das Kollektiv aus den Ordinaten einer algebraischen Funktion besteht, ist die Ordnung der Elemente durch die betreffende Funktion von vornherein gegeben.

Die relativen Wahrscheinlichkeiten, daß unter s Stichproben m_i (i variiert zwischen *1* und *S*) Elemente ein bestimmtes Merkmal A besitzen, bilden ein Kollektiv; es wird aus Zweckmäßigkeitsgründen nach dem Binomialsatz geordnet. Dieser gibt eine glockenformähnliche Gestalt der Ordnungsfunktion. Es kann die Aufgabe entstehen, daß ein nach dem Prinzip geordnetes Kollektiv durch eine mittlere Ord-

---

(4) In der Kollektivmaßlehre kommt statt der Begriffsbezeichnung „Element" auch die „Exemplar" vor, statt der Bezeichnung „Mächtigkeit" die „Umfang des Kollektivs", womit die Anzahl der Exemplare gemeint ist, die dem Kollektiv angehören.

nungsfunktion algebraischer Art zu bestimmen ist. Die Wahl mittlerer Funktionen ist bekanntlich grundsätzlich frei, doch bemüht man sich, die Funktion so zu wählen, daß sie eine gute Annäherung an das Ordnungsprinzip gibt. So ist z. B. beim Prinzip der Ordnung nach monoton fallenden Kollektivmaßzahlen etwa die Funktion $y = a \cdot e^{-x}$ eine mittlere Annäherung, bei zunehmenden Bevölkerungszahlen

$$y = b \cdot e^{z \cdot t}$$

worin b die Bevölkerungszahl zu einem Basiszeitpunkt, z die prozentualen Zu-Zunahmen je Zeiteinheit und t die Zeit bedeuten, welche seit dem Basiszeitpunkt verstrichen ist.

Bei Kollektiven, deren Elemente für verschiedene Zeitpunkte gelten, also z. B. Preisnotierungen an verschiedenen Börsentagen, pflegt man im allgemeinen bei der Ordnung durch die Zeitfolge zu bleiben. Das hindert jedoch nicht, mittlere Zeitfunktionen zu wählen, welche die Zeitveränderlichkeit mit einer gewissen Annäherung darstellen und übersichtlicher sind, als die in der Wirklichkeit gegebenen, aus isolierten Punkten bestehenden Zeitfunktionen. Beispiele sind die Trendlinien und die Linie des gleitenden Trends.

Wenn im Koordinatensystem xy durch das Stück einer Kurve $y = f(x)$ die Elemente eines Kollektivs als Ordinaten dargestellt erscheinen, so nennt die Kollektivmaßlehre ein solches Kollektiv "Kontinuum" und man spricht von der Mächtigkeit eines Kontinuums, in diesem Falle von der eindimensionalen Mächtigkeit des Kontinuums. Hat ein Kontinuum zwei verschiedene Kollektivmaßzahlen, dann es im Koordinatensystem xyz als Stück einer Fläche $F(xyz) = C$ dargestellt werden und man spricht dann von einer zweidimensionalen Mächtigkeit. Schließlich kann man sich auch ein Kontinuum mit mehreren Kollektivmaßstäben als Flächenfunktion in mehrdimensionalem Raum vorstellen, und dann ist die Mächtigkeit desselben auch eine Mehrdimensionale. Es sind auch mittlere Flächenfunktionen denkbar, durch welche man ein Kollektiv mit mehreren Kollektivmaßstäben, das in der graphischen Darstellung durch zahlreiche isolierte Punkte gegeben wäre, angenähert abbilden kann. In der praktischen Statistik kommt dergleichen zwar nicht vor, wohl aber in der nationalökonomischen Theorie, z. B. in der neueren britischen Theorie des freien Marktes.

IV. Die Häufigkeitssätze

1. Der Additionssatz

Wenn es in einer Gesamtmenge eine Teilmenge mit den Merkmalen A, B, C gibt, wobei das Merkmal A auf alle Elemente der Teilmenge zutrifft, von den Merkmalen B und C jedoch nur das eine oder das andere und wenn die Häufigkeit des Auftretens von A und B durch h_1, die des Auftretens von A und C durch h_2 als Verhältniszahl der Gesamtmenge gegeben sind, so gilt für die Häufigkeit h_1, daß A und B oder A und C vorkommen, die Regel, daß h die Summe von $h_1 + h_2$ ist. Es seien z. B. in einer Bevölkerung 3 % Schneider und 5 % Schneiderinnen vertreten, dann ist die Häufigkeit der Schneider und Schneiderinnen zusammen in der Gesamtbevölkerung 5 + 3 = 8 %. Durch einfache Umkehrung ergibt sich der S u b - t r a k t i o n s s a t z, wenn sich zwei Merkmale B und C gegenseitig ausschließen und das Verhältnis der Teilmenge mit dem Merkmal B zur Gesamtmenge mit dem Merkmal B oder C bereits mit h_1 % festgestellt wurde, so ist das Verhältnis der Teilmenge mit dem Merkmal C zur Gesamtmenge die Differenz zwischen 100 und h_1. Hat man z. B. festgestellt, daß unter den lebend geborenen Kindern einer Bevölkerung 2 % nicht erbgesund sind, so ist die relative Häufigkeit der erbgesunden Kinder 100 - 2 = 98 %.

Die beiden Sätze sind keinerlei besondere Erkenntnisse, sondern das Ergebnis einer ganz einfachen logischen Überlegung, die fast banal erscheint. Aber die Anwendung der beiden Sätze erfolgt nicht immer auf gleich einfache Beispiele und deshalb mußte ihre allgemeine Gültigkeit hier vermerkt werden, gerade so wie dies in jeder Wahrscheinlichkeitslehre der Fall ist. Warum die Entnahme aus der Wahrscheinlichkeitslehre vor sich ging, läßt sich daraus erklären, daß man die aus der Vergangenheit festgestellten Häufigkeiten unter der Voraussetzung einer gewissen Beharrungstendenz der statistisch erfaßten Erscheinungen auch als W a h r s c h e i n - l i c h k e i t s z a h l e n für die Zukunft ansehen kann (5).

2. Der Multiplikationssatz

Schließen sich die Merkmale B und C gegenseitig nicht aus, und ist die Häufigkeit des Auftretens von A in einer Gesamtmenge h_1, die Häufigkeit des Auftretens von B und C an demselben Element der Teilmenge mit dem Merkmal A durch h_2

---

(5) Der entsprechende Satz ergibt sich in der Wahrscheinlichkeitslehre aus dem Ziehen verschiedenfarbiger Kugeln aus einer Urne. Ist die Wahrscheinlichkeit des Ziehens einer weißen Kugel $1/3$ und die Wahrscheinlichkeit des Ziehens einer roten Kugel $1/6$, so ist die Wahrscheinlichkeit des Ziehens einer weißen oder einer roten Kugel $\frac{1}{3} + \frac{1}{6} = \frac{1}{2}$ (Additionssatz) und die Wahrscheinlichkeit, daß eine gezogene Kugel weder weiß noch rot ist, wird $1 - \frac{1}{2} = \frac{1}{2}$ (Subtraktionssatz).

gegeben, so ist die Häufigkeit h, daß alle drei Merkmale A, B, C an einem Element der Gesamtmenge das Produkt von h_1 und h_2. Haben z. B. von 100 bäuerlichen Betrieben 80 Pferdegespanne oder einen Traktor oder beides und haben von diesen 80 Betrieben 20, also $\frac{1}{4}$ beides, so ist die Häufigkeit der Betriebe, die beide Zugmittel besitzen

$$\frac{80}{100} \cdot \frac{1}{4} = \frac{1}{5}$$

Die logische Umkehrung ergibt den D i v i s i o n s s a t z. Ist die Häufigkeit, daß beide Merkmale B und C zutreffen mit h_2 ermittelt und die Häufigkeit des Auftretens von A und B oder C h, so ist die Häufigkeit des Auftretens von B und C an einem Element der Teilmenge mit den Merkmalen B oder C durch den Quotienten

$\frac{h}{h_2}$ gegeben. In unserem obigen Beispiel wäre ermittelt, daß von den 100 landwirtschaftlichen Betrieben 20 sowohl Pferdegespanne als Traktoren besitzen, also ist die Häufigkeit des Vorkommens von Traktoren und Pferdegespannen unter den Betrieben, die das eine oder das andere oder beide Zugmittel besitzen

$$\frac{20}{100} : \frac{80}{100} = \frac{1}{4} \qquad 6)$$

Auch diese beiden Sätze sind in einfachen Fällen, wie sie unser Beispiel enthält, einfach logische Selbstverständlichkeiten, man muß die allgemeine Gültigkeit dieser Sätze jedoch im Kopf behalten, wenn es gilt, verwickeltere Fälle statistisch zu bearbeiten. Bei solchen kann auch der gewiegteste Statistiker unter Umständen in Zweifel geraten und irrtümliche Folgerungen ziehen.

3. Der Binomialsatz

Wir kommen jetzt zur Aufgabe, die relative Häufigkeit unter allen gleich möglichen Fällen zu bestimmen, mit der wir bei n Stichproben m Elemente mit dem Merkmal A erhalten. Wir müssen in diesem und den folgenden Unterabschnitten voraussetzen, daß der Leser mit der Variationslehre wenigstens soweit vertraut ist, wie sie in den oberen Klassen der Gymnasien behandelt wird.

In der Wirklichkeit sei eine Menge von N Erhebungseinheiten gegeben, von denen M das Merkmal A, die restlichen das Merkmal B aufweisen. Es wäre unmöglich, alle Erhebungseinheiten wegen ihrer großen Zahl statistisch zu erfassen, und man

---

(6) Die betreffenden Sätze ergeben sich in der Wahrscheinlichkeitslehre beim Ziehen von farbigen Kugeln aus einer Urne, wobei manche der farbigen Kugeln auch noch ein zweites Merkmal besitzen, etwa einen schwarzen Punkt. Ist die Wahrscheinlichkeit, daß eine weiße Kugel gezogen wird, genau wie vorher $\frac{1}{3}$ und hat nur jede 5. Kugel einen schwarzen Punkt, so ist die Wahrscheinlichkeit des Ziehens einer weißen Kugel mit Punkt $\frac{1}{3} \cdot \frac{1}{5} = \frac{1}{15}$ (Multiplikationssatz). Ist die Wahrscheinlichkeit des Ziehens einer weißen Kugel mit Punkt als $\frac{1}{15}$ festgestellt und die Wahrscheinlichkeit des Ziehens einer weißen Kugel überhaupt mit $\frac{1}{3}$ so ist die Wahrscheinlichkeit, daß eine weiße Kugel einen Punkt hat $\frac{1}{15} : \frac{1}{3} = \frac{1}{5}$ oder jede 5. weiße Kugel hat einen solchen Punkt (Divisionssatz).

müßte sich mit n Stichproben begnügen, von dem m das Merkmal A, die restlichen das Merkmal B tragen. Wir bezeichnen die relative Häufigkeit des Merkmals A in der gesamten Wirklichkeit mit $p = \dfrac{M}{N}$ und die des Merkmals B mit $q = \dfrac{N-M}{N}$

Die Summe $p + q = 1$ ist selbstverständlich. Wenn wir nur zwei Stichproben entnehmen, so ist die gesamte Zahl der gleich möglichen Entnahmen durch die Zahl der Variationen von N Elementen zu zweit (zur "zweiten Klasse") ohne Wiederholung, also durch die Formel $V_N^2 = N(N-1)$ gegeben. Die Zahl der Entnahmen, bei dem beide Stichproben das Merkmal A haben, ist nach der gleichen Formel $V_N^2 = M(M-1)$ und die Zahl der Entnahmen, bei dem beide Stichproben das Merkmal B haben ist analog $V_{M-N}^2 = (M-N)(M-N-1)$

Schließlich ist die Zahl der Entnahmen, bei dem die eine Stichprobe das Merkmal A, die andere das Merkmal B aufweist, offenbar

$$V_N^2 - V_M^2 - V_{M-N}^2 = 2MN$$

wie es sich nach entsprechenden Kürzungen ergibt. Man kommt selbstverständlich zum gleichen Ergebnis durch die Zahl der Kombinationen von je einem Element der Menge M mit je einem Element der Menge $N-M$; alle diese Kombinationen sind noch zu permutieren, weil sowohl die erste Sichprobe das Merkmal A und die zweite das Merkmal B aufweisen kann, als auch die erste das Merkmal B und die zweite das Merkmal A. Die Zahl der Kombinationen ist $N K_{M-N}^2 = MN$ und die Zahl der Permutationen von zwei Elementen zur 2. Klasse ist $P_2^2 = 2$. Wir bezeichnen nun die relativen Häufigkeiten der drei Gruppen mit h_{AA} bzw. h_{BB} bzw. h_{AB} und erhalten dafür die Werte

$$h_{AA} = \frac{M(M-1)}{N(N-1)} \; ; \qquad h_{BB} = \frac{(M-N)(M-N-1)}{N(N-1)} \; ; \qquad h_{AB} = \frac{2M(M-N)}{N(N-1)} \qquad 7)$$

Wenn die Menge N sehr groß und auch die Teilmenge M nicht klein ist, so wird der Unterschied zwischen den Brüchen $\dfrac{M}{N}$ und $\dfrac{M-1}{N-1}$ bzw. zwischen $\dfrac{M-N}{N}$ und $\dfrac{M-N-1}{N-1}$ nur ganz geringfügig sein und man kann deswegen sowohl $\dfrac{M-1}{N-1} = p$, als auch $\dfrac{M-N-1}{N-1} = q$ setzen, dann werden die relativen Häufigkeiten der drei Grup-

---

(7) In der Wahrscheinlichkeitslehre entspricht diesem Stichprobenvorgang das Ziehen von zwei Kugeln aus einem Sack, der N Kugeln enthält, wovon M Kugeln weiß und die restlichen schwarz sind. Den obigen relativen Häufigkeiten entspricht die Wahrscheinlichkeit a priori, mit der wir beim Ziehen von 2 Kugeln, beide weiß, bzw. beide schwarz, bzw. die eine weiß und die andere schwarz, erhalten, wenn wir die erste Kugel vor dem Ziehen der zweiten nicht wieder in den Sack gesteckt und mit den anderen Kugeln vermengt haben.

pen angenähert $h_{AA} = p^2$; $h_{BB} = q^2$; $h_{AA} = 2pq$. Die relative Häufigkeit aller gleich möglichen Fällen ist offenbar $= 1$, weshalb die Gleichung

$$1 = p^2 + 2pq + q^2 \qquad \text{gilt (8).}$$

Diese Annäherungsformel ist ganz ähnlich der, welche für das Quadrieren eines algebraischen Binoms $p + q$ gilt, und daher rührt die Bezeichnung Binomialsatz in der Wahrscheinlichkeitslehre her, aus der er in die mathematische Statistik übernommen worden ist. Die Ähnlichkeit der Sätze bleibt auch bei drei und mehr Stichproben bestehen und in der Annäherung erhalten wir immer eine Formel, die genau so aussieht wie die für das Potenzieren des Binoms $p + q$. Wir haben bei drei

Stichproben

$$h_{AAA} = \frac{M(M-1)(M-2)}{N(N-1)(N-2)} = p^3 \quad ; \quad h_{BBB} = \frac{(N-M)(N-M-1)(N-M-2)}{N(N-1)(N-2)} = q^3$$

$$h_{AAB} = \frac{3M(M-1)(N-M)}{N(N-1)(N-2)} = 3pq \quad ; \quad h_{ABB} = \frac{3M(N-M)(N-M-1)}{N(N-1)(N-2)} = 3pq^2$$

schließlich den Summensatz $1 = p^3 + 3p^2q + 3pq^2 + q^3$ usw. für eine beliebige Zahl von Stichproben. Da p und q echte Brüche sind, erhellt schon aus diesen Formeln, daß die relative Häufigkeit dafür, daß alle Stichproben das gleiche Merkmal aufweisen, mit zunehmender Zahl der Stichproben rasch abnimmt. Allgemein für n Stichproben gelten unter Anwendung der in der Variationslehre üblichen Symbole die folgenden Ausdrücke:

$$\binom{n}{0} \frac{V_M^n}{V_N^n} \quad ; \quad \binom{n}{1} \frac{V_M^{n-1} V_{N-M}^1}{V_N^n} \quad ; \quad \binom{n}{2} \frac{V_M^{n-2} V_{N-M}^2}{V_N^n}$$

und angenähert $\quad \binom{n}{0}p^n$; $\binom{n}{1}p^{n-1}q$; $\binom{n}{2}p^{n-2}q^2$; $\ldots\ldots\ldots$ $\binom{n}{n}q^n$

sowie die Summenformel

$$1 = \binom{n}{0}p^n + \binom{n}{1}p^{n-1}q + \binom{n}{2}p^{n-2}q^2 + \ldots\ldots + \binom{n}{n}q^n \ldots {}^1)$$

Die relative Häufigkeit dafür, daß unter n Stichproben m das Merkmal A haben, wird somit

$$h_{nm} = \binom{n}{m} \frac{V_M^m V_{N-M}^{n-m}}{V_N^n} = \binom{n}{m} p^m \cdot q^{n-m} \qquad \ldots\ldots\ldots {}^2)$$

Führt man noch die in der Mathematik übliche symbolische Bezeichnung
$n! = 1 \cdot 2 \cdot 3 \cdot \ldots = n!$ (n factoriell) ein, so kann man die obige Formel auch
wie folgt anschreiben:

$$h_{nm} = \frac{n!}{m!\,(n-m)!} \cdot \frac{M!\,(N-M)!\,(N-n)!}{M-m!\,[N-M-n+m]!\,N}$$

$$= \frac{n!}{m!\,(n-m)!} \cdot p^m q^{n-m} \quad \ldots\ldots \quad 3)$$

Für die Werte $n!$ gibt es Tabellen bis zu $n = 3000$; außerdem eine gute Annäherung durch die Stirlingsche Formel : (9)

$$n! = n^n e^{-n}\sqrt{2\pi n}\left(1 + \frac{1}{12n} + \frac{1}{288 n^2} + \ldots\ldots\right) \cong n^n e^{-n}\sqrt{2\pi n}$$

unter Vernachlässigung der Glieder höherer Ordnung in der ( ) Klammer. Man kann den Binomialsatz in der Annäherung auch

$$1 = \frac{1}{V_N^n}\left(V_M + V_{N-M}\right)^n$$

schreiben. Die Zahl der Stichproben sei wieder mit n bezeichnet, die relative Häufigkeit, daß alle Stichproben das Merkmal A tragen, sei h_n, die relative Häufigkeit, daß eine Stichprobe das Merkmal B aufweist, h_{n-1}, daß 2 Stichproben das Merkmal B haben, sei h_{n-2} usw. Wir haben dann die folgende "hypergeometrische" Reihe (10), in der die Indexe von $m = n$ bis $m = 0$ abnehmen und h_m anstatt der früheren Bezeichnung h_{nm} der Einfachheit halber geschrieben ist:

$$h_n, h_{n-1}, h_{n-2}, \ldots\ldots h_{m+1}, h_m, h_{m-1}, \ldots\ldots h_2, h_1, h_0 \ldots\ldots \quad 4)$$

Für das Verhältnis $\dfrac{+h_{m+1}}{h_m}$ erhält man unter Berücksichtigung von Satz 3.)

$$\frac{+h_{m+1}}{h_m} = \frac{\dfrac{n!}{(m+1)!(n-m-1)!} \cdot \dfrac{M!}{(M-m-1)!} \cdot \dfrac{(N-M)!}{[(N-M)-(n-m-1)]!} \cdot \dfrac{(N-n)!}{N!}}{\dfrac{n!}{m!(n-m)!} \cdot \dfrac{M!}{(M-m)!} \cdot \dfrac{(N-M)!}{[(N-M)-(n-m)]!} \cdot \dfrac{(N-n)!}{N!}}$$

und nach entsprechenden Kürzungen ergibt sich

$$\frac{h_{m+1}}{h_m} = \frac{n-m}{1+m} \cdot \frac{M-m}{(N-M-n+1)+m} \cdot$$

Ebenso erhalten wir $\quad \dfrac{h_m}{h_{m-1}} = \dfrac{(n+1)-m}{m} \cdot \dfrac{(M+1)-m}{(N-M-n)+m} \cdot$

---

(9) Die Ableitung der Stirlingschen Formel ist reine Mathematik und gehört nicht in unsere Arbeit.

(10) Die britischen Mathematiker bezeichnen damit Reihen, deren Glieder nicht in irgendeiner geometrischen Beziehung zueinander stehen.

Man sieht, daß auf der rechten Seite dieser beiden Gleichungen in den Zählern nur $-m$, in den Nennern nur $+m$ vorkommt, woraus erfolgt, daß beide Quotienten der linken Seite umso kleinere Werte annehmen, je größer m ist und umgekehrt.

Die Reihe 4.) wurde nach abnehmendem m geordnet, folglich weist die Reihe

$$\frac{h_n}{h_{n-1}}, \quad \frac{h_{n-1}}{h_{n-2}}, \quad \frac{h_{n-2}}{h_{n-3}}, \quad \dots \quad \frac{h_{m+1}}{h_m}, \quad \frac{h_m}{h_{m-1}},$$

$$\dots \quad \frac{h_2}{h_1}, \quad \frac{h_1}{h_0} \quad \text{zunehmende Zahlen auf.} \dots \dots \dots \dots 5)$$

Schließt diese Zahlenreihe mit 1 oder einem echten Bruch ab, so sind alle ihre Glieder echte Brüche, daher wird

$$h_n < h_{n-1} < h_{n-2} < \dots < h_1 \leqq h_0.$$

Setzt man $m = 0$ (alle Stichproben hätten das Merkmal $\mathfrak{B}$), so folgt weiter

$$\frac{n \cdot M}{N - M - n + 1} \leqq 1 \quad \text{oder} \quad n M \leqq N - M - n + 1, \quad \text{oder nach einfacher}$$

Umformung die Formel $\dfrac{M}{N} \leqq \dfrac{1}{n+1} - \dfrac{1}{N} + \dfrac{2}{(n+1)\,N} \quad \dots \dots 6)$

Daraus erhellt, daß die relative Häufigkeit der Wirklichkeit $\frac{M}{N}$ ein sehr kleiner

Bruch ist, wenn unter n Stichproben keine das Merkmal A aufweist, und ein umso kleinerer, je größer n gewählt wurde.

Für $n = N$ müßte offenbar $\frac{M}{N}$ verschwinden, wie à priori einzusehen ist.

Beginnt hingegen die Zahlenreihe 5.) mit 1 oder mit einer über 1 liegenden Zahl, so sind alle ihre Glieder größer als 1 und es gilt

$$h_n \geqq h_{n-1} > h_{n-2} > \dots > h_1 > h_0 \quad \dots \dots 7)$$

Setzen wir nun $m = n$, d.h. daß alle Stichproben das Merkmal A tragen, so erhalten wir

$$\frac{M - n + 1}{n(N-M)} \geqq 1 \quad \text{und} \quad \frac{M}{N} \geqq \frac{nN + n - 1}{N(n+1)}, \quad \text{schließlich}$$

$$\frac{M}{N} \geqq 1 - \left[\frac{1}{n+1} - \frac{1}{N} + \frac{2}{(n+1)\cdot N} \right] \quad \dots \dots 8)$$

woraus man schließen kann, daß $\frac{M}{N}$ sehr nahe an 1 liegt und umso näher an 1, je größer n gewählt wurde. Für $n = N$ mußte offenbar $\frac{M}{N} = 1$ werden.

Besteht die Gleichung 6.), so ist h_0 das größte Glied der Reihe, gilt das Gleichheitszeichen, so hat die Reihe 2 größte Glieder $h_0 h_1$. Besteht die Ungleichung 7.), so ist h_n das größte Glied der Reihe und gilt das Gleichheitszeichen, so gibt es 2 größte Glieder h_n und h_{n-1}. Wenn hingegen gleichzeitig

$$1 - \left[\frac{1}{n+1} - \frac{1}{N} + \frac{2}{(n+1)\cdot N}\right] > \frac{M}{N} > \left[\frac{1}{n+1} - \frac{1}{N} + \frac{2}{(n+1)\cdot N}\right]$$

gilt, so beginnt die Reihe 5.) mit einer unter 1 liegenden Zahl und schließt mit einer über 1 liegenden ab.

In diesem Fall muß es ein gewisses m geben, für das noch

$$\frac{h_{m+1}}{h_m} < 1 \quad \text{aber} \quad \frac{h_m}{h_{m-1}} \geqq 1 \quad \text{wird.}$$

Nach dem früheren Ausdruck für diese beiden Koeffizienten ergeben sich die beiden Ungleichungen:

$$\frac{n-m}{m+1} \cdot \frac{M-m}{N-M-n+m+1} < 1 \quad \text{und}$$

$$\frac{n-m+1}{m} \cdot \frac{M-m+1}{N-M-n+m} \geqq 1.$$

Durch Umformung erhält man aus der ersten $m > (n+1) \cdot \dfrac{M+1}{N+2} - 1, \dots$[*]

aus der zweiten $m \leqq (n+1) \cdot \dfrac{M+1}{N+2}$.

Zwischen diesen beiden Grenzen liegt m und die Differenz zwischen denselben ist 1. Daraus folgt, daß wenn $(n+1)\dfrac{M+1}{N+2}$ eine ganze Zahl ist, auch $(n+1)\dfrac{M+1}{N+2} - 1$ eine ganze Zahl sein muß, ferner, daß es zwischen den beiden Grenzen keine andere ganze Zahl geben kann. Wäre dagegen die obere Grenze für m keine ganze Zahl, so könnte auch die untere Grenze keine solche sein. Da jedoch der Unterschied zwischen beiden Grenzen genau 1 ist, so muß zwischen diesen Grenzen eine ganze Zahl liegen, und zwar die Zahl m. Denn sie ist nach der Annahme, daß unter den n Stichproben m das Merkmal A tragen, eine ganze Zahl. Bei diesem m entsteht das Maximum von h_m. Aus diesen Überlegungen ist erkennbar, daß die Reihe der relativen Häufigkeiten 4.) zwei gleiche und maximale relative Häufigkeiten h_m und h_{m-1} aufweisen muß, wenn die Grenzen ganze Zahlen sind, in allen anderen Fällen gibt es nur ein einziges Maximum h_m, dessen Stellung in der Reihe 4.) mit Hilfe der Ungleichungen 9.) feststellbar ist. Statt $(n+1)\dfrac{M+1}{N+2}$ kann man selbstverständlich auch $(n+1)\dfrac{M+2-1}{N+2}$ schreiben. Greifen wir auf die Bezeichnungen $p = \dfrac{M}{N}$ und $q = \dfrac{N-M}{M}$ zurück, so erhält man nach einfachen Umformungen

$$(n+1)\,\frac{M+2-1}{N+2} = (n+1)\left(p + \frac{q-p}{N+2}\right)$$

Setzt man den letzteren Ausdruck in die Ungleichungen 9.) ein, so erhalten sie schließlich die folgende Gestalt:

$$np - q + \frac{(q-p)(n+1)}{N+2} < m \leqq np + p + \frac{(q-p)(n+1)}{N+2} \quad \ldots \quad 10)$$

Daraus folgt der Satz:

Wenn wir n Stichproben entnehmen, so hat jenes n die größte relative Häufigkeit, welches dem Produkt $np = n \cdot \frac{M}{N}$ am nächsten kommt (11). Daß sich np um weniger als 1 von dem m unterscheidet, das die größte relative Häufigkeit hat, ist aus einer einfachen Überlegung fast à priori zu gewinnen: Vergleicht man $(np - 1)$ mit der linken Grenze in 10.), so erkennt man, daß $(np - 1)$ immer kleiner als diese Grenze und analog, daß $(np + 1)$ immer größer als die obere Grenze sein muß. Dividiert man die Ungleichungen 10.) durch n so erhält man

$$p - \frac{q}{n} + \frac{(q-p)(n+1)}{n(N+2)} < \frac{m}{n} \leqq p + \frac{p}{n} + \frac{(q-p)(n+1)}{n(N+2)}$$

Läßt man N und n bis in das Unendliche wachsen, wobei p endlich beliben soll, so konvergieren beide Grenzen gegen p, so daß $p = \lim\limits_{\substack{N = \infty \\ N = \infty}} \frac{m}{n}$

4. Der Exponentialsatz

(Theoreme von Bernoullin)

Sind N und n große Zahlen, so wird es zu umständlich, auf die im vorigen Abschnitt angegebene Weise jenes m herauszufinden, für welches die relative Häufigkeit h_m ein Größtwert wird. Auf der Suche nach einer allgemeinen Näherungsformel, mit deren Hilfe man jenes m rascher ermittelt, für welches die relative Häufigkeit h_m ein Größtwert wird, ist man zum sog. Exponentialsatz gelangt (12).

Zunächst setzen wir $m = np$ und $n - m = nq$ was bei genügend großer Zahl n der Stichproben eine zulässige Annäherung ist. (Diese Näherung ist nicht unbedingt nötig, führt jedoch zu einer erheblichen Vereinfachung der Formeln.) Es gilt dann auch

$$M - m = (N - n) \cdot p \quad und \quad (N - M - n + M) = (N - n) \cdot q.$$

---

(11) Die Differentialrechnung führt mit weniger Kopfzerbrechen allerdings auch nicht ohne Denkoperationen von einiger Umständlichkeit zum gleichen Ergebnis. Wie wir gesehen haben, ist h_m eine Funktion von m, was man symbolisch $h_m = \varphi$ (m) zu schreiben pflegt, und die Bedingung für ein Maximum h_m ist $\frac{d\,h_m}{d\,m} = \varphi'$ (m) = 0.

Diese Bedingungsgleichung ist auswertbar, indem man die Funktion mit Hilfe der S t i r - l i n g s c h e n F o r m e l stetig macht.

(12) Man hat die Entdeckung dieses Satzes lange Zeit Laplace zugeschrieben, bis der englische Statistiker K. Pearson darauf aufmerksam machte, daß sich der Satz schon in einer Arbeit von de Moivres findet, die 1733 erschien und dann nochmals in dessen Buch „The doctrine of Chance" (1756), wogegen die ersten Veröffentlichungen von Laplace, die den Satz enthalten, erst 1774 und 1778 herauskamen.

Dann erhält die Formel 3.) des vorigen Abschnittes die Gestalt:

$$h_m = \frac{m!}{(np)!\,(nq)!} \cdot \frac{(Np)!}{[(N-n)p]!} \cdot \frac{(Nq)!}{[(N-n)q]!} \cdot \frac{(N-n)!}{N!}$$

Drückt man hierin die faktoriellen Größen mit Hilfe der S t i r l i n g s c h e n F o r - m e l aus, so vereinfacht sich der Ausdruck für h_m und lautet

$$h_m = \sqrt{\frac{N}{2\pi \cdot n(N-n)pq}} \qquad \text{oder} \qquad h_M = \frac{1}{\sqrt{2\pi\,npq\left(1-\frac{n}{N}\right)}} \qquad 1.)$$

Ein größter Wert h_m entsteht nach dem vorigen Abschnitt für jenes m, welches dem Produkt np am nächsten kommt. Wir bezeichnen jetzt den Fehler, den wir bei der obigen Annäherung gemacht haben, mit x, so daß m als einfache Funktion von x erscheint, nämlich $m = np + x$; oder wenn man x als unabhängige Veränderliche auf die linke Seite bringen will, $x = m - np$; dann haben wir auch

$$n - m = n - np - x = nq - x \quad \text{und} \quad M - m = (N-n)\cdot p - x$$

sowie $(N-M) - (n-m) = (N-n)q + x.$

Nun kann man die Formel 3.) des vorigen Abschnittes für h_m wie folgt umgestalten:

$$h_m = \frac{n!}{(np+x)!\,(nq-x)!} \cdot \frac{(Np)!\,(Nq)!}{N!} \cdot \frac{(N-n)!}{[(N-n)p-x]!\,[(N-n)q+x]!}$$

Drückt man die faktoriellen Größen wieder mit Hilfe der Stirlingschen Formel aus, so gelangt man nach entsprechenden Kürzungen zu

$$h_m \cong \frac{1}{\sqrt{2\pi\,npq\left(1-\frac{n}{N}\right)}} \cdot \left\{ \left(1+\frac{x}{np}\right)^{\left(-np-x-\frac{1}{2}\right)} \cdot \left(1-\frac{x}{nq}\right)^{\left(-nq+x-\frac{1}{2}\right)} \right.$$

$$\left. \cdot \left(1-\frac{x}{(N-n)p}\right)^{\left[-(N-n)p+x-\frac{1}{2}\right]} \cdot \left(1+\frac{x}{(N-n)q}\right)^{\left[-(N-n)q-x-\frac{1}{2}\right]} \right\}$$

Zweitens bezeichnen wir den Ausdruck in der $\{\ \}$ Klammer mit $\mathfrak{z}$; der natürliche Logarithmus von $\mathfrak{z}$ ist

$$\lg \mathfrak{z} = \left(-np-x-\frac{1}{2}\right) \lg \left(1+\frac{x}{np}\right) + \left(-nq+x-\frac{1}{2}\right) \lg \left(1-\frac{x}{nq}\right)$$

$$+ \left[-(N-n)q - x - \frac{1}{2}\right] \lg \left[1 + \frac{x}{(N-n)q}\right] + \left[-(N-n)p+x-\frac{1}{2}\right] \lg \left[1 - \frac{x}{(N-n)p}\right]$$

Für $\lg(1+y)$ und $\lg(1-y)$ gibt es die beiden bekannten unendlichen Reihen:

$$\lg(1+y) = y - \frac{y^2}{2} + \frac{y^3}{3} - \frac{y^4}{4} + \cdots$$

$$\lg(1-y) = y - \frac{y^2}{2} - \frac{y^3}{3} - \frac{y^4}{4} - \cdots$$

Beide Reihen konvergieren rasch, wenn y ein kleinerer Bruch ist, was in unseren Formeln zutrifft.

Unter Verwendung dieser Reihen erhält man

$$\left(-np-x-\frac{1}{2}\right)\cdot\lg\left(1+\frac{x}{np}\right) = \left(-np-x-\frac{1}{2}\right)\left(\frac{x}{np} - \frac{x^2}{2n^2p^2} + \frac{x^3}{3n^3p^3} + \cdots\right)$$

$$= x - \frac{x}{2np} - \frac{x^2}{2np} + \frac{x^2}{4n^2p^2} + \frac{x^3}{6n^2p^2} - \frac{x^3}{6n^3p^3} - \frac{x^4}{3n^3p^3} \pm \cdots$$

$$\approx -x - \frac{x}{2np} - \frac{x^2}{2np} - \frac{x^3}{6n^2p^2}$$

unter Vernachlässigung der höheren Glieder. Analog erhalten wir

$$\left(-nq+x-\frac{1}{2}\right)\cdot\lg\left(1-\frac{x}{nq}\right) \approx x + \frac{x}{2nq} - \frac{x^2}{2nq} - \frac{x^3}{6n^2q^2}, \quad \text{ferner}$$

$$\left[-(N-n)q-x-\frac{1}{2}\right]\cdot\lg\left[1+\frac{x}{(N-n)q}\right] \approx -x - \frac{x}{2(N-n)q} - \frac{x^2}{2(N-n)q}$$

$$+ \frac{x^3}{6(N-n)^2q^2} \quad \text{und} \quad \left[-(N-n)p+x-\frac{1}{2}\right]\cdot\lg\left[1-\frac{x}{(N-n)p}\right] \approx$$

$$x + \frac{x}{2(N-n)p} - \frac{x^2}{2(N-n)p} - \frac{x^3}{6(N-n)^2p^2}.$$

Setzt man diese Ausdrücke in die Formel für $\lg\mathcal{S}$, so erhält man nach entsprechenden Umrechnungen

$$\lg\mathcal{S} = \frac{-x^2}{2npq\left(1-\frac{n}{N}\right)} + \frac{(p-q)\left(1-\frac{2n}{N}\right)}{2npq\left(1-\frac{n}{N}\right)} - \frac{(p-q)\left(1-\frac{2n}{N}\right)\cdot x^3}{6n^2p^2q^2\left(1-\frac{n}{N}\right)^2} \qquad 3.)$$

Mit Hilfe des $\lg\mathcal{S}$ können wir nun den Ausdruck für h_m als e-Funktion umgestalten und erhalten $\quad h_m \approx \dfrac{1}{\sqrt{2\pi\, npq\left(1-\frac{n}{N}\right)}} \cdot e^{\lg\mathcal{S}}.$

Hierin bedeutet e die Basis der natürlichen Logarithmen und π die Ludolphsche

Z a h l. In der Näherungsgleichung erscheint h_m als stetige Funktion von x, was
auf die Anwendung der Stirlingschen Formel zurückzuführen ist, wogegen die
Funktion $h_m = \varphi(m)$ offenbar aus isolierten Punkten besteht, denn es gibt nur
ganzzahlige Größen m. Setzt man in obige Formel noch

$$\sigma = \sqrt{n \cdot p \cdot q \cdot \left(1 - \frac{n}{N}\right)}, \qquad \text{so wird diese} \qquad h_m \cong \frac{1}{\sigma \cdot \sqrt{2\pi}} \cdot e^{\lg s} \qquad 4.)$$

Ist N sehr groß, so kann man den Bruch $\frac{n}{N}$ im Ausdruck für σ vernachlässigen und
dann erhalten wir schließlich die Annäherungsformel

$$h_m \cong \frac{1}{\sqrt{2\pi \, npq}} \cdot e^{-\frac{x^2}{2n \cdot p \cdot q} + \frac{(p-q) \cdot x}{2npq} - \frac{(p-q) \cdot x^3}{6n^2 \cdot p^2 \cdot q^2}}$$

Die Glieder mit x und x^3 im Exponenten von e sind der Ausdruck für die Assym-
metrie der e-Funktion. Für $p = q$ verschwinden diese Glieder und die Funktion
wird symmetrisch. Aber selbst dann, wenn der Unterschied zwischen p und q nicht
allzu groß ist, werden diese Glieder klein und man darf sie vernachlässigen. Zur
Veranschaulichung der Häufigkeiten bei verschiedenem p und verschiedenem m
bringen wir die folgende Tabelle, in welcher h_m in Prozenten angegeben ist.

Die relativen Häufigkeiten für $p = 0,6$, $p = 0,7, \ldots$ werden nur Spiegelbilder von
jenen für $p = 0,4$, $p = 0,3, \ldots$ sein, weshalb sich die Weiterführung der Tabelle
erübrigt. Die genauen Zahlen der Tabelle sind nach der Formel

$$h_m = \frac{n!}{m! \, (n-m)!} \cdot \frac{M!}{(M-m)!} \cdot \frac{(N-M)!}{[N-M-n+m]!} \cdot \frac{(N-n)}{N}$$

berechnet, die angenäherten Zahlen nach dem angenäherten Binomialsatz

$$1 = (p-q)^{20}$$

Man sieht, daß die Übereinstimmung bei $N = 100$ noch nicht sehr gut ist, daß aber
die maximalen Häufigkeiten doch beim gleichen m auftraten. Trägt man die
Zahlen einer Kolonne in einem Koordinatensystem m, h_m auf, so erkennt man,
daß die Funktion $h_m = \varphi(m)$ deutlich die Glockenform jener e-Funktionen annimmt, die ähnlich unserer Formel 4.) sind, wie z. B. in der Fehlerfunktion von
Gauß. Für $p = 0,5$ d. h. für $p = q$ wird die Funktion symmetrisch. Je weiter p von
$0,5$ abweicht, desto unsymmetrischer wird sie, wie Abb. 24 zeigt.

Tabelle

m	p = 0.1		p = 0.2		p = 0.3		p = 0.4		p = 0.5	
	genau	ange-nähert	genau	ange-nähert	genau	ange-nähert	genau	ange-nähert	genau	ange-nähert
0	9.51,2	12.16	0.66,0	1.15	0.03,0	0.08	0.00,1	--		
1	26.79,3	27.02	4.32,5	5.76	0.35,5	0.68	0.01,5	0.05	--	--
2	31.81,7	28.52	12.59,2	13.69	1.88,3	2.78	0.13,5	0.31	0.00,4	0,02
3	20.92,1	19.01	21.58,6	20.54	5.96,7	7.16	0.71,4	1.23	0.03,6	0.11
4	8.41,1	8.98	24.36,9	21.82	12.68,1	13.04	2.55,1	3.50	0.21,2	0.46
5	2.15,3	3.19	19.19,5	17.46	19.18,3	17.89	6.53,0	7.46	0.89,0	1.48
6	0.35,4	0.89	10.90,6	10.91	21.40,9	19.16	12.42,2	12.44	2.78,1	3.70
7	0.03,7	0.20	4.55,8	5.45	18.02,9	16.43	17.97,2	16.59	6.61,3	7.39
8	0.00,2	0.04	1.41,6	2.22	11.61,8	11.44	22.07,8	17.97	12.16,0	12.01
9	0,0	0.01	0.32,8	0.74	5.77,6	6.54	17.48,3	15.97	17.46,1	16.02
10	--	--	0.05,7	0.20	2.22,4	3.08	11.92,4	11.71	19.68,7	17.62
11			0.00,7	0.05	0.66,3	1.20	6.37,6	7.10	17.46,1	16.02
12			0.00,1	0.01	0.15,2	0.39	2.66,7	3.55	12.16,0	12.01
13			0,0	--	0.02,7	0.10	0.86,7	1.46	6.61,0	7.39
14					0.00,3	0.02	0.21,7	0.49	2.78,1	3.70
15					0,0	--	0.04,1	0.13	0.89,0	1.48
16							0.00,6	0.03	0.21,2	0.46
17							0.00,1	--	0.03,6	0.11
18							0,0		0.00,4	0.02
19									0,0	

p = 0·1
p = 0·2
p = 0·3
p = 0·4
p = 0·5
Abszissenmaßstab : 5 mm = 1   Ordinatenmaßstab : 8 mm = 10 % ---------- angenäherte e-Funktion

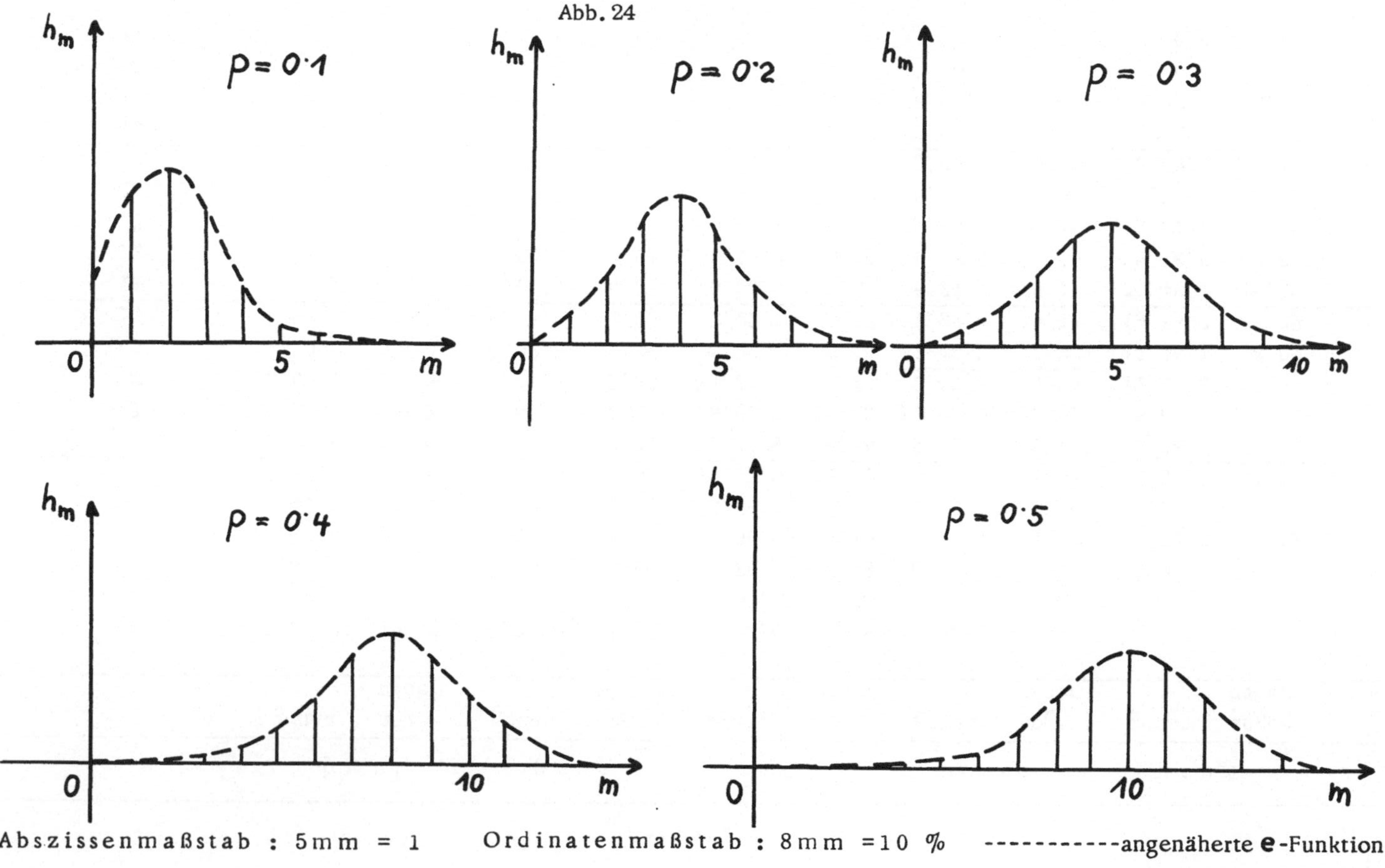

Abb. 24

5. Das Integral von La place

Es tritt nun das Problem auf, wie groß die relative Häufigkeit ist, daß m zwischen den Grenzen $m = n \cdot p + x$ und $m = n \cdot p - x$ bleibt. Wir haben da einfach die beiden relativen Häufigkeiten zu summieren. Es ist nach Formel 3.) des vorigen Abschnittes

$$h_{np+x} \simeq \frac{1}{\sqrt{2\pi \cdot npq \cdot \left(1-\frac{n}{N}\right)}} \cdot e^{-\frac{x^2}{2npq\left(1-\frac{n}{N}\right)} + \frac{(p-q)\left(1-\frac{2n}{N}\right)x}{2npq\left(1-\frac{n}{N}\right)} - } $$

$$\frac{(p-q)\left(1-\frac{2n}{N}\right)x^3}{6n^2p^2q^2\left(1-\frac{n}{N}\right)^2} \qquad \text{und}$$

$$h_{np-x} \simeq \frac{1}{\sqrt{2\pi\, npq\left(1-\frac{n}{N}\right)}} \cdot e^{-\frac{x^2}{2npq\left(1-\frac{n}{N}\right)} - \frac{(p-q)\left(1-\frac{2n}{N}\right)x}{2npq\left(1-\frac{n}{N}\right)} + }$$

$$\frac{(p-q)\left(1-\frac{2n}{N}\right)\cdot x^3}{6n^2p^2q^2\left(1-\frac{n}{N}\right)^2} \qquad\qquad 1.)$$

Wir haben nun die beiden unendlichen Reihen y
e^y und e^{-y}

$$e^y = 1 + \frac{y}{1!} + \frac{y^2}{2!} + \cdots\cdots$$

$$e^{-y} = 1 - \frac{y}{1!} + \frac{y^2}{2!} - \cdots\cdots$$

Durch Summierung der beiden Reihen ergibt sich

$$e^y + e^{-y} = 2 + y^2 + \frac{y^4}{12} + \cdots\cdots \qquad\qquad 2.)$$

Setzen wir in den Gleichungen 1 den Ausdruck

$$\frac{(p-q)\left(1-\frac{2n}{N}\right)}{2\left(1-\frac{n}{N}\right)} \cdot \left[\frac{x}{n\cdot p\cdot q} - \frac{x^3}{3n^2p^2q^2\left(1-\frac{n}{N}\right)}\right] = y$$

so wird

$$h_{np+x} + h_{np-x} = \frac{e^{-\frac{x^2}{2npq\left(1-\frac{n}{N}\right)}}}{\sqrt{2\pi\cdot npq\cdot\left(1-\frac{n}{N}\right)}} \left(e^{+y} + e^{-y}\right) \qquad\qquad 3.)$$

In Formel 2.) werden, wie man aus Formel 3.) ersehen kann, das zweite und die weiteren Glieder nur kleine Werte haben, so daß wir angenähert $e^{+\gamma}+e^{-\gamma}\hat{=}2$ ansetzen dürfen. Auf diese Weise erhalten wir schließlich die Formel

$$h_{np+x}+h_{np-x}\;\tilde{=}\;\frac{2e^{-\frac{x^2}{2npq(1-\frac{n}{N})}}}{\sqrt{2\pi\,npq\,(1-\frac{n}{N})}}\qquad\ldots\ldots 4.)$$

und wenn wir $\sigma=\sqrt{npq(1-\frac{n}{N})}$ setzen, so vereinfacht sich die Formel 4.) auf

$$h_{np+x}+h_{np-x}\;\tilde{=}\;\frac{2e^{-\frac{x^2}{2\sigma^2}}}{\sigma\cdot\sqrt{2\pi}}\qquad\ldots\ldots 5.)$$

Die hier vorgenommenen Annäherungen sind nur zulässig, wenn n beträchtlich und p nicht zu klein ist. Für den Mathematiker ist es nun besonders wichtig, eine Formel zu haben, aus der die gesamte relative Häufigkeit dafür hervorgeht, daß m zwischen zwei vorgegebenen Grenzen $np+x$ und $np-x$ fällt.

Wir schreiben im folgenden statt des Indexes $np+x$ einfach x. Nach dem Additionssatz haben wir die relative Häufigkeit für alle m, die zwischen $np+x$ und $np-x$ liegen, zu summieren, also

$$\sum_{i=-x}^{i=+x} h_{x-1}=h_x+h_{x-1}+h_{x-2}+\ldots+h_i+h_{-(x-2)}+h_{-(x-1)}+h_{-x}\ \ldots 6.)$$

Wir können die Formel auch auf folgende Weise schreiben:

$$\sum_{-x}^{+x}=(h_x+h_{-x})+\left[h_{x-1}+h_{-(x-1)}\right]\qquad\ldots\ldots 7.)$$

Oder mit Rücksicht auf Gleichung 5.) auch

$$\sum_{i=-x}^{i=+x} h_i\;\tilde{=}\;\frac{1+2\sum\limits_{i=1}^{i=x}e^{-\frac{i^2}{2\sigma^2}}}{\sigma\sqrt{2\pi}}\qquad\ldots\ldots\ldots 8.)$$

Die Bildung der Summe nach Formel 8.) wird praktisch bei großen Werten von n und x zu umständlich werden und deshalb ersetzt man die Summe durch das Integral, das die Fläche zwischen der Häufigkeitsfunktion der m-Achse im Koordinatensystem $m\,h_m$ darstellt. Man beachte nämlich, daß die Größen m ganze aufeinanderfolgende Zahlen sind, so daß die Ordinate h_m in geeignetem Maßstab auch die Größe des Flächenstreifens zwischen den Abszissen $m-1/2$ und $m+1/2$ angibt, wenn man den kleinen Unterschied, der durch die Krümmung der Kurve entsteht, die der e-Funktion entspricht, vernachlässigt (s. Abb. 25).

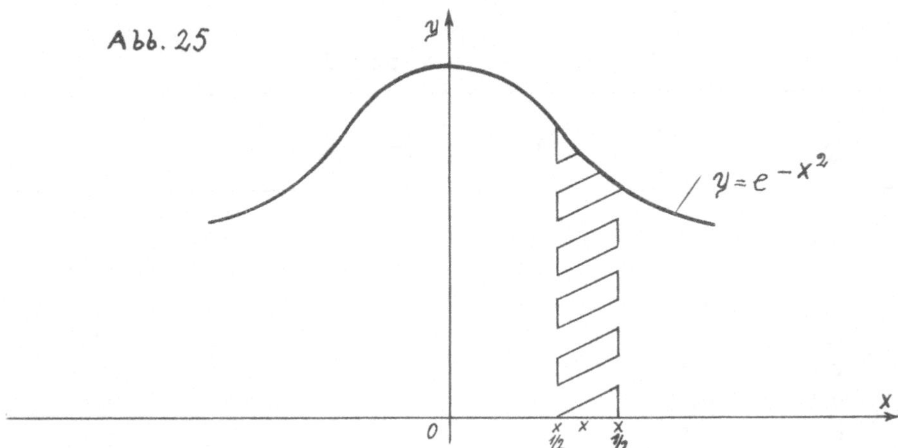

Das ergibt dann die Formel

$$\frac{1}{6\sqrt{2\pi}} \sum_{-x}^{+x} h_x = \frac{1}{6\sqrt{2\pi}} \int_{-x}^{+x} e^{-\frac{x^2}{26^2}}\, dx \quad \dots \quad 9.)$$

und wegen den symmetrischen θ-Funktionen erhalten wir schließlich

$$\sum_{-x}^{+x} h_x = \frac{2}{6\sqrt{2\pi}} \cdot \int_{0}^{x} e^{-\frac{x^2}{26^2}}\, dx \quad \dots \quad 10.)$$

Das ist das Integral von Laplace, der noch ein Ergänzungsglied angefügt hat, das aber so klein ist, daß es in der statistischen Praxis gewöhnlich nicht beachtet wird. Für den Wert des Integrals gibt es Tabellen und mit dieser Hilfe ergibt sich die Berechnung der relativen Häufigkeiten zwischen zwei vorgegebenen Grenzen auf einfache Weise.

Schon G a u s s hat Tabellen für das Integral von Laplace zusammengestellt. Neuere gibt es von K r a m p und von dem Engländer S h e p p a r d . Die Tabellen unterscheiden sich jedoch durch die Art des Arguments und deshalb ist eine gewisse Vorsicht geboten, wenn man mit einer Tabelle arbeitet, die man nicht gewohnt ist. In den Tabellen von Sheppard wird $\frac{x}{6}$ einfach als x und das Integral mit a bezeichnet, mit z der Ausdruck

$$\frac{1}{\sqrt{2\pi}} \cdot e^{-\frac{x^2}{26^2}}$$

Zur Vereinfachung geben wir einen kleinen A u s z u g a u s d i e s e r T a b e l l e .

Tabelle von Sheppard

$\dfrac{x}{\sigma}$	$\dfrac{1}{2} + \dfrac{a}{2}$	z	$\dfrac{x}{\sigma}$	$\dfrac{1}{2} + \dfrac{a}{2}$	z
0,0	0,5000	0,3989	2,0	0,9772	0,0540
0,1	0,5398	0,3970	2,1	0,9821	0,0440
0,2	0,5793	0,3910	2,2	0,9861	0,0355
0,3	0,6197	0,3814	2,3	0,9893	0,0283
0,4	0,6554	0,3683	2,4	0,9918	0,0224
0,5	0,6915	0,3521	2,5	0,9938	0,0175
0,6	0,7257	0,3332	2,6	0,9954	0,0136
0,7	0,7580	0,3123	2,7	0,9965	0,0104
0,8	0,7881	0,2897	2,8	0,9974	0,0079
0,9	0,8159	0,2661	2,9	0,9981	0,0060
1,0	0,8413	0,2420	3,0	0,9987	0,0044
1,1	0,6443	0,2179	3,1	0,9990	0,0033
1,2	0,8849	0,1942	3,2	0,9993	0,0024
1,3	0,9032	0,1714	3,3	0,9995	0,0017
1,4	0,9192	0,1497	3,4	0,9997	0,0012
1,5	0,9332	0,1295	3,5	0,9998	0,0009
1,6	0,9452	0,1109	3,6	0,9998	0,0006
1,7	0,9554	0,0940	3,7	0,9999	0,0004
1,8	0,9641	0,0790	3,8	0,9999	0,0003
1,9	0,9713	0,0656			

Für größere Werte von $\dfrac{x}{\sigma}$ ist die Größe $\dfrac{1}{2} + \dfrac{a}{2}$ nahe an 1 und z nahe an Null.

6. Die Sätze von Bayes

Bei à priori gleich möglichen Ursachen eines Ereignisses kann man den ersten Satz von Bayes wie folgt in Worte fassen: "Wenn einem beobachteten Ereignis E mehrere solcher Ursachen zugeschrieben werden können, wobei sich dieselben gegenseitig ausschließen, eine aber notwendigerweise wirksam gewesen sein muß, so ist die Wahrscheinlichkeit, daß die Ursache U_i es war, die das Ereignis hervorrief, gleich der Wahrscheinlichkeit p_i mit der diese Ursache das Ereignis hervorrufen kann, geteilt durch die Summe aller Wahrscheinlichkeiten, mit dem jede Ursache das Ereignis hervorzurufen vermag." Folgt also aus dem Vorhandensein der Ursache U_i ein bestimmtes Ereignis mit zu erwartender Wahrscheinlichkeit p_i und gibt es m gleichmögliche Ursachen mit den Erwartungswahrscheinlichkeiten $p_1, p_2, \ldots p_m$, so ist – wenn das bestimmte Ereignis eingetreten ist –, dasselbe durch die Ursache U_i mit der Wahrscheinlichkeit

$$W_i = \frac{p_i}{p_1 + p_2 + \ldots + p_m}$$

hervorgerufen worden. In der Wahrscheinlichkeitslehre wird dieser Satz in folgender Weise abgeleitet. Man stellt sich anstatt der m Ursachen m äußerlich gleiche Beutel vor, von denen jeder die gleiche Zahl n an Kugeln, aber nicht die gleiche Zahl von weißen Kugeln darunter enthält. Das Verhältnis der weißen Kugeln zum gesamten Inhalt des ersten Beutels sei p_1, das Verhältnis im zweiten Sack p_2 usw.

Wenn man mit verbundenen Augen aus einem der Säcke eine Kugel zieht und diese ist weiß, wie groß ist dann die Wahrscheinlichkeit, daß diese Kugel aus dem i-ten Beutel gezogen wurde? Die Summe der gleich möglichen Fälle ist offenbar

$$n \cdot p_1 + n \cdot p_2 + \ldots + n \cdot p_m$$

die Zahl der günstigen Fälle ist $n \cdot p_i$. Somit wird die Wahrscheinlichkeit, daß die Kugel aus dem i-ten Sack stammt

$$W_i = \frac{n \cdot p_i}{n \cdot p_1 + n \cdot p_2 + \ldots + n \cdot p_m} = \frac{p_i}{\sum\limits_{i=1}^{m} p_i} \qquad \ldots\ldots 1.)$$

Sind jedoch die Ursachen nicht gleich möglich, sondern haben sie ein aus der Erfahrung festgestelltes verschiedenes Wahrscheinlichkeitsgewicht, so lautet der Satz: "Wenn einem beobachteten Ereignis E mehrere Ursachen von verschiedenen Wahrscheinlichkeitsgewichten zugeschoben werden können, wobei die Wahrscheinlichkeitsgewichte entsprechend mit $q_1, q_2, \ldots, q_m$ bezeichnet sein mögen, so ist die Wahrscheinlichkeit W_i, daß das Ereignis durch die Ursache U_i hervorgerufen wurde, gleich dem Produkt der Wahrscheinlichkeit, mit der diese Ursache das Ereignis hervorgerufen hat und dem zugehörigen Wahrscheinlichkeitsgewicht q_i der Ursache an sich, dividiert durch die Summe aller Produkte aus den verschiedenen Wahrscheinlichkeiten und den zugehörigen Wahrscheinlichkeitsgewichten und den Wahrscheinlichkeiten der betreffenden Ursachen."

In der Wahrscheinlichkeitslehre wird die Überlegung veranschaulicht, indem man von der Voraussetzungaausgeht, daß alle Beutel die gleiche Zahl n von Kugeln enthalten, sondern es wird angenommen, daß der Beutel 1 insgesamt n_1, der Beutel 2 insgesamt n_2, der Beutel i insgesamt n_i Kugeln enthält. Die Wahrscheinlichkeiten, mit dem jede der Ursachen das Ereignis hervorzurufen vermag, seien wieder $p_1, p_2, \ldots\ldots, p_m$. Nun erhält jede weiße Kugel die Nummer ihres Beutels, worauf alle Kugeln in einen Sack geworfen und gut vermischt werden. Die Zahl aller möglichen Fälle ist nun offenbar

$$n_1 \cdot p_1 + n_2 \cdot p_2 + \ldots\ldots + n_m \cdot p_m = \sum_{i=1}^{m} n_i \cdot p_i$$

und die Zahl der günstigen Fälle ist $n_i \cdot p_i$ so daß sich die Wahrscheinlichkeit dafür, daß eine weiße Kugel die Nummer i tragen wird (weil sie aus dem i-ten Beutel stammt) mit

$$W_i = \frac{n_i \cdot p_i}{\sum_{1}^{m} n_i \cdot p_i} \qquad \text{ergibt.}$$

Dividieren wir auf der rechten Seite der Gleichung Zähler und Nenner durch Σn und beachten wir, daß

$$\frac{n_i}{\Sigma n} = g_i$$

das vorerwähnte Wahrscheinlichkeitsgewicht ist, so erhält die Formel die Gestalt:

$$W_i = \frac{g_i \, p_i}{\Sigma \, g_i \, p_i} \qquad\qquad \cdots\cdots \cdot 2.)$$

Setzt man $\Sigma g_i = m \cdot g$ und $\Sigma p_i = m \cdot p$, ferner $g_i = g \pm \gamma_i$ und $p_i = p \pm \delta_i$ wobei g und p die arithmetischen Mittelwerte sind, so wird

$$\Sigma \, g_i p_i = m \cdot g \cdot p + g \, \Sigma \, \delta_i + p \, \Sigma \, \gamma_i + \Sigma \, \gamma_i \, \delta_i = m \cdot g \cdot p + \Sigma \, \gamma_i \, \delta_i$$

weil $\Sigma \delta_i$ und $\Sigma \gamma_i$ verschwinden.

Bei $\Sigma \gamma_i \delta_i$ besteht die gleiche Häufigkeit dafür, daß die Glieder positiv werden, wie dafür daß sie negativ sind. Bei sehr großem m und bei nicht sehr unterschiedlichem p_i sowie g_i kann man annehmen, daß die $\Sigma \gamma \delta$ gegen den Wert $m g p$ sehr klein sein wird. Bei kleinem m ist es jedoch möglich, daß alle Produkte $\gamma \delta$ positiv, bzw. alle negativ werden. Kann man die Beutel so ordnen und benummern, daß die p_i und die g_i monoton zu- oder monoton abnehmen, dann werden alle Produkte $\gamma_i \delta_i$ positive Werte haben; kann man die Beutel so ordnen, daß die p_i monoton zunehmen und die g_i monoton abnehmen, oder umgekehrt, so werden

also Produkte $\gamma \delta$ negativ sein. Bei kleinen m darf man alle $\Sigma \gamma_i \delta_i$ nicht vernachlässigen. Sehr häufig ist es möglich, nach der Formel $\Sigma g_i p_i = m g p + \Sigma \gamma_i \delta_i$

leichter und rascher zu rechnen als nach der obigen Formel 2.).

Zum vollen Verständnis des Problems sei noch ein Zahlenbeispiel aus der Betriebsstatistik gegeben. In einer größeren Maschinenfabrik hatte man aus der Erfahrung
festgestellt, daß die Betriebsunfälle in der Modelltischlerei jährlich $2,1^o/oo$ der
durchschnittlichen Belegschaft dieser Werksabteilung betragen, in der Gießerei
$4,2^o/oo$, bei den Arbeitsmaschinen $3,4^o/oo$, in der Montagehalle $1,8^o/oo$, bei
der Materialbewegung innerhalb des Werkes $1,4^o/oo$ und in allen übrigen Abteilungen $0,8^o/oo$. Von der gesamten Belegschaft seien in der Tischlerei 5 %, in der
Gießerei 7 %, an den Arbeitsmaschinen 50 %, bei Montage 16 %, bei der Materialbewegung 10 % und in den sonstigen Abteilungen 12 % beschäftigt. Die relativen
Häufigkeiten der Unfälle sind nun gleichbedeutend mit den Wahrscheinlichkeiten
p_i und die Prozentzahlen der Belegschaften gleichbedeutend mit den Wahrscheinlichkeitsgewichten g_i. Somit berechnet sich die Wahrscheinlichkeit, daß ein eingetretener Unfall ein Gießereiunfall war wie folgt:

$$W = \frac{7 \cdot 4,2}{5 \cdot 2,1 + 7 \cdot 4,2 + 50 \cdot 3,4 + 16 \cdot 1,8 + 10 \cdot 1,4 + 12 \cdot 0,8}$$

$$= \frac{29,4}{262,3} \approx 0,112 \quad \text{oder} \quad 11,2 \%$$

Danach muß die Unfallversicherungsanstalt bei der Prämienberechnung vorgehen
(13), aber auch bei der betriebswirtschaftlichen Aufgabe die Kosten der Unfallversicherung von den einzelnen Abteilungen des Werkes richtig zu verrechnen, hat
man den Schlüssel auf diese Weise zu finden. Wenn der Statistiker O. A n d e r s o n
in seinem Buch "Einführung in die mathematische Statistik" sagt, daß die Sätze
von Bayes für die Statistik überhaupt überflüssig seien, so meint er damit offenbar
jene Ausdehnung, die Bayes vorgenommen hat, indem er eine unendlich große
Zahl von Ursachen voraussetzte und die Frage nach der Wahrscheinlichkeit stellt,
daß ein bestimmter Komplex von Ursachen das beobachtete Ereignis hervorgerufen
hat (14).
Über diesen Teil des Theorems von Bayes, obwohl er heute schon rund 200 Jahre
alt ist, wurde noch vor kurzem ein Streit zwischen den hervorragendsten deutschen

---

(13) Man braucht übrigens auch diesen Satz bei der Berechnung von Zukunftserwartungen
in der mathematischen Versicherungsrechnung.

(14) Es ist möglich, daß für die Versicherungsanstalt noch eine weitere Komplikation
entsteht, wenn die durchschnittliche Schwere der Unfälle in den einzelnen Abteilungen
nicht gleich ist. Es setzt sich in diesem Falle die Wahrscheinlichkeit p_1 aus zwei Faktoren
zusammen, von denen einer ähnlich wie die Wahrscheinlichkeit der Schadensausbreitung
in der Sachversicherung zu betrachten ist.

und britischen Statistikern ausgetragen. Wir gehen in unseren Abhandlungen darauf nicht ein, weil es sich in der praktischen Statistik immer nur um eine beschränkte Zahl von Ursachen handeln kann.

Es sei nun eine unbegrenzte Menge von möglichen Ursachen vorausgesetzt: Die Form, in der die Frage nach der Wahrscheinlichkeit einer speziellen Ursache oder eines Ursachenkomplexes für ein beobachtetes Ereignis in der statistischen Praxis am häufigsten vorkommt, läßt sich folgendermaßen abgrenzen:

"Der beobachtete Erfolg einer Beobachtungsreihe, das Gesamtereignis E, besteht in dem m -maligen Eintreffen eines Teilereignisses ξ in $s = m+n$ Versuchen, bzw.

Einzelbeobachtungen, wobei für ξ von vornherein jede Erwartungswahrscheinlichkeit zwischen 0 und 1 möglich sein soll. Über die Umstände, die auf diese Wahrscheinlichkeit Einfluß haben, sei entweder gar nichts bekannt, so daß man, um überhaupt rechnen zu können, allen Werten aus dem Intervall 0 bis 1 gleiches Wahrscheinlichkeitsgewicht zuschreiben muß. Oder aber es besteht nach dieser

Richtung hin ein solches Wissen, daß das Wahrscheinlichkeitsgewicht γ für x zwischen 0 und 1 durch eine Funktion $\gamma = S(x)$ angegeben werden kann. "

Die Annahme eines Wertes x für die Wahrscheinlichkeit von ξ ist hier als eine Ursache des beobachteten Ereignisses aufzufassen. Die Zahl der als möglich vorausgesetzten Ursachen ist dann eine nicht abzählbare (trenszendente Zahl) Menge von der Mächtigkeit des Kontinuums. Nach der üblichen Veranschaulichung der Wahrscheinlichkeitslehre entspricht diese Annahme der Wahrscheinlichkeit für

das Eintreffen von ξ dem Ziehen einer weißen Kugel aus einer Urne, in der sich unendlich viele Kugeln befinden, wobei der Grenzwert des Verhältnisses der Zahl der weißen Kugeln zur Gesamtzahl aller Kugeln eben x ist.

Bei einer unabzählbaren (15) Menge von Ursachen ist die relative Häufigkeit einer bestimmten Ursache selbstverständlich eine Null höherer Ordnung, mit dem man nichts anfangen kann. Wenn wir aber nach der relativen Häufigkeit des Differentials eines Komplexes von Ursachen fragen, d.h. nach der relativen Häufigkeit, mit der x in das Intervall x bis $x+dx$ fällt, so erhalten wir einen Ausdruck, der mit dx gegen Null erster Ordnung konvergiert und die relative Häufigkeit, mit der x zwischen $x = \alpha$ und $x = \beta$ fällt, wird eine endliche Zahl, wenn zwischen α und β eine endliche Differenz besteht. Das Intervall zwischen α und β ist dann als ein Komplex von Ursachen aufzufassen, der zwar ebenfalls eine nichtabzählbare Teilmenge aller möglichen Ursachen bildet, wobei jedoch das Verhältnis der Teilmenge zur Gesamtmenge durch eine endliche Zahl gegeben ist.

---

(15) Die Menge der Dezimalbrüche zwischen 0 und 1 hat die Mächtigkeit der Zahl von Variationen mit Wiederholungen bei 10 Elementen (10 Ziffern) zur Klasse unendlich; die Mächtigkeit der Menge ist somit 10^∞, eine transzendente Zahl.

Würde eine bestimmte relative Häufigkeit x des Eintretens von ξ tatsächlich bestehen, so wäre die relative Häufigkeit y mit der ξ m-mal eintritt und n-mal ausbleibt nach dem Binomialsatz $y = x^m (1-x)^n$. Die Überlegung ist hier jedoch umgekehrt als im Theoreme von Bernoulli (Exponentialsatz). Diese setzt eine von vornherein bekannte und unveränderliche Häufigkeit p (à priori) voraus und fragt nach der jedesmaligen relativen Häufigkeit bei den verschiedenen möglichen m. Bayes dagegen setzt eine durch Beobachtung ermittelte relative Häufigkeit (à posteriori) $\frac{m}{s}$ voraus, die invariant zu denken ist, und fragt nach den jedesmaligen Wahrscheinlichkeiten eines zwischen 0 und 1 variant gedachten x, welches als mögliche Ursache dafür in Betracht käme, daß bei der Beobachtung die relative Häufigkeit $\frac{m}{s}$ festgestellt wurde. Wir können uns nun ähnlich wie beim Exponentialsatz eine Funktion $y = f(x)$ vorstellen, welche durch den Ausdruck $y \cdot dx$ ein Maß für die Menge der Möglichkeiten des Differentials eines Ursachenkomplexes angibt. Dann ist ein Maß für die Menge des Ursachenkomplexes zwischen α und β durch das $\int_{\alpha}^{\beta} y \cdot dx$ und für die Menge aller Möglichkeiten zwischen 0 und 1 durch das $\int_{0}^{1} y \, dx$ gegeben. Auf diese Weise gelangt man zur Wahrscheinlichkeit P, mit der Ursache im Komplex α bis β zu suchen ist.

$$P = \frac{\int_{\alpha}^{\beta} y \, dx}{\int_{0}^{1} y \, dx} \quad \dots \dots \dots \dots \dots \text{1a.)}$$

Haben die y der Funktion $y = f(x)$ nicht das gleiche Wahrscheinlichkeitsgewicht und kann man von vornherein eine Funktion $\gamma = \varphi(x)$ angeben, welche die Unterschiedlichkeit der Wahrscheinlichkeitsgewichte γ darstellt, so gelangen wir durch den gleichen Übergang, wie beim 1. zum 2. Satz von Bayes zur Formel

$$P = \frac{\int_{\alpha}^{\beta} \gamma y \, dx}{\int_{0}^{1} \gamma y \, dx} \quad \dots \dots \dots \dots \dots \text{2a.)}$$

Diese beiden Formeln kommen bei der Berechnung der Wahrscheinlichkeit von Zukunftserwartungen in Anwendung, wie wir in einem späteren Kapitel sehen werden.

Zur wahrscheinlichsten Hypothese bezüglich der Ursache gelangt man, indem man ermittelt, für welches x die Funktion y ein Maximum aufweist. Dafür gilt bekanntlich die Bedingung $\frac{dy}{dx} = 0$

Die Differentiation ergibt $m \cdot x^{m-1} (1-x)^n = n \cdot x^m (1-x)^{n-1}$

und daraus erhält man $x = \dfrac{m}{m+n} = \dfrac{m}{s}$. Für dieses x wird $y = \dfrac{m^m \cdot n^n}{s^s}$

Es sei nun der Verlauf der Funktion y in der Nähe ihres Maximums unter der Voraussetzung geprüft, daß s eine große Zahl ist. Wir setzen

$$x = \frac{m}{s} + z \quad \text{und} \quad 1 - x = \frac{n}{s} - z \quad \text{ferner}$$

$$y = \left(\frac{m}{s} + z\right)^m \left(\frac{n}{s} - z\right)^n = M\left(1 + \frac{s}{m}z\right)^m \cdot \left(1 - \frac{s}{n}z\right)^n = MZ$$

Den natürlichen Logarithmus von Z entwickeln wir nun mit Hilfe der bekannten Reihe

$$\lg Z = m \lg\left(1 + \frac{s}{m}z\right) + n \lg\left(1 - \frac{s}{n}z\right)$$

$$= m\left(\frac{s}{m} \cdot z - \frac{s^2}{2m^2}z^2 + \ldots\right) + n\left(-\frac{s}{n}z - \frac{s^2}{2n^2}z^2 - \ldots\right).$$

Je kleiner z ist, desto geringer wird der Fehler, wenn man die beiden Reihen mit dem Glied zweiter Potenz abbricht. Dann wird

$$\lg Z \cong -\frac{s^3}{2mn}z^2 \quad \text{und} \quad Z = e^{-\frac{s^3}{2mn}z^2} \qquad (16).$$

Aus dem Ansatz $y = M e^{-\frac{s^3}{2mn}z^2}$

ersehen wir, daß y in der Umgebung des Maximums bei kleinem z zunächst nur langsam abnimmt, bei etwas größerem z aber rasch fällt und Werte annimmt, die im Verhältnis zu M nur ganz gering sind. Bei $m = 300$ und $n = 200$ entsteht das Maximum y bei $x = \frac{3}{5}$ und man errechnet

$$\text{für } z = \pm\frac{1}{100} \text{ ein } y = 0{,}90107\, M$$

$$\text{für } z = \pm\frac{1}{20} \text{ ein } y = 0{,}073965\, M$$

$$\text{für } z = \pm\frac{1}{10} \text{ ein } y = 0{,}000023929\, M$$

$$\text{für } z = \pm\frac{1}{5} \text{ ein } y = 8 \cdot 10^{-18}\, M$$

---

(16) Bei Berücksichtigung der Glieder dritter Potenz käme im Exponenten von e noch das Glied $\dfrac{(n-m)\,s^4}{3\,m^2 n^2}\,z^3$ hinzu.
Dieser Einfluß auf die Größe der e-Funktion ist offenkundig nur gering.

Die bekannte Glockenform der e-Funktion ist also sehr steil, wie wir aus der graphischen Darstellung (Abb. 26) ersehen. Wenn auch die Rechnung bei größerem Z infolge der Annäherung nicht mehr scharf genug ist, sehen wir doch, daß hypothetische Aufnahmen, die nur einigermaßen von der wahrscheinlichsten Annahme abweichen, eine überaus geringe Wahrscheinlichkeit besitzen. Das Maximum von y ist allerdings in diesem Falle an und für sich sehr klein und erst an der 147. Dezimalstelle würde eine von Null verschiedene Ziffer stehen.

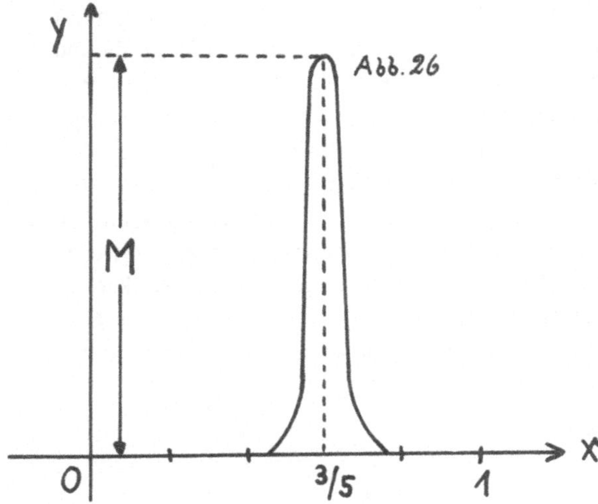

7. Die beiden Annäherungsformeln von Poisson
(„Das Gesetz der Kleinen Zahlen")

Aufgrund wiederholter Beobachtungen kann man gewisse Wahrscheinlichkeitsaussagen für die Zukunft machen, wenn man voraussetzt, daß im Bereich der beobachteten Wirklichkeit ein Beharrungszustand besteht, so daß sich die Wahrscheinlichkeiten im Laufe der Zeit nicht oder doch nur sehr wenig ändern; von dieser Voraussetzung wollte sich Poisson freimachen und suchte nach Annäherungsformeln, die unabhängig davon waren. Tatsächlich gibt es in der Wirklichkeit Erscheinungen, die veränderliche Wahrscheinlichkeiten, zeitveränderliche relative Häufigkeiten zeigen, wie z. B. das durchschnittliche Lebensalter einer Menschenrasse. Bekanntlich ist dasselbe während der letzten Jahrzehnte durch die Fortschritte in der Medizin in einem erheblichen Tempo verlängert worden, woraus sich eine wiederholte Korrektur der Prämiensätze für Lebens- und Rentenversicherungen als unumgänglich herausgestellt hat. Außerdem ist die Annäherung von Poisson für kleine relative Häufigkeiten, also für seltene Ereignisse, genauer als das Integral von Laplace.

Die Annahme für die beiden Sätze von Poisson ist, daß es zwei Ereignisse E und $\bar{E}$ gibt, die sich gegenseitig ausschließen, von denen jedoch eines notwendigerweise eintreten muß. Es werden S Versuche oder Beobachtungen vorgenommen, wobei sich aus der λ-ten Beobachtung $(\lambda = 1, 2, \ldots, S)$ ergibt, daß das Ereignis E mit der relativen Häufigkeit p_λ, das Ereignis $\bar{E}$ mit der relativen Häufigkeit $q_\lambda = 1 - p_\lambda$ eintritt. Die Frage geht nach der Wahrscheinlichkeit, mit der unter S Eintrittsfälle das Ereignis E m-mal und das Ereignis $\bar{E}$ $n = S - m$ mal eintritt. Ferner wird die Frage gestellt, welche der Kombinationen E und $\bar{E}$

in der zeitlichen Reihenfolge am wahrscheinlichsten ist, schließlich nach der relativen Häufigkeit, mit der m bzw. n innerhalb bestimmter vorgegebener Grenzen bleiben. Zur Veranschaulichung und Präzisierung des Denkprozesses benützt die Wahrscheinlichkeitslehre wiederum den Vergleich mit Beuteln, die weiße und schwarze Kugeln gut durcheinandergemischt enthalten. Man denkt sich s solcher Beutel, die mit B_λ ($\lambda = 1$ bis s) bezeichnet sein mögen, wobei die zugehörige relative Häufigkeit der weißen Kugeln in dem betreffenden Beutel p_λ , die relative Häufigkeit der schwarzen Kugeln q_λ sei. Es wird aus jedem Beutel eine Kugel gezogen. Die Reihenfolge, in der man aus den Beuteln zieht, ist vollkommen gleichgültig, auch die Zahl der weißen und schwarzen Kugeln zusammen in jedem Beutel, oder was dasselbe ist, die Numerierung der Beutel kann willkürlich sein, weshalb man sie auch so vornehmen darf, daß der Beutel, aus dem die λ-te Ziehung erfolgt, die Nummer λ erhält. Zur Berechnung der gefragten Wahrscheinlichkeiten kommt der Multiplikationssatz in Anwendung.

Bezeichnen wir wie üblich das Produkt

$$(p_1 + q_1)(p_2 + q_2) \cdots (p_s + q_s) \quad \text{mit} \quad \prod_{\lambda=1}^{\lambda=s} (p_\lambda + q_\lambda)$$

Es ist selbstverständlich gleich eins, denn jeder seiner Faktoren ist eins. Aber man kann sich das Produkt algebraisch entwickelt denken und es entstehen dabei 2^s Glieder, jedes ein Produkt von s Faktoren, unter Kombination der p und q ohne Wiederholungen. Jedes Glied bedeutet die Wahrscheinlichkeit einer der 2^s Möglichkeiten der Wiederholungen von E und $\bar E$, also etwa das Glied

$$p_1 p_2 \cdots p_m q_{m+1} \, q_{m+2} \cdots q_s$$

Die Wahrscheinlichkeit, daß zuerst m-mal das Ereignis E und dann $s-m$ -mal das Ereignis $\bar E$ eintritt. Faßt man alle die $\binom{s}{m}$ Glieder zusammen, in denen m Faktoren p und n Faktoren q vorkommen, so gibt ihre Summe die gefragte relative Häufigkeit P_{ms} für das m-malige Eintreten von E unter insgesamt s Eintritten von E oder $\bar E$. Man kann auch analytisch vorgehen, indem man sich jedes p mit einer willkürlichen Hilfsvariablen t multipliziert denkt und das Produkt

$$\prod_{\lambda=1}^{\lambda=s} (p_\lambda \cdot t + q_\lambda)$$

entwickelt. Es zeigt dann die Potenz　　von t an, wieviel Faktoren p in jedem Glied vorkommen. Zieht man alle Glieder mit t^m zusammen, so erscheint P_{ms} als Koeffizient von t^m . Laplace hat das Produkt $\prod$ in dieser Form als die "erzeugende Funktion" für die Wahrscheinlichkeit P_{ms} bezeichnet.

Es sei nun eines der Glieder, etwa das oben angegebene, herausgegriffen und darin jedes q_λ durch $1 - p_\lambda$ ersetzt, so daß wir es

$$p_1 p_2 \cdots p_m \left(1 - p_{m+1}\right)\left(1 - p_{m+2}\right) \cdots \left(1 - p_s\right) \quad \dots 1.)$$

schreiben können.

Durch die Entwicklung dieses Produkts erhalten wir eine Summe, deren Glieder nur die Faktoren p enthalten und darin kommen der Reihe nach $m, m+1, \dots, s$ Faktoren vor. Führt man das gleiche mit jedem Glied der Summe P_{ms} fort, so erhält man schließlich P_{ms} als eine Summe von Produkten, die $m, m+1, \dots, s$ Faktoren aus der Reihe der p enthalten. Wir bezeichnen nun mit S_λ die Summe aller Produkte von λ Faktoren p ($\lambda = 0, 1, 2, \dots, s-m$). Dann läßt sich die Wahrscheinlichkeit P_{ms} wie folgt darstellen:

$$P_{ms} = A_0 S_m + A_1 S_{m+1} + \cdots + A_{s-m} S_s \qquad \dots 2.)$$

Darin sind die Koeffizienten A zunächst unbestimmt, aber von den Größen p_λ offenbar unabhängig und um sie zu ermitteln, setzt man alle $p_\lambda = p$, wodurch sich jedes Glied von P_{ms} – wie 1.) ein solches ist – in $p^m (1-p)^{s-m}$ und die Summe aller Glieder wird

$$P_{ms} = \binom{s}{m} p^m (1-p)^{s-m} \qquad \dots 3.)$$

Andererseits gehen die $S_{m+\lambda}$ in $\binom{s}{m+\lambda} p^{m+\lambda}$ über und durch Vergleichung gleicher Potenzen von p in 2.) und 3.) erhält man den Ansatz

$$\binom{s}{m+\lambda} A_\lambda = (-1)^\lambda \binom{s}{m}\binom{s-m}{\lambda} = \frac{s!}{(m+\lambda)! \, (s-m-\lambda)!}$$

$$A_\lambda = (-1)^\lambda \frac{s! \, (s-m)!}{m! \, (s-m)! \, (\lambda)! \, (s-m-\lambda)!} \quad \text{und daraus nach entsprechenden Kürzungen}$$

$$A_\lambda = (-1)^\lambda \frac{(m+\lambda)!}{\kappa! \, m!} = (-1)^\lambda \binom{m+\lambda}{\lambda}$$

Die so gewonnenen Koeffizienten A in 2.) eingesetzt ergibt:

$$P_{ms} = S_m - \binom{m+1}{1} S_{m+1} + \binom{m+2}{2} S_{m+2} + \cdots + (-1)^{s-m}\binom{s}{s-m} S_s \quad \dots 4.)$$

Entwickelt man $\dfrac{1}{(1+S)^{m+1}}$ in die Reihe

$$1 - \binom{m+1}{1} S + \binom{m+2}{2} S^2 + \cdots + (-1)^{s-m}\binom{s}{s-m} S^{s-m} \cdots,$$

so kann man die symbolische Formel

$$P_{ms} = \frac{S^m}{(1+S)^{m+1}} \qquad \dots \dots \dots 5.)$$

anschreiben, die so zu verstehen ist, daß man die Potenzentwicklung bei S^{S-m} abbricht und nachher jedes S^λ durch S_λ ersetzt. Danach könnte man bei kleinem S die Wahrscheinlichkeit P_{ms} rechnen, bei größerem S wäre es zu umständlich und bei sehr großem S überhaupt kaum zu bewältigen. Deswegen hat Poisson nach einer Näherungsformel auf eine Weise gesucht, die einer früheren Untersuchung von Laplace ähnlich ist.

Anstatt einer Hilfsvariablen t führte Poisson zwei, u und v ein, wodurch das Produkt

$$\prod_1^S (p_\lambda \cdot u + q_\lambda \cdot v)$$

zu schreiben ist. Die Entwicklung dieses Produkts geht unter solchen arithmetischen Regeln vor sich, daß der Koeffizient von $u^m v^n$ die Wahrscheinlichkeit dafür angibt, daß unter S Ereignissen E m-mal und $\bar{E}$ n-mal vorkommt. Wir bezeichnen diese Wahrscheinlichkeit mit P_{mn}. Da die Hilfsvariablen u und v ganz beliebig gewählt werden können, darf man auch e^{xi} für u und e^{-xi} für v einsetzen, wobei i die imaginäre Einheit bedeuten soll. Es wird nun

$$X = \prod_1^S \left(p_\lambda \cdot e^{xi} + q_\lambda \cdot e^{-xi} \right) = \sum P_{mn} \cdot e^{(m-n)xi}$$

Durch Multiplikation mit $e^{-(m-n)xi}$ entfallen die exponentiellen Faktoren bei den P_{mn} und nur bei diesen Gliedern. Integriert man nun in Bezug auf x zwischen den Grenzen $-\pi$ und $+\pi$, so fallen auf der rechten Seite alle Glieder bis auf das mit P_{mn} aus, weil für jedes ganzzahlige γ (außer 0)

$$\int_{-\pi}^{+\pi} e^{\gamma xi}\, dx = 0$$ ist und so erhält man für P_{mn} den Ausdruck

$$P_{mn} = \frac{1}{2\pi} \int_{-\pi}^{+\pi} X\, e^{-(m-n)xi}\, dx, \quad \text{worin}$$

$$X = \prod_1^S \left[(p_\lambda + q_\lambda) \cos x + i (p_\lambda - q_\lambda) \sin x \right]$$

$$= \prod_1^S \left[\cos x + i (p_\lambda - q_\lambda) \sin x \right] = \prod_1^S \left[S_\lambda (\cos \varphi_\lambda + i \sin \varphi_\lambda) \right],$$

$$S_\lambda = \sqrt{\cos^2 x + (p_\lambda - q_\lambda)^2 \sin^2 x} = \sqrt{1 - 4 p_\lambda q_\lambda \sin^2 x} \quad \text{und}$$

$$\operatorname{tg} \varphi_\lambda = (p_\lambda - q_\lambda) \operatorname{tg} x \quad \text{gesetzt werden.}$$

Schreibt man für $\prod\limits_{1}^{s} s_\lambda = R$ und für $\sum\limits_{1}^{s} q_\lambda = \Phi$ so wird

$$X = R(\cos\Phi + i\sin\Phi) \quad \text{und}$$

$$P_{mn} = \frac{1}{2\pi}\int\limits_{-\pi}^{+\pi} R\left[\cos(\Phi - \overline{m-nx}) + i\sin(\Phi - \overline{m-nx})\right]dx$$

$$= \frac{1}{2\pi}\int\limits_{-\pi}^{+\pi} R\cdot\cos(\Phi - \overline{m-n})\,dx$$

Teilt man das $\int$ in zwei Teile, einen mit den Grenzen $-\pi$ bis 0 und einen mit den Grenzen 0 bis $+\pi$, so kann man sich davon überzeugen, daß der Wert beider Teilintegrale gleich groß ist. Substituiert man nämlich im zweiten Teilintegral x durch $\pi - \xi$, so geht Φ in $(m+n)\pi - \Phi$ über, während R keine Änderung erfährt, das zweite Teilintegral lautet dann

$$\int\limits_{0}^{\frac{\pi}{2}} R\cdot\cos\left(\overline{m+n\pi} - \Phi + \overline{m-n}\xi - \overline{m-n\pi}\right)d\xi$$

$$= \int\limits_{0}^{\frac{\pi}{2}} R\cdot\cos\left(2n\pi - \Phi + \overline{m-n}\xi\right)d\xi = \int\limits_{0}^{\frac{\pi}{2}} R\cdot\cos\left(\Phi - \overline{m-n}\xi\right)d\xi$$

Das zweite Integral stimmt also mit dem ersten überein und es wird

$$P_{mn} = \frac{2}{\pi}\int\limits_{0}^{\frac{\pi}{2}} R\cdot\cos\left(\Phi - \overline{m-n}\,x\right)dx \quad \ldots\ldots \text{6.)}$$

Vorausgesetzt, daß kein p_λ und kein q_λ nahe an 0 bzw. an 1 heranrückt, gerät auch kein Faktor von $R = \prod\limits_{1}^{s}\sqrt{1 - 4p_\lambda q_\lambda\cdot\sin^2 x}$

nahe an 1 und so wird R umso kleiner, je weiter sich x von der unteren Grenze 0 des Integrals entfernt; belangreiche Werte nimmt R nur in der Nähe dieser Grenze an und kann hier angenähert durch

$$\prod\limits_{1}^{s}(1 - 2p_\lambda q_\lambda x^2)$$ der Logarithmus von R annähernd durch

$$-x^2\sum 2p_\lambda q_\lambda$$ ersetzt werden. Zur Abkürzung setzen wir

$$\sqrt{\frac{2\sum p_\lambda\cdot q_\lambda}{s}} = K, \quad \text{worauf}$$

$$R \cong e^{-sk^2 x^2} \quad \ldots \ldots \quad 7.)$$

geschrieben werden kann.

Für K gibt es eine obere Grenze. Da $\frac{1}{4}$ der größte Wert des Produktes $p_\lambda \cdot q_\lambda$ ist, so kann $\sum p_\lambda q_\lambda$ den Wert $\frac{s}{4}$ nicht überschreiten und mithin ist

$$K \lessgtr \sqrt{\tfrac{1}{2}} = 0{,}7071$$

Weiter folgt aus $\varrho_\lambda \cdot \sin \psi_\lambda = (p_\lambda - q_\lambda)^{\sin x}$ mit Benützung des Wertes von

$$\varrho_\lambda = \sqrt{1 - 4 p_\lambda q_\lambda \sin^2 x}$$ und bei Beschränkung auf kleine Größen x

$$\sin \varrho_\lambda = (p_\lambda - q_\lambda)(1 + 2 p_\lambda q_\lambda x^2)\left(x - \tfrac{x^3}{6} + \ldots \right)$$

$$\cong (p_\lambda q_\lambda) x + \tfrac{4}{3}(p_\lambda - q_\lambda) p_\lambda q_\lambda x^3 + \ldots$$ und durch Inversion

$$\psi_\lambda = (p_\lambda - q_\lambda) x + \tfrac{4}{3}(p_\lambda - q_\lambda) p_\lambda q_\lambda x^3 + \ldots$$

Somit wird, wenn man $\frac{1}{s} \sum p_\lambda = p$ und $\frac{1}{s} \sum q_\lambda = q$

als Mittelwerte einführt und ebenso

$$\frac{4}{3 \cdot s} \sum \frac{(p_\lambda - q_\lambda) \cdot p_\lambda \cdot q_\lambda}{s} = h \qquad \text{setzt,}$$

$$\Phi = s(p - q) x + s h x^3 + \ldots \ldots \ldots \quad 8.)$$

Mit diesen Näherungswerten von R und Φ erhalten wir schließlich

$$P_{mn} \cong \frac{2}{\Pi} \int_0^{\frac{\Pi}{2}} e^{-sh^2 x^2} \cos\left\{ \left[s(p-q) - (m-n) \right] x + s g x^3 + \ldots \right\} dx. \quad 9.)$$

Der Koeffizient von x ist umformbar in $s\left[p - \frac{m}{s} - (q - \frac{n}{s}) \right] = s \cdot f$,

worin f den doppelten Unterschied $p - \frac{m}{s}$ bzw. $\frac{n}{s} - q$ bedeutet, weil

$$p + q = 1 \quad \text{und} \quad m + n = s \qquad \text{ist.}$$

Wird nun der Cosinus in eine Reihe entwickelt, ohne daß man über die 3. Potenz von x hinausgeht, so verwandelt sich das Integral in

$$\int_0^{\frac{\Pi}{2}} e^{-sh^2 x^2} \left[\cos(sfx) - s g x^3 \sin(sfx) \right] dx$$

und durch Subtitution $x\sqrt{s}=z$ erhält man

$$P_{m,n} \cong \frac{2}{\pi\sqrt{s}} \int_0^{\frac{\pi}{2}\sqrt{s}} e^{-h^2z^2} \left[\cos\left(fz\sqrt{s}\right) - \frac{fz^3}{\sqrt{s}}\sin\left(fz\sqrt{s}\right)\right] dz$$

Die Funktion $e^{-h^2z^2}$ nimmt mit zunehmendem z rasch ab und ist schon bei der oberen Grenze des Integrals sehr klein, jenseits derselben wird sie so geringfügig, daß es keinen merkbaren Einfluß hat, wenn man die obere Grenze des Integrals mit J ansetzt. Durch Integration erhält man dann

$$J = \int_0^\infty e^{-h^2z^2}\cdot\cos\left(fz\sqrt{s}\right) dz \;=\; \frac{\sqrt{\pi}}{2h}\cdot e^{-\frac{sf^2}{4h^2}}$$

(Man kommt zum Wert J dieses Integrals, indem man es nach f differentiiert, das Integral $\frac{dJ}{df}$ durch partielle Integration entwickelt und die so entstandenen Differentialgleichung integriert, die Integrationskonstante erhält man für $f=0$.

Ähnlich erhält man durch Differentiation nach

$$\int e^{-h^2z^2}\cdot 2hz^3\cdot\sqrt{s}\cdot\sin\left(fz\sqrt{s}\right) dz$$

$$= \left(\frac{3sf\cdot\sqrt{\pi}}{4h^4} - \frac{s\cdot f^3\cdot\sqrt{\pi}}{8h^6}\right)\cdot e^{-\frac{s\cdot f^2}{4h^2}} \quad \text{wonach}$$

$$\int_0^\infty e^{-h^2z^2}\cdot\frac{fz^3}{\sqrt{s}}\left(fz\sqrt{s}\right) dz = \frac{fg\sqrt{\pi}}{8h^5}\left(3 - \frac{sf^2}{2h^2}\right)e^{-\frac{sf^2}{4h^2}} \quad \text{wird.}$$

Setzt man nun noch $\dfrac{f\sqrt{s}}{2h}=\vartheta$, so schreibt sich

$$P_{m,n} \cong \frac{1}{h\cdot\sqrt{\pi s}}\left[1 - \frac{g\cdot\vartheta}{2h^3\sqrt{s}}\left(3 - 2\vartheta^2\right)\right]\cdot e^{-\vartheta^2} \quad\dots\dots\; 10.)$$

Geht man auf die Bedeutung von f zurück, $f = 2\left(p-\frac{m}{s}\right)$ bzw. $= 2\left(q-\frac{h}{s}\right)$, so drückt P_{mh} die Wahrscheinlichkeit aus, daß die Ereignisse $E, \overline{E}$ in den Wiederholungszahlen $m = sp - h\vartheta\sqrt{s}$ und $n = sq + h\vartheta\sqrt{s}$ erscheinen. Für die Wiederholungszahlen $m' = sp + h\vartheta\sqrt{s}$ und $n' = sq - h\vartheta\sqrt{s}$ entsteht analog die Wahrscheinlichkeit

$$P_{m'n'} \cong \frac{1}{h\cdot\sqrt{\pi s}}\left[1 + \frac{g\cdot\vartheta}{2h^3\sqrt{s}}\left(3 - 2\vartheta^2\right)\right]\cdot e^{-\vartheta^2}$$

Hiernach ist die Wahrscheinlichkeit, daß sich die Wiederholungszahlen des Ereignisses E von der Zahl sp und $h\vartheta\sqrt{s}$ nach aufwärts und abwärts unterscheiden.

$$P_{m,n} + P_{m',n'} \eqsim \frac{2}{h\cdot\sqrt{\pi\cdot s}}\cdot e^{-\vartheta^2} \quad\ldots\ldots\ldots 11.)$$

und diese ist für $\vartheta = 0$ am größten. Daraus ergibt sich der erste Satz Poissons:

"Die wahrscheinlichste unter allen Variationen von p und q ist diejenige, in welcher sich die Wiederholungszahlen der Ereignisse E und $\bar{E}$ so verhalten, wie ihre durchschnittlichen Wahrscheinlichkeiten im Laufe der Beobachtungen (p und q)."

Setzt man $h\vartheta\sqrt{s} = \xi$ und denkt sich unter ξ eine ganze Zahl, so wird die Wahrscheinlichkeit P, daß die Wiederholungszahl m des Ereignisses E zwischen die Grenzen $sp - l$ und $sp + l$ fällt,

$$P = \sum_{0}^{l} \frac{2}{h\cdot\sqrt{\pi\cdot s}}\, e^{-\frac{\xi^2}{h^2\cdot s}} - \frac{1}{h\cdot\sqrt{\pi\cdot s}} \quad\ldots\ldots 12.)$$

Das negative Glied der rechten Seite rührt daher, daß in der Summe die Wahrscheinlichkeit der Abweichung O doppelt gezählt ist. Verwandelt man die Summe mittels der Formel von Euler in ein Integral, so erhält man

$$P = \frac{2}{h\cdot\sqrt{\pi\cdot s}} \int_0^l e^{-\frac{\xi^2}{h^2 s}}\, d\xi + e^{-\frac{l^2}{h^2 s}}\cdot\frac{1}{h\cdot\sqrt{\pi\cdot s}} \quad\ldots\ldots 13.)$$

oder einfacher geschrieben, indem man $\frac{\xi}{h\cdot s} = t$ und $\frac{l}{h\sqrt{s}} = \gamma$ setzt,

$$P = \frac{2}{\sqrt{\pi}} \int_0^\gamma e^{-t^2}\, dt + \frac{e^{-\gamma^2}}{h\cdot\sqrt{\pi\cdot s}} \quad\quad 14.)$$

Daraus ergibt sich der zweite Satz Poissons:

"Es ist mit dieser Wahrscheinlichkeit P zu erwarten, daß die Wiederholungszahl m des Ereignisses E zwischen den Grenzen $sp \mp \gamma hs + sp \mp l$ die relative Häufigkeit $\frac{m}{s}$ von E zwischen den Grenzen $p \mp \frac{l}{s}$ verbleibt.

Die wichtigste Benützung des zweiten Satzes von Poisson ist die, herauszufinden, inwieweit man die Versuche, bzw. die Beobachtungen (s) zu vermehren hat, damit das Verhältnis $\frac{m}{s}$ mit einer der Einheit gewünscht nahekommenden Wahrscheinlichkeit innerhalb vorgegebener Grenzen bleibt. Bei der Begründung dieser Schlußfolgerung ist auf den im Lauf der Ableitung hingewiesenen Umstand Rücksicht zu nehmen, daß h unabhängig von s kleiner als $\sqrt{\frac{1}{2}}$ sein muß.

Die beiden erwähnten Sätze zusammen bezeichnet man gewöhnlich als das Theorem von Poisson; in demselben ist ein älteres von Bernoulli mit inbegriffen, in welchem $p = q = 1/2$ gesetzt ist.

Der erste Satz von Poisson ist viel einfacher mit Hilfe des Binomialsatzes zu erhalten. Denken wir uns, daß die Zahl der Kugeln in allen Beuteln gleich gemacht wird, jedoch ohne daß an den p_i etwas geändert wird, ferner daß alle Kugeln nach ihren Beuteln nummeriert werden und daß alle Beutel in einen Sack geleert werden. Die relative Häufigkeit der weißen Kugeln im Sack ist dann

$$P = \frac{1}{S} \sum_1^\lambda p_i \qquad \text{also der mittleren relativen Häufigkeit } p_i.$$

Zieht man nun S Kugeln aus dem Sack, so ist es gewiß möglich, daß mehrere gezogene Kugeln die gleiche Nummer haben, andere Nummern hingegen gar nicht gezogen werden; die größte Wahrscheinlichkeit besteht nach dem Binomialsatz jedoch dafür, daß unter S Ziehungen jede Nummer einmal vorkommt, was dem Ziehen je einer Kugel aus je einem Beutel entsprechen würde. Unabhängig besteht jedoch noch die größte Wahrscheinlichkeit dafür, daß die Zahl m der gezogenen weißen Kugeln jene ganze Zahl ist, die $Sp = \sum_1^\lambda p_i$ am nächsten kommt. Das ist das gleiche was der erste Satz von Poisson besagt.

Anstatt des zweiten Satzes von Poisson kann man das Integral von La Place verwenden, doch ist in dessen Ableitung vorausgesetzt, daß p nicht sehr klein ist. Eine ähnliche Voraussetzung gibt es wohl auch in der Ableitung des zweiten Satzes von Poisson, doch wird durch dieselbe die Annäherung nicht im gleichen Maße getrübt wie bei La Place. Infolgedessen ist die Annäherung nach Poisson für kleine Größen p_i besser. Darum hat auch B o r t k i e w i c z den zweiten Satz von Poisson als das "Gesetz der kleinen Zahlen" bezeichnet. Richtiger wäre es, von einem G e s e t z d e r k l e i n e n K o l l e k t i v e u n d d e r s e l t e n e n E r e i g n i s s e zu sprechen.

Würde man die Zahl der Kugeln in den Beuteln nicht gleich machen, so daß dieselbe $N_1, N_2, \ldots, N_S$ wäre, und würde man die Beutel in einen Sack leeren, so wäre in demselben die relative Häufigkeit der weißen Kugeln $P = \dfrac{\sum N_i p_i}{\sum N_i}$ Supponiert man, daß aus den Beuteln mit verbundenen Augen gezogen wird, so daß ein Beutel auch mehrmals, andere Beutel gar nicht zum Zuge kommen können, so ist dieser Vorgang gleichbedeutend mit dem Ziehen von S Kugeln aus einem Sack, dessen Inhalt schlecht gemischt ist. Die Wahrscheinlichkeiten p_i haben nun, wie man sieht, verschiedene Wahrscheinlichkeitsgewichte, man kann aber unter der Voraussetzung, daß man die Ziehungen aus den verschiedensten Teilen des Sackes vornimmt, auch zu Wahrscheinlichkeitsaussagen gelangen. Es wird eben dann eine schlechte Mischung des Sackinhalts durch eine gute "Mischung der Ziehungen" gewissermaßen wettgemacht.

In der Statistik heißt dies, daß man ein Erhebungsmaterial mit Häufungen vor sich hat und daß man die Stichproben nach einer richtigen Systematik entnimmt.

Z a h l e n b e i s p i e l : Man hätte an einer Klinik für einen Tag 5 schwere Operationen vor, jede wegen einer anderen Krankheit, sagen wir die erste wegen Darmkrebs, die zweite wegen Magenerweiterung, die dritte wegen Magenulkus usw. Aus der Erfahrung wüßte man, daß bei der ersten Art der Operation durchschnittlich 12 %, bei der zweiten 11 %, bei der dritten 10 %, bei der vierten 9 % und bei der fünften 8 % letal verlaufen. (Diese Wahrscheinlichkeitszahlen sind keiner medizinischen Statistik entnommen, sondern willkürlich angesetzt.) Wie groß ist nun die Wahrscheinlichkeit, daß an dem betreffenden Operationstag keine, eine, zwei und höchstens drei Operationen letal verlaufen?

Die Wahrscheinlichkeit, daß keine Operation letal verläuft ist

$$P_5^0 = \prod_1^5 q_i = 0,88.\ 0,89.\ 0,90.\ 0,91.\ 0,92 = 0,590 \text{ oder } 59\,\%;$$

die, daß nur eine Operation letal verläuft, ergibt sich aus den Kombinationen

$$p_1 q_2 q_3 q_4 q_5 = 0,12.\ 0,89.\ 0,90.\ 0,91.\ 0,92 = 0,080$$
$$q_1 p_2 q_3 q_4 q_5 = 0,88.\ 0,11.\ 0,90.\ 0,91.\ 0,92 = 0,073$$
$$q_1 q_2 p_3 q_4 q_5 = 0,88.\ 0,89.\ 0,10.\ 0,91.\ 0,92 = 0,065$$
$$q_1 q_2 q_3 p_4 q_5 = 0,88.\ 0,89.\ 0,90.\ 0,09.\ 0,92 = 0,058$$
$$q_1 q_2 q_3 q_4 p_5 = 0,88.\ 0,89.\ 0,90.\ 0,91.\ 0,08 = 0,051$$

$$P_5^1 = \text{Summe} \qquad\qquad = 0,327 \text{ oder } 32,7\,\%$$

die, daß 2 Operationen letal verlaufen, hat 10 mögliche Kombinationen

$$p_1 p_2 q_3 q_4 q_5 = 0,010$$
$$p_1 q_2 p_3 q_4 q_5 = 0,009$$
$$p_1 q_2 q_3 p_4 q_5 = 0,008$$
$$p_1 q_2 q_3 q_4 p_5 = 0,008$$
$$q_1 p_2 p_3 q_4 q_5 = 0,008$$
$$q_1 p_2 q_3 p_4 q_5 = 0,007$$
$$q_1 p_2 q_3 q_4 p_5 = 0,006$$
$$q_1 q_2 p_3 p_4 q_5 = 0,006$$
$$q_1 q_2 p_3 q_4 p_5 = 0,006$$
$$q_1 q_2 q_3 p_4 p_5 = 0,005$$

$$P_5^2 = \text{Summe } 0,073 \text{ oder } 7,3\,\%$$

Die Wahrscheinlichkeit, daß höchstens 2 Operationen letal verlaufen, ist

$$P_5^2 = P_5^0 + P_5^2 = 0,990 \text{ oder } 99\,\%$$

daher ist die Wahrscheinlichkeit, daß mehr als zwei Operationen letal verlaufen, nur noch 1 %.

Würde man den Fall setzen, daß 10 Operationen vorgenommen werden, je zwei wegen einer der oben erwähnten Krankheiten, dann wäre die Wahrscheinlichkeit, daß keine letal verläuft, nur noch

$P_{10}^{0} + 0,35$,   die daß eine letal verläuft $P_{10}^{1} + 0,39$

und die, daß höchstens eine letal ausgeht $P_{10}^{\rightarrow 1} = 0,35 + 0,39 = 0,74 \%$.

Die mittlere Wahrscheinlichkeit ist $p = \frac{1}{5} \cdot p_i = 0,10$; nach dem ersten Satz von Poisson hätte die größte Wahrscheinlichkeit dafür zu bestehen, daß 1 von 10 Operationen letal verläuft, was in unserem Beispiel auch stimmt.

Setzt man den Fall so, daß an der Klinik N_1 Personen mit der Krankheit erster Art,

N_2 Personen mit der Krankheit zweiter Art usw. liegen, ferner, daß es ganz unge-

wiß wäre, welche 5 Patienten an den betreffenden Tage zur Operation bestimmt werden, dann ist die mittlere Wahrscheinlichkeit letalen Ausganges mit

$$p = \frac{\sum N_i p_i}{\sum N_i}$$

zu setzen. Das entspricht der Annahme, daß man aus S Beuteln mit verschiedenem Kugelinhalt S Kugeln zu ziehen hat, nachdem alle Beutelinhalte in einen Sack zusammengeworfen wurden.

Solange man es mit kleinen Kollektiven, kleinen Zahlen S zu tun hat, braucht man die höhere Mathematik Poissons nicht, es genügt der Binomialsatz.

Die statistischen Wahrscheinlichkeiten $100\,p_i$ bei $n = 100$ und $N \to \infty$

	$P = 0,999$		$P = 0,95$		$P = 0,9$		
i	Genaue binomische Entwickl.	Poissons Annäherung	Genaue binomische Entwickl.	Poissons Annäherung	Genaue binomische Entwickl.	Poissons Annäherung	La Place
100	90,48	90,48	0,6	0,7	0,0	0,0	0,1
99	9,06	9,05	3,1	3,4	0,0	0,0	0,2
98	0,45	0,45	8,1	8,4	0,2	0,2	0,2
97	0,01	0,02	14,0	14,0	0,6	0,8	0,9
96	0,00	0,00	17,8	17,6	1,6	1,9	1,8
95			18,0	17,6	3,4	3,8	3,1
94			15,0	14,6	6,0	6,3	5,7
93			10,6	10,4	8,9	9,0	8,1
92			6,5	6,5	11,5	11,3	10,4
91			3,5	3,6	13,0	12,5	12,7
90			1,7	1,8	13,2	12,5	13,3
89			0,7	0,8	12,0	11,4	12,7
88			0,3	0,3	9,9	9,5	10,4
87			0,0	0,1	7,4	7,3	8,1
86				0,1	5,1	5,2	5,7
85				0,0	3,3	3,5	3,1
84					1,9	2,2	1,8
83					1,1	1,3	0,9
82					0,5	0,7	0,3
81					0,3	0,4	0,2
80					0,1	0,2	0,1
					0,1	0,1	
					0,0	0,0	

8. Das Kriterium x^2 von Pearson

Wir setzen wieder ein Kollektiv von N Elementen voraus, die m verschiedene Merkmale besitzen. Die relative Häufigkeit des Merkmales A sei p_1, die des Merkmales B sei p_2 usw. bis p_m. Es gilt zunächst der selbstverständliche Summensatz

$$\sum_{i=1}^{i=m} p_i = 1 \qquad \dots\dots\dots\dots\dots\dots \text{1.)}$$

Dem Kollektiv seien nun n Elemente entnommen worden und die Feststellung ihrer Merkmale ergibt die relativen Häufigkeiten $p_1', p_2', \dots\dots, p_m'$. Der Summensatz gilt selbstverständlich auch hier

$$\sum_{i=1}^{i=m} p_i' = 1 \qquad \dots\dots\dots\dots\dots\dots \text{2.)}$$

Es kann sein, daß irgendeines der m Merkmale in den Stichproben überhaupt nicht vorkommt, dann ist seine relative Häufigkeit (à posteriori) eben $p' = 0$. Ist nun p_i' die relative Häufigkeit des i-ten Merkmals unter den Stichproben, so ist die Zahl der Elemente mit diesem Merkmal offenbar np_i' und np_i sei die häufigste Zahl von Elementen mit dem i-ten Merkmal bei öfterer Wiederholung des Stichprobenverfahrens unter jedesmaliger Entnahme von n Elementen, denn unter allen möglichen Kombinationen von N Elementen zur n-ten Klasse (ohne Wiederholung) wird die Zahl np_i am häufigsten vorkommen, wie wir schon bei der Behandlung des Binomialsatzes nachgewiesen haben. Wir brauchen darin nur das i-te Merkmal gleich A zu setzen und alle anderen Merkmale unter B zusammenfassen. Die kleine Ungenauigkeit, daß die np_i keine ganzen Zahlen zu sein brauchen, merken wir an, ohne sie weiter zu beachten.

Pearson bildet nun alle Differenzen $np_i' - np_i$ von $i=1$ bis $i=m$ und setzt die in der folgenden Formel stehende Summe

$$\sum_{i=1}^{i=m} \left(\frac{np_i' - np_i}{np_i}\right)^2 = n \cdot \sum_{i=1}^{i=m} \left(\frac{p_i' - p_i}{p_i}\right)^2 = X^2 \qquad \dots\dots \text{3.)}$$

Setzt man die Differenz $np_i' - np_i = x_i$ wie es bei der Ableitung des Integrals von Laplace geschehen ist, so kann man statt der Formel 3.) auch

$$X^2 = \sum_{i=1}^{i=m} \frac{x_i^2}{np_i} \qquad \dots\dots\dots\dots\dots\dots \text{3a.)}$$

schreiben.

Weitere tautologische Umformungen von 3.) wären

$$x^2 = \sum_{i=1}^{i=m} \frac{n(p_i - p_i')^2}{p_i} \qquad \dots\dots\dots\dots\dots 4.)$$

und

$$x^2 = \sum_{i=1}^{i=m} \left(\frac{n p_i'^2}{p_i} - 2 n p_i' + n p_i \right) = \sum_{i=1}^{m} \frac{n p_i'^2}{p_i} -$$

$$\sum_{i=1}^{m} 2 n p_i' + \sum_{i=1}^{m} n p_i = n \cdot \sum_{i=1}^{i=m} \frac{p_i'^2}{p_i} - n = n \cdot \left(\sum_{i=1}^{i=m} \frac{p_i'^2}{p_i} - 1 \right) 5.)$$

Wiederholt man das Stichprobenverfahren mit der stets gleichen Zahl n von entnommenen Elementen, so wird man jedesmal einen anderen Wert für x^2 erhalten. Die Zahl der möglichen x^2 ist sehr groß, denn sie ist gleich der Zahl der Kombinationen von N Elementen zur n-ten Klasse, also V_N^n, und man kann die Frage aufwerfen, wie groß die Wahrscheinlichkeit ist, dass x^2 innerhalb zweier bestimmter vorgegebener Grenzen bleibt. Es wäre auch möglich, ein "Dispersionsgesetz" für die verschiedenen x^2 aufzustellen, das heißt, etwa in der Form einer ähnlichen Funktion von x, wie wir sie bei der Ableitung des Integrals von Laplace für h_m gefunden haben. Eine solche Funktion ist auch von K. Pearson (17) angegeben worden.

Die Formel von Pearson ist eine Näherungsformel ähnlich jener von Laplace, die nur bei sehr großem n als genau angesehen werden kann, was nach neuer Schreibweise durch $\to \infty$ bezeichnet wird. In der Ableitung derselben ist vorausgesetzt, daß keine statistisch durch Stichproben ermittelte relative Häufigkeit p_i' sehr klein im Verhältnis zu $\frac{1}{m}$ wird. Diese Einschränkung bedeutet, daß kein $n p_i'$ herangezogen werden soll, das kleiner als 5 bis 6 wäre. Enthält das Stichprobenergebnis einige kleinere Mengen mit diesem oder jenem Merkmal, so hat man sie zu einer Gruppe zusammenzufassen, bevor man an die Berechnung von x^2 schreitet.

Wenn P die statistische Wahrscheinlichkeit ist, daß jedes weitere x^2 mindestens ebenso groß werden soll, wie ein bestimmtes aus einer Stichprobe bereits erhaltenes x^2, so entspricht $1-P$ dem Integral $\left(\frac{1}{2} + \frac{a}{2} \right)$ der Sheppard'schen Formel für das Integral von Laplace.

Die Ableitung nach Pearson und dessen Formel sind recht kompliziert (18) und wir

(17) Karl P e a r s o n „On the Criterion that a Given System of Deviation from the Probable in the Case of a Correlated System of Variables is such, that it can be reasonably supposed to have arisen from Random Sympling", Philos. Magazines, Series V,1, Vol. L. S. 157—175, 1900.

(18) Eine andere Ableitung gibt B o r t k i e w i c z in seinen „Iterationen".

wollen von der Wiedergabe in dieser Einführung absehen und uns lediglich die Anwendung erläutern, zu der eine Kenntnis der Ableitung nicht erforderlich ist.

Man kann für die Formel von Pearson ebenso Tabellen (19) zusammenstellen wie für das Integral von Laplace. Aus dieser kann man für jedes x^2, das innerhalb gewisser Grenzen bleibt, den Näherungswert für das entsprechende P finden. Für m größer als 30 ist praktisch die Verteilungsfunktion P von der des Integrals von Laplace kaum unterscheidbar. Nach R. A. Fisher bildet man den Ausdruck

$$\sqrt{2x^2} - \sqrt{2n-1}$$

dessen statistische Wahrscheinlichkeit für eine Abweichung von 0 mit guter Annäherung durch das Laplace'sche Integral für $\sigma = 1$ wiedergegeben wird. Ein so großes m dürfte jedoch in der statistischen Praxis selten sein.

Die Größe x^2 ist an und für sich kein Maßstab für die Dispersion einer e i n z e l n e n Stichprobe, d.h. für den Grad der Übereinstimmung von p_i' und p_i' . Die Wahrscheinlichkeit, daß x^2 keinen noch größeren Wert annehmen dürfte, als es durch eine vorgegebene Grenze bestimmt ist, wird analog wie beim Integral von Laplace gewöhnlich mit P bezeichnet. Jedem x^2 ist also ein bestimmtes P zugeordnet. Ist P sehr klein, so bedeutet das, daß es sehr unwahrscheinlich ist, bei weiteren Stichproben von der gleichen Menge n ein noch größeres x^2 zu erhalten als das vorgegebene. Aber ein so niedriges P entspricht dann einem hohen Wert von x^2 und deshalb bedeutet es, daß die Übereinstimmung der p_i' und p_i' nicht sehr gut ist. Der Ansatz für x^2 ist an sich willkürlich, aber es spricht manches dafür, daß man durch diesen Ansatz ein gutes Maß für die Zuverlässigkeit einer Stichprobe erhält.

Für die praktische Verwendung hat man in den Tabellen für jedes P die entsprechenden maximalen x^2 zusammengestellt, die bei den verschiedenen m gestatten, einen so kleinen Wert von P zu erreichen, daß wir bis an die Grenze des Unwahrscheinlichen gelangen. In den Tabellen erscheint x^2 als Funktion von P und m , oder richtiger von der Zahl μ der Freiheiten, die im konkreten Falle bestehen. Im allgemeinen ist die Zahl der Freiheiten $\mu = m - 1$, d.h. eine der Größen p_i' ist schon durch die anderen bedingt, weil

$$\sum p_i' = 1$$

sein muß. Es kommen jedoch Fälle vor, in denen es noch weitere Abhängigkeiten zwischen den p_i' gibt, und dann wird die Zahl der Freiheiten noch um die Zahl der betreffenden Abhängigkeitsgleichungen vermindert.

Die von Fisher aufgestellte Tabelle (20) ist auszugsweise folgende:

---

(19) Eine solche Tabelle hat W. Palin **E l d e r t o n** ausgerechnet und 1900—1902 veröffentlicht.

(20) Die Originaltabelle enthält für X^2 Zahlen mit 3 Dezimalstellen, auch geht sie bis zu $\mu = 30$.

Freiheits-grad μ	$p = 0,99$	$p = 0,90$	$p = 0,50$	$p = 0,05$	$p = 0,02$	$p = 0,01$
1	0,0002	0,02	0,46	3,84	5,41	0,64
2	0,02	0,21	1,39	5,99	7,82	9,21
3	0,12	0,58	2,37	7,82	9,84	11,34
4	0,30	1,06	3,36	9,49	11,67	13,28
5	0,55	1,61	4,35	11,07	13,39	15,09
6	0,87	2,20	5,35	12,59	15,03	16,81
7	1,24	2,83	6,35	14,07	16,62	18,48
8	1,65	3,49	7,34	15,51	18,17	20,09
9	2,09	4,17	8,34	16,92	19,68	21,67
10	2,56	4,87	9,34	18,31	21,16	23,21
11	3,05	5,58	10,34	19,68	22,62	24,73
12	3,57	6,30	11,34	21,03	24,05	26,22
13	4,11	7,04	12,34	22,36	25,47	27,69
14	4,66	7,79	13,34	23,69	26,87	29,14
15	5,23	8,55	14,34	25,00	28,26	30,58

Die Ableitung von Pearson ist zwar eine ausgesprochene Wahrscheinlichkeitsüberlegung, seine Formel ist jedoch hauptsächlich für Zwecke der Versicherungsmathematik aufgestellt worden und deshalb sollte hier eigentlich ein Zahlenbeispiel aus dieser vorgeführt werden. Uns ist jedoch keines bekannt, das genügend einfach wäre, um eine leichte Veranschaulichung der Anwendung zu vermitteln. Aus diesem Grunde wollen wir uns mit einem Zahlenbeispiel begnügen, das einem bekannten Wahrscheinlichkeitsversuch im Seminar Prof. Westergaards (21) entnommen ist, wobei wir auch gleichzeitig den Vorteil der Anwendung des Integrals von Laplace deutlich machen können.

In einem Beutel befanden sich gleich viel weiße und rote, aber sonst gleiche Kugeln. Nach der Ziehung einer Kugel hat man deren Farbe notiert, worauf die Kugel in den Beutel zurückgelegt und eine sorgfältige Neumischung des Beutelinhalts vorgenommen wurde. Insgesamt wurden 10.000 Ziehungen gemacht, dabei kam es zur Ziehung von 5.011 weißen und zur Ziehung von 4.989 roten Kugeln. Das Ergebnis wurde in 100 Gruppen zu je 100 Ziehungen zerlegt und die Zahl der weißen Kugeln in jeder Gruppe festgelegt. Dann ordnete man die Gruppen nach steigender Zahl der weißen Kugeln, was die folgende Zusammenstellung ergab:

---

(21) Veröffentlichung: H. W e s t e r g a a r d u. H. C. N y b o l l e „Grundzüge der Statistik", 2. Aufl., S. 107—109, Jena 1928.

1 Gruppe 34	5 Gruppen 51
1 Gruppe 39	10 Gruppen 52
2 Gruppen 40	4 Gruppen 53
2 Gruppen 41	8 Gruppen 54
3 Gruppen 43	3 Gruppen 55
3 Gruppen 44	5 Gruppen 56
4 Gruppen 45	4 Gruppen 57
5 Gruppen 46	4 Gruppen 58
6 Gruppen 47	1 Gruppe 61
5 Gruppen 48	1 Gruppe 62
11 Gruppen 49	1 Gruppe 63 weiße Kugeln
9 Gruppen 50	

Die Verteilung entspricht nicht sehr genau dem Dispersionsgesetz für das arithmetische Mittel

$$y = \frac{h}{\sqrt{\pi}} \cdot e^{-h^2 x^2}$$

aber doch ist die Häufung der Gruppen mit Ziehungszahlen weißer Kugeln nahe 50 deutlich sichtbar. Zieht man je zwei benachbarte Gruppen zusammen, so erhält man in der graphischen Darstellung schon eine ziemliche Annäherung an die typische Glockenform der Dispersionsgesetze.

Die relative Häufigkeit a posteriori war auf Grund des Experiments $p' = 0{,}5011$, während die relative Häufigkeit a priori $p = 0{,}5$ war. Es wurde nun die Frage gestellt, wie groß die statistische Wahrscheinlichkeit ist, daß bei 10.000 Ziehungen keine größere Differenz $p' - p$ als $\pm 0{,}011$ vorkommt. Unter der Annahme, daß

$$N \rightarrow \infty, \text{ können wir } \sigma' = \sqrt{\frac{pq}{n}} = 0{,}005 \text{ und } \frac{x}{\sigma} = \frac{0{,}0011}{0{,}005} = 0{,}22$$

in Rechnung stellen. Aus unserer Tabelle für das Integral von Laplace finden wir

für $\frac{x}{\sigma} = 0{,}2$ den Wert von $\frac{1}{2} + \frac{a}{2} = 0{,}5793$ und für $\frac{x}{\sigma} = 0{,}3$

einen Wert von $\frac{1}{2} + \frac{a}{2} = 0{,}6179$. Die Interpolation ergibt für $\frac{x}{\sigma} = 0{,}22$

einen Wert von $\frac{1}{2} + \frac{a}{2} = 0{,}5870$ woraus $a = 0{,}1740$ resultiert.

Die Wahrscheinlichkeit einer Abweichung, die größer als 0,0011 ist, wird somit $1 - 0{,}1740 = 0{,}8260$ sein. Nach der Regel, daß eine Genauigkeit von weniger als 3σ erwünscht ist, hätte das Ergebnis des Experiments zwischen den Grenzen $0{,}5 \pm 3 \cdot 0{,}005$, also zwischen den Grenzen $p' = 0{,}485$ und $0{,}515$ liegen dürfen; das war tatsächlich der Fall.

Das genaue σ nach Laplace wäre $\sigma = \sqrt{n p' q' \left(1 - \frac{n}{N}\right)} = 4{,}9749$.

Wählen wir jetzt die Größen X derart, daß die Brüche $\frac{X}{6}$ immer solche Zahlen ergeben, die in der Tabelle für das Integral von Laplace ohne weiteres zu finden sind, so erhalten wir mit der X-Einheit $0,3 \cdot 4,9749 = 1,49247$ die folgende Hilfstabelle:

X	$\frac{X}{6}$	$\frac{1}{2}+\frac{a}{2}$	nach der Tabelle von Sheppard	nach dem Versuch v. Westergaard	hundertfache Differenz Sheppard	Westergaard
1	0,3	0,6179	0,2358	0,25	23,58	25
2	0,6	0,7257	0,2358	0,44	21,56	19
3	0,9	0,8159	0,4514	0,63	18,04	19
4	1,2	0,8849	0,6318	0,75	13,80	12
5	1,5	0,9332	0,7698	0,85	10,88	10
6	1,8	0,9641	0,9282	0,91	4,96	6
7	2,1	0,9821	0,9642	0,95	3,60	4
8	2,4	0,9918	0,9863	0,98	1,94	3
9	2,7	0,9965	0,9930	0,99	0,94	1
10	3,0	0,9987	0,9974	0,99	0,44	0
11	3,3	0,9995	0,9990	1,00	0,16	1
					0,10	0
				Summe	100,00	100,00

Wird $\frac{X}{6}$ größer als $3,3$, so fallen $\frac{1}{2}+\frac{a}{2}$ und a nahe an eins.

Die Übereinstimmung ist nicht sehr gut, weil eben $S = 100$ noch nicht als sehr groß, angesehen werden kann. Faßt man im Experiment je zwei benachbarte Gruppen zu einer zusammen, so erhält man schon eine weit bessere Annäherung

100 p		100 p		relative Häufigkeit in %	
von	bis	von	bis	nach Sheppard	nach Westergaard
47,13	53,13			45	44
44,14	47,13	u. 53,09	56,08	32	31
41,16	44,14	u. 56,08	59,06	16	16
38,17	41,16	u. 59,06	62,05	6	7
35,19	38,17	u. 62,05	65,03	1	1
unter 35,19 und über 65,03				0	1

Beim Experiment von Westergaard bleibt man, wie der Vergleich der relativen Häufigkeit zeigt, durchaus unter $\pm 3\%$. Damit haben wir gezeigt, daß man mit Hilfe der Tafeln für das Integral von Laplace viel rascher zum Ziel kommt, als wenn man die genau binomische Entwicklung vornehmen würde.

Noch wesentlich einfacher ist die Anwendung von x^2, wie es die folgende Tabelle zeigt:

Im Experiment Westergaards beobachtete Häufigkeiten $n p_i'$	Nach der Theorie zu erwartende $n p_i \cdot$	$n p' - n p$	$(n p' - n p)^2$	$\dfrac{(n p' - n p)^2}{n p}$
25	23, 6	+ 1, 4	1, 96	0, 083
19	22, 6	- 2, 6	6, 76	0, 313
19	18, 0	+ 1, 0	1, 00	0, 056
12	13, 8	- 1, 8	3, 24	0, 235
10	10, 9	- 0, 9	0, 81	0, 074
6	5, 0	+ 1, 0	1, 00	0, 200
4	3, 6	+ 0, 4	0, 16	0, 044
5	3, 5	+ 1, 5	2, 25	0, 643
			Summe =	1, 648

Die Zahl der Freiheitsgrade nach der Fisher'schen Tabelle ist hier

$$\mu = m - 1 = 8 - 1 = 7$$

weil wir von den vier letzten 10 Gruppen je zwei zu einer Gruppe zusammengefaßt haben, also $7\ p_i'$ unabhängig voneinander entstehen können.

Aus der oben wiedergegebenen Tabelle von Fisher ersehen wir, daß bei diesem Freiheitsgrad für $P = 0,05$ ein $x^2 = 14,07$ entspricht, für $P = 0,02$ ein $x^2 = 16,62$ und für $P = 0,01$ ein $x^2 = 18,48$. Es müßte also die Wahrscheinlichkeit P, die einem $x^2 = 1,65$ entsprechen würde, bedeutend größer sein und deshalb gibt es keinen Zweifel darüber, daß die Übereinstimmung des gesamten Experiments mit der theoretischen Erwartung sehr gut ist, obwohl sie - jede Gruppe für sich betrachtet - noch nicht sehr gut war. Zumindest auf Grund des Kriteriums x^2 ergibt sich diese Güte der Übereinstimmung und der Grad der Zuverlässigkeit, mit der man aus dem Ergebnis des Experiments auf die Zusammensetzung des Beutelinhalts hätte schließen können, wenn sie nicht vorher bekannt gewesen wäre.

Aus den Tabellen von Elderton ersieht man bei $\mu = 8$ und bei einem $x^2 = 1$ ein $P = 0,9948$ und bei einem $x^2 = 2$ ein $P = 0,9598$. Somit wäre zu schließen, daß mit einem $x^2 = 1,65$ etwa die statistische Wahrscheinlichkeit $P = 0,97$ verbunden sein müßte, d. h., daß man in 97 von 100 Wiederholungen des ganzen Experiments größere Werte als $1,65$ für x^2 erhalten würde. Verengt man die Zahl der Gruppen in der Tabelle auf 5, indem man die vier letzten Gruppen vereinigt, so kommt man zu einem fast ebenso guten Resultat, nämlich zu einem $x^2 = 1,86$, das nach Elderton etwa einem $P = 0,92$ entsprechen würde.

Bei dem Experiment von Westergaard war die relative Häufigkeit der weißen Kugeln im Beutel mit 1/2 a priori bekannt. In der statistischen Praxis trifft das in der Regel nicht zu und man muß angenähert anstatt eines aprioristischen p ein aposteriorisches verwenden, etwa die arithmetischen Mittelwerte der beobachteten p_i' oder die häufigsten Werte der p_i'. Der Einfluß dieser Annäherung auf x^2 ist umso unerheblicher, je größer die Beobachtungsserien sind.

9. Das Gesetz der großen Mengen

Entdeckt wurde das Gesetz zuerst von dem Schweizer Mathematiker <u>Bernoulli</u>. Den Namen "Gesetz der großen Zahlen" gab ihm der französische Mathematiker <u>Poisson</u>. Die Bezeichnung ist nicht ganz richtig, aber z. Zt. Poissons gab es eben noch keine Mengen- und Kollektivmaßlehre. Richtiger ist es daher, von einem "<u>Gesetz der großen Mengen und Kollektive</u>" zu sprechen. Man hat verschiedene Formulierungen versucht, aber keine ist voll befriedigend, wenn man sie auf alle Erscheinungen der Wirklichkeit zugerichtet haben will, für die es in Betracht kommt. Beschränkt man sich bei der Umschreibung auf bestimmte Teilgebiete der Wirklichkeit, so ist es nicht allzuschwer, eine ausreichende Definition des Gesetzes in Worten, gegebenenfalls in Verbindung mit algebraischen Symbolen zu finden. Es ist z. B. in der Wahrscheinlichkeitslehre aufgrund des Ziehens verschiedenfarbiger Kugeln aus Urnen oder Beuteln der Inhalt des Gesetzes für den Laien etwa so zu umgrenzen:" Schöpft man mit einem großen Löffel aus einer Urne mit gut gemischtem Inhalt an verschiedenfarbigen Kugeln eine Teilmenge heraus, so ist die Wahrscheinlichkeit, daß die relative Zusammensetzung nahe an die der Gesamtmenge herankommt, umso größer, je größer der Löffel ist. "Mathematisch korrekter pflegt man zu sagen: " <u>Wenn wir aus einer Urne mit N-Kugeln, wovon M weiß sind, nacheinander n Kugeln ziehen, jede Kugel nach Notierung ihrer Farbe wieder in die Urne zurücklegen und mit dem übrigen Inhalt gut vermengen, so wird die Zahl der weißen Kugeln m mit umso größerer Wahrscheinlichkeit $= n \cdot \dfrac{M}{N}$ werden, je öfter wir die Ziehung einer Kugel vornehmen, d. h. je größser n wird.</u>" Bei diesem Verfahren ist es durchaus möglich, daß $n > N$ wird, ja, man kann sich sogar denken, daß es nahe an unendlich gerät, wobei

$$\lim_{n=\infty} \frac{m}{n} = \frac{M}{N}$$

gilt.

Bei Schöpfen mit dem Löffel könnte selbstverständlich n niemals größer werden als N, gerade von diesem Fall kommt jedoch die analoge Anwendung in der Statistik her.

In den obigen Formulierungen ist alles ganz klar bis auf den Begriff der "guten Mischung". Etwa 150 Jahre lang hat man geglaubt, daß dieser Begriff keiner weiteren Erklärung bedarf, weil jedermann die richtige Vorstellung mit dieser Be-

griffsbezeichnung verknüpfe. Dann aber sind doch bei manchen Wahrscheinlich -
keitstheoretikern Bedenken aufgetaucht und man hat sich bemüht, den Begriff gewissermaßen mathematisch zu definieren. Der deutsche Mathematiker D r . v o n
M i s e s glaubte eine richtige Definition gefunden zu haben. Um sie praktisch klar
zu machen, greifen wir auf den Schöpflöffel zurück. "Wenn man mit dem Löffel
aus einer beliebigen Stelle des Urneninneren eine Teilmenge des Gesamtinhaltes
herausschöpfen kann und die Teilmenge immer relativ nahezu die gleiche Zusammensetzung aufweist, wie der gesamte Urneninhalt, dann ist die Mischung
gut. " Bei genauer Analyse nach logistischer Art kommt man jedoch darauf, daß
diese Definition eine sogenannte T a u t o l o g i e ist, genau wie die der Begriffsbezeichnung des gleichseitigen Dreiecks durch das Vorhandensein von drei gleichen Winkeln. Dies wurde entsprechend von den Kritikern Mises zum Vorwurf
gemacht.

In der Statistik haben wir es nun in der Regel nicht mit guten Mischungen zu tun,
denn die Erscheinung der "Häufungen" tritt sehr oft auf. Mit dem Begriff der Häufung ist es ganz ähnlich wie mit dem der guten Mischung. Man kann hier auch
sagen, daß eine Häufung von weißen Kugeln an einer bestimmten Stelle des Urneninneren vorliegt, wenn wir durch Schöpfen mit dem Löffel an der Stelle relativ weit mehr weiße Kugeln bekommen haben als dem Verhältnis der weißen
Kugeln zum gesamten Urneninhalt entsprechen würde. Doch auch diese Definition
ist schließlich tautologisch und hat höchstens illustrativen Wert. Es gibt in der
Statistik auch das Gegenteil der Häufung, nämlich z. B. das Ausbleiben von mit
einer gewissen Wahrscheinlichkeit erwarteten Ereignissen, so etwa das Sinken der
jährlichen Brandschäden in einem bestimmten Gebiet während eines Krieges bis
weit unter die durchschnittliche Brandschädensumme normaler Jahre. Für diese Erscheinung ist noch keine eigene Bezeichnung gefunden worden (22). Andere Beispiele wären eine Reihe von Mißernten oder die Rückläufigkeit der Zahl der Ehe -
schließungen in Wirtschaftskrisen usw. Epidemien, die Zusammenballung der
Menschen in Städten, des überwiegenden Forstbesitzes in den Händen des Großgrundbesitzes, die bekannte Erscheinung der Montanreviere usw. sind Beispiele
von Häufungen.

In der Wirklichkeit, welche statistisch erfaßbar ist, kommt das *Gesetz der großen
Mengen* allenthalben vor; es wäre jedoch schwierig, eine Formulierung zu finden,
die auf alle möglichen wirklichen Erscheinungen passen würde. Hat man jedoch
nur die statistische Erfassungsmethode im Auge, so ist die Aufgabe, eine gute
Formulierung zu finden, nicht allzu schwer. Wir sind auf das Gesetz schon im
Verlauf der vorhergehenden Betrachtungen gestoßen und haben aufgrund des Binomialsatzes festgestellt, daß ein Stichprobenergebnis mit um so größerer Wahrscheinlichkeit ein gutes Bild der Wirklichkeit liefert, je größer die Zahl der

---

(22) In der Wahrscheinlichkeitslehre braucht man diese Begriffsbezeichnung nicht, denn
ein Mangel an weißen Kugeln in einer bestimmten Teilmenge des Urneninhalts ist immer
eine Häufung der andersfarbigen Kugeln.

Stichproben ist. Wir brauchen diese Erkenntnis nur noch etwas präziser in mathematischer Form zum Ausdruck zu bringen. Wir hatten in der Wirklichkeit N-Erhebungseinheiten, wovon M das Merkmal A tragen; das Ergebnis von n-Stichproben sei m Erhebungseinheiten mit dem Merkmal A. Die relativen Häufigkeiten $\frac{m}{n}$ und $\frac{M}{N}$ werden im allgemeinen nicht übereinstimmen, selbst dann nicht ganz, wenn m die größte relative Häufigkeit besitzt und nach dem Binomialsatz am nächsten zu $n \cdot \frac{M}{N}$ liegt, denn $n \cdot \frac{M}{N}$ braucht keine ganze Zahl zu sein, während m selbstverständlich eine solche ist. Bezeichnen wir die Differenz $\frac{M}{N} - \frac{m}{n}$ mit $|\delta|$, so besagt das Gesetz der großen Menge keineswegs, daß mit wachsendem n die Differenz stetig bzw. monoton abnimmt. Es ist sogar sehr gut möglich, daß bei einem nicht sehr großen n die Übereinstimmung zufällig schon sehr gut, vielleicht sogar vollkommen ist, während bei einem größeren n die Übereinstimmung wieder geringer wird. Wenn wir jedoch für δ eine bestimmte Grenze $|\Delta|$ vorgeben, die nicht überschritten werden soll, so ist die Wahrscheinlichkeit, daß $|\delta| <$ als $|\Delta|$ bleibt, um so größer, je größer die Zahl n der Stichproben ist. Das kann man mathematisch fast exakt mit Hilfe des Integrals von Laplace beweisen, weil der Differential-quotient

$$\frac{d \sum\limits_{-\Delta}^{+\Delta} h}{dm} > 0$$

ist. Im Grenzfall $m=N$ wird δ selbstverständlich $= 0$, aber dies kann, allerdings mit sehr geringer Wahrscheinlichkeit, auch schon bei einem kleineren n eintreten, dann nämlich, wenn $n \cdot \frac{M}{N}$ zufällig eine ganze Zahl ist und m wieder zufällig genau so groß ausgefallen ist. Diese Ausnahme beeinträchtigt die allgemeine Gültigkeit des Gesetzes nicht.

Liegt ein meßbares oder wägbares Merkmal verschiedener Größe vor und man berechnet den Mittelwert dieses Merkmals, so ist ein Stichprobenverfahren ebenfalls um so genauer und zuverlässiger, je größer n ist; dies ist einfach eine Folgerung aus dem vorher umschriebenen Gesetz der großen Mengen und solche Folgerungen gibt es noch mehrere.

Aus dem Gesetz folgt weiter, daß eine bestimmte Häufung des Merkmals A in einem Teil der Stichproben auf das gesamte Ergebnis des Stichprobenverfahrens um so weniger verzerrend wirkt, je größer die Zahl der Stichproben wird. Deshalb wird ein erfahrener Statistiker die Zahl der Stichproben stets vermehren, wenn er den Verdacht hat, daß ihm eine Häufung untergekommen ist. Zeigt hingegen eine zufällig entstandene Teilmenge der Stichproben stets ungefähr die gleiche relative Häufigkeit des Merkmals A so darf der Statistiker annehmen, daß sich keine

Häufung gebildet hat und es für überflüssig halten, die Menge der Stichproben zu vergrößern

Manche Statistiker haben den Ausdruck "Gesetz" gerügt und gemeint, daß man richtiger von einem "Prinzip" der großen Zahlen sprechen sollte. Dem steht jedoch entgegen, daß es sich in der Physik offenbar um ein Naturgesetz der großen Mengen handelt, das selbst durch die neueste Physik keine Einbuße an Gültigkeit erlitten hat. In der statistischen Praxis spielt das Gesetz eine sehr bedeutende Rolle, beispielsweise beruht die ganze Versicherungsstatistik und Versicherungsmathematik auf dem Gesetz von den großen Mengen und Kollektiven (23).

Bei praktischen mathematisch-statistischen Untersuchungen ist es in den letzten Jahren üblich geworden, die Grenze der Wahrscheinlichkeiten, die sehr klein sind und nicht mehr in Betracht gezogen zu werden brauchen, mit $\pm 3\sigma$ zu ziehen, das ist bei $\pm 0,0036 = \dfrac{1}{385}$ relativer Wahrscheinlichkeit. Früher wurde für die Grenze auch $\pm 2\sigma \cdot \sqrt{2} = 2,82846$ gewählt, das entspricht einer relativen Wahrscheinlichkeit von $0,0047$ oder $\dfrac{1}{213}$, bei Stichprobenverfahren begnügt man sich heute mit $\pm 2\sigma$ oder einer relativen Wahrscheinlichkeit von $0,0456$ oder auch mit $\pm 1,56 \cdot \sqrt{2}$ was einer relativen Wahrscheinlichkeit von $0,0339$ entspricht. In neuester Zeit gibt man die Grenze für zu vernachlässigende Wahrscheinlichkeiten in Prozenten an und die üblichen Grenzwerte sind 5, 2 und 1 %.

---

(23) Andere als die hier gegebenen Formulierungen des Gesetzes wurden von verschiedenen mathematischen Statistikern versucht, so von Bortkiewicz, Mises, Tschuprow, Edgeworth, Cournot, Fischer u. a.

V. Rechenregeln bei Mittelwerten

Bei längeren Zahlenreihen wird es nötig, eine gewisse Verflechtung des Zahlenmaterials vorzunehmen, das von den Franzosen "Seriation" genannt wird, im
deutschen hat sich bis jetzt kein eigentlicher Name dafür herausgebildet. Als Beispiel sei eine statistische Beobachtung über den Kinderreichtum der Familien in
einer Ortschaft vorgeführt, bei der 50 Familien in Betracht gezogen wurden.

Die Kinderzahlen in diesen Familien sind 2, 3, 1, 4, 2, 1, 3, 2, 3, 3, 1, 2, 1,
4, 3, 3, 2, 3, 4, 4, 2, 1, 5, 3, 2, 4, 2, 4, 2, 2, 4, 6, 3, 3, 5, 2, 4, 4, 4, 3, 2, 5, 6, 0, 3, 1, 4, 6
2, 3. In dieser Form ist die Reihe unübersichtlich und wenig geeignet, statistisch
ausgewertet zu werden. Wesentlich besser ist die Zusammenstellung nach der in
einer Familie keiner Kinder, in 6 Familien 1 Kind, in 13 Familien 2, in ebenfalls 13 Familien 3, in 12 Familien 4, in 2 Familien 5 und in 3 Familien 6 Kinder vorhanden waren. Noch übersichtlicher ist die graphische Darstellung, bei der
die Zahl der Kinder auf der Abszissenachse der Prozentsatz der Familien als Ordinaten aufgetragen sind, wie es die beistehende Abbildung 27 zeigt.

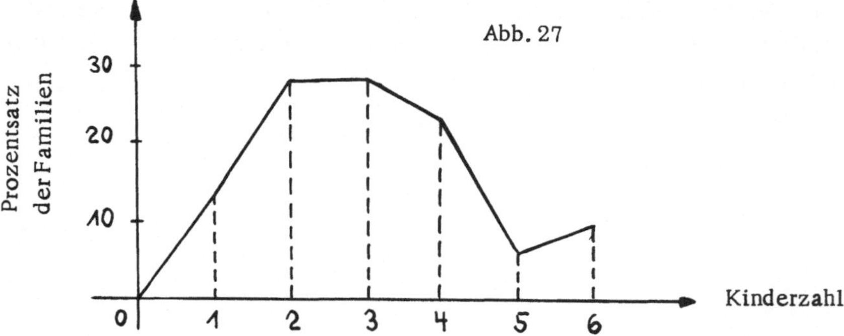

Unter Umständen ist eine Einteilung in Klassen zweckmäßig. Das gilt für unseren
obigen Fall eigentlich nicht, aber wir verwenden ihn, um die Art und Weise zu
zeigen, wie die Einteilung in Klassen vor sich geht.

Kinderzahl in der Familie	0 - 1	2 - 3	4 - 5	6 und mehr
Anzahl der vorgekommenen Fälle	7	26	14	3
Relative Häufigkeiten	0,14	0,52	0,28	0,06

Soll nicht nur die Zahl der Kinder in Betracht gezogen werden, sondern auch
irgendein anderes Merkmal, etwa die Dauer der Ehe, so stellt man das Merkmal
in einer sogenannten Korrelationstabelle zusammen.

Dauer der Ehe in Jahren	0	1	2	3	4	5	6	Summe
0 - 2	1	2	1					4
2 - 4		3	3	1				7
4 - 6		1	6	4	1			12
6 - 8			2	3	2			7
8 - 10			1	2	5			8
10 - 12				2	2	1	1	6
12 - 14				1	1		1	3
14 - 16					1	1	1	3
Zusammen	1	6	13	13	12	2	3	50

Die Verdoppelung der Zahlen würde eine Zusammenstellung der relativen Häufigkeiten in Prozenten ergeben, da es sich nicht um 100 sondern nur um 50 Familien handelt. Es gibt zusammen $7 \cdot 8 = 56$ verschiedene Häufigkeiten. Würde noch das Alter der Mütter zur Betrachtung herangezogen werden und hätten wir 10 Altersklassen, so müßte für jede eine ähnliche Tabelle angelegt werden und wir hätten $7 \cdot 8 \cdot 10 = 560$ relative Häufigkeiten. Käme auch noch das Alter des Vaters hinzu, so steigt die Zahl der relativen Häufigkeiten bei 10 Altersklassen der Männer auf $7 \cdot 8 \cdot 10 \cdot 10 = 5600$ relative Häufigkeiten usw. Unter diesen relativen Häufigkeiten sind allerdings auch solche, die sich nicht mehr auf den Kinderreichtum beziehen, sondern etwa nur auf die Beziehung zwischen der Dauer einer Ehe und die Häufigkeit der Familien, bei welchen die betreffende Dauer zu finden ist.
Relative Häufigkeiten der betreffenden Ehen.

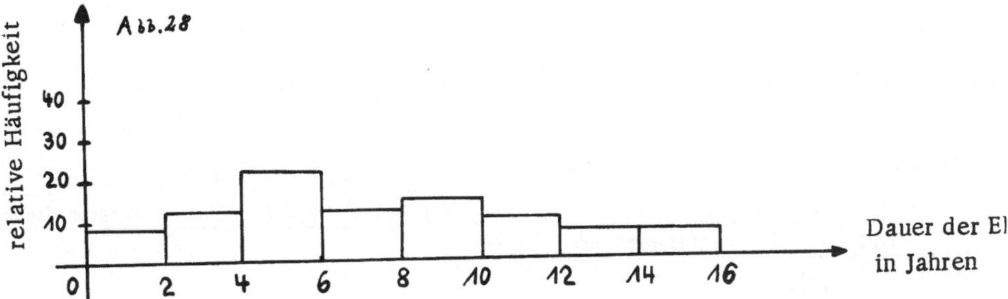

Eine allgemeine Regel haben wir noch in dieser Einleitung anzugeben: Es hat keinen Sinn, Mittelwerte aus sehr heterogenen Zahlen zu zeigen. So ist es z. B. ver–

fehlt, in einer Landstatistik mittlere Flächen der landwirtschaftlichen Betriebe zu rechnen, indem man die kleinsten und die größten Betriebe zusammenwirft. Man muß in solchen Fällen eine Einteilung in Größenklassen vornehmen, z. B. die Zwergbetriebe bis zu 1 ha Bodenfläche zusammenfassen, dann die Kleinlandwirte von 1 - 10 ha Bodenfläche, schließlich die Rittergutsbetriebe und die ganz großen Latifundien. Wirft man alle diese Betriebe zusammen, so wird der Mittelwert durch wenige sehr große Betriebe von je 10.000 ha und mehr so weit verzerrt, daß er keine Bedeutung mehr besitzt.

1. Das arithmetische Mittel

Wir werden in folgendem, wie es bei den Briten üblich geworden ist, den Mittelwert durch einen Strich über dem betreffenden Buchstaben bezeichnen, also etwa mit $\bar{x}$ den Mittelwert der Größen x_1 bis x_n. Die erste Regel ist, daß beim arithmetischen Mittel die Summe aller Abweichungen vom Mittelwert, also

$$\sum_{i=1}^{n} \left(x_1 - \bar{x} \right) = 0 \quad \text{ist.}$$

Das ist a priori erkennbar und braucht nicht bewiesen zu werden.

Die zweite Regel ist, daß die Summe der Quadrate der Abweichungen vom arithmetischen Mittel ein Minimum ist; in algebraischer Form schreibt man das

$$\sum_{i=1}^{n} (x_1 - \bar{x})^2 = \text{Min} \,!$$

Der Beweis ist sehr einfach, denn beim Minimum muß der Differentialquotient nach $\bar{x}$ verschwinden, und das ergibt

$$-2 \sum_{i=1}^{n} (x_i - \bar{x}) = 0$$

oder dieselbe Regel wie oben. Dann muß die zweite Ableitung nach $\bar{x}$ positiv sein, was ebenfalls zutrifft, denn sie ist +2. Nimmt man einen bleibenden Wert $A = \bar{x} + \delta$ an, so bleibt die tautologische Formel

$$\sum_{i=1}^{n} (x_1 - A)^2 = \sum_{i=1}^{n} (x_1 - \bar{x})^2 + n \cdot \delta^2$$

Ferner gilt der Satz: <u>Wenn man zu jedem Element der Reihe von Zahlen, für welche der Mittelwert gerechnet werden soll, ein und dieselbe Größe C hinzuaddiert, so wird auch der Mittelwert um C größer,</u>

$$\sum_{i=1}^{n} (x_i + C) = nC + \sum_{i=1}^{n} x_i \quad \text{und daher ist}$$

$$\overline{x_i + C} = C + \frac{1}{n} \cdot \sum_{i=1}^{n} x_i$$

Selbstverständlich könnte C auch negativ sein, d.h., daß der Mittelwert um C vermindert wird, wenn man jedes x mit dem x_i um C verkleinert hat. Analog gibt es auch einen Multiplikations- und Divisionssatz. Er lautet: <u>Multipliziert oder dividiert man jedes Element x_i mit demselben Faktor K, so ist auch das arithmetische Mittel das K-fache</u>, denn

$$\sum_{i=1}^{n} K x_i = K \cdot \sum_{i=1}^{n} x_i \quad \text{und} \quad \overline{Kx} = \frac{K}{n} \sum_{i=1}^{n} x_i$$

Bei der Berechnung von Mittelwerten relativer Häufigkeiten kommt es häufig vor, daß diese oder jene Zahl aus vielen Ziffern besteht, wie z.B. die Häufigkeit 1/3 im Dezimalbruch durch 0,33 .... ausgedrückt wird. Diese relativen Häufigkeiten sind echte Brüche und ganze Zahlen. Man rundet Zahlen mit zu vielen Ziffern ab, indem man beispielsweise nur die ersten drei Ziffern stehen läßt und die vierte Ziffer nur zur Korrektur nimmt. Die Ungenauigkeit, die dabei gemacht wird, ist höchstens 5/10.000. Es gilt nun die Regel, daß die Ungenauigkeit des errechneten Mittelwertes auch nicht größer sein kann, als die Ungenauigkeit bei irgendeiner Zahl, die abgerundet worden ist. Das geht aus dem vorhin abgeleiteten Additionssatz hervor. Denn, wenn wir bei jeder Zahl dieselbe größte Ungenauigkeit hätten, so wäre nach diesem Satz die Ungenauigkeit des arithmetischen Mittels ebenso groß. Wenn nun die Ungenauigkeiten bei den einzelnen Zahlen verschieden sind, so muß also die Ungenauigkeit des arithmetischen Mittels kleiner sein als die größte Ungenauigkeit bei einer einzelnen Zahl. In Wirklichkeit, namentlich wenn eine größere Zahlenreihe vorliegt, wird der Fehler beim arithmetischen Mittel bedeutend kleiner sein als die größte Ungenauigkeit bei einer einzelnen Zahl. In Wirklichkeit, namentlich wenn eine größere Zahlenreihe vorliegt, wird der Fehler beim arithmetischen Mittel bedeutend kleiner sein als die größte Ungenauigkeit bei einer einzelnen Zahl, weil es positive und negative Abweichungen durch die Ungenauigkeiten ergibt, die sich teilweise kompensieren.

2. Das geometrische Mittel

Die n-te Wurzel aus dem Produkt $\displaystyle\prod_{i=1}^{n} x_i$

wird als das geometrische Mittel $\overline{x}_g$ der Größen x_1 bis x_n bezeichnet. Infolgedessen ist der log des geometrischen Mittels das arithmetische Mittel aus den log der x_1. Es gilt also

$$\sum_{i=1}^{n} \left(\log x_i - \log \overline{x}_g \right) = \sum_{i=1}^{n} \log \frac{x_i}{x_g} = 0$$

was ja auch daraus hervorgeht, daß

$$\bar{x}_g^{\,n} = \prod_{i=1}^{n} x_i$$

ist. Unverändert gilt der Multiplikationssatz für das arithmetische Mittel auch für das geometrische Mittel. Das geometrische wird c-mal größer, wenn man jedes x_i mit der gleichen Zahl c multipliziert und es wird ebenso durch c dividiert, wenn man jedes x_i durch die gleiche Zahl c dividiert hat. Dies folgt daraus, daß der Additionssatz des arithmetischen Mittels für die log x_i gilt.

Analog gilt auch der Satz

$$\sum_{i=1}^{n} (\log x_i - \log \bar{x}_g)^2 = \sum_{i=1}^{n} \log^2 \frac{x_i}{x_g} = Min\,!$$

Setzt man nämlich $\log x_i = z_i$ und $\log \bar{x}_g = \bar{z}$, so ergibt die Differentiation der obigen Summe nach $\bar{z}$ und die Nullsetzung des Differentialquotienten

$$-2 \sum_{i=1}^{n} (z_i - \bar{z}) = 2 \sum_{i=1}^{n} (\log x_i - \log \bar{x}) = 0$$

also wieder die obige Formel für den geometrischen Mittelwert. Für den zweiten Differentialquotienten erhalten wir den positiven Wert $+2$, wie früher beim arithmetischen Mittel, was eine Minimumbedingung ist.

Rundet man die x_i ab, so ist der Abrundungsfehler des geometrischen Mittels stets kleiner als der größte Abrundungsfehler an irgendeinem x_i; was aus dem Multiplikationssatz ohne weiteres hervorgeht. In der Regel wird er bedeutend kleiner sein, insbesondere wenn n eine größere Zahl ist, weil es positive und negative Abrundungsfehler geben wird, die sich gegenseitig teilweise kompensieren.

3. Andere Mittelwerte

Das harmonische Mittel entsteht, wenn man die Zahl n der Elemente, aus welchen es gebildet werden soll, durch die Summe der reziproken Werte der Elemente dividiert. Demnach ist die mathematische Formel dafür

$$\bar{x}_h = \frac{n}{\dfrac{1}{x_1} + \dfrac{1}{x_2} + \cdots + \dfrac{1}{x_n}} \qquad \text{oder} \qquad \bar{x}_h \sum_{i=1}^{n} \frac{1}{x_i} = n.$$

Kommt x_1 nicht nur einmal sondern n_1-mal vor, x_2 ebenso n_2-mal

usw., so kann man auch die Formel $\quad \bar{x}_h = \dfrac{\displaystyle\sum_{i=1}^{n} n_i}{\displaystyle\sum_{i=1}^{n} \dfrac{n_i}{x_i}} \quad$ anwenden.

Setzt man $\bar{x}_h = x_1 - \delta_1 = x_2 - \delta_2 = \ldots = x_n - \delta_n$ so erhält man

$$\frac{\bar{x}_h}{x_1} = 1 - \frac{\delta_1}{x_1} \quad ; \quad \frac{\bar{x}_h}{x_2} = 1 - \frac{\delta_2}{x_2} \quad \text{usw. oder}$$

$$\frac{\delta_1}{x_1} = 1 - \frac{\bar{x}_h}{x_1} \quad ; \quad \frac{\delta_2}{x_2} = 1 - \frac{\bar{x}_h}{x_2} \quad ; \ldots ; \quad \frac{\delta_n}{x_n} = 1 - \frac{\bar{x}_h}{x_n}$$

Daraus ergibt sich $\displaystyle\sum_{i=1}^{n} \frac{\delta_i}{x_i} = n - \bar{x}_h \sum_{i=1}^{n} \frac{1}{x_i} = 0$

Das heißt, die relativen Abweichungen vom harmonischen Mittel heben sich gegenseitig auf.

Das a n t i h a r m o n i s c h e   M i t t e l   ist die Summe der Quadrate der Elemente, aus welchen es gebildet werden soll, gebrochen durch die Summe dieser Elemente. Die mathematische Formel dafür ist also

$$\bar{x}_a = \frac{\displaystyle\sum_{i=1}^{n} x_i^2}{\displaystyle\sum_{i=1}^{n} x_i}$$

Setzt man $x_i = \bar{x}_a - \delta$, so erhält man

$$\bar{x}_a = \frac{\displaystyle\sum_{i=1}^{n} (\bar{x}_a - \delta_i)^2}{\displaystyle\sum_{i=1}^{n} (\bar{x}_a - \delta_i)} = \frac{n\bar{x}_a^2 - 2\bar{x}_a \displaystyle\sum_{i=1}^{n} \delta_i + \displaystyle\sum_{i=1}^{n} \delta_i^2}{n \cdot \bar{x}_a - \displaystyle\sum_{i=1}^{n} \delta_i}$$

und daraus

$$n\bar{x}_a^2 - \bar{x}_a \sum_{i=1}^{n} \delta_i = n\bar{x}_a^2 - 2\bar{x}_a \sum_{i=1}^{n} \delta_i + \sum_{i=1}^{n} \delta_i$$

und schließlich $\displaystyle \bar{x}_a = \frac{\displaystyle\sum_{i=1}^{n} \delta_i^2}{\displaystyle\sum_{i=1}^{n} \delta_i}$

Das antiharmosche Mittel ist also auch gleich der Summe der Quadrate der Abweichungen von demselben gebrochen durch die Summe dieser Abweichungen.

Der Median- oder Zentralwert

Wenn man die Elemente x_i nach steigender oder nach fallender Größe ordnet und die Zahl n derselben ist ungerade, so bildet das in der Mitte der Reihe liegende Element den Median- oder Zentralwert. Ist n gerade, so gibt es in der Mitte der Reihe zwei benachbarte Elemente, deren arithmetisches Mittel als Median- oder Zentralwert genommen wird. Es gilt in beiden Fällen folgender Satz: <u>Die Summe der absoluten Beträge der Abweichungen aller Glieder der Reihe von ihrem Medianwert ist niemals größer als die Summe aller absoluten Abweichungen von jeder anderen positiven oder negativen Zahl.</u> Der Beweis für den Satz muß für ungerades und gerades n getrennt geführt werden.

Setzt man die ungerade Zahl $n = 2k+1$ und ist die Reihe der Glieder nach steigender Größe geordnet, so daß man

$$x_1 \leqq x_2 \leqq x_3 \leqq \; .... \; \leqq x_n$$

hat, so ist der Medianwert das Glied x_{k+1}. Die ersten k-Glieder der Reihe sind offenbar nicht größer als x_{k+1} und deshalb ist die Summe ihrer absoluten, d.h. positiv genommenen Abweichungen von x_{k+1}

$$\sum_{i=1}^{n} \left| x_i - x_{k+1} \right| = \sum_{i=1}^{n} \left(x_{k+1} - x_i \right) = k \cdot x_{k+1} - \sum_{i=1}^{n} x_i$$

Die übrigen k-Glieder der Reihe sind gleich oder größer als das Glied x_{k+1}, daher ist

$$\sum_{i=k+2}^{2k+1} \left(x_i - x_{k+1} \right) = \sum_{i=k+2}^{2k+1} x_i - k \cdot x_{k+1}$$

Folglich ist
$$\sum_{i=1}^{2k+1} \left(x_i - x_{k+1} \right) = \sum_{i=k+2}^{2k+1} x_i - \sum_{i=1}^{k} x_i$$

Nimmt man anstelle des Medianwertes eine andere Größe A, die zwischen x_k und x_{k+2} liegt, so daß also $x_k < A < x_{k+2}$ ist, so wird

$$\sum_{1}^{2k+1} \left| x_i - A \right| = \sum_{k+2}^{2k+1} x_i - \sum_{1}^{k} x_i + \left| x_{k+1} - A \right|$$

d.h. die Summe der Abweichungen von A ist größer als die Summe der Abweichungen vom Medianwert. Auf gleiche Weise kann man zeigen, daß dies auch zutrifft, wenn A zwischen zwei anderen Gliedern der Reihe liegt und schließlich auch außerhalb derselben.

Ist $m = 2K$, also eine gerade Zahl, so ist

$$\sum_{1}^{2K} \left| x_i - \frac{x_K + x_{K+1}}{2} \right| = \sum_{K+1}^{2K} - \sum_{1}^{K} x_i$$

auch für alle A gültig, die zwischen x_K und x_{K+1} liegen. Ist A außerhalb dieser Grenze, so gilt die Ungleichung

$$\sum_{1}^{2K} \left| x_i - A \right| > \sum_{1}^{2K} \left| x_i - \frac{x_K + x_{K+1}}{2} \right|$$

nach der gleichen Überlegung, die für ungerades m angestellt wurde.

Den dichtesten Wert nennen die Briten "Mode" und die Franzosen "Dominante". Für diesen Mittelwert kann keine so einfache Beziehung nachgewiesen werden wie für die anderen Mittelwerte. Dennoch besitzt der dichteste Wert eine große theoretische Bedeutung bei allen jenen Dispersionsgesetzen, die eine ausgesprochene maximale statistische Wahrscheinlichkeit für ein bestimmtes Glied der Binomialsatzreihe aufweisen. Sind die Abweichungen vom Mittelwert als zufällig anzusehen und sind sie klein im Verhältnis zu diesem, so wird bei einer

genügend großen Zahl der Elemente, der dichteste Wert nahe an das arithmetische Mittel oder sogar mit diesem zusammenfallen; sind die Abweichungen verhältnismäßig groß zum Mittel, so wird der dichteste Wert in der Regel nahe dem geometrischen Mittel liegen. Der dichteste Wert wird häufig bei der Anwendung des Integrals von Laplace und des Kriteriums χ^2 von Pearson verwendet. Mit der Untersuchung der Mittelwerte und deren jeweilig größter Zweckmäßigkeit haben sich besonders italienische Statistiker befaßt. Eine Übersicht darüber gibt F. Vinci durch seine Arbeit "Mannale die Statistika, Introduzione allo studio quantitativo dei fatti sociali", Vol. I. S. 72 bis 123, erschienen Bologna 1934.

4. Regeln bei der Summierung und Multiplikation von arithmetischen Mittelwerten

Man muß bei der Ableitung dieser Regeln den Begriff unabhängiger Größen (24) in einem besonderen Sinne abgrenzen. Zwei Größen X und Y, welche die Streuwerte $x_1, x_2, \ldots, x_m$ bzw. $y_1, y_2, \ldots, y_m$ annehmen können, heißen unabhängig von einander, wenn das Wahrscheinlichkeitsgewicht γ_i von x_i das gleiche bleibt bei jedem Wert von Y und wenn auch das Wahrscheinlichkeitsgewicht K_j und y_j dasselbe bleibt, welchen Wert auch immer X annehmen möge. Diese Abgrenzung kann auf beliebig viele Größen ausgedehnt werden.

---

(24) In neuerer Zeit ist für diesen Begriff die Bezeichnung „stochastisch" unabhängig üblich geworden.

Die Summe $X + Y$ kann alle Werte annehmen, die sich aus irgendeiner Kombination eines x_i mit einem y_j ergeben, wobei das Wahrscheinlichkeitsgewicht $\gamma_i \kappa_j$ für die Summe $x_i + y_j$ gilt. Also hat man den arithmetischen Mittelwert

$$\overline{X + Y} = \sum_{1}^{n} j \sum_{1}^{m} i \; (x_i + y_j) \gamma_i \kappa_j$$

Die Doppelsumme der rechten Seite kann man in

$$\sum_{1}^{m} \gamma_i x_i \; \sum_{1}^{n} \kappa_j + \sum_{1}^{n} \kappa_j y_j \sum_{1}^{m} \gamma_i$$

auflösen, und da wir die Einheiten der Wahrscheinlichkeitsgewichte so wählen, daß $\sum \gamma_i = 1$, $\sum \kappa_j = 1$ werden, so besteht die einfache Beziehung

$$\overline{X + Y} = \overline{X} + \overline{Y}$$

Der Mittelwert einer Summe ist gleich der Summe der Mittelwerte der Summanden, und diesen Satz kann man auf beliebig viele Summanden ausdehnen; er gilt auch für abhängige Größen, denn die Wahrscheinlichkeitsgewichte fallen bei der Ableitung heraus. Der Satz kommt praktisch in der Preisstatistik sehr häufig zur Anwendung.

B e i s p i e l 1) - Der Mittelwert der Augenzahlen, die mit einem Würfel geworfen werden können ist $\frac{1}{6}(1 + 2 + 3 + 4 + 5 + 6) = \frac{7}{2}$. Der Mittelwert der Summe von Augen, die mit zwei Würfeln geworfen werden können, ist doppelt so groß, also 7. Hier besteht Unabhängigkeit der Wahrscheinlichkeitsgewichte und sie sind zufällig einander gleich.

B e i s p i e l 2) - In einer Urne befinden sich mit 1, 2, 3, ... n nummerierte Kugeln in solchen Mengenverhältnissen, daß die relative Häufigkeit (das Wahrscheinlichkeitsgewicht) der mit 1 bezeichneten Kugeln γ_1 der mit 2 bezeichneten Kugeln γ_2 usw. bis γ_n ist. Ferner liegen m Päckchen von je n mit den gleichen Nummern bezeichneten Karten vor, auf denen irgendwelche Zahlen verzeichnet sind. Mit jedem Zug einer Kugel aus der Urne sei aus jedem Päckchen eine Karte herausgenommen. Der Mittelwert der Summe der·auf diesen m Karten verzeichneten Zahlen ist gleich der Summe der Mittelwerte der in den einzelnen Päckchen aufgeschriebenen Zahlen. Hier besteht Abhängigkeit der Wahrscheinlichkeitsgewichte. Mit dem Wahrscheinlichkeitsgewicht γ_i der Zahl $x_i^{(1)}$ aus dem ersten Päckchen ist auch das Wahrscheinlichkeitsgewicht der Zahlen $x_i^{(2)}$, $x_i^{(3)}$ ... .., $x_i^{(m)}$ aus den übrigen Päckchen bestimmt: es ist durchweg γ_i .

Mittelwerte von Produkten. - Wir setzen wieder voraus, daß die Größe X die Streuwerte $x_1, x_2, \ldots, x_m$ und die Größe Y die Streuwerte $y_1, y_2, \ldots, y_n$ haben können. X und Y seien unabhängig von einander und die bezüglichen Wahrscheinlichkeitsgewichte seine wie früher mit $\gamma_1, \gamma_2, \ldots, \gamma_n$ und $K_1, K_2, \ldots, K_n$ bezeichnet. Das Produkt $X \cdot Y$ kann alle Werte annehmen, die durch die Multiplikation irgendeines x_i mit irgendeinem y_j entstehen; das betreffende Wahrscheinlichkeitsgewicht ist dann $\gamma_i K_j$. Es ist der arithmetische Mittelwert aller möglichen Produkte

$$\overline{X \cdot Y} = \sum_{j=1}^{n} \sum_{i=1}^{m} x_i \, y_j \, \gamma_i \, K_j$$

Sondert man die Doppelsumme, so entsteht ein Produkt zweier von einander unabhängiger Summen

$$\sum_{j=1}^{n} y_j \, K_j \sum_{i=1}^{m} x_i \, \gamma_i$$

was aber nicht gelten würde, wenn zwischen den Wahrscheinlichkeitsgewichten γ_i und K_j Abhängigkeit bestünde. Deshalb gilt nur bei Unabhängigkeit

$$\overline{X \cdot Y} = \overline{X} \cdot \overline{Y}$$

Der Mittelwert eines Produktes ist gleich dem Produkt der Mittelwerte der Faktoren, und dieser Satz kann auf beliebige Faktoren ausgedehnt werden.

Beispiel 1) - Der Mittelwert des Produktes der beiden Augenzahlen, die beim Werfen mit zwei Würfeln aufscheinen, ist $\dfrac{7}{2} \cdot \dfrac{7}{2} = 12\dfrac{1}{4}$.

Beispiel 2) - Die Karten zweier Päckchen von je 6 Blättern sind mit den Nummern 1, 2, ... 6 bezeichnet. Man wirft mit einem Würfel und löst jedesmal das der geworfenen Augenzahl entsprechende Kartenpaar aus den beiden Päckchen. Wie groß ist der Mittelwert der Produkte dieser Zahlenpaare? - Die Frage ist gleichbedeutend mit der Frage nach dem Mittelwert der Quadrate der Größe X die mit dem gleichen Wahrscheinlichkeitsgewicht $\dfrac{1}{6}$ die Werte 1, 2, ... 6 annehmen kann. Dieser Mittelwert ist aber nicht das Quadrat des Mittelwertes von X, also nicht $(\overline{X})^2 = \left(\dfrac{7}{2}\right)^2 = 12\,{}^1/_4$, weil Abhängigkeit besteht.

Man hat $\overline{X^2} = \dfrac{1}{6}(1 + 4 + 9 + \ldots + 36) = 15\dfrac{1}{6}$.

Es läßt sich beweisen, daß allgemein der arithmetische Mittelwert eines Quadrates, also $\overline{X^2}$ größer ist als das Quadrat des Mittelwertes von X, also größer als $(\bar{x})^2$. Weil $\sum \gamma_i = 1$ ist und mit Rücksicht auf die bekannte Identität von Lagrange ist

$$\sum \gamma_i \, x_i^2 - \left(\sum \gamma_i \, x_i \right)^2 = \sum \gamma_i \sum \gamma_i \, x_i - \left(\sum \gamma_i \, x_i \right)^2$$

$$= \sum_{j,k=1}^{n} \left(\sqrt{\gamma_j} \cdot \sqrt{\gamma_k x_k} - \sqrt{\gamma_k} \sqrt{\gamma_j x_j} \right)^2$$

Es ist also tatsächlich $\overline{X^2} \geq (\bar{X})^2$.

Mittelwert des Quadrates einer Summe. -Wir hätten die von einander unabhängigen Größen $X_1, X_2, \ldots, X_n$. Wir wollen das arithmetische Mittel des Quadrates ihrer Summe bestimmen. Wir bezeichnen ihn mit $\overline{\left(\sum_1^n x_i \right)}$ und wir vergleichen ihn mit dem Quadrat des Mittelwertes der Summe, also mit $\left(\overline{\sum_1^n x_i} \right)^2$

Nach den vorstehend entwickelten Sätzen ist

$$\left(\overline{\sum_1^n x_i} \right)^2 - \left(\overline{\sum_1^n x_i} \right)^2 = \overline{X_1^2} + \overline{X_2^2} + \ldots + \overline{X_n^2}$$

$$+ 2\overline{X_1 X_2} + 2\overline{X_1 X_3} + \ldots + 2\overline{X_{n-1} X_n} - \left\{ (\bar{x}_1)^2 + (\bar{x}_2)^2 + \ldots + (\bar{x}_n)^2 \right\}$$

$$+ 2\bar{x}_1 \bar{x}_2 + 2\bar{x}_1 \bar{x}_3 + \ldots + 2\bar{x}_{n-1} \bar{x}_n .$$

Wegen der vorausgesetzten Unabhängigkeit ist jeder Mittelwert eines Produktes

$$\overline{x_i x_j} = \bar{x}_i \, \bar{x}_j$$

und infolgedessen vereinfacht sich die rechte Seite und wir erhalten

$$\left(\overline{\sum_1^n x_i} \right)^2 - \left(\overline{\sum_1^n x_i} \right)^2 = \sum_1^n \overline{x_i^2} - \sum_1^n (\overline{x_i})^2 \quad \ldots\ldots\ldots\ldots 1.)$$

Sind im besonderen alle $\overline{x_i} = 0$ dann und nur dann ist

$$\left(\overline{\sum_1^n x_i} \right)^2 = \sum_1^n \overline{x_i^2} \quad \ldots\ldots\ldots\ldots 2.)$$

Beispiel 1): Welchen Mittelwert hat das Quadrat der mit zwei Würfeln geworfenen Augensumme?

Da $\quad \overline{x_1 + x_2} = 7 \, , \quad \overline{x_1^2} = \overline{x_2^2} = 15\frac{1}{6} \, , \quad \overline{x_1} = \overline{x_2} = 3\frac{1}{2}$

so ist laut obiger Gleichung 1.)

$$\overline{(x_1 + x_2)^2} = 49 + 2 \cdot \frac{91}{6} - 2 \cdot \frac{49}{4} = 54\frac{5}{6}$$

Beispiel 2: Die Seiten zweier Würfel tragen die Zahlen -3, -2, -1, +1, +2, +3; welchen Mittelwert hat das Quadrat der geworfenen Augensumme? - Hier sind die Voraussetzungen der Formel 2.) erfüllt und da

$$\overline{x_1^2} = \overline{x_2^2} = \frac{1}{6}\left(2\cdot 9 + 2\cdot 4 + 2\cdot 1\right) = 4\frac{2}{3}, \quad \text{so ist}$$

$$\overline{(x_1 + x_2)^2} = 2 \cdot 4\frac{2}{3} = 9\frac{1}{3}.$$

5. Die Sätze von Tschebyscheff

Vorbereitender Satz von Markoff

Zwischen Größen, deren Wert durch Zufall variiert, wobei die Variationen gegebene Wahrscheinlichkeitsgewichte haben, und den Mittelwerten jener Größen gibt es Zusammenhänge, über die man Aussagen, allerdings nur Wahrscheinlichkeitsaussagen machen kann. Die Wahrscheinlichkeiten betreffen relative Häufigkeiten innerhalb vorgegebener Grenzen. Diese Zusammenhänge hat Tschebyscheff in zwei Sätzen formuliert.

Der russische Statistiker Markoff hat zur Begründung dieser Sätze einen vorbereitenden Hilfssatz gefunden, der folgendermaßen lautet:

Wenn x eine durch Zufall variierende Größe ist, deren arithmetischer Mittelwert mit $\overline{x}$ bezeichnet sein möge, so ist die relative Häufigkeit der x die gleiche $\overline{x}\, t^2$ oder kleiner sind, größer als $1 - \frac{1}{t^2}$ wobei t eine beliebige über 1 liegende Zahl bedeutet.

Das soll heißen: Vergleicht man jedes x mit $\overline{x}\, t^2$ und stellt man die Zahl derselben, die gleich oder kleiner ist, mit r fest, während die Zahl aller x durch n gegeben sei, so ist

$$\frac{r}{n} > 1 - \frac{1}{t^2}$$

Wir hätten die Variationen der Größe x mit $x_1, x_2, \ldots, x_n$ und die zugehörigen Wahrscheinlichkeitsgewichte mit $\gamma_1, \gamma_2, \ldots, \gamma_n$ gegeben. Dann ist der arithmetische Mittelwert

$$\bar{x} = \gamma_1 x_1 + \gamma_2 x_2 + \dots + \gamma_n x_n = \sum_1^n \gamma x \quad \dots\dots\dots\dots 1.)$$

vorausgesetzt, daß man die Einheit der Wahrscheinlichkeitsgewichte so gewählt hat, daß

$$\gamma_1 + \gamma_2 + \dots + \gamma_n = \sum_1^n \gamma = 1 \quad \dots\dots\dots\dots 2.)$$

wird.

Ein Teil der Größen x ist kleiner, ein anderer größer als $\bar{x}$. Man kann auch zwei Gruppen der Größen x bilden, von denen die eine alle $x \leq \bar{x} + t^2$, die andere alle $x > \bar{x} + t^2$ umfaßt. (Wenn t zu groß gewählt wäre, würde die zweite Gruppe wegfallen!) Die erste Gruppe soll bis x_i reichen. Ihre relative Häufigkeit ist

$$P = \gamma_1 + \gamma_2 + \dots + \gamma_i$$

und die relative Häufigkeit der zweiten Gruppe

$$Q = \gamma_{i+1} + \gamma_{i+2} + \dots + \gamma_n$$

Aus der Gleichung 1.) und aus der Art, wie wir die Gruppen abgeteilt haben, folgt weiter:

$$\bar{x} \gtrless \gamma_{i+1} x_{i+1} + \gamma_{i+2} x_{i+2} + \dots + \gamma_n x_n > \bar{x} + t^2 \left(\gamma_{i+1} + \gamma_{i+2} + \dots + \gamma_n \right)$$

Die erste Ungleichung ist ohne weiteres als richtig erkennbar, die zweite ergibt sich, wenn man die Glieder von x_{i+1} bis x_n durch das kleinere $\bar{x} + t^2$ ersetzt denkt. Es muß also $\bar{x} > \bar{x} + t^2 Q$ und $Q < 1/t^2$ sein.

Daraus folgt, daß $\quad P = 1 - Q > 1 - \dfrac{1}{t^2}.$

Erster Satz von Tschebyscheff

Sind $x, y, z, \dots, v$ mehrere Größen, welche zufällige Variation (Streuung) zeigen, und sind die arithmetischen Mittel derselben $\bar{x}, \bar{y}, \bar{z}, \dots, \bar{v}$, so gibt der Satz, den wir jetzt ableiten wollen, eine Aussage über die Differenz

$$(x + y + z + \dots + v) - (\bar{x} + \bar{y} + \bar{z} + \dots + \bar{v})$$

Greift man zufällig irgendwelche Werte, und zwar je einen aus jeder Gruppe der $x, y, z, \dots, v$ heraus und summiert sie, so wird deren Summe einmal größer, das anderemal kleiner sein als die Summe der Mittelwerte. Wir suchen nach der Wahrscheinlichkeitsaussage bzw. nach den relativen Häufigkeiten eines Größer- bzw. Kleinerwerdens. Wir setzen

$$\left[(x+y+z+\ldots+v) - (\bar{x}+\bar{y}+\bar{z}+\ldots+\bar{v}) \right]^2 = U \ldots\ 3)$$

Die Menge der möglichen Kombinationen von $x,y,z,\ldots,v$ in der ersten Summe von 3 ist in der Regel ziemlich groß und deshalb gibt es auch eine entsprechend große Zahl der Größen U. Den arithmetischen Mittelwert derselben bezeichnen wir mit $\bar{U}$ und aufgrund des vorbereitenden Satzes von Markoff wissen wir, daß die relative Häufigkeit jener U, die gleich $\bar{U}\,t^2$ oder kleiner sind, die Bruchzahl $1-\frac{1}{t^2}$ übersteigt. Denken wir uns nun U in der folgenden Weise entwickelt:

$$U = (x-\bar{x})^2 + (y-\bar{y})^2 + (z-\bar{z})^2 + \ldots + (v-\bar{v})^2$$
$$+ 2(x-\bar{x})(y-\bar{y}) + 2(x-\bar{x})(z-\bar{z}) + \ldots\ 4)$$

Bezeichnen wir mit $\bar{x^2}$ den Mittelwert der Quadrate der x und mit $\bar{x}^2$ das Quadrat des Mittelwertes $\bar{x}$, so haben wir nach den Regeln für die Summierung von Mittelwerten

$$(5\ldots\ldots)\qquad \overline{(x-\bar{x})^2} = \bar{x^2} - \bar{x}^2$$

während die Mittelwerte der Glieder der unteren Zeile von 4.) durchweg verschwinden. Mithin ist

$$U = \left(\bar{x^2}+\bar{y^2}+\bar{z^2}+\ldots+\bar{v^2} \right) - \left(\bar{x}^2+\bar{y}^2+\bar{z}^2+\ldots+\bar{v}^2 \right)\ldots 5)$$

Unter Berücksichtigung des auf diese Weise definierten Mittelwertes $\bar{U}$ erhalten wir nun den ersten Satz von Tschebyscheff:

Die relative Häufigkeit der Differenzen

$$(x+y+z+\ldots+v) - (\bar{x}+\bar{y}+\bar{z}+\ldots+\bar{v}),$$

die zwischen zwei Grenzen

$$-t\sqrt{\bar{U}} \quad \text{und} \quad +t\sqrt{\bar{U}} \quad \text{fallen,}$$

ist größer als $1-\frac{1}{t^2}$. In tautologischer Umformung : Die relative Häufigkeit der Summen $x+y+z+\ldots+v$, welche zwischen die Grenzen

$$x+y+z+\ldots+v-t\sqrt{\bar{U}} \qquad \text{und} \qquad \bar{x}+\bar{y}+\bar{z}+\ldots+\bar{v}+t\sqrt{\bar{U}}$$

fallen, übersteigt die Bruchzahl $1-\frac{1}{t^2}$.

Zweiter Satz von Tschebyscheff

Die Anzahl der Größen $X, Y, Z, \ldots$ sei n und kann nach Bedarf so groß genommen werden als man will. Haben die Größen $X, Y, Z, \ldots$ durch Zufall Streuwerte erhalten, so wird deren arithmetisches Mittel bald größer, bald kleiner sein als das arithmetische Mittel aus den arithmetischen Mitteln der Streuwerte der einzelnen Größen. Das Problem geht dahin, eine Wahrscheinlichkeitsaussage über die Differenz

$$D = \frac{1}{n}\left(X, Y, Z + \ldots \right) - \frac{1}{n}\left(\overline{X}, \overline{Y}, \overline{Z}, \ldots \right)$$

zu machen.

Wir setzen voraus, daß keiner der Mittelwerte $\overline{X}^2, \overline{Y}^2, \overline{Z}^2, \ldots$ eine feste positive Zahl g übertrifft, was zur Folge hat, daß auch die Differenzen

$$\overline{X}^2 - (\overline{X})^2, \quad \overline{Y}^2 - (\overline{Y})^2, \ldots$$

kleiner als g bleiben, somit $\overline{U} < n g$ ist.

Wenn man die Ungleichung des ersten Satzes von Tschebyscheff durch n dividiert, so ergibt sich sofort, daß D zwischen den Grenzen

$$-\frac{t}{n}\sqrt{\overline{U}} \qquad \text{und} \qquad +\frac{t}{n}\sqrt{\overline{U}}$$

mit einer $1 - \frac{1}{t^2}$ übertreffenden relativen Häufigkeit zu erwarten ist. Setzt man

$$\frac{1}{t^2} = \eta \qquad \text{so werden die Grenzen} \qquad \pm \frac{1}{n}\sqrt{\frac{1}{\eta}\overline{U}}$$

mit einer über $1 - \eta$ liegenden Wahrscheinlichkeit eingehalten.

Im Hinblick auf die Voraussetzung, die zur Ungleichung $\overline{U} < n g$ geführt hat, ist

$$\frac{1}{n}\sqrt{\frac{1}{\eta}\overline{U}} \;<\; \frac{1}{n}\sqrt{\frac{n g}{\eta}} \;=\; \sqrt{\frac{g}{n \cdot \eta}}$$

und der rechte Ausdruck kann, wenn g bekannt ist und selbstverständlich $\eta < 1$ angenommen wurde, durch Vermehrung von n unter eine beliebig kleine positive Zahl herabgedrückt werden, die wir mit ε bezeichnen wollen; man braucht nur n so groß zu machen, daß

$$\sqrt{\frac{g}{n \cdot \eta}} \;<\; \varepsilon \qquad \text{wird.}$$

Der zweite Satz von Tschebyscheff lautet daher: Wenn keiner der quadratischen Mittelwerte $\overline{X^2}, \overline{Y^2}, \overline{Z^2}, \dots$ größer als die feste Zahl g ist, so liegen die Differenzen D mit einer $1-\eta$ übertreffenden relativen Häufigkeit zwischen beliebig engen Grenzen $-\varepsilon$ und $+\varepsilon$, sobald die Zahl n groß genug ist, damit

$$\sqrt{\frac{g}{n \cdot \eta}} < \varepsilon$$

bleibt; mit einer ebensolchen Wahrscheinlichkeit und unter den gleichen Voraussetzungen bleibt $\overline{x+y+z}+\dots$ zwischen den Grenzen $\overline{X+Y+Z}\dots -\varepsilon$ und $\overline{X+Y+Z}\dots +\varepsilon$.

Etwas einfacher kann man sagen: Bei genügend großer Zahl n ist mit einer der Einheit beliebig nahen Wahrscheinlichkeit zu erwarten, daß sich das beobachtete arithmetische Mittel vom arithmetischen Mittel der arithmetischen Mittelwerte der beobachteten Größengruppen beliebig wenig unterscheidet. Beim Grenzfall, in denen in jeder Größengruppe nur je ein Wert vorkommt, wird selbstverständlich $\varepsilon = 0$. Ist N die Zahl aller einzelnen Größen, von denen gruppenweise die Mittelwerte $\overline{x}, \overline{Y}, \overline{Z}, \dots$ gebildet werden und man unterteilt die Gruppen, so daß n wächst, so gilt: $\varepsilon \to 0$, wenn $n \to N$, ein Resultat, zu dem man fast a priori gelangen kann.

Bei der Ableitung des vorstehenden Satzes von Tschebyscheff war die Voraussetzung wesentlich, daß keiner der quadratischen Mittelwerte $\overline{X^2}, \overline{Y^2}, \overline{Z^2}, \dots$ eine feste positive Zahl g überragt. Wir fügen nun die weitere Voraussetzung hinzu, daß keiner der gewöhnlichen Mittelwerte $\overline{X}, \overline{Y}, \overline{Z}, \dots$ eine feste positive Zahl h unterschreite, daß also $\overline{X} < h, \overline{Y} < h, \dots$ ist.

Dem zweiten Satz von Tschebyscheff zufolge besteht für die Ungleichungen

$$\overline{X}+\overline{Y}+\overline{Z}+\dots -n\varepsilon < \overline{X+Y+Z+\dots} < \overline{X}+\overline{Y}+\overline{Z}+\dots +n\varepsilon$$

eine über $1-\eta$ liegende Wahrscheinlichkeit, wenn n so groß gewählt wird, wie wir es vorgeschrieben haben; mit einer ebenso großen Wahrscheinlichkeit ist also auch

$$X+Y+Z+\dots > \overline{X}+\overline{Y}+\overline{Z}+\dots -n\varepsilon .$$

Vermöge der neu hinzugetretenen Voraussetzung ist aber $\overline{X}+\overline{Y}+\overline{Z}+\dots nh$, folglich gilt mit einer ebensolchen Wahrscheinlichkeit auch

$$X+Y+Z+\dots n > (h-\varepsilon)$$

Wurde n so groß angenommen, daß $\varepsilon < h$ ist, so gilt noch die folgende Aussage: Bleibt jeder der arithmetischen Mittelwerte $\overline{X}, \overline{Y}, \overline{Z}, \dots$ unter der positiven Zahl h und übertrifft keiner der quadratischen Mittelwerte $\overline{x^2}, \overline{y^2}, \overline{z^2}, \dots$ die positive Zahl g, so wird die Summe der Größen $X+Y+Z+\dots$ mit einer der Einheit beliebig nahen Wahrscheinlichkeit größer als eine beliebig große Zahl, wenn man n entsprechend groß wählt. Hat man nämlich n der Ungleichung $\sqrt{\frac{9}{n \cdot \eta}} < \varepsilon$ entsprechend und so gewählt, daß $\varepsilon < h$ ist, so kann man durch eine weitere Vergrößerung $n(h-\varepsilon)$ über jede beliebig große Zahl hinaus erhöhen. Eine obere Grenze ergibt sich nur daraus, daß $n \lessgtr N$ sein muß.

6. Die Dispersionsgesetze bei den verschiedenen Mittelwerten

Man versteht unter diesen Gesetzen die mathematischen Funktionen, welche die Abhängigkeit zwischen der Größe einer Abweichung vom Mittelwert und der relativen Wahrscheinlichkeit einer solchen Abweichung darstellen. Sie sind ganz ähnlich den Fehlergesetzen in der Messungskunde für die zufälligen Fehler. Wie in dieser unterscheidet man auch in der Statistik zufällige und systematische Abweichungen und nur für die ersteren gelten die Gesetze. Die systematischen Abweichungen muß man in jedem besonderen Fall durch Rektifizierung der Erhebungszahlen auszuschalten trachten. So haben z. B. die Saisonpreise stets einen systematischen Fehler, eine systematische Abweichung an sich, welche durch die sogenannte Saisonbereinigung ausgeschaltet wird. Ebenso liegt bei Außenhandelszahlen eine systematische Abweichung vor, wenn man bei den Exportfakturen nicht berücksichtigt, ob sie loco Erzeugungsort oder frachtfrei bis zur Landesgrenze bzw. bis zum Verschiffungshafen lauten und ebenso, wenn man bei Importfakturen die Binnentransportkosten miteinrechnen würde. Dagegen kann man als zufällige Abweichungen etwa die Preisunterschiede ansehen, die sich für die gleiche Frachtbasis bei verschiedenen Lieferungen des gleichen Gutes in ganzen Waggonsendungen ergeben. Das Dispersionsgesetz ist verschieden, je nachdem welche Art des Mittelwertes zur Berechnung gewählt wurde. Die Wahl ist insofern nicht ganz frei, als das Erhebungsmaterial eine bestimmte Art des Mittelwertes als die richtigste bedingen kann. So haben wir schon in einem früheren Kapitel gezeigt, daß bei der Berechnung des mittleren Hektarertrages verschieden großer Bodenparzellen nur das gewogene arithmetische Mittel richtig sein kann, bei der Berechnung mittlerer aus stark differierenden Preisen hingegen nur das gewogene geometrische Mittel.

Das Dispersionsgesetz für das arithmetische Mittel ist in der Statistik genau das Gleiche wie das schon von G a u s s abgeleitete Fehlergesetz in der Messungskunde. Es lautet:

$$\varphi(x) = \frac{h}{\sqrt{\pi}} \cdot e^{-h^2(x-\bar{x})^2} \qquad \dots\dots\dots\dots 1.)$$

Hierin bedeuten $\varphi(x)$ die relative Häufigkeit, mit der die erhobene Zahl x zwischen die Grenzen $x+\frac{1}{2}$ und $x-\frac{1}{2}$ fällt, h eine Invariante, die von der Genauigkeit der

Erhebungszählung, bzw. Erhebungsmessung abhängt (weshalb sie von Gauss als Präzisionsmaß vorgeschlagen wurde (25), π die Ludolphsche Zahl, e die Basis der
natürlichen Logarithmen und $\bar{x}$ das arithmetische Mittel. Trägt man in einem Koordinatensystem xy die Erhebungszahlen auf der x-Achse und die zugehörigen relativen Häufigkeiten auf der y-Achse auf, so wird die Funktion $\varphi(x)$ durch die bekannte Glockenlinie dargestellt, die wir schon auf Seite 44 abgebildet haben. Die
gesamte Fläche zwischen der x-Achse und der Glockenlinie muß gleich 1 sein,
was mathematisch durch

$$\int_{-\infty}^{+\infty} \varphi(x)\, dx = 1$$

ausgedrückt wird.

Das Dispersionsgesetz für das arithmetische Mittel besagt, daß eine Abweichung
um $+\Delta x$ vom Mittelwert ebenso wahrscheinlich ist, wie eine Abweichung um
$-\Delta x_i$ denn in beiden Fällen erhalten wir den gleichen Wert von $\varphi(x)$. Das gilt
auch, wenn Δx größer als $\bar{x}$ ist, so daß auch negative Werte von x in Betracht
kämen. Solche Werte gibt es in der Statistik nicht, dagegen sind einzelne Werte
von x_i die größer als $2\bar{x}$ sind, sehr wohl möglich. Daraus ergibt sich schon, daß das
arithmetische in solchen Fällen nicht das Richtigste sein kann. Wenn aber die
einzelnen Zahlen x von ihrem Mittelwert $\bar{x}$ nur relativ wenig abweichen, d.h.
wenn die Größen $\frac{\Delta x}{\bar{x}}$ durchweg kleine Brüche sind, so bleibt das arithmetische
Mittel auf jeden Fall anwendbar, weil in diesem Fall die Unterschiede zwischen
den verschiedenen Mittelwerten unerheblich werden. Trifft diese Voraussetzung
jedoch nicht zu, dann ist es zweifelhaft, ob das arithmetische Mittel noch eine
genügende Annäherung an den theoretisch richtigsten Mittelwert liefert.

Wenn die Zahl n der Größen x_i ($i+1$ bis n) genügend groß ist, so kann man durch
Gruppenbildung der x_i in gleichen Intervallen und durch Abzählung der x_i in jedem Intervall eine Analyse darüber anstellen, ob der arithmetische Mittelwert der
vorteilhafteste Wert ist oder nicht. Wenn aber die Zahl n nicht sehr groß ist, so
kann es irreführende Zufälle geben, die kein zuverlässiges Urteil gestatten. Ein
solches ist jedoch bei naturwissenschaftlichen Erkenntnissen aus statistischen Erhebungen außerordentlich erwünscht.

Ein Beispiel dieser Art wäre folgendes: Wir hätten aus einer Hühnerfarm eine gro-
ßere Menge von Eiern der gleichen Hühnerrasse vor uns, und wir hätten die Aufgabe,
nicht nur das mittlere Gewicht eines Eies, sondern auch das natürliche Abwei-
chungsgesetz zu bestimmen. Bei genauem Abwägen eines Eies auf einer Apothe -

---

(25) Das kommt in der Statistik nur dann in Betracht, wenn die gleiche Menge mehrmals
gezählt oder die gleiche Größe mehrmals gemessen wurde. Soll der Mittelwert verschiedener Mengen oder Größen bestimmt werden, so ist h vom Dispersionsmaß abhängig,
über das im nächsten Abschnitt weiteres folgt.

kerwaage werden wir Gewichtsunterschiede Δx_i $(i=1$ bis $n)$ feststellen können, das eine Mal vom arithmetischen, das andere Mal vom geometrischen Mittel. Schon die Untersuchung, ob sich die kleinsten Abweichungen mehr um das arithmetische oder mehr um das geometrische Mittel am meisten häufen, gibt einen Anhaltspunkt. Exakter geht man vor, wenn man die Häufigkeitszahlen gleicher Gewichtsintervalle mit η_k $(k=1$ bis $m)$ bezeichnet und als isolierte Punkte eines natürlichen Dispersionsgesetzes betrachtet, das angenähert durch eine mittlere

Funktion von der Gestalt des arithmetischen Dispersionsgesetzes $y = \dfrac{-h}{\sqrt{\pi}} \cdot e^{-\Delta x_i^2}$

dargestellt werden soll. Wir haben dann die Invariante h aus der Bedingung

$$d \sum_{k=1}^{m} \frac{(y - \eta_k)^2}{dh} = 0$$

zu bestimmen.

Analog gehen wir auch bezüglich der mittleren Funktion in der Gestalt des Dispersionsgesetzes für das geometrische Mittel vor; die Ordinaten dieser Funktion seien mit z bezeichnet. Ist nun

$$\sum_{k=1}^{m} (z - \eta_k)^2 < \sum_{k=1}^{m} (y - \eta_k)^2$$

so ist das Dispersionsgesetz für das geometrische Mittel als das natürliche anzusehen.

Das geometrische Mittel hat, wie wir wissen, die Besonderheit, daß die relative Häufigkeit des Vorkommens der Größe $\frac{1}{2}\bar{x}_g$ ebenso groß ist, wie die des Vorkommens der Größe $2\bar{x}_g$, jene von $\frac{3}{4}\bar{x}_g$ ebenso groß ist wie die von $\frac{4}{3}\bar{x}_g$, allgemein jene von $\mu\,\bar{x}_g$ ebenso groß wie jene von $\frac{1}{\mu}\,\bar{x}_g$. Negative Werte von x_i kommen also nicht in Betracht, denn ihre relative Häufigkeit ist gleich Null zu setzen. Deshalb kommt dieses Mittel immer dann in Frage, wenn es von Natur aus keine negativen Werte von x_i geben kann, wie sie bei dem oben erwähnten Beispiel eines Kollektivs von Hühnereiern.

Da der Logarithmus des geometrischen Mittels $\bar{x}_g$ das arithmetische Mittel aus den Logarithmen der Größen x_i ist, haben wir für den Logarithmus von x_i das gleiche Dispersionsgesetz wie für das arithmetische Mittel in Anwendung zu bringen und zu schreiben

$$\varphi(\log x) = \frac{h}{\sqrt{\pi}}\, e^{-h^2(\log x - \log \bar{x}_g)^2} = \frac{h}{\sqrt{\pi}}\, e^{-h^2\log^2 \frac{x}{\bar{x}_g}} \quad \dots\dots\dots\dots 2.)$$

Zu beachten ist in dieser Formel, daß nur die Invariante h nicht mehr von der Dispersion der Größen x_i' sondern von der der log x_i' abhängt. Würde man bei der graphischen Darstellung des Dispersionsgesetzes auf der Abszissenachse anstatt der Größen x_i' die log x_i' auftragen, so würde man die gleiche symmetrische Glockenform erhalten, wie für das arithmetische Mittel. Hat man das Dispersionsgesetz für log x_i' nach Formel 2. graphisch gegeben, so ist es sehr einfach, daraus auch die graphische Darstellung des Dispersionsgesetzes für x_i' zu gewinnen. Man braucht nur jede Ordinate von der Abszisse log x_i' nach der Abszisse x_i' parallel zu verschieben, wie es in der folgenden Abbildung angedeutet ist. Die relative Häufigkeit von x_i' ist nämlich ebenso groß wie die von log x_i', richtiger die für

$$x_i' - \Delta x_i' \quad \text{bis} \quad x_i' + \Delta x_i'$$

ist ebenso groß wie jene für

$$\log x_i' - \Delta \log x_i' \quad \text{bis} \quad \log x_i' + \Delta \log x_i'$$

Man muß jedoch beachten, daß $d\log x$ nicht gleich dx, sondern gleich $\frac{1}{x}\,dx$ ist.

Die Flächen $\varphi(\log x)^{d\log x}$ und $\varphi_{(x)}\,dx$ sollen aber gleich sein und infolgedessen ist die graphische Ordinate $\varphi_{(x)}$ nach relativem Maßstab zu messen, dessen Einheit linear mit x wächst.

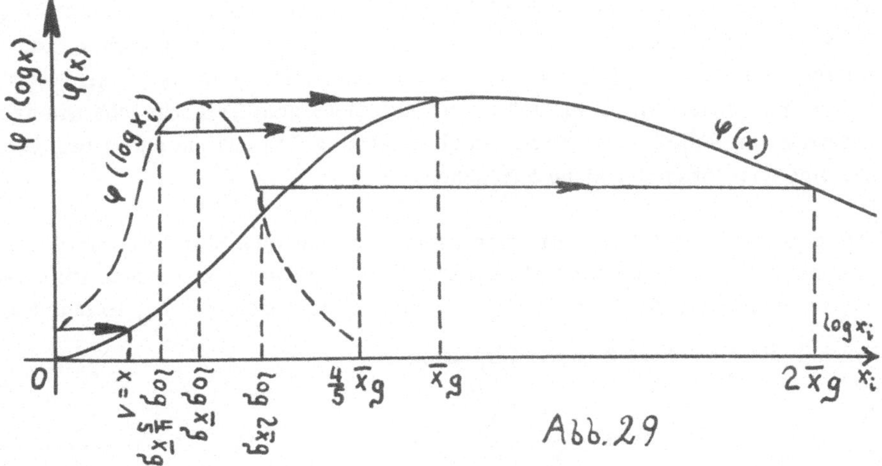

Abb. 29

Der Zeichnungsmaßstab für log x_i' braucht dabei nicht derselbe zu sein wie für x_i'

Das Dispersionsgesetz für x beim geometrischen Mittel lautet

$$\varphi_{(x)} = \frac{2K}{\bar{x}} \cdot \left(e^{\frac{\bar{x}g}{x}}\right)^{2Kx} \qquad \dots\dots\dots 3.)$$

Die Integrationskonstante K hat hierin eine ähnliche, aber nicht die gleiche Bedeutung wie h in den Formeln 1. und 2. Sie hängt jedoch ebenfalls vom Dispersionsmaß ab, das im folgenden Kapitel behandelt wird.

Man kann auch für das harmonische und für das antiharmonische Mittel ein Dispersionsgesetz ableiten. Allgemein kann die Ableitung für jedes Mittel aus dem Satz von Bayes erfolgen. Für das arithmetische Mittel gibt es unabhängig davon eine Ableitung von Gauss und eine zweite von C r o f t o n .
Die Dispersionsgesetze gestatten eine ähnliche Anwendung wie das Integral von <u>Laplace</u> und die Sätze von <u>Poisson.</u> Man kann mit Hilfe dieser die Wahrscheinlichkeit berechnen, mit der eine Abweichung unter einer vorgegebenen Grenze bleibt bzw. die Wahrscheinlichkeit, daß eine vorgegebene Grenze überschritten wird. Ist diese letztere Wahrscheinlichkeit genügend klein, so kann man Abweichungen über die vorgegebene Grenze hinaus als unwahrscheinlich, d.h. als nahezu ausgeschlossen ansehen. Ein Beispiel dafür ist in der Lebensversicherungsrechnung die geringe Wahrscheinlichkeit, daß eine lebende Person mehr als 90 Jahre alt werden wird.

7. Die Dispersionsmaße

Das Bedürfnis, für den Grad einer Dispersion ein Maß zu finden, hat sich schon ziemlich früh eingestellt und die Statistiker sind auf der Suche nach einem solchen Maß zum Teil den bereits vorher angestellten Überlegungen der Messungskunde und Wahrscheinlichkeitsmathematik gefolgt, zum Teil sind sie aber auch eigene Wege gegangen. Es gibt heute eine ganze Reihe solcher Maße und eine Literatur darüber, welches der Maße im allgemeinen bzw. für einen besonderen Zweck als vorteilhaftest und zuverlässigst anzusehen ist. Auf diese zum Teil sehr scharfsinnigen Diskussionen wollen wir in dieser Arbeit nicht eingehen und uns damit begnügen, die einzelnen Arten der Maße anzugeben.

Das einfachste Maß einer Dispersion ist das arithmetische Mittel der absolut genommenen Abweichungen der Streuwerte vom Mittelwert. Bezeichnen wir diese Abweichungen mit Δx_i und haben wir es mit n Streuwerten zu tun, so lautet die Formel für dieses Maß ε der Dispersion

$$\varepsilon = \frac{1}{n} \sum_{i=1}^{n} \left| \Delta x_i \right| \qquad \dots\dots\dots 1.)$$

Handelt es sich um das Maß einer Dispersion, bezogen auf eine mittlere Funktion, so ergibt sich dasselbe folgerichtig in der Weise, daß man die Summe in Formel 1 durch eine Summe von Integralen ersetzt. Wir hätten eine Funktion $y = f(x)$ zwischen den Grenzen $x = 0$ bis $x = A$ durch empirische Ermittlung gegeben und hätten zu derselben eine mittlere Funktion $\eta = \varphi(x)$ errechnet. In der graphischen

Darstellung überschneiden sich die Linien dieser Funktionen in gewissen Punkten, dessen Abszissen $a_1, a_2, \ldots\ldots, a_m$ wären. Das sind die Abszissen für die $\eta = y$ wird.

Das Maß ε der Abweichungen der Ordinaten y von denen der zugehörigen Ordinaten η in gleichen Abszissen x ist nun

$$\varepsilon = \frac{1}{A}\left[\ \left|\int_0^{a_1}(\eta-y)\,dx\right| + \left|\int_{a_1}^{a_2}(\eta-y)\,dx\right| + \ldots + \left|\int_{a_m}^{A}(\eta-y)\,dx\right|\ \right] \cdots 2)$$

In geometrischer Definition nach der graphischen Darstellung bedeute ε die Höhe eines Rechtecks mit der Grundlinie A, das flächengleich ist mit der Fläche zwischen den beiden Linien, die den Funktionen $y = f(x)$, bzw. $\eta = \varphi(x)$ entsprechen, ohne Rücksicht darauf, ob die einzelnen Teile der Fläche nach analytischer Geometrie als positiv oder negativ anzusehen wären.

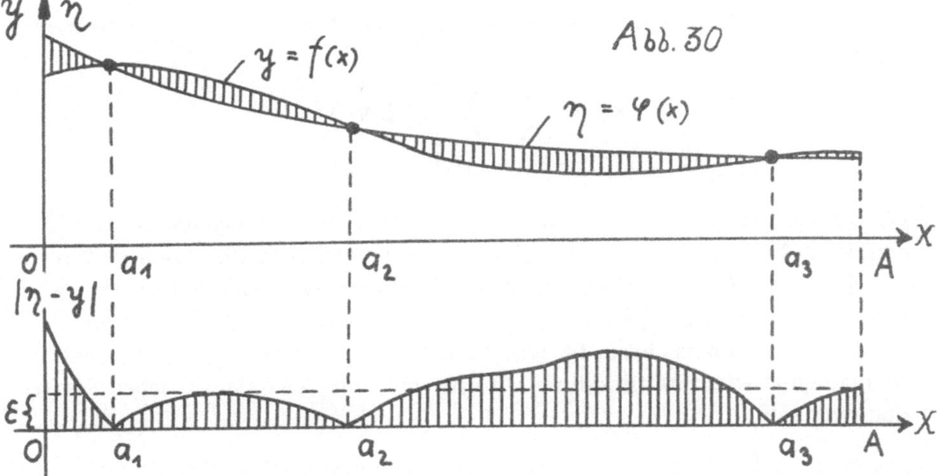

Im unteren Teil der Abbildung ist die Differenz $|\eta-y|$ im dreifachen Maßstab des oberen Teils aufgetragen. Wenn F das Ausmaß der schraffierten Flächen bedeutet, so ist $F = \varepsilon \cdot A$.

Nun hat der britische Statistiker R. A. F i s h e r nachgewiesen, daß das obige Maß der Dispersion nicht sehr zuverlässig ist, wenigstens in vielen praktisch vorkommenden Fällen nicht, und daß in der Regel der arithmetische Mittelwert der Quadrate der Abweichungen als Maß für den Grad der Dispersion besser entspricht. Das ergibt anstelle der Formel 1.)

$$\varepsilon^2 = \frac{1}{n}\sum_{i=1}^{n}(\Delta x_i)^2 \qquad\ldots\ldots\ldots 3)$$

und anstelle der Formel 2.)

$$\varepsilon^2 = \frac{1}{A} \int_0^A (\eta - y)^2 \, dx \qquad \dots\dots 4.)$$

Eine nähere Erklärung dieser Formeln erübrigt sich. Zu bemerken wäre lediglich, daß die Funktion $y = f(x)$ auch aus isolierten Punkten bestehen kann, während die gewählte mittlere Funktion in der Regel eine stetige Funktion ist; in diesem Fall tritt, wie leicht einzusehen ist, wieder die $\sum$ anstelle des Integrals.

Auch die Invariante h in den Formeln 1. und 2. des vorigen Abschnitts und die Invariante K in Formel 3. des vorigen Abschnitts sind als Dispersionsmaße verwendbar.

Ebenso das Kriterium χ^2 nach <u>Pearson.</u> Für alle Dispersionsmaße sind die Ansätze an sich willkürlich und lassen sich nur durch größere oder geringere Zweckmäßigkeiten rechtfertigen. Sind die Abweichungen vom Mittelwert relativ klein, so ist die Invariante h ein ziemlich verläßliches Maß, sind die Abweichungen vom Mittelwert relativ groß, dann dürfte das Kriterium χ^2 vorzuziehen sein.

Man kann auch höhere Potenzen der Abweichungen bilden und deren Mittelwerte berechnen, z. B.

$$\varepsilon^3 = \frac{1}{n} \sum_{i=1}^{n} (\Delta x_i)^3 \quad \text{usw.}$$

Diese Maße geben ein Mittel, um gewisse charakteristische Eigenheiten der Dispersion zu beurteilen. Bei einer vollständig symmetrischen Dispersion müßten so wie ε^1 auch ε^3, ε^5 und alle folgenden ε ungerader Potenz verschwinden, weil jedem positiven $(\Delta x_i)^3$ ein gleich großes negatives $(\Delta x_i)^3$ gegenüberstehen würde und dies ebenso für jede höhere ungerade Potenz gilt. Man nennt in der mathematischen Statistik diese Mittelwerte ε die "charakteristischen Dispersionsmomente."

Je kleiner die ε ungerader Potenz sind, desto symmetrischer ist die Dispersion, je größer sie werden, desto unsymmetrischer ist die Dispersion und dies gilt auch für die graphische Darstellung des Dispersionsgesetzes. Die ε gerader Potenz ergeben ein Urteil über die "Steilheit" der Dispersion. Je kleiner sie sind, desto "steiler", je größer sie sind, desto "flacher" ist die Dispersion. Das gilt auch für die graphische Darstellung des Dispersionsgesetzes, und daher rühren die Begriffsbezeichnungen "steil" und "flach".

Die Anwendung eines Dispersionsmaßes hat nur dann einen uneingeschränkten Sinn, wenn man die Abweichungen vom Mittelwert als z u f ä l l i g entstanden ansehen darf. Bei s t r u k t u r e l l e n Abweichungen, die den systematischen Fehlern in der Messungskunde entsprechen, bietet das Dispersionsmaß zwar auch Anhaltspunkte zur Auffindung verschiedener Erkenntnisse, doch ist in diesen Fällen eben eine nach Möglichkeit genaue und vollkommene Strukturanalyse erforderlich, um zu Schlüssen zu gelangen, die einigen Erkenntniswert besitzen.

VI. Kombinatorik über die Verwendung der mathematischen Statistik

Schon seit mehr als 100 Jahren hat die Statistik unter anderem auch dazu gedient, die Wahrscheinlichkeit von Zukunftserwartungen für das Versicherungswesen zu ermitteln. Dieser Zweck hat sogar sehr viel dazu beigetragen, daß die mathematische Statistik eine so weitgehende Ausbildung erfahren hat. Der Wettbewerb unter den großen Versicherungsgesellschaften, namentlich der Briten, brachte die Notwendigkeit einer immer schärferen Berechnung des Risikenteils der Versicherungsprämien mit sich und deshalb nahmen die Gesellschaften hervorragende Statistiker in ihren Dienst. Diese und die Universitätslehrer bildeten ein System wissenschaftlicher Prognostik aus, das heute fast bis zu den letzten Möglichkeiten entwickelt und verfeinert ist.

Zu Beginn des 20. Jahrhunderts bekam dann die wissenschaftliche Behandlung der wirtschaftlichen Konjunkturforschung zur Aufgabe, Wahrscheinlichkeitsaussagen über die Erwartungen zukünftiger Veränderungen von Wirtschaftszahlen zu machen, und damit trat eine weitere prognostische Verwendung der Statistik ein. Sie ist heute noch in der Entwicklung begriffen, sowohl theoretisch als praktisch. Mustergültig waren in dieser Hinsicht die periodischen Berichte des B e r l i n e r K o n j u n k t u r f o r s c h u n g s i n s t i t u t e s , das als eine besondere Abteilung des Statistischen Reichsamtes durch dessen Präsidenten Prof. D r. W a a g e m a n n errichtet und ausgestaltet wurde. Auch die Briten trugen viel zur Entwicklung der modernen Methoden der Konjunkturforschung bei und manche typische Begriffsbezeichnungen, die heute in aller Welt üblich sind, stammen von ihnen (Trend usw.). Das Problem, aus erfolgten Beobachtungen wahrscheinliche Zukunftserwartungen auszurechnen, ist im wesentlichen von den Wahrscheinlichkeitsmathematikern mehr oder minder schon lange gelöst gewesen, ehe die prognostische Verwendung der Statistik in Frage kam. Manche Erkenntnisse, wie die Sätze von B a y e s und P o i s s o n wurden sogar von Statistikern jahrzehntelang gar nicht beachtet, obwohl sie gerade für prognostische Schlüsse von größter Wichtigkeit sind und bedeutende Vorteile bieten. Den besten Überblick darüber gibt die Arbeit "Iterationen" des deutschen Mathematikers und Statistikers v. Bortkiewicz.

1. Einfluß der apriorischen Wahrscheinlichkeit der Ursachen

Am häufigsten verwendet man bei der Berechnung der Wahrscheinlichkeit von Zukunftserwartungen die Sätze von Bayes. Bei der Beurteilung der Anwendbarkeit dieser Sätze muß man trachten, sich eine Vorstellung über den Einfluß der apriorischen Wahrscheinlichkeiten der Ursachen zu machen und sich Klarheit darüber zu verschaffen, ob es zulässig ist, diese Wahrscheinlichkeiten als invariant anzunehmen, wenn kein positives Wissen darüber besteht. Dies gilt insbesondere für die Formeln

$$y(x) = \frac{\gamma\, y\, dx}{\int_0^1 \gamma\, y\, dx} \qquad \text{und} \qquad p(x) = \frac{\int_0^1 \gamma\, y\, z\, dx}{\int_0^1 \gamma\, y\, dx}$$

von denen die erste die aposteriorische Wahrscheinlichkeit eines Wertes aus dem Intervall x bis $x+dx$, die zweite die aposteriorische Wahrscheinlichkeit eines künftigen Ereignisses definieren.

Das Gesamtereignis E besteht wieder aus dem m -maligen Eintreffen des Teilereignisses ξ und dem n -maligen Ausbleiben bzw. dem n -maligen Eintreffen des entgegengesetzten Teilereignisses $\bar{\xi}$ in $m+n=s$ Versuchen, bzw. Einzelbeobachtungen; dann ist - wie wir wissen - $y = x^m (1-x)^n$. Sind die Zahlen s, m, n sehr groß, so ist die unbekannte Wahrscheinlichkeit x des Eintreffens von ξ nahe an $p = \frac{m}{s}$ zu vermuten, also mit $(p+\varepsilon)$ anzusetzen, wobei ε mit wachsendem s gegen 0 konvergiert (Gesetz der großen Mengen).

Man kann dann (26)

$$\gamma(x) = \gamma(p+\varepsilon) = \gamma(p) + \varepsilon\, \gamma'(p) + \dots$$

unter Vernachlässigung der Glieder mit ε höherer als erster Potenz durch das invariante Glied $\gamma(p)$ ausdrücken, doch fällt es in diesem Falle aus den obigen Formeln heraus. Bei umfangreichem Erfahrungsmaterial hat also γ nur sehr geringen Einfluß auf das Resultat aus den obigen Formeln von <u>Bayes.</u>

Man kann dies auch durch eine besondere Wahl von $\gamma(x)$ bestätigen. Es sei

$$\gamma(x) = (\alpha+1)\, x^{\alpha}$$

Die Wahl muß selbstverständlich so getroffen werden, daß $\int_0^1 \gamma(x)\, dx = 1$ wird, was bei der eben gemachten Annahme stimmt.

Daraus ist ersichtlich, daß bei positivem α apriori ein Wert von x um so wahrscheinlicher ist, je näher das zugehörige Wahrscheinlichkeitsgewicht γ an 1 heranrückt.

Unter dieser Annahme wird die apriorische Wahrscheinlichkeit

$$P(x) = \frac{x^{m+\alpha}(1-x)^n\, dx}{\int_0^1 x^{m+\alpha}(1-x)^n\, dx} = \frac{(s+\alpha+1)!}{(m+\alpha)!\cdot n!}\, x^{m+\alpha}(1-x)^n\, dx$$

und daraus ergibt sich als wahrscheinlichster Wert $x = \dfrac{m+\alpha}{s+\alpha}$

---

(26) Nach dem Taylorschen Satz.

hingegen wird die aposteriorische Wahrscheinlichkeit von $\mathcal{E}$ der Mittelwert von x

$$p = \frac{(x+\alpha+1)!}{(m+\alpha)!\,n!} \int_0^1 x^{m+\alpha+1}\,(1-x)^n\,dx =$$

$$= \frac{(s+x+1)!}{(m+x)!\,n!} \cdot \frac{(m+\alpha+1)!\,n!}{(x+\alpha+2)!} = \frac{m+\alpha+1}{s+\alpha+2}$$

Sind die Zahlen $s, m, n,$ sehr groß im Vergleich zu α , so ist

$$\frac{m+\alpha}{s+\alpha} = \frac{m}{s} \quad \text{und} \quad \frac{m+\alpha+1}{s+\alpha+2} = \frac{m+1}{s+2}$$

Diese Schlußweise ist jedoch nur dann einwandfrei, wenn a l l e Ereigniszahlen groß sind. Ist eine davon klein, so hat die Annahme über $\gamma\,(x)$ einen wesentlichen Einfluß. Behandelt man dann in Ermangelung positiver Kenntnis $\gamma\,(x)$ als invariant, so kommt dem Ergebnis der Rechnung kein erheblicher Erkenntniswert zu.

Ein extremer Fall wäre $m = 0$ und $n = s = 1000$; für verschiedene Annahmen von $\gamma\,(x)$ ergeben sich die folgenden aposteriorischen Werte von x

$$x = \frac{1}{1002} = 0{,}000\,996 \quad \text{für} \quad \gamma\,(x) = 1$$

$$x = \frac{2}{1003} = 0{,}001\,994 \quad \text{,} \quad \gamma\,(x) = 2x$$

$$x = \frac{11}{1012} = 0{,}010\,869 \quad \text{,} \quad \gamma\,(x) = 11\,x^{10}$$

$$x = \frac{1}{1003} = 0{,}000\,997 \quad \text{,} \quad \gamma\,(x) = 2\,(1-x)$$

$$x = \frac{1}{1012} = 0{,}000\,998 \quad \text{,} \quad \gamma\,(x) = 11\,(1-x)^{10}$$

Geben wir noch ein Beispiel für ein kleines s , bei dem das Ergebnis der Rechnung auf den ersten Blick widerspruchsvoll erscheint.

$\mathcal{E}$ wäre unter 5 Versuchen 2mal eingetroffen; wie groß ist die Wahrscheinlichkeit, daß es im nächsten Versuch nochmals und in weiteren 4 Versuchen noch viermal eintritt?

Auf die erste Frage ergibt die Rechnung $\dfrac{2+1}{5+2} = \dfrac{3}{7}$ und auf die zweite Frage

$$\frac{\displaystyle\int_0^1 x^6\,(1-x)^3\,dx}{\displaystyle\int_0^1 x^2\,(1-x)^3\,dx} = \frac{6!}{2!\cdot 3!} \cdot \frac{6!\,3!}{10!} = \frac{1}{14}$$

Nun ist $\dfrac{3}{7} < \dfrac{1}{2}$ und $\dfrac{1}{14} > \left(\dfrac{1}{2}\right)^4 = \dfrac{1}{16}$

was mit den Grundgesetzen der Wahrscheinlichkeitslehre im Widerspruch zu stehen scheint. Derselbe klärt sich jedoch auf, wenn man den folgenden richtigen Schluß zieht:

Nach den ersten 5 Versuchen hat das Eintreffen von $\mathfrak{E}$ die aposteriorische Wahrscheinlichkeit $\tfrac{3}{7}$ für den nächsten Versuch und trifft es bei diesem tatsächlich ein, so gilt für den 7. Versuch $\tfrac{4}{8} = \tfrac{1}{2}$, falls es auch bei diesem eintrifft, für den 8. Versuch $\tfrac{5}{9}$ und ebenso für den 9. Versuch $\tfrac{6}{10}$. Folglich ist die aposteriorische Wahrscheinlichkeit, daß $\mathfrak{E}$ nach den ersten 5 Versuchen noch viermal hintereinander im 6. bis 9. Versuch eintritt

$$\frac{3}{7} \cdot \frac{4}{8} \cdot \frac{5}{9} \cdot \frac{6}{10} = \frac{1}{14}$$

und nur einer der 4 Faktoren ist unter $\tfrac{1}{2}$.

2. Die Hauptaufgabe bei der Erwartungsrechnung

Wieder sei in $s = m+n$ Versuchen oder Beobachtungen das Teilereignis $\mathfrak{E}$ m-mal, das entgegengesetzte Teilereignis $\overline{\mathfrak{E}}$ n-mal zugetroffen, und dies sei als Gesamtereignis $\mathfrak{E}$ bezeichnet. Es besteht die wichtigste Frage: Wie groß ist die Wahrscheinlichkeit, daß in $s' = m'+n'$ künftigen Versuchen oder Beobachtungen, die wir als Gesamtereignis F bezeichnen wollen, das Teilereignis $\mathfrak{E}$ m'-mal, und das entgegengesetzte Teilereignis $\overline{\mathfrak{E}}$ n'-mal eintritt ?

Unter Annahme, daß die unbekannte Wahrscheinlichkeit x von E jeden Wert zwischen 0 und 1 mit gleichem Wahrscheinlichkeitsgewicht haben kann, erfolgt die Berechnung der Wahrscheinlichkeit Π für das Gesamtereignis F nach der Formel von <u>Bayes</u> durch

$$\Pi = \frac{\int_0^1 y\,z\,dx}{\int_0^1 y\,dx} \qquad\qquad \dots\dots\dots\dots\dots\dots 1.)$$

In dieser Formel bedeutet y die Wahrscheinlichkeit, mit der E aus der Ursache U_x zu erwarten ist und z die Wahrscheinlichkeit, mit der die gleiche Ursache das F hervorruft.

Ist das Wahrscheinlichkeitsgewicht nicht im ganzen Bereich von $x=0$ bis $x=1$ invariant, sondern eine Funktion von x, $\gamma = \varphi(x)$, so ist die zweite Formel von Bayes anzuwenden, und dann hat man

$$\overline{\Pi} = \frac{\int_0^1 \gamma\, y\, z\, dx}{\int_0^1 \gamma\, y\, dx} \qquad \dots\dots\dots\dots\dots\dots 2.)$$

In diesen Formeln haben wir

$$y = x^m (1-x)^n \quad \text{und} \quad z = \frac{s'!}{m'!\, n'!}\, x^{m'} (1-x)^{n'}$$

zu setzen. Das beobachtete Ereignis E weist eine bestimmte Reihenfolge des Eintreffens von $\mathcal{E}$ und $\overline{\mathcal{E}}$ auf, während die Reihenfolge im künftigen Ereignis F noch unbekannt ist. Aber selbst wenn man die Reihenfolge in E nicht wüßte, und dementsprechend y noch mit dem Faktor $\frac{s!}{m!\,n!}$ multiplizieren würde, fiele der Faktor aus der Rechnung heraus. Man hat also für invariantes γ die Lösung

$$\overline{\Pi} = \frac{s'!}{m'!\, n'!} \cdot \frac{\int_0^1 x^{m+m'} (1-x)^{n+n'}\, dx}{\int_0^1 x^m (1-x)^n\, dx} \qquad \dots\dots\dots 3)$$

Rechnet man die Integrale aus, so erhält man einen Ausdruck, der nur aus faktoriellen Größen besteht, nämlich

$$\overline{\Pi} = \frac{s'!}{m'!\, n'!} \cdot \frac{(m+m')!\,(n+n')!\,(s+s')!}{(s+s'+1)!\,m!\,n!} \qquad \dots\dots\dots 3a)$$

Bei $m'=1$ und $n'=0$ erhält man aus dieser Formel offenbar die Erwartungswahrscheinlichkeit $\overline{\Pi}\mathcal{E} = \frac{m+1}{s+2}$ für das Teilereignis $\mathcal{E}$. Nach der wahrscheinlichsten Hypothese wäre diese Wahrscheinlichkeit $\frac{m}{s}$, der Unterschied wird umso kleiner, je größer s und m waren. Zwischen dem vorliegenden Problem und dem Theoreme von Bernoulli besteht wohl eine gewisse Analogie, doch gibt es auch einen wesentlichen Unterschied. Bernoulli setzt in seinem Theoreme die von <u>vornherein bekannten</u> aprioristischen Wahrscheinlichkeiten p und q voraus, während unser Problem der Berechnung von Zukunftswahrscheinlichkeiten auf Grund von Erfahrungen aus der Vergangenheit davon ausgeht, daß man durch die Brüche $\frac{m}{s}$ und $\frac{n}{s}$ nur die <u>wahrscheinlichsten</u> Größen p und q zur Verfügung hat.

Setzt man $m' = s'p + \Delta$ und $n' = s'q - \Delta$,

so gelangt man durch die Einführung dieser Ausdrücke in die Formel 3a zur Wahrscheinlichkeit P_Δ einer Abweichung Δ bei m' und n', also bei den künftigen Wiederholungszahlen der Teilereignisse ξ und $\bar\xi$ von den wahrscheinlichsten $\frac{s'}{s} m$ und $\frac{s'}{s} n$, die aus der Erfahrung resultieren. Wir haben

$$P_\Delta = \frac{(s+1)!}{m!\, n!} \cdot \frac{s'!}{(s'p+\Delta)!\,(s'q-\Delta)!} \cdot \frac{[(s+s')p+\Delta]!\,[(s+s')q-\Delta]!}{(s+s'+1)!}$$

$$= A \cdot B \cdot C$$

Nach der Näherungsrechnung von Bernoulli wird unter der Verwendung von $(s+1)! = s \cdot s!$ und $(s+s'+1)! = (s+s')\,(s+s')!$ der Wert

$$A\, p^{sp} q^{sq} \longrightarrow \frac{\sqrt{s}}{\sqrt{2\pi pq}}, \quad \text{der Wert}\quad B\, p^{s'p+\Delta} q^{s'q-\Delta} \longrightarrow \frac{e^{-\frac{\Delta^2}{2s'pq}}}{\sqrt{2\pi s'\cdot p\cdot q}}$$

und der Wert

$$\frac{1}{C}\, p^{(s+s')p+\Delta}\, q^{(s+s')q-\Delta} \longrightarrow \frac{\sqrt{s+s'}\; e^{-\frac{\Delta^2}{2s(s+s')pq}}}{\sqrt{2\pi pq}}$$

der Pfeil deutet asymptotische Näherung bei großem s, m und n symbolisch an. Mit diesen Werten ergibt sich als asymptotische Näherung für das Produkt der drei Werte

$$ABC \longrightarrow \frac{e^{-\frac{\Delta^2}{2pq}\cdot\left(\frac{1}{s}-\frac{1}{s+s'}\right)}}{\sqrt{2\pi s'pq}\cdot\frac{s+s'}{s}}$$

Es besteht also für eine Abweichung zwischen Δ und $d\Delta$ die Wahrscheinlichkeit

$$P_\Delta\, d\Delta = \frac{e^{-\frac{\Delta^2}{2s'pq\cdot\frac{s+s'}{s}}}}{\sqrt{2\pi s'pq}\,\frac{s+s'}{s}}$$

Um den Unterschied gegen das Theoreme von Bernoulli noch klarer herauszuarbeiten, wollen wir isoprobable Grenzen für die Abweichung Δ berechnen, zuerst unter der Voraussetzung der von vornherein bekannten (aprioristischen) Größen p und q dann unter Zugrundelegung der aus der Erfahrung ermittelten (aprioristischen) wahrscheinlichsten Werte von p und q

Im ersten Falle hat man den bekannten Ansatz von Bernoulli

$$\frac{2}{\sqrt{\pi}} \int_0^{\frac{\ell}{\sqrt{2s'pq}}} e^{-t^2}\, dt = \Phi\left(\frac{\ell}{2s'pq}\right) = P$$

im zweiten Fall auf Grund der oben abgeleiteten Formel für p_Δ $d\Delta$

$$\frac{2}{\sqrt{\pi}} \int_0^{\frac{\lambda}{\sqrt{2s'pq}}} e^{-t^2}\, dt = \Phi\left(\frac{\lambda}{\sqrt{2s'pq}\,\frac{s+s'}{s}}\right) = P_1$$

Soll $P_1 = P$ werden, so muß offenbar

$$\frac{\lambda}{\sqrt{2s'pq}\,\frac{s+s'}{s}} = \frac{\ell}{\sqrt{2s'pq}}$$

sein, woraus man $\lambda = \ell \sqrt{\dfrac{s+s'}{s}}$

gewinnt. Die isoprobablen Grenzen fallen also im zweiten Fall weiter auseinander

als im ersten und $\sqrt{\dfrac{s+s'}{s}}$ ist das Maß dieser Erweiterung.

Zahlenbeispiele. Von vornherein sei $p = \dfrac{2}{5}$ und $q = \dfrac{3}{5}$ bekannt für den ersten

Fall, während es für den zweiten Fall durch 500 Versuche, bzw. Einzelbeobach-

tungen aus den Brüchen $\dfrac{200}{500}$ und $\dfrac{300}{500}$ hervorgegangen sein möge. In Zukunft sollen

400 Versuche, bzw. Einzelbeobachtungen folgen. Die wahrscheinliche Abweichung

im ersten Fall ist $0,4767 \ldots \sqrt{2\cdot400\cdot\dfrac{2}{5}\cdot\dfrac{3}{5}} = 65\ldots$, im zweiten Falle $0,4769$

$\ldots \sqrt{2\cdot400\cdot\dfrac{2}{5}\cdot\dfrac{3}{5}\cdot\dfrac{900}{500}} = 87$. Es ist also die Wiederholungszahl m' von ℓ im

ersten Fall innerhalb des Intervalles $153{,}5$ bis $166{,}5$, im zweiten Falle innerhalb

des Intervalles $151,3$ bis $168,7$ mit der isoprobablen Wahrscheinlichkeit von 1/2 zu

erwarten.

In einem Sack sind 8 Kugeln; man weiß nicht, wieviel davon weiß und wieviel

davon schwarz sind. Es werden ohne Zurücklegung 4 Kugeln gezogen, wovon 3

weiß sind und 1 schwarz ist. (Beobachtetes Ereignis.) Es sei die Frage gestellt, wie

groß die Wahrscheinlichkeit ist, daß von 3 weiteren gezogenen Kugeln 1 weiß ist

und zwei schwarz sind.

Es gibt 5 mögliche Ursachen :

U_1 .... der Sack enthielt 3 weiße und 5 schwarze Kugeln
U_2 .... " " " 4 " " 4 " "
U_3 .... " " " 5 " " 3 " "
U_4 .... " " " 6 " " 2 " "
U_5 .... " " " 7 " " 1 " Kugel.

Die aus den einzelnen Ursachen entstehenden Wahrscheinlichkeiten für das be-

obachtete Ereignis E sind : $P_1 = \dfrac{3}{8}\cdot\dfrac{2}{7}\cdot\dfrac{1}{6}\cdot\dfrac{5}{5} = \dfrac{5}{280}$

$$P_2 = \frac{4}{8} \cdot \frac{3}{7} \cdot \frac{2}{6} \cdot \frac{4}{5} = \frac{16}{280} \quad ; \quad P_3 = \frac{5}{8} \cdot \frac{4}{7} \cdot \frac{3}{6} \cdot \frac{3}{5} = \frac{30}{280}$$

$$P_4 = \frac{6}{8} \cdot \frac{5}{7} \cdot \frac{4}{6} \cdot \frac{2}{5} = \frac{40}{280} \quad ; \quad P_5 = \frac{7}{8} \cdot \frac{6}{7} \cdot \frac{5}{6} \cdot \frac{1}{5} = \frac{35}{280}$$

Die Erwartungswahrscheinlichkeiten y für die drei vorgegebenen weiteren Ziehungen sind:

$$y_1 = 0 \quad ; \quad y_2 = 3 \, \frac{1 \cdot 3 \cdot 2}{4 \cdot 3 \cdot 2} = \frac{3}{4} \quad ;$$

$$y_3 = 3 \, \frac{2 \cdot 2 \cdot 1}{4 \cdot 3 \cdot 2} = \frac{1}{2} \quad ; \quad y_4 = 0 \quad ; \quad y_5 = 0$$

Die aprioristische Erwartungswahrscheinlichkeit für das vorgegebene Zukunftsereignis F ist:

$$\overline{\Pi} = P_2 \, y_2 + P_3 \, y_3$$

Betrachtet man die Ursachen in Ermangelung eines genaueren Wissens als vom gleichen Wahrscheinlichkeitsgewicht, so ist

$$P_2 = \frac{16}{5 + 16 + 30 + 40 + 35} = \frac{8}{63} \quad \text{und} \quad P_3 = \frac{15}{63} \quad \text{woraus man} \quad \overline{\Pi} = \frac{3}{14}$$

errechnet.

Unter der Annahme, daß die ersten vier Kugeln aus einem Sack mit unbegrenzten Mengen weißer und schwarzer Kugeln gezogen worden wären, ohne daß man das Mischungsverhältnis kennt, so daß dann die unbekannte Wahrscheinlichkeit für das Ziehen einer weißen Kugel alle Werte zwischen 0 und 1 annehmen kann, aber während der Ziehungen so gut wie invariant bleibt, erhalten wir nach dem Satz von Bayes für

$$\overline{\Pi} = \frac{s'! \, \int_0^1 x^{m+m'} (1-x)^{n+n'} \, dx}{m'! \, n'! \, \int_0^1 x^m (1-x)^n \, dx}$$

$$= \binom{3}{1} \frac{\int_0^1 x^4 (1-x)^3 \, dx}{\int_0^1 x^3 (1-x) \, dx} = 3 \, \frac{\frac{4! \, 3!}{8!}}{\frac{3! \, 4!}{5!}} = \frac{3}{14}$$

Das Ergebnis der Rechnung ist das gleiche wie vorhin und diese Übereinstimmung gilt für jede beliebige Zahl N der Kugeln im Sack. Die Erwartungswahrscheinlichkeit ist also à priori unabhängig von der Menge der Kugeln im Sack. Dieses Zahlenbeispiel leitet zum nächsten Abschnitt über.

3. Empirische Wahrscheinlichkeitsbestimmung

Bei Lotterien, bei verlosbaren Wertpapieren mit fester Verzinsung und ähnlichen
Dingen des Wirtschaftslebens kann man die Erwartungswahrscheinlichkeiten auf
Grund einer Analyse der Ursachen errechnen. Aber bei den meisten Erscheinungen
des wirtschaftlichen und gesellschaftlichen Lebens geht das nicht und deshalb hat
man zu einer anderen Methode greifen müssen, nach der die Erwartungswahrscheinlichkeiten auf Grund von Erfahrungen, statistischen Erhebungen der Vergangenheit
ermittelt werden. Der deutsche Mathematiker R. L ä m m e l hat dafür die Bezeichnung "statistische Methode" vorgeschlagen.

Bezüglich des Erkenntniswertes der einen oder der anderen Methode kann man kein
allgemein gültiges Urteil fällen. Bei der ersten Methode hängt es vom Grad der
Sicherheit ab, mit der man über das relative Maß der Möglichkeiten der Einzelfälle Aussagen machen kann, insbesondere von dem Grad der Berechtigung, mit
der man die Einzelfälle als gleich möglich, als vom gleichen Wahrscheinlichkeitsgewicht, ansehen darf. Bei der zweiten Methode sind für den Erkenntniswert
der Umfang der gesamten Erfahrung, richtiger die Menge der Erhebungen und die
Sorgfalt, mit der sie gemacht wurden, schließlich auch die richtige Wertung der
primären Erhebungsdaten bei deren Verarbeitung zu Wahrscheinlichkeitsbrüchen
maßgebend; es wird aber doch in den meisten Fällen die Annahme nötig werden,
daß die Einzelerfahrungen als vom gleichen Wahrscheinlichkeitsgewicht anzusehen sind, da man zumeist kein reales Mittel an der Hand hat, etwaige Unterschiede der Wahrscheinlichkeitsgewichte zahlenmäßig festzustellen. Es kann sich somit
durchaus ergeben, daß auf Grund einer breiten Erfahrung ermittelte Erwartungswahrscheinlichkeiten den Vorzug verdienen, selbst dann, wenn eine aprioristische
Erwartungswahrscheinlichkeit, wie bei Lotterien und verlosbaren Wertpapieren
durchaus möglich wäre, die theoretischen Voraussetzungen der Rechnung in der
praktischen Wirklichkeit aber nur angenähert zutreffen, oder nicht genügende Sicherheit darüber besteht.

So ist z. B. die Erwartungswahrscheinlichkeit, mit einem Würfel eine bestimmte
Augenzahl zu werfen, theoretisch à priori 1/6, aber dabei wird die Voraussetzung
gemacht, daß der Würfel wirklich einem geometrischen Würfelgebilde vollkommen
entspricht, daß das Material des Würfels ein homogenes spezifisches Gewicht hat,
bzw. daß der Schwerpunkt der Würfelmasse genau in den Schnittpunkt der vier
Diagonalen fällt. Sind die Augen vertieft, so verschiebt sich der Schwerpunkt
etwas gegen die Ecke der drei Flächen mit den Augenzahlen 1, 2 und 3. Es kann
sich dann aus sehr zahlreichen Würfen sehr wohl ergeben, daß die relative Häufigkeit der Würfe 4, 5 und 6 etwas größer ist, als die relative Häufigkeit der Würfe
1, 2 und 3. Es ist dann die statistische Methode als die zuverlässigere anzusehen.

An p r a k t i s c h e r T r a g w e i t e ist deshalb die empirische Methode der aprioristischen weit überlegen, denn wenn man das Gebiet der gesellschaftlichen und

wirtschaftlichen Wirklichkeit oder der naturwissenschaftlichen und technischen Erkenntnis betritt, hört die Durchführbarkeit des Verfahrens nach aprioristischer Wahrscheinlichkeit so gut wie völlig auf. Denken wir etwa nur daran, daß die Ermittlung der durchschnittlichen Niederschläge während eines Jahres oder einer Saison für ein bestimmtes Gebiet nicht nur von metrologischer, sondern auch von großer wirtschaftlicher Bedeutung ist, wobei eine aprioristische Ermittlungsmethode gar nicht in Frage kommen kann. Oder auch daran, daß die Erwartungswahrscheinlichkeiten bei Elementarschäden für das Versicherungswesen grundlegend, aber auch nur lediglich statistisch ermittelbar sind.

Außerdem sind die Fragen, die in den Natur- oder Sozialwissenschaften gestellt werden, häufig so verwickelt, daß man schon aus diesem Grunde von jedem Versuch einer aprioristischen Ermittlung von Erwartungswahrscheinlichkeiten abgeschreckt sein wird, auch wenn die Struktur der betreffenden Probleme eine solche Behandlung nicht völlig ausschließen würde. Man hätte mit ganz außergewöhnlichen mathematischen Schwierigkeiten zu rechnen, ehe man zu den in ein Verhältnis zu setzenden günstigen und möglichen Mengen eine Bewertungsgrundlage finden würde. Mittlere Flächenfunktionen, bestimmt nach T s c h e b y s c h e f f sind schon mathematisch schwierig genug, es können aber auch mittlere Gebilde mehrdimensionaler Räume auftreten, also Aufgaben, die m. W. noch nicht einmal in der reinen mathematischen Theorie gelöst worden sind.

Eine der einfachsten Fragen des gesellschaftlichen Lebens ist die Erwartungswahrscheinlichkeit einer männlichen Geburt. Selbst wenn die physiologische Seite der Frage durch die medizinische Wissenschaft restlos geklärt wäre, kämen noch Zeugungsgewohnheiten (27) der verschiedenen Bevölkerungsschichten mit in Betracht, welche die rein physiologische Erwartungswahrscheinlichkeit verzerren können. Es bleibt also lediglich der Weg der empirischen Ermittlung übrig.

Ähnlich ist es mit der Frage nach der Erwartungswahrscheinlichkeit, daß ein Mann bestimmten Alters und Zugehörigkeit zu einem bestimmten Personenkreis (Berufsgruppe) innerhalb einer vorgegebenen Zeit heiraten oder sterben wird. Ebenso, daß an einer bestimmten Krankheit leidende Personen genesen werden usw. In allen diesen Fällen ist die Erwartungswahrscheinlichkeit nur aus der aposteriorischen statistischen relativen Häufigkeit zu gewinnen.

Auch die empirische Ermittlung von Erwartungswahrscheinlichkeiten ist in vielen Fällen keineswegs einfach. So insbesondere, wenn es bei Schadenserwartungen auch Teilschäden geben kann, wie durch Feuer und Hagel, durch Verkehrsunfälle bei Transporten, durch Betriebsunfälle bei der Belegschaft. Man gelangt dabei zu komplizierten e-Funktionen, etwa nach den Sätzen von Poisson.

---

(27) So etwa die Gewohnheit, nur dann noch ein weiteres Kind zu zeugen, wenn die vorhergegangenen zwei oder mehr Geburten weiblich gewesen sind.

4. Vom Zufall abhängige Gewinne und Verluste

Die mathematische Erwartung. Es wäre eine Reihe zufälliger sich gegenseitig ausschließender Ereignisse $F_1, F_2, \ldots F_n$ mit den zugehörigen Wahrscheinlichkeiten $P_1, P_2, \ldots P_n$ zu erwarten. Die Ereignisse bringen Gewinne oder Verluste in den Beträgen $a_1, a_2, \ldots a_n$ mit sich, wobei wir uns im Falle des Gewinns ein positives, im Falle des Verlustes ein negatives a_i denken wollen. Es ist ein ungewisser Gewinn oder Verlust zu erwarten, der n verschiedene Werte, jeden mit bestimmter Wahrscheinlichkeit annehmen kann. Die Frage gehe dahin, wie groß der Mittelwert der Erwartungen ist.

So wie dies in der Wahrscheinlichkeitsrechnung üblich ist, veranschaulichen wir das Problem durch das Ziehen von Kugeln aus einem Sack, der N Kugeln enthält. Davon tragen b_1 Kugeln die Zahl a_1, b_2 Kugeln die Zahl $a_2, \ldots b_n$ Kugeln die Zahl a_n. Jeder Zug aus dem Sack bringt eine Kugel, deren Zahl a_i sein möge. Für jede Kugel mit der Zahl a_i besteht die Wahrscheinlichkeit des Ziehens $p_i = \dfrac{b_i}{N}$ Der Mittelwert $\bar{a}$ der Zahlen ist

$$\bar{a} = \sum_{i=1}^{n} a_i \, p_i \qquad \ldots\ldots\ldots\ldots 1.)$$

und dabei gilt die Beziehung

$$\sum_{i=1}^{n} p_i = 1 \qquad \ldots\ldots\ldots\ldots 2.)$$

Bringt nur das Ereignis F_1, einen Gewinn oder Verlust a_1, so sind die anderen Werte von $a_i = 0$ zu setzen und es wird

$$\bar{a} = p\,a \qquad \ldots\ldots\ldots\ldots 3.)$$

Den Mittelwert $\bar{a}$ bezeichnet man als mathematische Erwartung der ungewissen Zukunft. Somit ist die auf einen einzelnen Gewinn oder Verlust entfallende mathematische Erwartung das Produkt aus der möglicherweise anfallenden Summe und der Wahrscheinlichkeit, mit der sie zu erhoffen ist; die auf eine Reihe von Gewinn- oder Verlustmöglichkeiten bezogene mathematische Erwartung ist die Summe der Produkte aus den möglicherweise anfallenden Gewinn- oder Verlustbeträgen und den zugehörigen Erwartungswahrscheinlichkeiten. Den letzteren Fall bezeichnet die Versicherungsmathematik als "totale mathematische Erwartung" zum Unterschied von den "mathematischen Einzelerwartungen", aus denen sich die totale zusammensetzt.

5. Mathematische Erwartung aus wiederholter Erfahrung

Das Problem tritt in seiner typischen Art am häufigsten in der Versicherungsmathematik auf, doch sind da die Verhältnisse in der Regel ziemlich kompliziert, so daß die prinzipielle Lösung wenig anschaulich und verständlich ist. Deswegen gehen wir vom Spielen in einem Wettbüro aus, wo sich die prinzipielle Erkenntnis viel unschwieriger nackt legen läßt.

Gehen wir wieder von einem Ereignis $\mathcal{E}$ aus, das zufällig eintreten oder ausbleiben kann. Dabei sind s Fälle beobachtet worden. Für das Eintreffen von $\mathcal{E}$ sei der Preis a ausgesetzt gewesen. Hätte ein Spieler in allen s Fällen gewettet, so hätte er folgende möglichen Einnahmesummen erzielen können:

$$s a, \quad (s-1)a, \quad \ldots\ldots, (s-r)a, \ldots\ldots, a, \quad 0 \; .$$

Ihre Wahrscheinlichkeiten sind durch die Glieder nach dem Binomialsatz - Entwicklung von $(p+q)^s$ - bestimmt, wenn sich aus der Erfahrung für das Eintreffen von $\mathcal{E}$ die relative Häufigkeit p und für das Ausbleiben von $\mathcal{E}$ die relative Häufigkeit $1-p = q$ ergeben hätte. Speziell für die Summe $(s-r)\,a$ bestand somit die Wahrscheinlichkeit

$$\binom{s}{r} p^{s-r} q^r \; .$$

Mithin ist die aus der wiederholten Erfahrung hervorgehende Gesamterwartung E des Spielers

$$E = a \sum_{r=0}^{s} (s-r) \binom{s}{r} p^{s-r} q^r \; .$$

Um den Wert der Summe zu ermitteln, schalten wir bei der Ableitung des Integrals von Laplace eine Hilfsvariable t ein und schreiben

$$(tp + q)^s = \sum_{r=0}^{s} \binom{s}{r} (tp)^{s-r} q^r \; .$$

Durch Differentiation nach t entsteht

$$\sum_{r=0}^{s} (s-r) \binom{s}{r} (tp)^{s-r} q^r = sp\,(tp-q)^{s-1}$$

und daraus ergibt sich, indem man $t=1$ setzt,

$$\sum_{r=0}^{s} (s-r) \binom{s}{r} p^{s-r} q^r = sp$$

Demnach ist $E = spa$, also das s -fache der auf das einmalige Eintreffen von F entfallende mathematische Erwartung pa.

Da sich die auf mehrere voneinander unabhängige und sich gegenseitig ansschliessende Ereignisse beziehende Erwartungen bei der Bildung der Gesamterwartung summieren, so kann auch für den allgemeinen Fall die Regel aufgestellt werden: Wenn auf die Zukunftsereignisse $F_1, F_2, \ldots F_n$, deren Eintreffenswahrscheinlichkeiten $p_1, p_2, \ldots p_n$ sind, welche sich zur Einheit ergänzen, die Preise $a_1, a_2, \ldots a_n$ ausgesetzt sind, so ist die auf s -malige Verwirklichung der allgemeinen Bedingungen gerichtete mathematische Gesamthoffnung

$$E = s\left(p_1 a_1 + p_2 a_2 + \ldots \ldots + p_n a_n\right)$$

6. Beziehung der mathematischen Erwartung zum wahrscheinlichsten Erfolg

Die sachliche Bedeutung der Erwartung geht aus der folgenden Betrachtung hervor. Auf das Eintreffen des Ereignisses F sei ein Preis a ausgesetzt, die Wahrscheinlichkeit des Eintritts ist p . Kann das Ereignis nur einmal eintreten, so hätte ein Wettbüro für seine Risikenquote der einzuzahlenden Prämie offenbar den Betrag in Rechnung zu stellen. Kann das Ereignis s -mal eintreten und ist s eine Zahl, die sich im Verhältnis $p : (1-p)$ ganzzahlig teilen läßt, so ist die Risikenquote spa weil die Kombination sp-mal F und $s(1-p)$ mal nicht F unter allen möglichen Kombinationen nach dem Binomialsatz die wahrscheinlichste ist. Die durchschnittlich auf ein Eintreten des Ereignisses F zu zahlende Summe ist dann pa.

Sind sp und $s(1-p)$ keine ganzen Zahlen, so gibt es zwischen $sp - 1 + p$ und $sp + p$ eine ganze Zahl, die wir mit $sp + \delta$ symbolisch anschreiben, wobei $|\delta| < 1$ bleibt und die so beschaffen ist, daß $(sp + \delta)$ -mal F und $[s(1-p) - \delta]$ -mal nicht F die wahrscheinlichste aller möglichen Kombinationen ist. Die wahrscheinlichste Leistung des Wettbüros betägt jetzt $(sp + \delta)a$ und davon entfällt durchschnittlich auf das einmalige Eintreffen von F der Betrag $ap + \dfrac{a\delta}{s}$, der sich mit wachsendem s dem Grenzwert ap nähert. Die wahrscheinlichste durchschnittlich auf s Eintritte und Nichteintritte des Ereignisses F entfallende Gewinnausschüttung ist gleich der auf das einmalige Eintreten entfallenden Riske oder weicht davon höchstens um $\dfrac{1}{s}$ ab.

7. Beziehungen zwischen Preis und Einsatz; Gewinnteilungsregel

Ein Wettbüro setzt auf das Eintreffen des Ereignisses F mit der Wahrscheinlichkeit p einen Preis a aus und geht diese Verbindlichkeit s-mal ein. Dann ist spa die wahrscheinlichste Leistung, welche dem Wettbüro zufallen wird. Soll ihm daraus weder ein Gewinn, noch ein Verlust entstehen, so wird es von den wettenden Spielern die gleiche Summe als Einsatz fordern müssen (Dies gilt ohne Berechnung eigener Spesen des Büros). Der auf eine Entscheidung zu leistende Einsatz wäre dann offenbar *pa*.

Es gilt also der Satz: Die auf den ausgesetzten Preis bezogene mathematische Erwartung ist gleich dem rechtmäßigen Einsatz bzw. der Riskenquote.

Hat eine Person die Anwartschaft, den Preis a mit der Wahtscheinlichkeit p zu gewinnen, so bedeutet diese Anwartschaft vor der Entscheidung einen Besitz, der mit dem Wert zu bemessen ist, den die Person in der Riskenquote des Einsatzes geleistet hat, also mit der mathematischen Erwartung pa, dieser Betrag würde auch den rechtmäßigen Kaufpreis bilden, um welchen die Anwartschaft an eine andere Person überzugehen hätte. Nicht aber darf die mathematische Erwartung als derjenige Betrag erklärt werden, den die betreffende Person vor der Entscheidung als sicheren Besitz anzusehen berechtigt ist. (28) Der mathematischen Hoffnung kommt im Grunde genommen für den Fall des einmaligen Wettens keine ähnliche Bedeutung zu, denn aus ihr kann entweder eine Vermögensänderung um a oder gar keine, niemals aber ein Zuwachs um pa entspringen. Erst wenn es sich um eine sehr große Zahl von Wetten handeln würde, um ein Massenspiel, erlangt pa eine realere Bedeutung, indem es dann den durchschnittlichen Vermögenszuwachs aus einer von vielen Wetten darstellt. Die Wahrscheinlichkeitsrechnung kann daher zur Regelung eines einzelnen Spieles nichts aussagen, da dieses immer eine Sache des persönlichen Entschlusses, unter Umständen ein Wagnis ist. Hingegen ist sie zur Regelung von Massenspielen, worunter auch alle mit zufälligen Ereignissen zusammenhängende ernsthafte Unternehmungen gemeint sein mögen, durchaus in der Lage, wie z. B. in der ganzen Sachversicherung.

Die vorerwähnte Skepsis Poissons trifft auf Lebensversicherungspolicen nicht zu, insbesondere nicht, wenn der Versicherungsträger zum jederzeitigen Rückkauf der Police verpflichtet ist. In diesem Falle wird der Rückkaufspreis aus der Summe der Riskenquoten der bereits bezahlten Prämien berechnet, vermehrt um die Zinsen vom Fälligkeitstage jeder Prämie bis zum Rückkaufstag nach dem Zinsfuß der versicherungsmathematischen Rechnung. Dieser Rückkaufspreis ist die mathematische Erwartung des Versicherten zur Zeit des Rückkaufs, wenn man eine stabile Geldeinheit voraussetzt, wie dies in der versicherungsmathematischen Rechnung nicht anders möglich ist.

Betrachten wir ein geordnetes oder - wie man sagt - "billiges" Spiel. Das Wettbüro setzt auf ein zufälliges Ereignis F , das mit der Wahrscheinlichkeit p zu erwarten ist, den Preis a und fordert als Einsatz pa. Tritt F ein, so erzielt der Spieler einen Gewinn von $\alpha = a - pa = qa$, bleibt F aus, so verliert er $\beta = pa$. Tritt F ein, so erleidet das Wettbüro einen Verlust $\alpha = a - pa = qa$, bleibt F aus, so ge-

---

(28) Vergleiche Poisson, Recherches sur la probabilité, deutsch von H. S c h n u s e , Seite 42.

winnt es $\beta = p\mathfrak{a}$. Aus $\alpha = q\mathfrak{a}$ und $\beta = p\mathfrak{a}$ folgt ebenso $p\mathfrak{a} - q\beta = 0$, aber $p\mathfrak{a} - q\beta$ ist die gesamte Erwartung des Spielers, $q\beta - p\alpha$ die gesamte Erwartung des Wettbüros. Daraus folgt der Satz:

In einem geordneten Spiel ist die gesamte Erwartung beider Beteiligter gleich Null.

Hat beim Spiel einer der Beteiligten, α mit der Wahrscheinlichkeit p zu gewinnen oder β mit der Wahrscheinlichkeit q zu verlieren, so ist seine gesamte mathematische Erwartung $E = p\alpha - q\beta$. Das Spiel ist für ihn vorteilhaft, wenn $E > 0$, unvorteilhaft, wenn $E < 0$.

Steht in einem Spiel die Summe σ, hat der eine Beteiligte die Wahrscheinlichkeit p, der andere die Wahrscheinlichkeit q, das Spiel zu gewinnen, so kann die Frage entstehen, wie sie sich in die Summe σ billig zu teilen hätten, wenn sie auf die Entscheidung durch den Zufall verzichten wollen. Der erste nimmt entweder σ mit der Wahrscheinlichkeit p oder 0 mit der Wahrscheinlichkeit q ein; seine Erwartung ist $p\sigma$. Die Erwartung des Partners ist analog $q\sigma$. Diese Erwartungen stellen auch die rechtmäßigen Anteile dar, wenn die Spieler vor der Entscheidung zu teilen beabsichtigen.

8. Die mathematische Erwartung bei Quotienten

Wenn wir zwei Größen X und Y haben, von denen jeder m Werte annehmen kann, und wir fragen nach der mathematischen Erwartung des Quotienten $\frac{Y}{X}$, so ist die Sache nicht ganz so einfach wie beim Produkt $X \cdot Y$. Behandeln wir zuerst den einfachen Fall der Erwartung von $\frac{1}{X}$. Die Werte $x_1, x_2, \ldots x_m$ sollen $n_1, n_2, \ldots n_m$ mal vorkommen und

$$\sum_{i=1}^{m} n_i = N$$

sein. Die Erwartungswahrscheinlichkeit für x_i ist dann $p_i = \frac{n_i}{N}$. Die gesamte mathematische Erwartung für alle m Werte von X ist dann

$$E\,\frac{1}{x} = \frac{1}{N} \sum_{i=1}^{m} \frac{n_i}{x_i} = \frac{\displaystyle\sum_{i=1}^{m} \frac{n_i}{x_i}}{\displaystyle\sum_{i=1}^{m} x_i} = \frac{1}{\bar{x}_h}$$

worin $\bar{x}_h$ das harmonische Mittel der Werte x_i bedeutet. Die totale Erwartung aller $\frac{1}{x_i}$ ist also gleich dem reziproken Wert des harmonischen Mittels der Werte x_i.

Dieses harmonische Mittel gilt auch dann, wenn es sich auf ein Kollektiv größeren Umfangs als N bezieht.

Haben die x_i durchwegs positive Werte, so ist stets das arithmetische Mittel größer als das harmonische; wenn $\bar{x} > \bar{x}_h$, so ist auch $E\frac{1}{x} > \frac{1}{Ex}$. Setzt man $x_i - Ex = \delta_i$ oder $x_i = Ex + \delta_i$, so kann man auch schreiben:

$$E\frac{1}{x} = \sum_{i=1}^{m} \frac{p_i}{Ex + \delta_i}$$

Wenn Ex nicht 0 ist und $|\delta_i| < E_x$ bleibt, so kann man $\frac{1}{Ex + \delta_i}$ bekanntlich in eine unendliche Reihe entwickeln und es wird

$$\frac{1}{Ex + \delta_i} = \frac{1}{Ex} - \frac{\delta_i}{(E_x)^2} + \frac{\delta_i^2}{(Ex)^3} - \frac{\delta_i^3}{(E_x)^4} + \cdots$$

man hat dann

$$E\frac{1}{x} = \frac{\sum_{i=1}^{m} p_i}{Ex} - \frac{\sum_{i=1}^{m} p_i \delta_i}{(Ex)^2} + \frac{\sum_{i=1}^{m} p_i \delta_i}{(E_x)^3} - \cdots \quad 1)$$

Setzt man noch

$$\sum p_i \delta_i^2 = E\delta^2 = E(x_i - Ex)^2$$

und überhaupt

$$\sum p_i \delta^r = E\delta^r = E(x_i - Ex)^r$$

so verwandelt sich 1.) in

$$E\frac{1}{x} = \frac{1}{Ex} + \frac{E\delta^2}{(Ex)^3} - \frac{E\delta^3}{(Ex)^4} + \cdots$$

$$= \frac{1}{Ex}\left\{1 + \frac{E\delta^2}{(Ex)^2} - \frac{E\delta^3}{(Ex)^3} + \cdots \right\} \quad 2)$$

Die unendliche Reihe konvergiert, wenn kein $\delta_i \gtreqless Ex$ ist, und wenn jedes δ_i im Verhältnis zu Ex klein bleibt, ist der Fehler bei Vernachlässigung der höheren Glieder gering, weil dann eine rasche Konvergierung der Reihe vorliegt. Falls jedoch einzelne $\delta_i > Ex$ wären, könnte man nicht mit Sicherheit auf eine Konvergenz der Reihe schließen und letzteren bliebe dann nur mehr oder minder wahrscheinlich. Wir merken hier an, daß gerade für die theoretisch und praktisch so wichtige "normale Dispersion" die Reihe 2. nicht konvergiert. Aber in Bezug auf die Form, in der die zufällig variierbaren Werte von X auftreten, sind wir nun in keiner Weise gebunden. Dieselbe Reihe gilt auch für jede von X abhängige Größe Y z. B. für

$$x = \sqrt{y}, \quad x = y^2, \quad x = y^r, \quad x = (z - y)^m \quad \text{usw.}$$

Nun können wir zur mathematischen Erwartung eines Quotienten übergehen. Die Größe X habe wieder m verschiedene Werte, die Größe Y möge m' Werte annehmen können. Stellen wir eine sogenannte Korrelationstabelle der Kombinationen zu Wahrscheinlichkeitspaaren $Px_i P_{y_{i(x)}}$ auf, wobei wir unter $P_{y_{i(x)}}$ die bedingte statistische Wahrscheinlichkeit jenes Kollektivs von Paaren verstehen, in welchen kein x_i vorkommt. Dies ist nötig, wenn wir keine Unabhängigkeit der Wahrscheinlichkeiten voraussetzen.

	x_1	x_2	$\cdots\cdots$	x_m
y_1	$Px_1 P_{y_1(x_1)}$	$Px_2 P_{y_1(x_2)}$	$\cdots\cdots$	$Px_m P_{y_1(x_m)}$
y_2	$Px_2 P_{y_2(x_1)}$	$Px_2 P_{y_2(x_2)}$	$\cdots\cdots$	$Px_m P_{y_2(x_m)}$
$\vdots\ y_{m'}$	$Px_1 P_{y_{m'}(x_1)}$	$Px_2 P_{y_{m'}(x_2)}$	$\cdots\cdots$	$Px_m P_{y_{m'}(x_m)}$

Wir haben dann für die gesamte mathematische Erwartung des Quotienten $\frac{Y}{X}$ die Formel:

$$E\frac{Y}{X} = \sum_{i=1}^{m} \sum_{j=1}^{m'} P_{y_j} P_{x_i}(y_j) \frac{y_i}{x_i} = \sum_{i=1}^{m} \sum_{j=1}^{m'} P_{y_j} Y_j \frac{P x_i(y_j)}{y_j}$$

$$= \sum_{j=1}^{m'} P_{y_j} Y_j \sum_{i=1}^{m} \frac{P x_i(y_j)}{x_i} \qquad\cdots\cdots\cdots\quad 3)$$

Die bedingte Mathematische Erwartung von $\frac{1}{x}$ ist $E^{(i)}\left(\frac{1}{x}\right) = \sum_{i=1}^{m} \frac{P x_i y_j}{x_i}$ und führt man diesen Ausdruck in 3. ein, so erhält man für die mathematische Erwartung von $\frac{Y}{X}$

$$E\frac{Y}{X} = \sum_{j=1}^{m'} P_{y_j} Y_j E^{(i)}\left(\frac{1}{x}\right) \qquad\cdots\cdots\cdots\quad 4)$$

Haben die x_i durchweg positive Werte, so ist

$$E^{(i)}\frac{1}{x} > \frac{1}{E^{(i)}x} \quad\text{und somit auch}\quad E\frac{Y}{X} > \sum_{j=1}^{m'} \frac{P_{y_j} Y_j}{E^{(i)}x}$$

Ist die relative Häufigkeit von x_i unabhängig von den Werten y_j und ebenso die relative Häufigkeit von y_j unabhängig von den Werten x_i, so ist $E^{(i)}\frac{1}{x} = E\frac{1}{x}$ und wir erhalten

$$E\frac{y}{x} = Ey \cdot E\frac{1}{x} \qquad \ldots\ldots 5.)$$

Aber man hat zu beachten, daß die rechte Seite von 5. keineswegs identisch ist mit $\frac{Ey}{Ex}$, denn wenn die x_i durchweg positive Werte sind, so haben wir nach dem früheren $E\frac{y}{x} > \frac{Ey}{Ex}$. Setzen wir wieder $x_i = Ex + \delta_i$ und $y_j = Ey + \vartheta_j$. Wenn weder Ex noch Ey verschwinden, hat man dann

$$E\frac{y}{x} = E\frac{Ey + \vartheta_j}{Ex + \delta_i} = E\left\{ \frac{Ey}{Ex} \cdot \frac{1 + \frac{\vartheta_j}{Ey}}{1 + \frac{\delta_i}{Ex}} \right\}$$

$$= E\left\{ \frac{Ey}{Ex}\left(1 + \frac{\vartheta_j}{Ey}\right)\left(\frac{1}{1 + \frac{\delta_i}{Ex}}\right) \right\}$$

Entwickeln wir wieder den Ausdruck $\dfrac{1}{1 + \frac{\delta_i}{Ex}}$ in eine unendliche Reihe, die konvergiert, wenn jedes $\delta_i < Ex$ ist, so verwandelt sich 3. in

$$E\frac{y}{x} = \frac{Ey}{Ex} E\left\{ \left(1 + \frac{\vartheta_j}{Ey}\right)\left[1 - \frac{\delta_i}{Ex} + \frac{\delta_i^2}{(Ex)^2} - \ldots\ldots\right] \right\}$$

$$= \frac{Ey}{Ex} \cdot E\left\{ 1 - \frac{\delta_i}{Ex} + \frac{\delta_i^2}{(Ex)^2} - \left[\frac{\delta_i^3}{(Ex)^3} - \frac{\delta_i^4}{(Ex)^4} + \ldots\right]\right.$$

$$\left. + \frac{\vartheta_j}{Ey} - \frac{\vartheta_j \delta_i}{Ey Ex} + \frac{\delta_i}{Ex}\left[\frac{\delta_i^2}{(Ex)^2} - \frac{\delta_i^3}{(Ex)^3} + \ldots\ldots\right]\right\}$$

Es ist nun $E\vartheta_j = E(y - Ey) = Ey - Ey = 0$ und ebenso $E\delta_i = Ex - Ex = 0$ und daher wird schließlich nach dem Additionssatz

$$E\frac{y}{x} = \frac{Ey}{Ex}\left\{ 1 + \frac{E\delta_i^2}{(Ex)^2} + \frac{E\delta_i\vartheta_j}{Ey Ex} - E\left[\frac{\delta_i^3}{(Ex)^3} - \frac{\delta_i^4}{(Ex)^4} + \ldots\right]\right.$$

$$\left. + E\left[\frac{\vartheta_j}{Ey}\left(\frac{\delta_i^2}{(Ex)^2} - \frac{\delta_i^3}{(Ex)^3} + \ldots\ldots\right)\right]\right\} \qquad \ldots\ldots 6)$$

Sind die δ_i im Verhältnis zu Ex klein, so kann man die Glieder höherer als zweiter Ordnung vernachlässigen, so gelangt man zur Annäherungsformel

$$E\frac{y}{x} \cong \frac{Ey}{Ex}\left[1 - \frac{E\vartheta_i\,\delta_j}{Ey\,Ex} + \frac{E\delta^2}{(Ex)^2}\right]$$

$$\cong \frac{Ey}{Ex}\left[\frac{Ex^2}{(Ex)^2} - \frac{Ex_i\,y_j}{Ey\,Ex} + 1\right] \quad\dots\dots\quad 7)$$

zu welcher auch Pearson auf anderem Wege gelangt ist. Auch Tschuprow hat eine Näherungsformel gefunden, die von obiger etwas verschieden ist.

9. Die mathematische Erwartung bei stetig veränderlicher Größe x

Wie wir schon bei der Behandlung der Dispersionsfunktionen gesehen haben, kann man die Größe X auch als die unabhängig und stetig Veränderliche einer Funktion $p = \varphi(x)$ ansehen, wobei diese Funktion auch eine mittlere Funktion zu einer Schar isolierter Wertepaare von x und p sein kann. Bleiben die einzelnen Werte der Größe X zwischen den Grenzen α und β, so ist die totale Erwartung

$$Ex = \int_\alpha^\beta x\,\varphi(x)\,dx$$

wenn die Einheit von p so gewählt wurde, daß $\displaystyle\int_\alpha^\beta \varphi(x)\,dx = 1$ wird.

Haben wir mehrere Größen, etwa die drei X, Y, Z, von denen jede m verschiedene Werte mit den relativen Häufigkeiten p_x, p_y, p_z annehmen kann, und haben wir statt der isolierten Wertepaare die stetigen mittleren Funktionen

$$p_x = \varphi(x)\,, \quad p_y = \psi(x)\,, \quad p_z = \chi(x) \quad\dots$$

gegeben, so ist die totale Erwartung des Produkts der drei Größen

$$E\,xyz = \iiint xyz\,\varphi(x)\,\psi(x)\,\chi(x)\,dx\,dy\,dz$$

vorausgesetzt, daß die Einheit der relativen Häufigkeiten p so gewählt wurde, daß in gleichen Integralgrenzen

$$\iiint \varphi(x)\,\psi(x)\,\chi(x)\,dx\,dy\,dz = 1$$

wird.

10. Die allgemeine Bedeutung der Ungleichung von Markoff

Wenn das Streuungsgesetz die Dispersionsfunktion eines Kollektivs mit einem ponderablen Merkmal unbekannt ist und keine genügende Zahl von Stichproben vorliegt, ein angenähertes Gesetz statistisch zu finden, so hat man in der Ungleichung von Markoff ein Hilfsmittel, das nicht nur von erheblicher theoretischer Bedeutung ist, sondern auch eine breite Anwendung in der statistischen Praxis gestattet. Markoff hat seine Ungleichung mit " Lemma " benannt, weil er ursprünglich mit Hilfe derselben lediglich nach einer eleganteren Ableitung der Sätze von T s c h e - b y s c h e f f (29) gesucht hat. Es hat sich erst nachher herausgestellt, daß man aus der Ungleichung von Markoff nicht nur die beiden Sätze von T s c h e b y s c h e f f, sondern außerdem noch eine ganze Reihe anderer Sätze zu entwickeln vermag und dies durch Folgerungen von bemerkenswerter Eleganz. In seinen "Interationen" hat der deutsche mathematische Statistiker von Bortkiewicz diese Tragweite klargelegt. Die Ableitung Markoffs ist scnon von A . G u l d b e r g in seiner Arbeit " Über Markoffs Ungleichung ", Metron, Vol.III. Nr.1, S.3 - 5, 1923, vereinfacht worden, und wir wollen eine weitere Vereinfachung der Schreibweise versuchen, indem wir die bisher von uns geübte beibehalten.

In einem Kollektiv vom Umfang N haben m Exemplare ein gemeinsames ponderables Merkmal mit den positiven oder negativen Kollektivmaßzahlen $x_1, x_2, \ldots \ldots \ldots x_m$.

Von vorneherein bekannt sind deren relative Häufigkeiten $p_1, p_2, \ldots \ldots p_m$, deren Summe

$$\sum_{i=1}^{m} p_i = 1 \qquad \ldots \ldots \ldots \ldots \text{1.)}$$

ist. Wir sehen die Kollektivmaßzahl x als eine unabhängig und zufällig veränderliche Größe an. Wenn wir von jedem der variierenden Werte x den invarianten Wert x_0 in Abzug bringen, der positiv oder negativ sein mag, so gelten für die Differenzen $x_i - x_0$ die gleichen relativen Häufigkeiten wie für die Werte x_i , sie gelten auch für jede S-te Potenz der Differenzen, also für die Werte $|x_i - x_0|^S$.

Die Reihe der Differenzen ordnen wir nach steigendem absoluten Wert, so daß wir schreiben können :

$$0 \leq |x_i - x_0| \leq |x_2 - x_0| \leq \ldots \ldots |x_m - x_0| \qquad \ldots \ldots \text{2.)}$$

(29) M a r k o f f hat dabei darauf aufmerksam gemacht, daß der Grundgedanke des Theoremes von T s c h e b y s c h e f f schon vorher in Arbeiten des französischen Mathematikers vorkommt: „Wir verbinden mit dieser bemerkenswerten und einfachen Ungleichung die zwei Namen B i e n a i m é und T s c h e b y s c h e f f aus dem Grunde, weil sie von T s c h e b y s c h e f f klar ausgesprochen und bewiesen wurde, B i e n a i m é jedoch viel früher auf den Grundgedanken des Beweises hingewiesen hat, in dessen Memoiren „Considerations a l'appui de la decouverte de Laplace sur la loi de probabilité dans la methode des moindres carrés" (Compt. rend. XXXVII, 1853, Journ. de Liouv., 2e série XII, 1867) man auch die Ungleichung selbst finden kann, aber nur durch gewisse zusätzliche Annahmen begrenzt."

Das System der Ungleichung bleibt bestehen, wenn man jedes Glied derselben zur s-ten Potenz erhebt, wobei wir uns $s > 1$ denken.

Wählen wir eine positive Zahl a, die zwischen den Gliedern

$$|x_K - x_0| \quad \text{und} \quad |x_{K+1} - x_0|$$

liegt und schreiben wir wie üblich an:

$$|x_K - x_0| \leqq a < |x_{K+1} - x_0| \quad \text{bzw.}$$

$$|x_K - x_0|^s \leqq a^s < |x_{K+1} - x_0|^s \quad \dots\dots\dots\dots 3.)$$

Betrachten wir jetzt die relativen Häufigkeiten p_i als Wahrscheinlichkeitsgewichte, so ist das gewogene arithmetische Mittel der Werte $|x_i - x_0|$ also das Mittel der absolut genommenen Abweichungen von x_0, durch die

$$\sum_{i=1}^{m} p_i |x_i - x_0|$$

gegeben und wir schreiben anstatt der Σ kurz $\overline{|x_i - x_0|}$. Die Summe kann man in zwei Teile zerlegen, indem man die Glieder 1 bis K zusammenfaßt und ebenso die Glieder von $K+1$ bis m. Das ergibt

$$\overline{|x_i - x_0|} = \sum_{i=1}^{K} p_i |x_i - x_0| + \sum_{i=K+1}^{m} p_i |x_i - x_0| \quad \text{bzw.}$$

$$\overline{|x_i - x_0|}^s = \sum_{i=1}^{K} p_i |x_i - x_0|^s + \sum_{i=K+1}^{m} p_i |x_i - x_0|^s$$

In der ersten Summe der rechten Seite sind alle Werte

$$|x_i - x_0|^s \leqq a^s$$

in der zweiten Summe der rechten Seite hingegen gilt

$$|x_i - x_0|^s > a^s$$

Würde man in der zweiten Summe anstatt jedes $|x_i - x_0|^s$ den Wert a^s setzen, so würde sich demzufolge die Summe verkleinern und wir gelangen zur Ungleichung:

$$\overline{|x_i - x_0|}^s > \sum_{i=1}^{K} p_i |x_i - x_0|^s + a^s \sum_{i=K+1}^{m} p_i \quad \text{oder}$$

$$\frac{1}{a^s} \overline{|x_i - x_0|}^s > \frac{1}{a^s} \sum_{i=1}^{K} p_i |x_i - x_0|^s + \sum_{i=K+1}^{m} p_i \quad \dots\dots\dots 4.)$$

Die zweite Summe der rechten Seite bedeutet offenbar die totale relative Häufigkeit aller $|x_i - x_0| > a$ und wir bezeichnen sie mit $P(>a)$. Analog die totale relative Häufigkeit aller $|x_i - x_0| \leq a$ mit $P(\leq a)$. Weil $P(>a) + P(\leq a) = 1 \dots 5)$ ist und weil man statt der Ungleichung $|x_i - x_0| \leq a$ auch $-a \leq x_i - x_0 \leq +a$ schreiben kann, verwandelt sich 4. in

$$\frac{1}{a^s} \overline{|x_i - x_0|^s} > \frac{1}{a^s} \sum_{i=1}^{K} p_i |x_i - x_0|^s + 1 - P(\mp a)$$

und daraus gewinnt man

$$P(\mp a) > 1 - \frac{1}{a^s} \overline{|x_i - x_0|^s} + \frac{1}{a^s} \sum_{i=1}^{K} p_i |x_i - x_0|^s \quad \dots\dots 6.)$$

Umsomehr gilt selbstverständlich auch

$$P(\mp a) > 1 - \frac{1}{a^s} \overline{|x_i - x_0|^s} \quad \dots\dots 7)$$

Aus den Formeln 6. und 7. ergeben sich in höchst einfacher Folgerung nicht nur die ursprünglichen Theoreme von Tschebyscheff und Markoff, sondern sie enthalten auch alle Verallgemeinerungen und sie können als Obersatz einer ganzen Reihe von Sätzen angesehen werden.

Setzt man z.B. $x_0 = 0, \ s = 1, \ a = t |\overline{x_i}|$,

so erhält man unmittelbar $P(\mp t |\overline{x_i}|) > 1 - \frac{1}{t}$

Hätte man nur positive Werte x_i in einem Kollektiv mit größerem Umfang als N und jenes mit dem Umfang N als Stichprobe daraus, so ist $|\overline{x_i}| = Ex$, der totalen mathematischen Erwartung, und für die x_i innerhalb der Grenzen $-tEx$ und $+tEx$ eine Erwartungswahrscheinlichkeit

$$p(\mp t \, Ex) > 1 - \frac{1}{t} \qquad ^{(30)} \quad \dots\dots 8)$$

Das ist die ursprüngliche Formel des Markoff'schen "Lemma". Setzt man hingegen $x_0 = Me$, dem Medianwert, $s = 1$, $|\overline{x_i - x_0}| = \delta$, so erhält man auch für die Differenzen $|x_i - Me|$ innerhalb der Grenzen $-t\delta$ und $+t\delta$ eine Erwartungswahrscheinlichkeit

$$p(\mp t\delta) > 1 - \frac{1}{t} \quad \dots\dots 9)$$

---

(30) Wir schreiben hier p anstatt P, weil es sich um eine statistische Erwartungswahrscheinlichkeit und nicht um eine von vornherein gegebene relative Häufigkeit handelt.

Hat man wieder nur positive Werte von x_i und setzt man

$$x_0 = Ex = \overline{x_i}, \quad s = 2, \quad \sum_{i=1}^{m} p_i (x_i - x_0)^2 = \mu_2 = \overline{(x - Ex)^2},$$

$$a = t\sqrt{\mu_2},$$

so erhält man mit $\quad \mathcal{P}\left(\mp t\sqrt{\mu_2}\right) > 1 - \dfrac{1}{t^2} \quad \ldots\ldots\ldots \quad 10)$

den ersten Satz von Tschebyscheff.

Setzt man $\quad x_0 = Ex \left| \sum_{i=1}^{m} p_i \left| x_i - Ex \right|^s = \mu_s = E\left| x_i - Ex \right|^s \right.$

und $\quad a = t\sqrt{\mu_s},$

so ergibt sich für die Werte $x_i - Ex$ zwischen den Grenzen $-t\sqrt{\mu_s}$ und $+t\sqrt{\mu_s}$ eine Erwartungswahrscheinlichkeit

$$\mathcal{P}\left(\mp t\sqrt[s]{\mu_s}\right) > 1 - \frac{1}{t^s} \quad \ldots\ldots\ldots \quad 11)$$

Das ist G u l d b e r g s 1. Verallgemeinerung des Theorems von T s c h e b y s c h e f f.

Die 2. Verallgemeinerung bekommt man durch $a = t\sqrt[r]{\mu_r}$. Die Formel von Pear - son folgt aus den Annahmen $s = 2k, r = 2$ und lautet

$$\mathcal{P}\left(\mp t\sqrt{\mu_2}\right) > 1 - \frac{1}{t^{2k}} \left(\frac{\mu_{2k}}{\mu_2^{k}}\right) \quad \ldots\ldots \quad 12)$$

Andere Formeln sind aus der Markoff'schen von L u r q u i n , C a n t e l l i , M e i - d e l l , B.H. C a m p , S e i m a t s u und N a r u m i gefolgert worden.

11. Die mathematische Riske

In Bezug auf z u f ä l l i g e Ereignisse der Zukunft ist, wie wir gesehen haben, bei jedem nach dem Grundsatz der B i l l i g k e i t veranstalteten Spiel und bei jedem geordnet geführten Unternehmen, das man auf ein Spiel zurückführen kann, die t o t a l e m a t h e m a t i s c h e Erwartung gleich Null. Trotz dieser ein- heitlichen Grunderkenntnis stehen jedoch verschiedene derartige Unternehmungen hinsichtlich ihrer Gefährlichkeit nicht ganz gleich da. Eine einfache Überlegung zeigt, daß die Gefahr steigt, wenn unter sonst gleichen Bedingungen die Einsätze vervielfacht werden. Aber auch die Wahrscheinlichkeiten sind nicht ohne Belang. Steigt die Möglichkeit eines großen Verlustes oder die Möglichkeit einer H ä u -

fung kleiner Verluste, so wächst auch die Bedenklichkeit des Unternehmens, d. h. die Gefahr, daß es wegen eingetretener Verluste nicht weiter geführt werden kann und der Unternehmer so der Möglichkeit beraubt wird, durchzuhalten, bis spätere Gewinne die Verluste wieder ausgleichen.

Stets stehen Gewinnhoffnung und Verlusterwartung einander gegenüber, die nach der Regel des billigen Spiels einander gleich sind, bei verschiedenen Spielen aber ungleich ausfallen können, und diese Ungleichheiten geben einen Maßstab für die Riske ab. Der geschäftliche Unternehmer riskiert Aufwendungen; wir setzen ihn einem Spielpartner gleich, der auf das Eintreffen eines zufälligen Zukunftsereignisses, dessen Wahrscheinlichkeit p ist, den rechtmässigen Einsatz

$$E = p\,A \qquad \dots\dots\dots \quad 1)$$

leistet, in der Hoffnung, daß ihm beim Eintreffen des Ereignisses der Wert A zufällt. Er gewinnt also $A - E$, wenn das Ereignis eintritt, und er verliert E , wenn es ausbleibt. Seine Gewinnhoffnung ist offenbar

$$R = p\,(A - E) = p\,(1 - p)\,A = p\,q\,A = q\,E \dots\dots 2)$$

Dagegen ist seine Verlusterwartung $\qquad R' = q\,E \qquad \dots\dots\dots\dots 3)$

Tatsächlich ist $R = R'$. Handelt es sich um ein Spiel, so ist der andere Partner in der umgekehrten Lage, für ihn wäre R' die Gewinnhoffnung und R die Verlusterwartung. Der Wert R oder der ihm gleiche R' wurde von Tetens (31), einem der ersten deutschen Versicherungsmathematiker als "Riske" bezeichnet, später von Wittstein (32) als "mathematische Riske", von Hausdorf (33) als "durchschnittliche Riske", von Czuber (34) als "absolute Riske"; wir wollen bei der letzteren Bezeichnung bleiben.

Bei einer Gruppe von Unternehmungen (Spielen), die unter der gleichen Wahrscheinlichkeit p stehen und sich nur durch die Höhe der Aufwände (Einsätze) voneinander unterscheiden, muß es notwendigerweise einen einheitlichen Gefahrenmaßstab geben, dessen Maßzahl lediglich eine Funktion der Zufallwahrscheinlichkeit ist. Man benützt als Maßzahl den Quotienten aus der absoluten Riske durch den Aufwand (Einsatz) und bezeichnet denselben als "relative Riske" des Unternehmers (Spielers). Sonach wäre in unserem Falle die relative Riske des

(31) J. N. Tetens, Einleitung zur Berechnung von Lebensrenten und Anwartschaften, II. Teil, Leipzig 1786.

(32) Th. Wittstein, Das mathematische Risiko der Versicherungsgesellschaften, Hannover 1885.

(33) F. Hausdorff, Das Risiko bei Zufallsspielen, Leipzig, Ber. 49 1897.

(34) E. Czuber, Wahrscheinlichkeitsrechnung, 5. Aufl., Leipzig 1938.

Unternehmers (Spielers)

$$\varkappa' = \frac{R}{E} = q \quad \ldots\ldots 4)$$

und die des Gegenspielers

$$\varkappa' = \frac{R}{A} = pq \quad \ldots\ldots 4a)$$

Für den Unternehmer (Spieler)·wächst also die relative Riske proportional zur Wahrscheinlichkeit des Mißerfolgs. Den Größen R und R' kommt auch eine unmittelbar verständliche Bedeutung zu: R' wäre der rechtmäßige Einsatz oder die Prämie, welche der Unternehmer bei einer Versicherung gegen Mißerfolg zu leisten hätte. Ebenso wäre R die Rückversicherungsprämie, falls der erste Versicherungsträger eine solche bei einem zweiten vorhaben würde.

Durch die Versicherung ist aber der Unternehmer keineswegs gegen j e g l i c h e n Verlust gedeckt, wie dies ältere Theoretiker der Versicherungsmathematik geglaubt haben. Infolge der Versicherung ändern sich für den Unternehmer lediglich seine Gewinnhoffnung und seine Verlusterwartung, sie werden jetzt

$$R_1 = R'_1 = p \, (A - E - R') = q^2 E,$$

denn der Unternehmer erhält im Falle des Mißerfolges wohl seinen Aufwand E nicht aber die Versicherungsprämie qE zurück.

Man könnte den Versicherungsgedanken weiterspinnen und die Annahme machen, daß sich der Unternehmer auch noch gegen den Verlust der Prämie versichert. In diesem Falle würden Gewinnhoffnung und Verlusterwartung

$$R_2 = R_2' = p \, (A - E - R' - R'_1) = q^3 E$$

werden. Denkt man sich das Verfahren fortgesetzt, indem auch gegen den Verlust der zweiten Prämie versichert wird, bis zum Grenzfall R_∞, so würde die Riske gleich Null werden und alle Aufwände zusammen würden die Summe A ergeben, denn die Aufwände sind

$$E + R + R_1 + R_2 + \ldots = E \, (1 + q + q^2 + \ldots) = \frac{E}{1-q} = \frac{E}{p} = A \, .$$

Dieser Aufwandsumme A stände dann eine absolut sichere Einnahme A gegenüber. Selbstverständlich hätte ein geschäftliches Unternehmen nur dann einen Sinn, wenn $R > R'$ ist, d. h. $q < 1-p$ ist.

In der Versicherungsmathematik pflegt man die größeren $R, R_1, R_2 \ldots R_n$ bzw. $R', R'_1, R'_2, \ldots, R'_n$ als Risken erster, zweiter, dritter usw. Ordnung zu bezeichnen.

Dehnen wir die Überlegung auf einen Erfolg aus, der mehrere Werte annehmen kann, etwa $A_1, A_2, A_3, \dots A_n$. Das entspräche einem Wettspiel, welches mehrere sich gegenseitig ausschließende Ereignisse $F_1, F_2, F_3, \dots, F_n$ zur Grundlage hat, wobei die bezüglichen Wahrscheinlichkeiten $p_1, p_2, p_3, \dots, p_n$ und die ausgesetzten Preise $A_1, A_2, A_3, \dots, A_n$ wären. Die berechtigten Aufwendungen des Unternehmers (der vom Spieler zu leistende Einsatz) wäre

$$E = p_1 A_1 + p_2 A_2 + p_3 A_3 + \dots\dots + p_n A_n \qquad \dots\dots 5)$$

wobei wir

$$\sum_{i=1}^{n} p_i = 1$$

zu setzen haben, wenn eines der Ereignisse F notwendigerweise eintreffen muß. Manche Erfolgswerte A werden größer als E sein, die anderen kleiner. Wir bezeichnen die ersteren mit A_g, die letzteren mit A_k. Die Gewinnhoffnung ist nun

$$R = \sum p_g (A_g - E)$$

und die Verlusterwartung

$$R' = \sum p_k (E - A_k) ,$$

wobei die einem A_g zukommende Wahrscheinlichkeit mit p_g, die einem A_k zukommende mit p_k bezeichnet sein, R und R' müssen wieder einander gleich sein und in der Tat ist

$$R - R' = \sum_{i=1}^{n} p_i (A_i - E) = \sum_{i=1}^{n} p_i A_i - E \sum_{i=1}^{n} p_i = E - E = 0$$

Daher ist auch

$$R = R' = \frac{1}{2} \sum_{i=1}^{n} p_i |A_i - E| \qquad \dots\dots 6)$$

Analog ergibt sich die Riske zweiter Ordnung mit

$$R_1 = R_1' = \frac{1}{2} \sum_{i=1}^{n} p_i |A_i - E - R'| \qquad \dots\dots 7)$$

Die Summe

$$E + R' + R_1' + R_2' + \dots + R_m'$$

nähert sich mit $m \to \infty$ dem größten möglichen Wert des Erfolges (dem höchsten Wettpreis), wie man sich leicht überzeugen kann. Bei gleichem Einsatz E kann die Riske sehr verschieden sein, je nach der Abstufung der möglichen Erfolgswerte (Preise) A und deren Wahrscheinlichkeiten.

Das folgende Z a h l e n b e i s p i e l hat schon <u>Tetens</u> angeführt. Auf einen Würfelwurf seien verschiedene Preise ausgesetzt, und zwar soviel Geldeinheiten als Augen geworfen werden. Der vom Spieler darauf zu leistende Einsatz ist $\bar{E} = 3\,\tfrac{1}{2}$ Geldeinheiten. Die Riske des Spielers beträgt

$$R = \frac{1}{6}\left(\frac{1}{2} + 1\frac{1}{2} + 2\frac{1}{2}\right) = \frac{3}{4} \quad \text{Geldeinheit.}$$

Die relative Riske ist

$$\frac{3}{4} : 3\frac{1}{2} = \frac{3}{14}\ ,$$

so daß der Spieler

$$\frac{3}{14} \quad \text{oder} \quad 21\frac{3}{7}\ \%$$

Prämie für Versicherung gegen Verlust zu zahlen hätte. Tut er dies, so ist sein gesamter Aufwand $4\,{}^{1}/_{4}$ Geldeinheiten und dieser wird nur noch durch die Preise 5 und 6 Geldeinheiten übertroffen, seine Riske ist nunmehr

$$R_1 = \frac{1}{6}\left(\frac{3}{4} + 1\frac{3}{4}\right) = \frac{5}{12}$$

Geldeinheiten, die relative Riske $\dfrac{5}{51}$

Geschäftlich hat das Unternehmen wieder nur einen Sinn, wenn $R > R'$, d. h. wenn

$$\sum p_g\,(A_g - E) > \sum p_k\,(E - A_k)$$

ist. Bezeichnen wir die Differenz $R - R'$ mit S und beachten wir, daß S der zu erwartende Gewinnsaldo ist, so erscheint bei mehreren möglichen Unternehmungen, die sich gegenseitig ausschließen, jenes am vorteilhaftesten, bei welchem $\dfrac{S}{E}$ ein Größtwert wird.

Nun betrachten wir den Fall, daß der Erfolgswert X zwischen den Grenzen X_1 und X_2 stetig variieren kann und die zukommende Wahrscheinlichkeit p eine Funktion $y = \varphi(x)$ ist. Muß ein Erfolg x zwischen den Grenzen x_1 bis x_2 notwendigerweise eintreten, so ist

$$\int_{x_1}^{x_2} y\,dx = 1$$

Der berechtigte Aufwand wird

$$E = \int_{x_1}^{x_2} y\,x\,dx$$

sein. Die Funktion $y = \varphi(x)$ ist die Dispersionsfunktion der Werte x . In der

Regel werden sehr kleine und sehr große Werte von x relativ selten sein und gewisse mittlere Werte relativ häufig. Das ergibt also eine sogenannte normale Dispersion und die Funktion $y = \varphi(x)$ hat in graphischer Darstellung ungefähr die bekannte Glockenform. Wenn x_1 und x_2 nicht sehr verschieden voneinander sind, muß diese Glockenform auch für die Funktion $\dfrac{dE}{dx} = yx$ gelten. Diese hat unter

der Bedingung $\dfrac{dy}{dx} = \varphi'(x) = -\dfrac{y}{x}$ ein Maximum, welches größer als

$\dfrac{E}{x_2 - x_1}$ ist. Dagegen sind $y_1 x_1$ und $y_2 x_2$ kleiner als $\dfrac{E}{x_2 - x_1}$

In gewissen Abszissen x_3 und x_4 wird $yx = \dfrac{E}{x_2 - x_1} = \mathcal{E}$ sein.

Hiernach ist die Gewinnhoffnung $R = \displaystyle\int_{x_3}^{x_4} (yx - \mathcal{E})\,dx$

und die Verlusterwartung $R' = \displaystyle\int_{x_1}^{x_3} (\mathcal{E} - yx)\,dx + \int_{x_4}^{x_2} (\mathcal{E} - yx)\,dx$

R und R' müssen wieder einander gleich sein und daraus folgt, daß

$$R = R' = \frac{1}{2} \int_{x_1}^{x_2} |yx - \mathcal{E}|\,dx$$ ist. Die relative Riske wird

$$\varkappa' = \frac{1}{2E} \int_{x_1}^{x_2} |yx - \mathcal{E}|\,dx = \frac{1}{2} \cdot \frac{\displaystyle\int_{x_1}^{x_2} |yx - \mathcal{E}|\,dx}{\displaystyle\int_{x_1}^{x_2} yx\,dx}$$

Über das Problem erhält man die beste Aufklärung durch die beigefügte graphische Darstellung: Abb. 31

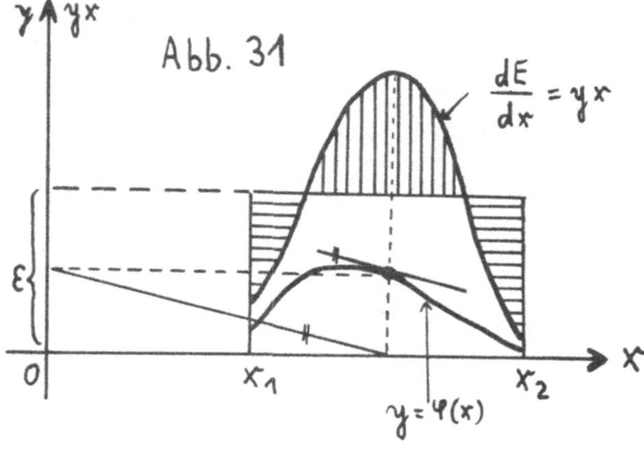

Die vertikal schraffierte Fläche muß der Summe der beiden horizontal schraffierten Flächen gleich sein. Das Maximum yx entsteht dort, wo die Tangente an die Kurve $y = \varphi(x)$ parallel zur Diagonale des Rechtecks $y \cdot x$ wird.

Betrachten wir den Sonderfall, daß alle möglichen Werte x zwischen x_1 und x_2 das gleiche Wahrscheinlichkeitsgewicht y_0 haben, wobei die Gewichtseinheit so gewählt wurde, daß die Summe aller Wahrscheinlichkeitsgewichte, in unserem Falle

$$y_0 \left(x_2 - x_1 \right) = 1 \quad \text{ist.}$$

Wir haben dann

$$E = y_0 \int_{x_1}^{x_2} x \, dx = \frac{1}{2} y_0 \left(x_2^2 - x_1^2 \right) = \frac{1}{2} \cdot \frac{x_2^2 - x_1^2}{x_2 - x_1}$$

$$= \frac{1}{2} \left(x_1 + x_2 \right)$$

d.h. der höchstberechtigte Aufwand ist gleich dem arithmetischen Mittel zwischen dem größten und kleinsten möglichen Erfolgswert. Weiter erhält man in diesem Falle

$$R = R' = \frac{1}{8} \left(x_2 + x_1 \right) \quad \text{und} \quad r' = \frac{\frac{1}{8} \left(x_2 + x_1 \right)}{\frac{1}{2} \left(x_2 + x_1 \right)} = \frac{1}{4}$$

Die Riske zweiter Ordnung wäre

$$R_1' = \frac{9}{128} \left(x_2 + x_1 \right) \quad \text{und die relative Riske zweiter Ordnung} \quad r_1' = \frac{9}{64}$$

12. Die mittlere Riske (35)

Betrachtet man die Differenz zwischen einem Preis A_i und dem Einsatz E als Abweichung, so stellt nach unseren vorgegangenen Überlegungen der halbe gewogene Mittelwert der absoluten Beträge aller Abweichungen die absolute Riske dar und wir haben

$$R = \frac{1}{2} \sum_{i=1}^{n} p_i \left| A_i - E \right|$$

Dagegen ist beim geordneten Spiel der Mittelwert der Abweichungen gleich Null, d.h.

$$\sum_{i=1}^{n} p_i \left(A_i - E \right) = 0$$

Man könnte nun daran gehen, zur Charakterisierung eines vom Zufall abhängigen Unternehmens einen anderen Mittelwert der Abweichungen zu verwenden, etwa

$$M = \sqrt{\sum_{i=1}^{m} p_i \left(A_i - E \right)^2}. \qquad \dots\dots\dots 1.)$$

---

(35) Der Begriff kommt schon bei C. B r e m i k e r vor in „Das Risiko der Lebensversicherungen", Berlin 1859; die Bezeichnung hat H a u s d o r f f vorgeschlagen.

Der Vorzeichenunterschied der Abweichungen fällt hier weg und größere Abweichungen fallen stärker ins Gewicht, was eine strengere Beurteilung der Verlustgefahr erwarten läßt. In der Fehlertheorie bezeichnet man das analoge M als mittlere Abweichung und deshalb ist es angezeigt, in unserem Falle von einer "m i t t -
l e r e n   R i s k e" zu sprechen.

Wenn es sich um einen einzelnen Glücksfall handelt, so entspricht die Größe M
nicht genau der absoluten Riske und es kommt ihr auch nicht deren materielle Bedeutung zu. Das ersieht man schon daraus, daß bei einem Einzelfall $R = q \cdot E$ ist,
dagegen

$$M = \sqrt{p\,(A-E)^2 + qE^2} = E\sqrt{\frac{q}{p}}$$

danach wäre unter allen Umständen $M > R$. Wenn ferner bei zwei Glücksfällen
mit gleichem Einsatz die beiden Risken in der Beziehung $R' > R''$ zueinander stehen, so besteht auch die Ungleichung $M' > M''$, aber das Verhältnis $\frac{M'}{M''}$ kann von
$\frac{R'}{R''}$ erheblich verschieden sein.

Anders gestaltet sich die mittlere Riske bei einer großen Zahl gleichartiger und
voneinander unabhängiger Engagements. Es steht dann die mittlere Riske in einem
invarianten, von den Wahrscheinlichkeiten unabhängigen Verhältnis zur eigentli-
chen Gesamtriske, so daß in diesem Fall eine wie die andere Größe geeignet ist,
ein Maß für die Verlust-, bzw. Gewinnerwartung abzugeben.

Werden sämtliche s Verträge abgeschlossen, wobei $s \to \infty$ gelten möge, so ist die
Wahrscheinlichkeit, daß eine Leistung $spA - \ell A$ oder $spA + \ell A$ fällig wird, also daß
die Abweichung ℓA eintreten wird, nach dem Exponentialsatz näherungsweise

$$P = \frac{2}{\sqrt{2\pi spq}}\; e^{-\frac{\ell^2}{2spq}}$$

Man würde also M^2 erhalten, indem man diese Wahrscheinlichkeit mit $\ell^2 A^2$ multipliziert und über alle möglichen Werte von ℓ summiert. Anstatt der Summe kann
mit ausreichender Genauigkeit das Integral

$$\frac{2}{\sqrt{2\pi spq}} \int_0^\infty \ell^2 A^2\, e^{-\frac{\ell^2}{2spq}}\, d\ell$$

genommen werden. Führt man wieder die Substitution $t = \dfrac{\ell}{\sqrt{2spq}}$
ein, so erhält man durch Integration

$$M^2 = spq \cdot A^2 \quad \text{und} \quad M = A \cdot \sqrt{spq} \qquad \dotfill \text{2.)}$$

Da nach dem vorhergegangenen Abschnitt die durchschnittliche Riske für diesen Fall $R = A \sqrt{\frac{spq}{2\pi}}$

ist, so bleibt das Verhältnis $\frac{R}{M}$ offenbar invariant und der Bruch ist

$$\frac{1}{\sqrt{2\pi}} = 0,39894\ldots \quad \text{oder} \quad R = 0,39894\ldots M$$

Die mittlere Riske gibt gegenüber der durchschnittlichen einen nicht unerheblichen Rechenvorteil. Es mögen mehrere voneinander unabhängige Engagements bestehen. Die aus denselben zu erwartenden Abweichungen vom wahrscheinlichsten Erfolg seien $x_1, x_2, \ldots, x_n$. Wenn alles nach dem Grundsatz der Billigkeit geordnet ist, so hat jedes x_i den Mittelwert 0 und unter dieser Voraussetzung ist

die gesamte Abweichung $\sum\limits_{i=1}^{n} x_i$ das mittlere Quadrat

$M(x_1{}^2) + M(x_2{}^2) + \ldots + M(x_n{}^2)$ und dies besagt folgendes :

Hat jemand mehrere voneinander unabhängige Verträge abgeschlossen, mit denen die mittleren Risken $M_1, M_2, \ldots, M_n$ verbunden sind, so ist seine mittlere Gesamtriske nach der Formel

$$M = \sqrt{\sum_{i=1}^{n} M_i{}^2} \qquad\qquad \ldots\ldots\ldots\ldots\ 3.)$$

zu berechnen.

Der 1. Satz von T s c h e b y s c h e f f läßt nun auch eine Wahrscheinlichkeitsaussage über die Gesamtabweichung machen, bei der gleichfalls die mittlere Riske zur Anwendung kommt: Es ist mit einer $1 - \frac{1}{t^2}$ übertreffenden Wahrscheinlichkeit zu erwarten, daß die Gesamtabweichung $\sum\limits_{i=1}^{n} x_i$ aus allen Engagements zwischen den Grenzen $-tM$ und $+tM$ bleiben wird.

Wenn jedes der Engagements selbst wieder aus einer größeren Zahl gleichartiger Fälle besteht, so kann man die Größen $M_1, M_2, \ldots, M_n$ nach der Formel

$$M_i = A \sqrt{s_i p q}$$

rechnen. Zwischen M und der durchschnittlichen Gesamtriske besteht auch dann das vorhin bewiesene invariante Verhältnis. Wie wir nun beweisen wollen, wird sich aus zwei Engagements dieser Art, die mit S_1 bzw. S_2 Personen eingegangen würden, wobei die Preise A_1 bzw. A_2 und die Wahrscheinlichkeiten p_1 bzw. p_2 gelten, die durchschnittliche Gesamtriske

$$R = \sqrt{R_1{}^2 + R_2{}^2} \qquad \text{ergeben.}$$

Die Wahrscheinlichkeit, daß sich die Abweichung $\ell_1 A_1 + \ell_2 A_2$ einstellen wird, ist durch das Produkt

$$\frac{1}{\sqrt{2\pi s_1 p_1 q_1}} \cdot e^{-\frac{\ell_1^2}{2 s_1 p_1 q_1}} \cdot \frac{1}{\sqrt{2\pi s_2 p_2 q_2}} \, e^{-\frac{\ell_2^2}{2 s_2 p_2 q_2}}$$

gegeben. Multipliziert man dasselbe mit $(\ell_1 A_1 + \ell_2 A_2)$ und integriert es über alle möglichen Werte von ℓ_1 und ℓ_2, für welche $\ell_1 A_1$ und $\ell_2 A_2$ positiv ist, so erhält man die absolute Gesamtriske R. Zur Abkürzung substituieren wir

$$h_1 = \frac{1}{2 s_1 p_1 q_1} \quad \text{und} \quad h_2 = \frac{1}{2 s_2 p_2 q_2} \; ; \quad \text{dann haben wir}$$

$$R = \frac{h_1 h_2}{\pi} \iint e^{-h_1^2 \ell_1^2 - h_2^2 \ell_2^2} (\ell_1 A_1 + \ell_2 A_2) \, d\ell_1 \, d\ell_2$$

$$= \frac{h_1 h_2}{\pi} \left[A_1 \int_{-\infty}^{+\infty} e^{-h_2^2 \ell_2^2} \, d\ell_2 \cdot \int_{-\frac{\ell_2 A_2}{A_1}}^{\infty} e^{-h_1^2 \ell_1^2} \ell_1 \, d\ell_1 \right.$$

$$\left. + A_2 \int_{-\infty}^{+\infty} e^{-h_1^2 \ell_1^2} \, d\ell_1 \int_{-\frac{\ell_1 A_1}{A_2}}^{\infty} e^{-h_2^2 \ell_2^2} \ell_2 \, d\ell_2 \right]$$

$$= \frac{1}{2\sqrt{\pi}} \sqrt{\frac{A_1^2}{h_1^2} + \frac{A_2^2}{h_2^2}} = \frac{1}{2\sqrt{\pi}} \sqrt{M_1^2 + M_2^2} ,$$

was also identisch ist mit $R = \dfrac{1}{\sqrt{2\pi}} M = 0{,}39894.. M$ $\qquad \ldots\ldots$ 3a.)

Dies führt zum Ergebnis, daß sich die durchschnittlichen Risken $R_1, R_2, \ldots, R_n$ mehrerer voneinander unabhängiger Engagements nicht einfach addieren, sondern sich zur totalen Riske nach der Formel

$$R = \sqrt{\sum_{i=1}^{n} R_i} \qquad \ldots\ldots\ldots\ldots\ldots\ldots\ldots \text{ 4.)}$$

zusammensetzen. Nach dieser Formel ist immer $R < \displaystyle\sum_{i=1}^{n} R_i$.

Eine sehr wichtige Frage geht dahin, wie groß die Wahrscheinlichkeit ist, daß ein nach 2. engagiertes Unternehmen keine größere Leistung als die K-fache mittlere Riske zu erfüllen haben wird, mit anderen Worten, daß die zu erfüllende Leistung vom Betrag der wahrscheinlichen Leistung (spA) um nicht mehr als das K -fache der mittleren Riske abweichen wird.

Nach dem Exponentialsatz (Theoreme von Bernoulli) bleibt die Wiederholungszahl von F mit der Wahrscheinlichkeit

$$P = \frac{2}{\sqrt{\pi}} \int_0^{\frac{\ell}{\sqrt{2spq}}} e^{-t^2} \, dt$$

innerhalb der Grenzen $sp - \ell$ und $sp + \ell$, also die zu erfüllende Leistung zwischen $spA - \ell A$ und $spA + \ell A$; soll nun $\ell A = KM = kA\sqrt{spq}$ sein, so ist $\ell = k\sqrt{spq}$ zu setzen und dann wird

$$P = \frac{2}{\sqrt{\pi}} \int_0^{\frac{k}{\sqrt{2}}} e^{-t^2} \, dt = \phi \left(\frac{k}{\sqrt{2}}\right) \quad \dots\dots\dots 5.)$$

Die Tafel für ϕ ergibt bei

$k =$	1	2	3	4
$P =$	0,68267	0,95449	0,99730	0,99994

Man hat also mit der Wahrscheinlichkeit 0,9973 zu erwarten, daß die Abweichung nicht mehr als $3M$ betragen wird; mit der gleichen Wahrscheinlichkeit ist zu erwarten, daß - wenn ein Verlust eintritt - er diese Grenze nicht überschreiten wird.

Die Frage, welche Fonds ein Wettbüro oder ein Versicherungsträger bereit zu halten hätte, um bei einer Häufung ungünstiger Ereigniseintritte den Verlust decken zu können, läßt keine apodiktische Antwort seitens des mathematischen Statistikers zu. Absolute Sicherheit bestünde nur, wenn der Fonds die Höhe des größten möglichen Verlustes erreicht hätte. Sobald er niedriger ist, besteht nur ein gewisses Maß von Wahrscheinlichkeit dafür, daß er ausreicht. Mit welchem Maß von Wahrscheinlichkeit man sich begnügen will, kann niemals Gegenstand einer Rechnung sein, sondern hängt lediglich vom subjektiven Ermessen des Unternehmers ab.

Durch die alte Wittsteinsche Darstellung vom "Mathematischen Risiko" zieht sich der Gedanke, als ob dieses selbst das einzig richtige Maß des Sicherheitsfonds wäre, und als ob es zur Deckung aller denkbaren Verluste ausreichen würde. Aus der Zusammenstellung am Ende des vorigen Abschnitts geht jedoch hervor, daß - wenn ein Verlust eintritt - er nur mit der Wahrscheinlichkeit 0,31 unter der mathematischen Riske bleibt, und daß man die doppelte mathematische Riske als Fonds haben müßte, um mit der Wahrscheinlichkeit 0,575 erwarten zu dürfen, daß er zur Deckung von Häufungsverlusten ausreichen wird. Um aber derartige Wahrscheinlichkeitsschlüsse über die erforderliche Höhe des Fonds oder der einzuhebenden Zuschlagsprämien machen zu können, verwendet man ebensogut die mittlere Riske und die Tafel für die Integralfunktion Φ

Zahlenbeispiel: Ein Wettbüro habe folgende Engagements laufen:

300-mal den ausgesetzten Preis von DM 2.000. -- mit der Wahrscheinlichkeit 2 %
und dem Einsatz von DM 40. --

200-mal den ausgesetzten Preis von DM 3.000. -- mit der Wahrscheinlichkeit 1 %
und dem Einsatz von DM 30. --

400-mal den ausgesetzten Preis von DM 4.000. -- mit der Wahrscheinlichkeit
1/2 % und dem Einsatz von DM 20. --

600-mal den ausgesetzten Preis von DM 5.000. -- mit der Wahrscheinlichkeit von
1/5 % und dem Einsatz von DM 10. --.

Wir wollen die mittlere und die durchschnittliche Riske berechnen. Nach der Formel 2.) sind die Quadrate der mittleren Riske in den 4 Gruppen:

$$4,000,000 \cdot 300 \cdot \frac{1}{50} \cdot \frac{49}{50} = 23,520,000$$

$$9,000,000 \cdot 200 \cdot \frac{1}{100} \cdot \frac{99}{100} = 17,820.000$$

$$16,000,000 \cdot 400 \cdot \frac{1}{200} \cdot \frac{199}{200} = 31,840,000$$

$$25,000,000 \cdot 600 \cdot \frac{1}{500} \cdot \frac{499}{500} = 29,940,000$$

$$\text{Summe} \qquad 103,120,000$$

Das mittlere Gesamtrisiko ist nach Formel 4. : $M = \sqrt{103,120,000} = 10.155 \text{ DM}$, woraus die durchschnittliche Gesamtriske nach Formel 3a)

folgt. $$R = 0{,}39\,899 \cdot 10.155 = 4.051 \text{ DM}$$

Die gesamten Einnahmen des Wettbüros betragen

$$300 \cdot 40 + 200 \cdot 30 + 400 \cdot 20 + 600 \cdot 10 = 32.000 \text{ DM}.$$

Somit beträgt die mittlere Riske 31 3/4 %, die durchschnittliche 17,7 % der Einnahmen.

Wollte also das Wettbüro einen der mittleren Riske gleichkommenden Sicherheitsfond gründen, so hätte es dann die Wahrscheinlichkeit 0,68267, daß es damit ausreichen würde. Bei einer gleichmäßigen Aufteilung auf die Spieler müßte der Einsatz um eine zusätzliche Prämie von 31 3/4 % erhöht werden.

Bei 10-facher Anzahl der Verträge in jeder Gruppe würde die mittlere wie die durchschnittliche Riske sich nur um $\sqrt{10}$ vervielfachen, die Summe der Einsätze hingegen auf das 10-fache anwachsen. Dadurch vermindern sich die Prozentsätze im Verhältnis $10 : \sqrt{10}$ und betragen bei der mittleren Riske nur noch $9,6\%$, bei der durchschnittlichen Riske nur noch $3,9\%$.

Das Problem der nötigen Reserve gegen Häufung von Auszahlungen aus Lebensversicherungsverträgen hat K ü t t n e r in seiner Arbeit "Das Risiko der Lebensversicherungsanstalten und Unterstützungskassen" in den Veröffentlichungen des "Deutschen Vereins für Versicherungswissenschaft", Berlin 1906, behandelt. Er hat die Lösung versucht, indem er einen neuen Riskenbegriff zu konstruieren unternahm. Der mathematische Ausdruck, zu dem er schließlich auf ziemlich umständliche Weise gelangte, ist jedoch nichts anderes als das K -fache der mittleren Riske, wobei K willkürlich gewählt erscheint und von Küttner mit $3,6$ angesetzt wurde.

13. Die mathematische Riske bei einer großen Zahl von einander unabhängiger gleicher Geschäftsabschlüsse

Wir führen wirtschaftliche Unternehmungen, deren Erfolg vom Zufall abhängt, wieder auf die einfachere Form des Wettspiels zurück. Ein Wettbüro setze auf den Eintritt eines mit der Wahrscheinlichkeit p zu erwartenden Ereignisses F den Preis A aus, hebe von den Spielern den angemessenen Einsatz $E = pA$ ein und schließe einen derartigen Vertrag s -mal mit verschiedenen Spielern ab. Wie groß ist die Riske des Wettbüros?

Die in der Wahrscheinlichkeitslehre übliche Veranschaulichung des Falles wäre das Ziehen von je einer Kugel aus s Beuteln, von denen jeder weiße und schwarze Kugeln in der relativen Häufigkeit $p : q$ enthält. Das Ziehen einer weißen Kugel bedeutet den Eintritt des Ereignisses F das Ziehen einer schwarzen Kugel, das

Ausbleiben desselben. Die Ziehungen ergeben $(sp + z)$ mal weiß und $(sq - z)$ mal schwarz. Die Wahrscheinlichkeit T_z dieses Ergebnisses ist näherungsweise durch den Exponentialsatz nach dem Theoreme von B e r n o u l l i gegeben:

$$T_z = \frac{t}{z} e^{-t^2} \qquad \dots\dots\dots 1.)$$

Hierin ist

$$t = \frac{z}{\sqrt{2\pi s p q}}$$

Die vom Wettbüro bei diesem Ergebnis zu leistende Gesamtzahlung wäre offenbar $(sp + z) A$, wogegen die Einnahmen $sE = spA$ stehen. Der Verlust würde somit zA betragen. Die mathematische Riske würde man erhalten, wenn man alle Produkte $AT_z = A \frac{t}{z} e^{-t^2}$ summiert. Diese Summe kann mit hinreichender Genauigkeit durch das über alle möglichen Produkte ausgedehnte Integral nach dz ersetzt werden und wir haben deshalb:

$$R' = A \frac{t}{z} \int_0^\infty z\, e^{-t^2}\, dz \qquad \ldots\ldots\ldots 2.)$$

Die Integrierung ergibt

$$R' = A \sqrt{\frac{spq}{2\pi}} \qquad \ldots\ldots\ldots 3.)$$

als absolute Riske des Wettbüros; die relative wird

$$r = \frac{R'}{spA} = \sqrt{\frac{q}{2\pi sp}} = 0{,}39894\ldots \sqrt{\frac{q}{sp}} = 0{,}39894\ldots \sqrt{\frac{1}{sp} - \frac{1}{s}} \ldots\ldots\ldots 4.)$$

Aus der Formel 3. ersieht man, daß die absolute Riske R' des Wettbüros mit wachsender Zahl S der Engagements wohl zunimmt, aber nicht proportional zu dieser Zahl, sondern zur Wurzel aus derselben, mithin unterproportional zum Umfang des Geschäfts. Hingegen zeigt uns Formel 4., daß die relative Riske mit wachsender Zahl S der Engagements abnimmt und verkehrt proportional zur Wurzel aus dieser Zahl ist. Außerdem aber spielen noch die Wahrscheinlichkeiten p und q eine Rolle. Die größte absolute Riske entsteht, wenn $p=q=1/2$ ist, weil dann das Produkt $p \cdot q$ ein Größtwert wird. Die relative Riske wird umso größer, je unwahrscheinlicher der Eintritt des Ereignisses F ist, d. h. je größer q und je kleiner p wird.

Kann man die Anzahl der Engagements beliebig vergrößern, so kann man damit auch die relative Riske beliebig verkleinern. Dies beleuchtet man am besten durch ein einfaches Zahlenbeispiel. Auf das Erscheinen irgendeiner bestimmten Würfelseite wäre der Preis A von 6 Geldeinheiten zu entrichten. Der entsprechende Einsatz E würde dann 1 Geldeinheit betragen, weil $p=1/6$ ist. Für ein einzelnes Engagement errechnet man als absolute Riske des Wettbüros 5 und als relative Riske 5/6 Geldeinheiten, oder 83 1/2 % des Einsatzes; um sie zu decken, müßte vom Spieler außer dem Einsatz von 1 Geldeinheit noch eine Zuschlagsprämie von 5/6 Geldeinheiten gefordert werden. Würde hingegen das Wettbüro 500 solcher Wetten abschließen, so wäre seine absolute Riske $R'=19{,}94$ Geldeinheiten und seine relative nur noch $0{,}039894$ oder nicht ganze 4 %; zur Deckung derselben wäre nur eine Zuschlagsprämie von $\dfrac{1}{25}$ Geldeinheit nötig.

Nun wollen wir noch die Bedingung untersuchen, daß die vom Wettbüro auszuzahlende Gesamtsumme sich vom wahrscheinlichsten Betrag spA der zugleich die Summe aller Einsätze ist, nicht um mehr als das K-fache der Riske nach aufwärts oder abwärts entfernt.

Nach dem Exponentialsatz ist die Wahrscheinlichkeit P_z dafür, daß die Wiederholungszahl von F zwischen die Grenzen $sp-z$ und $sp+z$ fällt, angenähert durch die Formel:

$$P_z = \frac{2}{\sqrt{\pi}} \int_0^t e^{-t^2}\, dt$$

gegeben. Mit der gleichen Wahrscheinlichkeit fallen die Zahlungen des Wettbüros zwischen die Grenzen $spA-zA$ und $spA+zA$. Mit einem ganzzahligen läßt sich der Forderung $zA = kR' = kA\sqrt{\frac{spq}{2\pi}}$ allerdings in der Regel nicht genüge leisten; betrachtet man hingegen z als eine stetige veränderliche Größe, so ist für die obere Integralgrenze t der Wert $\frac{k}{\sqrt{2\pi}}$ einzusetzen, worauf man

$$P = \frac{2}{\sqrt{\pi}} \int_0^{\frac{k}{2\sqrt{\pi}}} e^{-t^2}\, dt = \Phi\left(\frac{k}{2\sqrt{\pi}}\right)$$

erhält. Die Funktion Φ ist in Tabellen zusammengestellt und braucht nicht für jeden Fall gesondert errechnet zu werden. Die Hälfte davon, also $\frac{1}{2}p$ drückt dann die Wahrscheinlichkeit aus, daß der Gewinn des Wettbüros die k-fache Riske nicht übersteigen wird, und ebenso, daß der Verlust des Wettbüros nicht größer als seine k-fache Riske sein wird. Nach den Tafeln für die Funktion Φ hat man für

K =	1	2	3	4	5	6
p =	0,31006	0,57498	0,76863	0,88945	0,95392	0,98332

14. Anwendung der Sätze von Tschebyscheff auf das Theoreme von Poisson

In s aufeinanderfolgenden Beobachtungen sei festgestellt worden, daß das Ereignis E mit den relativen Häufigkeiten $p_1, p_2, \ldots\ldots, p_s$, das entgegengesetzte Ereignis $\bar{E}$ mit den relativen Häufigkeiten $q_1, q_2, \ldots, q_s$ eintrat, so daß

$$p_1 + q_1 = p_2 + q_2 = \ldots\ldots = p_s + q_s = 1$$

ist. Jeder Beobachtung wird eine Zahl zugeordnet, beispielsweise der i-ten Beobachtung die Zahl x_i, die den Wert 1 oder den Wert 0 annehmen kann, je nachdem E oder $\bar{E}$ eintritt. Unter dieser Annahme ist

$$\bar{X_i} = p_i \cdot 1 + q_i \cdot 0 = p_i \qquad \text{und} \qquad \overline{X_i^2} = p_i \cdot 1^2 + q_i \cdot 0^2 = p_i$$

die Summe $x_1 + x_2 + \ldots + x_s$ bedeutet dann die Wiederholungszahl m von E in den s Beobachtungen.

Nach dem zweiten Satz von <u>Tschebyscheff</u> besteht für die Ungleichung

$$ -\varepsilon \; < \; \frac{m}{s} - \frac{1}{s} \sum_{i=1}^{s} p_i \; < \; \varepsilon \qquad \dots\dots\dots 1)$$

eine Wahrscheinlichkeit, die größer als $1-\eta$ ist, wenn s so groß gewählt wurde, daß

$$ \varepsilon \; > \; \sqrt{\frac{q}{s\cdot\eta}} \qquad \dots\dots\dots 2)$$

oder unter Verwendung des Mittelwertes $\overline{U}$

$$ \varepsilon \; > \; \frac{1}{s} \sqrt{\frac{1}{\eta}\,\overline{U}} \qquad \dots\dots\dots 2a)$$

wird.

In Hinsicht auf 2.) und weil $x_i^2 = p_i$ ist, so daß keiner der quadratischen Mittelwerte die Einheit übersteigt, weshalb $q = 1$ genommen werden kann, erhält man als obere Grenze für s

$$ s \; < \; \frac{1}{\varepsilon^2 \eta} \qquad \dots\dots\dots 3)$$

Es gilt

$$ \overline{U} = \sum_{i=1}^{s} p_i - \sum_{i=1}^{s} p_i^2 = \sum_{i=1}^{s} p_i q_i $$

und daraus erhält man die untere Grenze für s aus der Ungleichung

$$ s \; > \; \frac{1}{\varepsilon} \sqrt{\frac{1}{\eta} \sum_{i=1}^{s} p_i q_i} $$

Beachtet man, daß keines der Glieder $p_i q_i$ größer als 1/4 sein kann, so ist wegen

$$ \frac{1}{s}\cdot\sqrt{\frac{1}{\eta}\,\overline{U}} \; < \; \frac{1}{s}\cdot\sqrt{\frac{s}{4\eta}} = \frac{1}{2\sqrt{s\cdot\eta}} $$

die Ungleichung 2a auch dann erfüllt, wenn $\varepsilon \; > \; \dfrac{1}{2\sqrt{s\cdot\eta}}$

woraus sich für s die untere Grenze $s \; > \; \dfrac{1}{4\varepsilon^2\eta}$

ergibt, die viermal kleiner ist, als die untere Grenze nach Formel 3.

In diesem Ansatz ist der wesentliche Inhalt des Theoremes von <u>Poisson</u> enthalten:

Man hat bei entsprechend großer Beobachtungszahl S mit einer der Einheit beliebig nahekommenden Wahrscheinlichkeit zu erwarten, daß die Differenz

$$\frac{m}{S} - \frac{1}{S} \sum_{i=1}^{S} p_i$$

im beliebig engen Intervall $-\varepsilon$ bis $+\varepsilon$ verbleibt.

15. Anwendung der Sätze von Tschebyscheff auf das Theoreme von Bernoulli

Hat man in S Beobachtungen für das Ereignis E die invariante relative Häufigkeit p und für das entgegengesetzte Ereignis $\bar{E}$ die invariante relative Häufigkeit q festgestellt, so kann man auf Grund der soeben geschilderten Anwendung der Sätze von Tschebyscheff auf das Theoreme von Poisson ohne weiteres die folgende Aussage machen: Für die Einhaltung der Grenzen, welche durch die Ungleichungen

$$-\varepsilon < \frac{m}{S} - p < \varepsilon \ldots \ldots \ldots 1)$$

angegeben sind, besteht eine mehr als $1-\eta$ betragende statistische Wahrscheinlichkeit, wenn die Zahl der Beobachtungen der Bedingung

$$\varepsilon > \sqrt{\frac{g}{S\eta}} \ldots \ldots \ldots 2)$$

genügt, bzw. der Bedingung

$$\varepsilon > \frac{1}{S} \sqrt{\frac{1}{\eta} \bar{U}} \ldots \ldots \ldots 2a)$$

Für g kann man wieder 1 ansetzen, so daß man aus 2 die untere Grenze

$$S > \frac{1}{\varepsilon^2 \eta} \ldots \ldots \ldots 3)$$

erhält. $\bar{U}$ hat jetzt offenbar den Wert Spq, so daß aus 2a eine untere Grenze

$$S > \frac{pq}{\varepsilon^2 \eta} \ldots \ldots \ldots 4)$$

folgen würde. Daraus, daß $U \lessgtr \frac{S}{4}$ gilt, weil der Größtwert von pq eben $\frac{1}{4}$ ist, gelangt man schließlich zur unteren Grenze von

$$S > \frac{1}{4\varepsilon^2 \eta} \ldots \ldots \ldots 5)$$

also nur $\frac{1}{4}$ der unteren Grenze, die nach 3 zu bestehen hätte. Im wesentlichen scheint es, daß die Sätze von Tschebyscheff das Theoreme von Bernoulli mitenthalten. Es besteht jedoch immerhin ein wichtiger Unterschied. Die Sätze von Tschebyscheff geben eine untere Grenze für die Zahl S der Beobachtungen an, die erforderlich ist, damit vorgegebene Grenzen der relativen Häufigkeit von E mit vorgeschriebener Wahrscheinlichkeit eingehalten werden. Dagegen erhält man aus dem Exponentialsatz nach Bernoulli eine bestimmte Menge S von Beobachtungen, die der geforderten Wahrscheinlichkeit entspricht.

Ein Zahlenbeispiel beleuchtet den Unterschied drastisch; es seien nach den eigenen Annahmen Bernoullis:

$$p = \frac{3}{5} \quad ; \quad q = \frac{2}{5} \quad ; \quad \varepsilon = \frac{1}{50} \quad ; \quad \eta = \frac{1}{1000}$$

Je nach den aus dem 2. Satz von Tschebyscheff gewonnenen Formeln 3 oder 4 oder 5 erhält man

$$S > 2,500,000 \quad \text{bzw.} \quad S < 600,000, \quad \text{bzw.} \quad S < 625,000 \ .$$

Dagegen ergibt die exakte Rechnung nach dem Exponentialsatz für

$$0,999 = \frac{2}{\sqrt{\pi}} \int_0^{x} \varepsilon^{-t^2} \, dt \quad \text{ein} \quad x = 2,327$$

und daraus nach der Formel

$$\frac{1}{50} = x \cdot \sqrt{\frac{2pq}{S}} \quad \text{ein} \quad S = \frac{6}{25} \cdot 5000 \, x^2 = 6497,88 \ .$$

Selbstverständlich ist der zweite Satz von Tschebyscheff richtig, nur gelangt man auf Grund desselben zu weit höheren Einschätzungen von S , als tatsächlich erforderlich wäre.

16. Die moralische Erwartung

Obwohl die sogenannte "moralische" Erwartung in der mathematischen Statistik m. W. nicht vorkommt, möge zur Vollständigkeit des gesamten Erwartungsproblems auch dieser Teil hier eingeschaltet werden. Man erhält dadurch eine psychologische Erklärung, warum versichert wird, trotzdem dadurch die mathematische Erwartung nicht verbessert werden kann, oder höchstens insoweit, als man einem zu erwartenden Gewinn unter Verringerung der Gewinnsumme eine größere Wahrscheinlichkeit zu geben vermag, wobei sich jedoch die totale mathematische Erwartung mit Rücksicht auf die Spesenquote der Versicherungsprämie eigentlich vermindert. An der moralischen Erwartung hingegen tritt eine Verbesserung ein, selbst bei verhältnismässig hoher Spesenquote.

Die Hypothese von Bernoulli. Die mathematische Erwartung ist eine rein objektive Überlegung und sieht von den Verhältnissen der engagierten Personen vollkommen ab. In der Wirklichkeit betrachtet jedoch jedermann seine Verlusterwartungen unter dem Gesichtspunkt seiner individuellen Verhältnisse, insbesondere seiner Vermögenslage.

Bernoulli stellt die Hypothese auf, daß der sich aus einem beliebig kleinen Vermögenszuwachs dx ergebende Vorteil eines Individiums, oder dessen "moralischer" Wert, dem Zuwachs proportional, dem vorher bestandenen Vermögen jedoch verkehrt proportional sei.

Bezeichnen wir den moralischen Wert mit y und eine sehr kleine Änderung desselben mit dy, so haben wir nach obiger Hypothese zunächst die Differentialgleichung

$$dy = k \cdot \frac{dx}{x}$$

in der K eine Invariante bedeutet, die von den sonstigen Umständen des betreffenden Individiums abhängig und für die Zeit des Engagements gegeben sein mag. Hätte sich das Vermögen von einem Anfangsstand a durch stetige Änderungen auf x vermehrt, so erhalten wir als moralischen Wert y der Summe dieser Änderungen (36)

$$y = K \int_a^x \frac{dx}{x} = \lg \left(\frac{x}{a}\right)^K$$

Die Bezeichnung " moralischer Wert " stammt von Bernoulli, ist aber nicht sehr richtig und dafür sollte " individuelles Empfinden der Erwartung " gesetzt werden. Des weiteren hat Bernoulli über den Begriff des Vermögens einer Person solche Bestimmungen aufgestellt, daß die Fälle $a = 0$ und $a < 0$ gewissermaßen ausgeschlossen sind. So erblickt er Vermögen auch in der Fähigkeit eines nicht oder gar nur Schulden besitzenden Menschen, seine Existenz durch Arbeit und selbst durch Betteln zu erhalten; denn ein solcher würde auch gegen eine gewisse Geldsumme, gegen Bezahlung der Schulden und ein darüberhinausgehendes Geschenk auf die Ausübung jener Tätigkeit nicht verzichten wollen.

Das obige Integral gibt einen positiven oder negativen " moralischen " Wertzuwachs an, je nachdem $x > a$ oder $x < a$ wird, d.h. ein Gewinn oder ein Verlust vorliegt. Zur Hypothese ist außerdem bereits in der Anmerkung Gesagten noch zu bemerken, daß der erste Teil wohl zutrifft, wonach Proportionalität zum Zuwachs besteht, insbesondere solange es sich um einen sehr kleinen Zuwachs $\to dx$ handelt.

---

(36) Die Hypothese von B e r n o u l l i würde somit besagen, daß $\frac{dy^2}{dx^2} = -\frac{k}{x^2}$ ist. Nach der mathematischen Grenznutzentheorie nimmt der Grenznutzen $\frac{dy}{dx}$ einer sehr kleinen Vorratsmenge dx bei wachsendem Vorrat x monoton ab, was $\frac{d^2y}{dx^2} < 0$ entspricht. Wenn man jedoch liquides Kapital nach der Erwartung des möglichen Ertrages bewertet, so findet man, daß $\frac{d^2y}{dx}$ bis zu sehr hohen Mengen x positiv ist; mit ganz kleinen Mengen x kann man überhaupt keine Verzinsung erreichen, mit etwas größeren Mengen eine bescheidene und bei sehr großen Mengen sogar eine verhältnismäßig hohe.

Daß die individuelle Empfindung eines Vorteils mit der Größe des vorher bestandenen Vermögens abnimmt, dürfte auch plausibel genug sein, daß sie aber diesem geradezu verkehrt proportional sein soll, ist wohl eine willkürliche Ansetzung, deren Zulässigkeit nur dadurch gestützt wird, daß die Folgerungen daraus mit dem Urteil eines gesunden Menschenvertandes in einem gewissen Einklang stehen. Warum Bernoulli annimmt, daß das Vermögen einer Person immer nur durch sukzessives Hinzutreten unendlich kleiner Mengen dx zunimmt, sich also stetig vermehrt, erklärt er mit der Rücksichtnahme auf ein leichteres Verständnis. Die Nützlichkeit dieser Annahme liegt jedoch wohl mehr in der Vereinfachung der mathematischen Folgerungen (37).

Betrachten wir nun den Fall, daß mehrere Erwartungen, die sich aber gegenseitig ausschließen, mit verschiedenen Wahrscheinlichkeiten möglich wären, ein Zuwachs α mit der Wahrscheinlichkeit p, ein Zuwachs β mit der Wahrscheinlichkeit q, ein Zuwachs γ mit der Wahrscheinlichkeit r usw. Man kann sich dabei Gewinne mit positivem, Verluste mit negativem Vorzeichen vorstellen. Wenn immer nur ein Ereignis eintreten kann, aber eines notwendigerweise zutreffen muß, so gilt selbstverständlich

$$p + q + r + \ldots = 1 .$$

Die relativen Werte der möglichen Vermögensänderungen sind

$$\lg \left(\frac{a+\alpha}{a} \right)^K , \quad \lg \left(\frac{a+\beta}{a} \right)^K , \quad \lg \left(\frac{a+\gamma}{a} \right)^K , \quad \ldots$$

Das arithmetische Mittel dieser Größe ist

$$M = K \left(p \cdot \lg \frac{a+\alpha}{a} + q \cdot \lg \frac{a+\alpha}{a} + \ldots \right)$$

$$= K \cdot \lg \frac{1}{a} (a+\alpha)^p \cdot (a+\beta)^q$$

Wäre h die Vermögensänderung, die eine diesem Mittelwert gleiche relative Bedeutung hätte, so hätten wir die Gleichung

$$\lg \frac{a+h}{a} = \lg \frac{1}{a} (a+\alpha)^p (a+\beta)^q \ldots$$

woraus wir die moralische Erwartung

$$h = -a + (a+\alpha)^p \cdot (a+\beta)^q \ldots$$

erhalten. Sind die Größen α, β, γ, … sehr klein im Verhältnis zu a, so kann man Glieder mit höherer als der ersten Potenz der Brüche

$$\frac{\alpha}{a} , \quad \frac{\beta}{a} , \quad \ldots$$ vernachlässigen, man hat dann

---

(37) Siehe Dr. B e r n o u l l i „Specimen Theorial Novae de Mensura Sortes", 1738, deutsch herausgegeben von A. Pringsheim, Leipzig 1896, und die Betrachtungen über die Hypothese im Vergleich zu einer anderen, die von B u f f o n herrührt, wonach die moralische Bedeutung einer endlichen Vermögensänderung ihr selbst proportional, dem durch sie geänderten Vermögen umgekehrt proportional ist, im Aufsatz „Die Bernoullische Werttheorie" in der „Zeitschrift für Mathematik und Physik". Bd. 47, 1902, S. 325 bis 328.

$$\frac{h}{a} = -1 + \frac{(a+\alpha)^p (a+\beta)^q \dots}{a} = -1 + \frac{(a+\alpha)^p (a+\beta)^q}{a^{p+q+\dots}}$$

$$= -1 + \left(1+\tfrac{\alpha}{a}\right)^p \left(1+\tfrac{\beta}{a}\right)^q \dots = p\,\tfrac{\alpha}{a} + q\,\tfrac{\beta}{a} + \dots$$

und $\quad h = p\alpha + q\beta + \dots$

Dies besagt, daß die moralische Hoffnung der mathematischen um so näher kommt, je größer das Ausgangsvermögen a im Verhältnis zu den erwartbaren Gewinnen oder Verlusten ist.

Folgerungen :

1. Ein nach dem Grundsatz der Billigkeit geregeltes Glücksspiel zwischen zwei Spielern ist für beide Partner moralisch nachteilig! Betragen in einem solchen Spiel die Einsätze der Partner α und β, sind p und $q = 1-p$ die entsprechenden Gewinnwahrscheinlichkeiten und ist das Vermögen des ersten Partners a, so ist seine moralische Hoffnung $h = -a + (a+\beta)^p (a-\alpha)^q$! Wäre die Billigkeit nach der mathematischen Hoffnung berechnet, also $p\beta = q\alpha$, so kann man $p = \dfrac{\alpha}{\alpha+\beta}$

und $\quad q = \dfrac{\beta}{\alpha+\beta} \quad$ setzen; dann erhält man

$$h = -a + \left[(a+\beta)^\alpha (a-\alpha)^\beta \right]^{\frac{1}{\alpha+\beta}}$$

Da das geometrische Mittel zweier positiver Größen stets kleiner als das arithmetische ist, so gilt die Ungleichung

$$\left[(a+\beta)^\alpha (a-\alpha)^\beta \right]^{\frac{1}{\alpha+\beta}} < \frac{\alpha(a+\beta) + \beta(a-\alpha)}{\alpha+\beta} = a$$

und somit muß h negativ sein.

2. Eine Versicherung gegen möglichen Verlust ist moralisch vorteilhaft! Ein Importeur, dessen sonstiges Vermögen a ist, erwartet eine Schiffsladung im Wert von α mit der Wahrscheinlichkeit p. Seine mathematische Verlusterwartung ist $(1-p)\alpha$ und gegen diese Prämie versichert er die schwimmende Ladung. Durch diesen Abschluß stellt er den Vermögenszuwachs $\alpha - (1-p)\alpha = p\alpha$ sicher und dies hat für ihn den moralischen Wert $k\lg\dfrac{a+p\alpha}{a}$. Hätte er nicht versichert, so wäre der Vermögenszuwachs mit der Wahrscheinlichkeit p zu erwarten und der moralische Wert davon ist $k\lg\dfrac{a+\alpha^p}{a}$. Da $a+p\alpha > (a+\alpha)^p a^{1-p}$ ist, wie man sich leicht überzeugen kann, ist $\dfrac{a+p\alpha}{a} > \left(\dfrac{a+\alpha}{a}\right)^p$

Die Versicherung ist also moralisch vorteilhaft und sie bleibt es selbst dann, wenn der Versicherungsträger neben seiner mathematischen Riskenquote noch eine Spesenquote z einhebt, solange nur $z < a + p\alpha - (a+\alpha)^p a^{1-p}$ bleibt. Setzt man a = 50.430 DM und α = 100.000 DM, p = 95 %, so wäre die mathematische Versicherungsprämie $0,5 \cdot 100.000 = 5.000$ DM. Ohne daß der Spesenzuschlag z des Versicherungsträgers moralisch nachteilig wird, dürfte derselbe

$$z = 50.430 + 0,95 \cdot 100.000 - 150.430^{0,95} \cdot 50.430^{0,05} = 3.000 \text{ DM}$$

oder 60 % der mathematischen Prämie von 5.000 DM betragen.

3. Es ist moralisch vorteilhaft, ein gefährdetes Gut auf mehrere gleichartige Gefahren zu verteilen, anstatt sie ungeteilt einer solchen Gefahr ausgesetzt zu lassen! Wir erbringen den Beweis dafür, daß es vorteilhafter ist, eine Schiffsladung auf zwei Schiffe gleicher Güte halb und halb zu verteilen, als sie nur einem der Schiffe ganz anzuvertrauen. Das sonstige Vermögen eines Importeurs wäre wieder a, der Wert der Schiffsladung α beim Eintreffen im Hafen und die Wahrscheinlichkeit desselben p . Geht die Ladung ungeteilt, so ist der moralische Wert proportional zu

$$\lg (a+\alpha)^p \cdot a^{1-p}$$

Geht die Ladung je zur Hälfte auf zwei Schiffen, so wäre mit der Wahrscheinlichkeit p^2 das glückliche Eintreffen beider Teile zu erwarten, das Eintreffen nur einer Hälfte mit der Wahrscheinlichkeit $2p(1-p)$ und mit der Wahrscheinlichkeit $(1-p)^2$ der Verlust beider Hälften. Das ergibt einen moralischen Wert, der proportional ist zu

$$\lg (a+\alpha)^{p^2} \cdot \left(a+\tfrac{\alpha}{2}\right)^{2p(1-p)} \cdot a^{(1-p)^2}$$

Setzen wir zwecks einfacherer Schreibweise $q = 1-p$, so erhalten wir die Ungleichung

$$(a+\alpha)^{p^2} \left(a+\tfrac{\alpha}{2}\right)^{2pq} a^{q^2} > (a+\alpha)^p a^q$$

bestätigt, denn umgeformt lautet sie

$$(a+\alpha)^{p^2-p} \left(a+\tfrac{\alpha}{2}\right)^{2pq} a^{q^2-q} > 1 \quad \text{oder}$$

$$(a+\alpha)^{-pq} \left(a+\tfrac{\alpha}{2}\right)^{2pq} a^{-pq} > 1 \quad \text{oder} \quad \frac{\left(a+\tfrac{\alpha}{2}\right)^{2pq}}{(a+\alpha)^{pq} \cdot a^{pq}} > 1$$

und dies ist richtig, denn $(a+\alpha)^2 > (a+\alpha)a$ und deshalb auch $\dfrac{\left(a+\tfrac{\alpha}{2}\right)^2}{(a+\alpha)a} > 1.$ [38]

[38] In L a p l a c e „Theorie analytique de probabilité", S. 435 ff., ist der Beweis für eine beliebige Anzahl gleicher Teile der Schiffsladung zu finden. — Die darin enthaltene Hypothese ist, wie wir schon anmerkten, eine Vorahnung des „subjektiven Wertbegriffes", wie er von J e v o n s , W a l r a s und M e n g e r fast gleichzeitig in der nationalökonomischen Theorie entwickelt worden ist. A. F e c h n e r hat sie in seiner „Psychotechnik" auf das Gebiet der Reize und der durch diese hervorgerufenen Empfindungen angewendet: F r i e d r. A l b. L a n g e auf die Behandlung sozialpolitischer Probleme. Die einfachste Formulierung der Hypothese ist die, daß der Verlust des halben Vermögens für die betreffende Person gleich empfindlich wirkt, wie hoch immer das Vermögen vorher war.

VII. Die direkten und die inversen Schlüsse

1. Die Streuungsmaße höherer Ordnung

Die Symbolik für die Streuungsmasse (Parameter) höherer Ordnung ist in der Literatur der mathematischen Statistik leider nicht einheitlich. Es gibt ein System von P e a r s o n , eines von R. A. F i s h e r , eines von L. I s s e r l i s , um nur die wichtigsten zu nennen. Wir wollen das System T s c h u p r o w s verwenden, das eigentlich nur eine Erweiterung des Pearson'schen ist. Als gegeben betrachten wir wieder ein größeres Kollektiv vom Umfang N die Kollektivmaßzahlen des ponderablen Merkmals der einzelnen Exemplare bezeichnen wir wie bisher mit $x_1, x_2, \cdots x_N$ und bemerken, daß gelegentlich auch irgendein $x_i = 0$ sein kann, oder daß mehrere der Werte x_i einander auch gleich sein dürfen. Diesem Kollektiv wird als Stichprobe ein Teilkollektiv vom Umfang n entnommen; die Werte der Exemplare (Kollektivmaßzahlen) desselben bezeichnen wir mit $x_1, x_2 \cdots x_n$.

Denken wir uns alle Werte x_i des ganzen Kollektivs zur r-ten Potenz erhoben und das arithmetische Mittel davon berechnet, so können wir schreiben

$$\overline{x^r} = \frac{1}{N} \sum_{i=1}^{N} x_i^r = E x^r \doteq m_r \quad \cdots\cdots\cdots \quad 1)$$

Das Symbol m_r ist die Bezeichnung nach T s c h u p r o w . Das arithmetische Mittel ist wie wir wissen, zugleich die mathematische Erwartung $E x^r$. Mit μ_r bezeichnet T s c h u p r o w das arithmetische Mittel der r-ten Potenz der Abweichungen von der mathematischen Erwartung, was wir in algebraischer Form durch

$$\overline{(x - Ex)^r} = \frac{1}{N} \sum_{i=1}^{N} (x_i - m_1)^r = E (x - Ex)^r = \mu_r \quad \cdots\cdots \quad 2)$$

ausdrücken.

Schließlich kommen auch noch arithmetische Mittel der Produkte von h verschiedenen Werten x_i vor, wobei diese bezüglich zur r_1-ten, r_2-ten, $\ldots r_h$-ten Potenz erhoben sein können. In keinem dieser Produkte soll einer der Indices 1 bis h zweimal vorkommen, was durch $(i \neq j \neq \ldots \neq \ell)$ angemerkt wird. Die Definitions-gleichung dieses Mittels der Produkte ist also

$$\overline{x_i^{r_1} \cdot x_j^{r_2} \cdots x_\ell^{r_h}} = \frac{(h-1)!}{N!} \sum_{i=1}^{N} \sum_{j} \cdots \sum_{\ell} x_i^{r_1} x_j^{r_2} \cdots x_\ell^{r_h}$$

$$= E x_i^{r_1} \cdot x_j^{r_2} \cdots x_\ell^{r_h} = m_{r_1, r_2, \cdots r_h} \; (i \neq j \neq \cdots \neq \ell) \ldots 3)$$

Beispielsweise sind:

$$\overline{x_i\, x_j} = \frac{(N-2)!}{N!} \sum_{i=1}^{N} \sum_{j\neq i} x_i\, x_j = E_{x_i x_j} = m_{1,1} \cdots\cdots 3a)$$

$$\overline{x_i^{\,2}\cdot x_j \cdot x_k} = \frac{(N-3)!}{N!} \sum_{i=1}^{N} \sum_{j} \sum_{k} x_i^{\,2}\, x_j\, x_k \;(i\neq j \neq k)$$

$$= E\, x_i^{\,2}\, x_j\, x_k = m_{2,1,1} \qquad\cdots\cdots 3b)$$

Ebenso gibt es arithmetische Mittel von Produkten der Abweichungen, wie z. B. das folgende:

$$\overline{(x_i - Ex)^{r_1}\,(x_j - Ex)^{r_2} \ldots (x_\ell - Ex)^{r_h}}$$

$$= \frac{(h-1)!}{N!} \sum_{i=1}^{N} \sum_{j} \cdots \sum_{\ell} (x_i - m_1)^{r_1} \cdots (x_\ell - m_1)^{r_h}$$

$$= E\left[(x_i - Ex)^{r_1} \cdots (x_\ell - Ex)^{r_h}\right] = \mu_{r_1, r_2, \ldots, r_h} \cdots\cdots 4)$$

und bei nur 2 Faktoren zur ersten Potenz:

$$\overline{(x_i - Ex)\,(x_j - Ex)} = \frac{(N-2)!}{N!} \sum_{i=1}^{N} \sum_{j\neq i} (x_i - m_1)(x_j - m_1)$$

$$= E\,(x_i - Ex)(x_j - Ex) = \mu_{1,1} \qquad\cdots\cdots 4a)$$

bei 3 Faktoren, der ersten zur zweiten Potenz:

$$\overline{(x_i - Ex)^2\,(x_j - Ex)(x_k - Ex)}$$

$$= \frac{(N-3)!}{N!} \sum_{i=1}^{N} \sum_{j} \sum_{k} (x_i - m_1)^2 (x_j - m_1)(x_k - m_1)$$

$$= E\left[(x_i - Ex)^2 (x_j - Ex)(x_k - Ex)\right] = \mu_{2,1,1} \qquad\cdots\cdots 4b)$$

Alle diese Momente sind Parameter der Dispersionsfunktion. Die Parameter m_r und μ_r beziehen sich auf das Kollektiv vom Umfang N, die Parameter $m_{r_1, r_2, \ldots, r_h}$ und $\mu_{r_1, r_2, \ldots, r_h}$ aber schon auf Kollektive vom Umfang $\frac{N!}{(N-h)!}$, das ist die

Zahl aller Kombinationen zu h Faktoren, die aus dem Vorrat von N möglichen Faktoren ohne Wiederholungen gebildet werden können.

Wie wir bereits gelernt haben, ist

$$\left. \begin{aligned} &\mu_1 = 0 \; ; \quad \mu_2 = Ex^2 - (Ex)^2 = m_2 - m_1^2 \\ &m_{1,1} = m_1^2 - \frac{\mu_2}{N-1} \quad i. \quad \mu_{1,1} = - \frac{\mu_2}{N-1} \end{aligned} \right\} \quad \ldots \ldots 7)$$

Hierin ist unter m_1^2 selbstverständlich m_1 zur zweiten Potenz zu verstehen. Die letzte Formel ergibt sich daraus, daß

$$E(x_i - Ex)(x_j - Ex) = E\left[x_i x_j - x_j Ex - x_i Ex + (Ex)^2 \right]$$
$$= E x_i x_j - (Ex)^2 - (Ex)^2 + (Ex)^2$$
$$= E x_i x_j - (Ex)^2 = \left(m_1^2 - \frac{\mu_2}{N-1} \right) - m_1^2 = - \frac{\mu_2}{N-1} \quad \text{ist.}$$

Eine allgemeine Formel zur Bestimmung von Momenten höherer Potenzen erhält man unter Berücksichtigung, daß m_1 und r als Invarianten anzusehen sind, aus der Entwicklung der r-ten Potenz des Binoms $(x_i - Ex)$ nach der bekannten Formel von Newton:

$$(x_i - Ex)^r = E\left[x_i^r - r x_i^{r-1} m_1 + \frac{r(r-1)}{1 \cdot 2} x_i^{r-2} m_1^2 - \ldots \right]$$

woraus nach dem Additionssatz der Erwartungen

$$\mu_r = m_1 - r m_{r-1} m_1 + \frac{r(r-1)}{1 \cdot 2} m_{r-2} m_1^2 - \quad \ldots \ldots \ldots 8)$$

folgt. Das letzte und vorletzte Glied der Reihe lassen sich immer miteinander verschmelzen, denn

$$\pm r m_1 m_1^{r-1} \mp m_1^r = \pm (r-1) m_1^r \quad \ldots \ldots \ldots 8a)$$

Für die Exponenten 2, 3, 4 und 5 erhält man somit

$$\left. \begin{aligned} \mu_2 &= m_2 - m_1^2 \\ \mu_3 &= m_3 - 3 m_2 m_1 + 2 m_1^3 \\ \mu_4 &= m_4 - 4 m_3 m_1 + 6 m_2 m_1^2 - 3 m_1^4 \\ \mu_5 &= m_5 - 5 m_4 m_1 + 10 m_3 m_1^2 - 10 m_2 m_1^3 + 4 m_1^5 \end{aligned} \right\} 9) \quad \text{usw.}$$

Für imponderable Merkmale vereinfachen sich diese Formeln, weil

$$m_1 = m_2 = \ldots\ldots = m_n = p$$ ist, und man hat

$$\mu_2 = p - p^2 = pq$$

$$\mu_3 = p - 3p^2 + 2p^3 = pq(q-p)$$

$$\mu_4 = p - 4p^2 + 6p^3 - 3p^4 = pq(1-3p)$$

und allgemein

$$\mu_r = pq\left[q^{r-1} + (-1)^r p^{r-1}\right]$$

In der praktischen Statistik kommt man in der Regel bei annähernd symmetrischer Dispersionsfunktion mit den Momenten zweiter Potenz aus. Bei stärker unsymmetrischer Dispersionsfunktionen muß man allerdings noch die Momente dritter Potenz heranziehen. Die Produktmomente kommen niemals selbständig vor, sondern immer nur in Verbindung mit den reinen Potenzmomenten. Am anschaulichsten ist stets die graphische Darstellung der Dispersionsfunktion, auch wenn dieselbe nur mehr oder minder angenähert ist. Es gibt aber namentlich in der Lebens- und Rentenversicherung Rechnungen, zu denen man die Momente höherer Potenzen benötigt. Allerdings muß man dabei bemerken, daß die Genauigkeit dieser Rechnungen viel zuweit getrieben wird, weil wichtige Voraussetzungen, wie z. B. die Stabilität der Sterbetafeln, die Stabilität der Kaufkraft der Geldeinheit, die Stabilität eines angemessenen Rechnungszinsfußes usw., nicht einmal angenähert in der Wirklichkeit anzutreffen sind.

2. Andere Maßzahlen zur Charakteristik von Streuungen

Außer den schon behandelten Momenten um Null

$$m_1 = \frac{1}{n} \cdot \sum_{i=1}^{n} x_i \; , \quad m_2 = \frac{1}{n} \sum_{i=1}^{n} x_i^2 \; , \quad m_3 = \frac{1}{n} \sum_{i=1}^{n} x_i^3 \; , \ldots\ldots$$

und den Momenten um den arithmetischen Mittelwert

$$\mu_1 = \frac{1}{n} \sum_{i=1}^{n} (x_i - \bar{x}) , \quad \mu_2 = \frac{1}{n} \sum_{i=1}^{n} (x_i - \bar{x})^2 , \quad \mu_3 = \frac{1}{n} \sum_{i=1}^{n} (x_i - \bar{x})^3 ,$$

hat man noch andere Parameter oder Dispersionsfunktionen zu bilden versucht. Welche Art vorzuziehen ist, darüber läßt sich kein allgemeines Werturteil fällen.

Der britische Statistiker und Universitätsprofessor P e a r s o n hat die Parameter

$$\beta_1 = \frac{\mu_3^2}{\mu_2^3} \quad, \quad \beta_2 = \frac{\mu_4}{\mu_2^2} \quad, \quad \beta_3 = \frac{\mu_3 \mu_5}{\mu_2^2} \quad,$$

$$\beta_4 = \frac{\mu_6}{\mu_2^3} \quad, \quad \beta_5 = \frac{\mu_3 \mu_7}{\mu_2^5} \quad, \quad \beta_6 = \frac{\mu_8}{\mu_2^4}$$

usw. in Vorschlag gebracht. Nur wenig davon unterscheiden sich die Parameter seines Kollegen Bowley, der

$$K_1 = \frac{\mu_3}{\sqrt{\mu_2^3}} = \sqrt{\beta_1} \quad, \quad K_2 = \frac{\mu_4}{\mu_2^2} = \beta_2$$

usw. setzte. Als Maß der "Schiefe" wurden auch

$$\gamma = \frac{\bar{x} - D}{\mu_2} \quad \text{und} \quad \gamma' = \frac{3(\bar{x} - M)}{\mu_2}$$

worin D den dichtesten und M den Medianwert bedeutet.

Ein anderes System stammt von dem deutschen Statistiker Thiele. Er bezeichnet

$$m_1 \text{ mit } \lambda_1 \;, \; \mu_2 \text{ mit } \lambda_2 \;, \; \mu_3 \text{ mit } \lambda_3 \;, \; \mu_4 - 3\mu_2^2 \text{ mit } \lambda_4 \;,$$

$$\mu_5 - 10\mu_3\mu_2 \text{ mit } \lambda_5 \;, \; \mu_6 - 15\mu_4\mu_2 - 10\mu_3^2 + 30\mu_2^3 \text{ mit } \lambda_6 \text{ usw.}$$

In Bezug auf Kollektive unendlichen Umfangs stimmen die Grenzwerte Thieles mit den von R. A. Fisher verwendeten "Kumulanten" X überein. Auch der russische Statistiker Morduch, ein Schüler Tschuprows hat ein eigenes System angegeben.

Die Momente, Halbinvariante, Kumulanten oder wie die Parameter heißen mögen, können auch dazu verwendet werden, die ganze Dispersionsfunktion mit beliebiger Genauigkeit darzustellen. Wenn das ponderable Merkmal eines Kollektivs nur wenige verschiedene Werte aufweist, so wird eine Dispersionsfunktion durch eine kurze Reihe isolierter Punkte darstellbar sein und eine Darstellung durch angenäherte stetige mittlere Funktionen erübrigt sich. Man wird dann die betreffenden Erwartungswahrscheinlichkeiten mit genügender Genauigkeit aus einer nicht zu großen Zahl von Stichproben ermitteln können. Wenn jedoch, was häufig der Fall ist, ein solcher Ursachenkomplex vorliegt, daß das Merkmal eine sehr große Anzahl verschiedener Werte zeigt, so werden einzelne dieser Werte durch Stichproben gegebenenfalls überhaupt nicht zu unserer Kenntnis gelangen und andere möglicherweise so selten auftreten, daß ihre relative Häufigkeit in Stichproben keinen sicheren Schluß auf die relative Häufigkeit in einem Kollektiv größeren Umfangs zuläßt, so daß man auf Grund der Stichproben zu unrichtigen Erwartungs- wahrscheinlichkeiten gelangen könnte.

Auf dem normalen Wege käme man also wahrscheinlich nicht zu einer brauchbaren Annäherung. Deswegen macht man Umwege und solche eröffnen sich eben über die Momente, Halbinvarianten, Kumulanten oder wie man sonst irgendwelche Parameter der Dispersionsfunktion bezeichnen will. Die Überlegung dabei ist die folgende: <u>Wenn das betreffende Merkmal im Ganzen m verschiedene Werte x_i mit m verschiedener Wahrscheinlichkeiten annehmen kann, so hat man bei der Bestimmung des Verteilungsgesetzes (der Dispersionsfunktion) im Ganzen 2 m unbekannte Parameter.</u> Diese können nur aus 2 m voneinander unabhängigen Gleichungen ermittelt werden. Von vornherein steht aber nur die eine Gleichung

$$\sum_{i=1}^{n} p_i = 1$$

zur Verfügung, wenn die Funktion aus n isolierten Punkten besteht,

$$\text{bzw.} \int_{-\infty}^{+\infty} p \, dx = 1$$

wenn es sich um eine stetige mittlere Funktion handelt. Die anderen 2 m - 1 Gleichungen müßte man aus den Stichproben zu gewinnen trachten.

Nach bestimmten Regeln und Formeln, die in der Kollektivmaßlehre abgeleitet wurden, erhält man die nötigen 2 m - 1 Momente, bzw. Halbinvarianten und erreicht dabei eine Annäherung an die richtige statistische Erwartungswahrscheinlichkeit innerhalb verhältnismässig enger Fehlergrenzen. Praktisch begnügt man sich dabei mit der Errechnung weniger niedriger Momente, bzw. Halbinvarianten und gewinnt schon aus diesen einen befriedigenden Überblick über die "Dispersionsbreite", den "Charakter der Streuung", die "Schiefe", den "Exzess", usw. Jeder weiter errechnete Parameter würde lediglich die Grenzen noch etwas einengen, zwischen welchen die Dispersionsfunktion liegt.

VIII. Analyse des Stichprobenverfahrens

1. Die direkte und die inverse Schlußfolgerung

Aus einem Kollektiv vom Umfang N wird ein Teilkollektiv vom Umfang n als Stichprobe entnommen. Es ist das Problem gestellt, wie sich das arithmetische Mittel und die Streuung der Werte x_i des ganzen Kollektivs zum arithmetischen Mittel bzw. zur Streuung der x_i in der Stichprobe vom Umfang n verhalten. Für das Kollektiv vom Umfang N sollen die folgenden Bezeichnungen gelten:

$$\frac{1}{N} \sum_{i=1}^{N} x_i = Ex \quad ; \quad \frac{1}{N} \sum_{i=1}^{N} x_i^2 = Ex^2$$

$$\frac{1}{N} \sum_{i=1}^{N} (x_i - Ex)^2 = \frac{1}{N} \sum_{i=1}^{N} x_i^2 - (Ex)^2$$

$$= E(x - Ex)^2 = Ex^2 - (Ex)^2 = \mu_2 \quad \dots\dots 1)$$

Das Quadrat der Summe der x_i also

$$\left(\sum_{i=1}^{N} x_i \right)^2 = (N \cdot Ex)^2 = (x_1 + x_2 + \dots + x_N)(x_1 + x_2 + \dots + x_N)$$

und wenn man die Multiplikation ausführt und das Ergebnis entsprechend ordnet, kommt man zu folgendem Schema:

$$\left(\sum_{i=1}^{N} x_i \right)^2 = \left.\begin{array}{l} \underline{x_1^2} + x_1 x_2 + x_1 x_3 + \dots\dots + x_1 x_N \\[4pt] + x_1 x_2 + \underline{x_2^2} + x_2 x_3 + \dots\dots + x_2 x_N \\[4pt] + x_1 x_3 + x_2 x_3 + \underline{x_3^2} + \dots\dots + x_3 x_N \\[4pt] \cdots\cdots\cdots\cdots\cdots\cdots\cdots \\[4pt] + x_1 x_N + x_2 x_N + x_3 x_N + \dots\dots + \underline{x_N^2} \end{array}\right\} \dots 2)$$

Die Zahl der Glieder der rechten Seite ist N^2 und die Zahl der Glieder x_i^2 in der Diagonale ist N, mithin ist die Zahl der Paarungen $x_i x_j$ durch die Differenz $N^2 - N = N(N-1)$ gegeben. Dabei ist zu beachten, daß jedes $x_i x_j$ zweimal vorkommen muß. Man kann Formel 2. auch wie folgt anschreiben

$$\left(\sum_{i=1}^{N} x_i \right)^2 = N^2 (Ex)^2 = \sum_{i=1}^{N} x_i^2 + \sum_{i=1}^{N} \sum_{j \neq 1}^{N} x_i x_j \qquad \ldots\ldots 3)$$

Die Doppelsumme der rechten Seite besteht, wie wir festgestellt haben, aus $N(N-1)$ Wertepaaren $x_i x_j$, wobei j niemals gleich i sein darf, was wir durch $j \neq i$ unter dem zweiten $\sum$ zeichen der Doppelsumme anmerken. Führt man die Bezeichnung

$$\frac{1}{N(N-1)} \sum_{1}^{N} \sum_{j \neq i} x_i x_j = E\, x_i x_j \;\; (j \neq i) \qquad \ldots\ldots 4)$$

ein und dividiert man 3) durch $N(N-1)$, so erhält man

$$\frac{N}{N-1} (Ex)^2 = \frac{1}{N-1} Ex^2 + E\, x_i x_j$$

und hieraus mit Rücksicht auf Formel 1

$$E\, x_i x_j = \frac{N}{N-1} (Ex)^2 - \frac{1}{N-1} \left[\mu_2 + (Ex)^2 \right]$$

$$= (Ex)^2 - \frac{\mu}{N-1} \qquad \ldots\ldots 5)$$

oder auch $\quad E\, x_i x_j - (Ex)^2 = -\dfrac{\mu_2}{N-1} \; ; \; (j \neq i) \ldots\ldots\ldots 6a).$

Bei der Entnahme der Stichprobe vom Umfang n soll es nicht vorkommen, daß unter den n Exemplaren irgend ein x_i zweimal vorkommt, was also dem Ziehen von Kugeln, die von 1 bis N nummeriert sind, aus einem Sack o h n e Z u r ü c k - l e g e n gezogener Kugeln entspricht. Die Stichprobe vom Umfang n kann durch jede mögliche Kombination ohne Wiederholungen von n Werten aus dem Vorrat von N Werten der x_i des ganzen Kollektivs gebildet werden. Die Zahl dieser

Kombinationen von N Exemplaren zur n-ten Klasse ist $\quad K_N = \dfrac{N!}{n!\,(N-n)!}$

Die Zahl der Paarungen, die in jeder Stichprobe vorgenommen werden könnte, ist durch die möglichen Kombinationen von n Exemplaren zur 2. Klasse gegeben,

also durch $\quad K_n^2 = \dfrac{n!}{2!\,(n-2)!}$

und da jedes Paar zweimal vorkommen muß, haben wir in jeder Stichprobe

$$\frac{n!}{(n-2)!}$$

Glieder vom Charakter $x_i x_j$, und in sämtlichen möglichen Stichproben zusammengenommen somit

$$\frac{N!}{n!\,(N-n)!} \cdot \frac{n!}{(n-2)!} = \frac{N!}{(N-n)!\,(n-2)!}$$

Glieder von der Art $x_i x_j$. Alle diese möglichen Stichproben können als ein Kollektiv von noch größerem Umfang als N angesehen werden und ebenso die Glieder $x_i x_j$ als Exemplar eines Kollektivs vom Umfang

$$\frac{N!}{(N-n)!\,(n-2)!}$$

Für eine Stichprobe vom Umfang n gilt selbstverständlich Formel 3, nur mit entsprechender Änderung der oberen Summengrenze

$$\left(\sum_1^n x_i\right)^2 = \sum_1^n x_i^2 + \sum_1^n \sum_{j \neq i}^n x_i x_j \qquad \ldots\ldots\ldots 6)$$

Die Doppelsumme der rechten Seite besteht aus $n(n-1)$ Gliedern, wobei jedes Glied zweimal auftritt. Wie dies bei den Briten üblich geworden ist, schreiben wir x_i für die Exemplare der Stichprobe und x_i für die Exemplare des ganzen Kollektivs vom Umfang N.

Von den Gleichungen 6 gibt es $\frac{N!}{(N-n)!}$ und denkt man sich dieselben summiert, so erhält man

$$\sum \left(\sum_1^n x_1\right)^2 = \sum \left(\sum_1^n x_i^2\right) + \sum \left(\sum_1^n \sum_{j \neq i} x_i x_j\right) \ldots 7)$$

Die Häufigkeit der x_i, der x_i^2 und der $x_i x_j$ ist in jedem der Summanden gleich. Wenn man nun Formel 7 gliedweise durch die Zahl der auftretenden Paarungen $\frac{N!}{(N-n)!}$ dividiert, so erhält man lauter mathematische Erwartungen

$$E\left(\sum_{i=1}^n x_i\right)^2 = E\left(\sum_{i=1}^n x_i^2\right) + E\sum_{i=1}^n \sum_{j \neq i}^n x_i x_j \qquad \ldots\ldots 8)$$

und daraus durch Anwendung des Additionssatzes schließlich

$$E\left(\sum_{i=1}^n x_i\right)^2 = n\,E\,x^2 + n\,(n-1)\,E\,x_i x_j \ , \ (j \neq i) \ \ldots\ldots\ldots\ldots 9)$$

was aus einer wohl elementarmathematischen, aber doch ziemlich umständlichen

Überlegung hervorgeht, die wir hier auszuführen vermeiden wollen. Dagegen sei ein einfaches Zahlenbeispiel von A n d e r s o n in kürzerer Darstellung wiedergegeben, um die Sache verständlicher zu machen.

Wir setzen $N = 5$ und $n = 3$ an. Die 5 Exemplare x_1 bis x_5 kann man auf zehnerlei Weise zu dritt kombinieren, wobei alle Kombinationen gleich möglich sind. Wir deuten dieselben an, indem wir nur die Indices anschreiben:

$$123; \quad 124; \quad 125; \quad 134; \quad 135;$$
$$145; \quad 234; \quad 235; \quad 245; \quad 345;$$

In jeder Kombination sind drei Paarungen möglich, z. B. in der ersten 12, 13 und 23, das ergibt also im ganzen $10 \cdot 3 = 30$ Paarungen, wobei jede Paarung dreimal vorkommt, z. B. 12 in den ersten drei Kombinationen. Nun erheben wir die Summe der Exemplare in jeder Kombination zur zweiten Potenz, was folgendes Schema ergibt, wobei wir die Indices der in einer Kombination enthaltenen Exemplare unter das Zeichen Σ schreiben

$$\left(\sum_{123} x\right)^2 = x_1^2 + x_2^2 + x_3^2 + 2\left(x_1 x_2 + x_1 x_3 + x_2 x_3\right)$$

$$\left(\sum_{124} x\right)^2 = x_1^2 + x_2^2 + x_4^2 + 2\left(x_1 x_2 + x_1 x_4 + x_2 x_4\right)$$

$$\vdots$$

$$\left(\sum_{345} x\right)^2 = x_3^2 + x_4^2 + x_5^2 + 2\left(x_3 x_4 + x_3 x_5 + x_4 x_5\right)$$

Summiert man diese 9 Gleichungen, so erhält man

$$\sum_1^{10}\left(\sum_1^3 x_i\right)^2 = 6\left(\sum_1^5 x_i^2 + \sum_{j \neq i} x_i x_j\right) \quad \dots \dots \text{ 10)}$$

Dividiert man diese Gleichung durch 10 (39), so erhält man das arithmetische Mittel der Quadrate der Summen $\sum_1^3 x_i$ oder die mathematische Erwartung des Ergebnisses bei einer Stichprobe.

---

(39) Die Zahl der x_2^2 in $\sum_1^5 x_i^2$ ist 5, die Zahl der $x_i x_j$ in $\sum x_i x_j$ ist 10, weil $k_5^2 = \dfrac{5!}{2!\,3!} = 10.$

Man hat also

$$\left(\sum_1^3 x_i\right)^2 = E\left(\sum_1^3 x_i\right)^2 = 3Ex^2 + 6Ex_ix_j \quad ; (j \neq i)$$

was Formel 9) entspricht.

Setzt man als Werte der 5 x die Zahlen 1, 2, 3, 4, 5 ein, so ist das arithmetische Mittel der 10 Summenquadrate (40) von je dreien 84, jenes der Quadrate von allen 5 ist 11 und jenes der 10 möglichen Produkte von je zwei Verschiedenen ist 9,5. Da 3 . 11 + 6 . 9,5 = 84 stimmt die Rechnung.

Sind die Abweichungen der x_i von ihrem arithmetischen Mittel relativ klein, so ist Ex_i^2 nicht sehr verschieden von $E x_i x_j \ (j \neq i)$ und dann ist angenähert

$$E\left(\sum_1^n x_i\right)^2 \simeq n^2 E x_i^2$$

Setzt man in obigem Zahlenbeispiel die 5 x mit den Werten 10, 11, 12, 13, 14 an, so ist die genau mathematische Erwartung von

$$\left(\sum_1^3 x_i\right)^2$$

1287, die Annäherung 1278. Der Fehler beträgt nur etwa 0,7 % bei einer immerhin noch nicht unerheblichen Streuung der x_i .

Kehren wir nun zu unserer Formel 9 zurück und dividieren wir sie durch n^2. Das ergibt

$$E\left(\frac{1}{n} \cdot \sum_{i=1}^n x_i\right)^2 = \frac{1}{n} Ex^2 + \frac{n-1}{n} E x_i y_j \quad (j \neq i) \ldots \ldots \ldots 11)$$

und mit Rücksicht auf 5 und 1

$$E\left(\frac{1}{n}\sum_{i=1}^n x_i\right)^2 = \frac{1}{n} Ex^2 + \frac{n-1}{n}\left[(Ex)^2 - \frac{M_2}{N-1}\right]$$

$$= (Ex)^2 + \frac{N-n}{n(N-1)} \cdot M_2 = (Ex)^2 + \left(1 - \frac{n-1}{N-1}\right) \frac{M_2}{n} \ldots 12).$$

---

(40) Bei der Wiedergabe dieses Zahlenbeispiels ist A n d e r s o n ein Versehen passiert; er nimmt 60 verschiedene Summenquadratwerte an, wogegen es nur 10 geben kann.

Außerdem hat man

$$\frac{1}{n} \sum_{i=1}^{n} (x_i - \bar{x})^2 = \frac{1}{n} \sum_{i=1}^{n} x_i^2 - \left(\frac{1}{n} \sum_{i=1}^{n} x_i \right)^2 \quad \ldots 13)$$

Der Ausdruck auf der linken Seite von 13 ist das arithmetische Mittel der Quadrate der Abweichungen der x_i vom arithmetischen Mittel des ganzen Kollektivs (N) und wurde von Tschuprow (41) mit $\nu'_{2,(n)}$ bezeichnet, so daß man

$$\nu'_{2,(n)} \cdot \overline{(x_i - \bar{x})^2} \qquad \ldots\ldots 14)$$

zu setzen hat. Die Erwartung desselben ist

$$E \nu'_{2,(n)} = \frac{1}{n} E \sum_{i=1}^{n} x_i^2 - (Ex)^2 - \frac{N-n}{n(N-1)} \mu_2$$

$$= Ex^2 - (Ex)^2 - \frac{N-n}{n(N-1)}$$

$$\mu_2 = \mu_2 - \frac{N-n}{n(N-1)} \mu_2 = \frac{N}{N-1} \cdot \frac{n-1}{n} \mu_2 \qquad \ldots\ldots 15)$$

Durch Umkehrung erhält man daraus

$$\mu_2 = \frac{N-1}{N} \cdot \frac{n}{n-1} \cdot E \nu'_{2,(n)}$$

$$= E \left[\frac{N-1}{N(n-1)} \sum_{i=1}^{n} (x_i - \bar{x})^2 \right] = E \left[\frac{1 - \frac{1}{N}}{n-1} \sum_{i=1}^{n} (x_i - \bar{x})^2 \right] \quad \ldots\ldots 16)$$

Beim statistischen Probenverfahren kommt es praktisch niemals vor, daß ein und dasselbe Exemplar mit dem Wert x_i aus dem Kollektiv mit dem Umfang N zwei- oder mehrmals in das Kollektiv mit dem Umfang n gelangt. Denkt man sich die Werte der x_i auf Zettelchen geschrieben und diese in einem Sack gut durcheinandergemischt, so entspricht das Stichprobenverfahren dem Ziehen dieser Zettelchen aus dem Sack, ohne daß ein gezogenes Zettelchen wieder in den Sack zurückgelegt wird. Dies gilt auch dann, wenn man zwei oder mehrere Stichproben vom Umfang n vornimmt. Ist jedoch der Umfang des Gesamtkollektivs sehr groß, d.h. gilt $N \to \infty$, so wäre es von unerheblicher Bedeutung, ob man ein gezogenes Zettelchen wieder in den Sack zurückgelegt hat oder nicht. Das ersieht man auch daraus, daß dann in Formel 16 die Größe $(1 - \frac{1}{N}) \to 1$ wird, weshalb sich dieselbe auf

$$\mu_2 = E \left[\frac{1}{n-1} \sum_{i=1}^{n} (x_i - \bar{x})^2 \right] \qquad \ldots\ldots 16a)$$

---

(41) In „On the mathematical expectation of the moments of frequency distributions", Biometrika, Vol. XII und XIII 1918—1921.

vereinfacht. Dieses Ergebnis hätte man auch ohne Schwierigkeit in unmittelbarer Ableitung erhalten können.

Damit ist klargestellt, daß das Streuungsmaß μ_2, welches für das ganze Kollektiv vom Umfang N gilt, nicht der mathematischen Erwartung von $\nu'_{2\,(n)}$, dem entsprechenden Streuungsmaß im Kollektiv vom Umfang n, also in der Stichprobe, gleichkommt, sondern der mathematischen Erwartung einer etwas darüberliegenden Maßzahl. Der Unterschied ist um so kleiner, je größer n genommen wurde. Nun untersuchen wir den Fall, daß aus dem Kollektiv vom Umfang N mehrere Teilkollektive vom Umfang n (Stichproben) entnommen worden sind. Bezeichnen wir das nur auf eine Stichprobe bezogene arithmetische Mittel der Quadrate der Abweichungen von $\bar{x}$ mit $\mu_{2\,(n)}$.

Das arithmetische Mittel x_i wird in jeder Stichprobe etwas anderes sein und wir wollen die Streuungsmaße dafür gewinnen. Zunächst haben wir

$$\mu_{2\,(n)} = E\left(\frac{1}{n}\sum_{i=1}^{n} x_i - E\frac{1}{n}\sum_{i=1}^{n} x_i\right)^2 \quad \dots\dots \; 17)$$

Eine mathematische Erwartung hat immer nur einen Sinn, wenn sie sich auf ein Kollektiv größeren Umfangs bezieht und in unserem Fall würde dies für das Kollektiv vom Umfang $\dfrac{N!}{n!\,(N-n)!}$ gelten; das ist die Zahl aller möglichen Kombinationen von n Exemplaren aus dem Vorrat der N Exemplare des ganzen Kollektivs $\left(K_N^n = \dfrac{N!}{n!\,(N-n)!}\right.$ ohne Wiederholungen d. i. ohne "Zurücklegen"). Nach den uns bekannten Formeln für mathematische Erwartungen haben

$$\mu_{2\,(n)} = E\left[\left(\frac{1}{n}\sum_{i=1}^{n} x_i\right)^2 - 2\frac{1}{n}\sum_{i=1}^{n} x_i \cdot E\frac{1}{n}\sum_{i=1}^{n} x_i\right.$$

$$\left. + \left(E\frac{1}{n}\sum_{i=1}^{n} x_i\right)^2\right] = E\left(\frac{1}{n}\sum_{i=1}^{n} x_i\right)^2 - \left(E\frac{1}{n}\sum_{i=1}^{n} x_i\right)^2 \quad \dots\dots \; 18)$$

Nach dem Additionssatz ist

$$E\frac{1}{n}\sum_{i=1}^{n} x_i = \frac{1}{n} E\sum_{i=1}^{n} x_i = \frac{1}{n}\sum E x_i = E x \quad \dots\dots \; 19)$$

Aus Formel 18. wird unter Beachtung von 12.

$$\mu_{2\,(n)} = E\left[\frac{1}{n}\sum_{i=1}^{n} x_i - E\left(\frac{1}{n}\sum_{i=1}^{n} x_i\right)\right]^2 = \frac{N-n}{n(N-1)}\,\mu_2$$

$$= \left(1 - \frac{n-1}{N-1}\right)\cdot\frac{\mu_2}{n} \quad \dots\dots\dots \; 20)$$

Diese für jedes Stichprobenverfahren außerordentlich wichtige Formel dürfte zuerst <u>Pearson</u> bekannt gewesen sein. Bei $n=N$ ist keine Streuung möglich und deshalb wird das Maß $\mu_{2,(n)} = 0$.

Wenn bei endlichem Umfang der Stichprobe der Umfang des ganzen Kollektivs sehr groß ist $(N \to \infty)$, wobei es gleichgültig bleibt, ob "zurückgelegt" wird oder nicht, erhält man

$$\mu_{2,(n)} = \frac{1}{n}\,\mu_2 \qquad\qquad \dots\dots\dots\dots\dots \text{20a)}$$

Man kann die für ponderablen Merkmale abgeleiteten Formeln 15, 16, 16a und 20 auch auf imponderable Merkmale anwenden, indem man beim Zutreffen des Merkmals x_i mit 1, beim Nichtzutreffen x_i mit 0 bewertet. Dafür gelten die relativen Häufigkeiten p und q bzw. die statistischen Wahrscheinlichkeiten p und q. Hat die gesamte Menge die Mächtigkeit N und die Teilmenge, bei der das Merkmal zutrifft, die Mächtigkeit M, so sind M Elemente mit 1 und $N-M$ Elemente mit 0 zu bewerten. Die statistische Wahrscheinlichkeit ist $p=\frac{M}{N}$ und es gilt

$$E\,x = p\cdot 1 + q\cdot 0 = p$$
$$E\,x^2 = p\cdot 1^2 + q\cdot 0^2 = p$$

allgemein $\quad E\,x^r = p\cdot 1^r + q\cdot 0^r = p \quad \dots\dots\dots\dots \text{21)}$

Ferner ist $\quad \mu_2 = E\,x^2 - (E\,x)^2 = p - p^2 = p\,(1-p) = pq \dots \text{22)}$

andererseits $\quad \dfrac{1}{n}\displaystyle\sum_{i=1}^{n} x_i = \dfrac{m}{n} = p' \quad \dots\dots\dots\dots \text{23)}$

und $\quad E\,p' = E\,\dfrac{1}{n}\displaystyle\sum_{i=1}^{n} x_i = \dfrac{n\,E\,x}{n} = E\,x = p \dots \text{24)}$

schließlich $\quad \dfrac{1}{n}\displaystyle\sum x_i^2 = \dfrac{1}{n}\displaystyle\sum_{i=1}^{n} x_i = p' \quad \dots\dots\dots \text{25)}$

daraus folgt $\dfrac{1}{n}\displaystyle\sum_{i=1}^{n} x_i^2 - \dfrac{1}{n^2}\left(\displaystyle\sum_{i=1}^{n} x_i\right)^2 = p' - p'^2 = p'\,(1-p') = p'q'$
$$\dots\dots \text{26)}$$

Im Hinblick auf die Formeln 15, 21, 22 und 25 erhält man noch

$$E\,\nu'_{2,(n)} = E\,p'q' = \frac{N}{N-1}\cdot\frac{n-1}{n}\,pq \quad \dots\dots \text{27)}$$

und umgekehrt $\quad pq = \left(1-\dfrac{1}{N}\right)\dfrac{n}{n-1}\,E\,p'q' \quad \dots\dots\dots \text{27a)}$

Folglich ist $\frac{1}{n} pq = \left(1 - \frac{1}{N}\right) E \frac{p'q'}{n-1}$ . . . . $27b)$

Aus der Formel 20 erhält man in Verbindung mit 22, 23 und 24

$$\mu_{2,n} = E(p'-p)^2 = \left(1 - \frac{n-1}{N-1}\right) \frac{pq}{n} \quad \ldots \ldots \quad 28)$$

oder $\quad E(np' - np)^2 = \left(1 - \frac{n-1}{N-1}\right) npq \quad \ldots \ldots \quad 28a)$

Bleibt n endlich und ist $N \to \infty$, wodurch es gleichgültig bleibt, ob man "zurücklegt" oder nicht, so erhält man aus den Formeln 27b, 28 und 28a

$$\left.\begin{array}{l} \frac{1}{n} pq = E \frac{p'q'}{n-1} \\[2ex] E(p'-p)^2 = \frac{1}{n} pq \quad \text{oder} \quad E(np' - np)^2 = npq \end{array}\right\} \quad \ldots \ldots \quad 29)$$

Die Formeln 27b und 29 kommen bei T s c h u p r o w vor. Aus ihnen läßt sich wie aus Formel 28 die Erwartungsregel ableiten, die <u>Pearson</u> schon vorher (1899) in die statistische Praxis eingeführt hatte:

$$E(p')^2 = p^2 + \frac{N-n}{N-1} \cdot \frac{pq}{n} \quad \ldots \ldots \ldots \quad 30)$$

Im Grenzfall $N \to \infty$ wird daraus $\quad E(p')^2 = p^2 + \frac{1}{n} pq \quad \ldots \ldots \quad 30a)$

Selbstverständlich könnten alle diese Formeln auch aus dem Binomialsatz abgeleitet werden, doch wäre diese Ableitung verwickelter als die hier gegebene. Beim Exponentialsatz sind wir zum Parameter σ gelangt, der im allgemeinen

$$\sigma = \sqrt{\left(1 - \frac{n}{N}\right) npq}$$

ist und für den Grenzfall $N \to \infty$ $\quad \sigma = \sqrt{npq}$ wird.

Der Vergleich dieser Formel mit 28a und 29 zeigt uns, daß sich im ersten Falle σ^2 von $E(np' - np)^2$ nur um die sehr kleine Größe $\left(1 - \frac{n}{N}\right) \frac{npq}{N-1}$ unterscheidet, während im Grenzfall $N \to \infty$ so gut wie überhaupt kein Unterschied besteht. In jedem Fall ist der Unterschied kleiner als die Größen, welche bei der Ableitung des Exponentialsatzes vernachlässigt wurden, und deshalb ist es durchaus zulässig.

$$\sigma = \sqrt{\frac{N-n}{N-1} npq} = \sqrt{\left(1 - \frac{n-1}{N-1}\right) npq} \quad \ldots \ldots \ldots \quad 31)$$

zu nehmen. Die Annahme, daß σ gleich der mathematischen Erwartung der quadratischen Abweichungen der Größen np' von np ist, bietet gewisse theoretische Vorteile und erlaubt es auch, die Analogie zwischen der normalen Verteilung bei ponderablen Merkmalen und dem Exponentialsatz nachzuweisen, was noch in einem späteren Abschnitt geschehen soll.

2. Die aus Stichproben gewonnenen Momente

Sie sind ganz analog gebildet wie die aus dem Gesamtkollektiv, nur pflegt man sie etwas anders zu bezeichnen. Wir haben

$$m'_r = \frac{1}{n} \sum_{i=1}^{n} x_i{}^r \quad ; \quad m'_1 = \frac{1}{n} \sum_{1}^{n} x_i$$

$$\nu'_{r,(n)} = \frac{1}{n} \sum_{i=1}^{n} (x_i - \overline{x_i})^r = \frac{1}{n} \sum_{i=1}^{n} (x_i - m'_1)^r$$

$$\nu'_{2,(n)} = \frac{1}{n} \sum_{i=1}^{n} (x_i - \overline{x_i})^2 = \frac{1}{n} \sum_{i=1}^{n} (x_i - m'_1)^2$$

$$m'_{r_1,r_2,\ldots,r_h} = \frac{(n-h)!}{n!} \sum_{i=1}^{n} \sum_{j} \ldots \sum_{\ell} x_i{}^{r_1} x_j{}^{r_2} \ldots x_\ell{}^{r_h}$$

$$(i \neq j \neq \ldots \neq \ell)$$

$$m'_{1,1} = \frac{1}{n(n-1)} \sum_{i=1}^{n} \sum_{j \neq i} x_i x_j$$

$$\nu'_{r_1,r_2,\ldots r_h (n)} = \frac{(n-h)!}{n!} \sum_{i=1}^{n} \sum_{j} \ldots \sum_{\ell} (x_i - m'_1)^{r_1}$$

$$\cdot (x_j - m'_1)^{r_2} \ldots (x_\ell - m'_1)^{r_h}$$

$$\nu'_{1,1,(n)} = \frac{1}{n(n-1)} \sum_{i=1}^{n} \sum_{j \neq i} (x_i - m'_1)(x_j - m'_1)$$

$$\nu'_{1(n)} = 0 \qquad \nu'_{2,(n)} = m'_2 - (m'_1)^2$$

$$\nu'_{3,(n)} = m'_3 = 3 m'_2 m'_1 + 2 (m'_1)^3$$

$$\nu'_{1,1,(n)} = - \frac{\nu'_{2,(n)}}{n-1} \quad ; \quad \nu'_{1,1,1,(n)} = \frac{2\nu'_{3,(n)}}{(n-1)(n-2)}$$

$$\nu'_{2,1,1,(n)} = \nu'_{1,2,(n)} = - \frac{\nu'_{3,(n)}}{n-1}$$

und so weiter.

3. Die kombinierten Momente

Das sind solche Momente, in denen sowohl Momentgrößen des Gesamtkollektivs als auch der Stichproben vorkommen. Man kann 10 Gruppen davon unterscheiden.

$$1.)\quad \mu_r'' = \frac{1}{n} \sum_{i=1}^{n} (x_i - \bar{x})^r = \frac{1}{n} \sum_{i=1}^{n} (x_i - m_1)^r$$

Ferner gehören hierher alle Erwartungen der Momente aus der Gesamtheit der Stichproben

$$2.)\quad E\, m_r' = \overline{m_r'}$$

$$3.)\quad E\, m_{r_1,r_2,\ldots,r_h}' = \overline{m_{r_1,r_2,\ldots,r_h}'}$$

$$4.)\quad E\, v_{r(n)}' = \overline{v_{r,(n)}'}$$

$$5.)\quad E\, v_{r_1,r_2,\ldots,r_h}' = \overline{v_{r_1,r_2,\ldots,r_h}'}$$

Außerdem haben wir zwei Gruppen von Momenten, welche die Erwartung von Potenzen der Mittelwerte aus den Stichproben darstellen.

$$6.)\quad m_{r,(n)} = E\left(\frac{1}{n}\sum_{i=1}^{n} x_i\right)^r = \overline{\left(\frac{1}{n}\sum_{i=1}^{n} x_i\right)^r}$$

$$7.)\quad \mu_{r,(n)} = E\left[\frac{1}{n}\sum_{i=1}^{n} x_i - E\left(\frac{1}{n}\sum_{i=1}^{n} x_i\right)\right]^r$$

$$= E\left[m_1' - m_{1,(n)}\right]^r = \overline{\left\{m_1' - m_{1,(n)}\right\}^r}$$

Schließlich die Momente von Typus

$$8.)\quad E\left(m_r' - E\, m_r'\right)^s = \overline{\left(m_r' - \overline{m_r'}\right)^s}$$

$$9.)\quad E\left(\mu_r' - E\,\mu_r'\right)^s = \overline{\left(\mu_r' - \overline{\mu_r'}\right)^s}$$

$$10.)\quad E\left[v_{r_1(n)}' - E\, v_{r_1,(n)}'\right]^s = \overline{\left[v_{r_1,(n)}' - \overline{v_{r_1,(n)}'}\right]^s}$$

Einfache Rechenüberlegungen führen zu $E\,\mu'_r = \mu_r$; $E\,m'_r = m_r$;

$$E\,m'_{r_1,\,r_2,\,\dots,\,r_h} = m_{r_1}\,m_{r_2}\,\dots\dots\,m_{r_h}$$

Bei den weiteren kombinierten Momenten wird die Sache jedoch etwas schwieriger; es ist ein ganzer Haufen von Rechenregeln darüber entwickelt worden, auf deren Wiedergabe wir verzichten.

4. Die Schlüsse

Hat man ein Gesamtkollektiv vom Umfang N und entnimmt man daraus S Teilkollektive von gleichem Umfang n als Stichproben, so wird man zu einer Schar von S Dispersionsfunktionen gelangen, die von der Dispersionsfunktion des Gesamtkollektivs mehr oder minder abweichen. Zu der Schar von S Dispersionsfunktionen der Teilkollektive wird es eine obere und eine untere einhüllende Funktion geben; das sind die beiden Grenzen, zwischen denen die Dispersionsfunktionen der Teilkollektive verlaufen. Man kann sich jedoch auch denken, daß $S = \dfrac{N!}{(N-n)!\,n!}$ ist, d. h. daß man alle möglichen Stichproben vom Umfang n, die dem Gesamtkollektiv vom Umfang N entnommen werden können, berücksichtigt hat. Dann wären die beiden Einhüllenden die absoluten Grenzen, innerhalb der die Dispersionsfunktion irgendeiner Stichprobe liegen muß.

Kennt man die Dispersionsfunktion des Gesamtkollektivs, so kann man Aussagen über die letzterwähnten einhüllenden Funktionen machen, also über die Grenzen, zwischen denen die Dispersionsfunktion irgendeiner Stichprobe vom Umfang n verlaufen muß. Man kann auch ein Urteil darüber erhalten, welche der Dispersionsfunktionen der Stichproben relativ am häufigsten zu erwarten ist, also die größte Wahrscheinlichkeit besitzt. Es ist naheliegend zu vermuten, daß es jene Dispersionsfunktion eines oder mehrerer Teilkollektive sein wird, die der Dispersionsfunktion des Gesamtkollektivs am nächsten kommt, aber der mathematische Beweis dafür ist nicht einfach. In der mathematischen Statistik nennt man diese Schlüsse aus einer bekannten Dispersionsfunktion des Gesamtkollektivs auf die Dispersionsfunktion des Gesamtkollektivs auf die Dispersionsfunktionen der Stichproben die d i r e k t e n S c h l ü s s e.

Der Fall kommt jedoch in der praktischen Statistik nur selten vor. Viel häufiger sind die sogenannten i n v e r s e n S c h l ü s s e, mit deren Hilfe man Aussagen über die Beschaffenheit der Dispersionsfunktion des Gesamtkollektivs aus der Dispersionsfunktion einer Stichprobe, bzw. aus den Dispersionsfunktionen mehrerer Stichproben zu gewinnen strebt. Auch hier gelangt man zu Grenzen und zu einer wahrscheinlichsten Dispersionsfunktion des Gesamtkollektivs. Es ist wieder naheliegend zu vermuten, daß die Grenzen beim inversen Schluß weiter auseinander - klaffen werden, als beim direkten Schluß und daß man bezüglich der Grenzen nur

Wahrscheinlichkeitsaussagen machen kann, ebenso, daß bei mehreren Stichproben eine **mittlere Funktion** der Dispersionsfunktion der Stichproben die wahrscheinlichste Dispersionsfunktion des Gesamtkollektivs sein, bzw. dieser nahekommen wird. Auf Grund des Gesetzes von den großen Mengen kann man vermuten, daß die Annäherung umso besser sein wird, je größer die Zahl S der Stichproben ist. Der genaue mathematische Nachweis dafür ist jedoch noch schwieriger als bei den direkten Schlüssen. Praktisch laufen die Aufgaben darauf hinaus, von dem Mittelwerten des Gesamtkollektivs auf die Mittelwerte der Stichproben zu schließen und umgekehrt.

Bei beiden Arten von Schlüssen sind die in den letzten Abschnitten besprochenen Momente die Schlüssel zur Lösung der konkreten Probleme. Auch hierbei sind die mathematischen Rechnungen nicht einfach und wir wollen in diesem Grundriß der mahtematischen Statistik uns damit begnügen, die auftretenden Probleme nur allgemein skizziert und verständlich gemacht zu haben.

Zahlenbeispiel. - Das Gesamtkollektiv besteht aus den 11 Exemplaren mit den Kollektivmaßzahlen

$$7 \quad 8 \quad 9 \quad 9 \quad 10 \quad 10 \quad 10 \quad 11 \quad 11 \quad 12 \quad 13$$

und es werden Stichproben zu je drei Exemplaren entnommen. Das arithmetische Mittel der Kollektivmaßzahlen des Gesamtkollektivs ist offenbar 10. Zwischen welchen Grenzen kann das arithmetische Mittel der Kollektivmaßzahlen einer Stichprobe liegen, wie groß sind die Wahrscheinlichkeiten der Abweichungen von 10, und welcher Mittelwert einer Stichprobe ist der wahrscheinlichste.

Die Anzahl der Kombinationen zu dritt aus 11 Exemplaren ohne Wiederholungen ist $K_{11}^3 = \dfrac{11!}{3! \, 8!} = 165$. Es ist leicht zu erkennen, daß das arithmetische Mittel einer Stichprobe mindestens 8 sein muß und höchstens 12 sein kann. Kombinationen, in welchen es 8 bzw. 12 wird, gibt es offenbar nur je 2 und die relative Häufigkeit bzw. die Wahrscheinlichkeit, daß dieser Fall eintritt, ist $\dfrac{2}{165} = 1,21\,\%$. Ferner gibt es je 4 Möglichkeiten, daß das arithmetische Mittel der Stichprobe $8\frac{1}{3}$, bzw. $11\frac{2}{3}$ wird, und die entsprechende relative Häufigkeit oder Wahrscheinlichkeit ist $\dfrac{4}{165} = 2,42\,\%$. Je 9 der möglichen Kombinationen haben den Mittelwert $8\frac{2}{3}$, bzw. $11\frac{1}{3}$, je 14 den Mittelwert 9, bzw. 11 usw. Wir erhalten die folgenden Reihen der zugehörigen Häufigkeiten und Wahrscheinlichkeiten

$$8 \quad 8\tfrac{1}{3} \quad 8\tfrac{2}{3} \quad 9 \quad 9\tfrac{1}{3} \quad 9\tfrac{2}{3} \quad 10 \quad 10\tfrac{1}{3} \quad 10\tfrac{2}{3} \quad 11 \quad 11\tfrac{1}{3} \quad 11\tfrac{2}{3} \quad 12$$

$$2 \quad 4 \quad 9 \quad 14 \quad 19 \quad 22 \quad 25 \quad 22 \quad 19 \quad 14 \quad 9 \quad 4 \quad 2$$

$$\% \quad 1,21 \quad 2,42 \quad 5,45 \quad 8,49 \quad 11,52 \quad 13,33 \quad 15,16 \quad 13,33 \quad 11,52$$
$$8,49 \quad 5,45 \quad 2,42 \quad 1,21$$

Die größte Wahrscheinlichkeit von 15, 16 % besteht für den Mittelwert 10; daß der Mittelwert zwischen $9\frac{2}{3}$ und $10\frac{1}{3}$ liegen wird, ist mit einer Wahrscheinlichkeit von 41, 82 % zu erwarten, daß er zwischen $9\frac{1}{3}$ und $10\frac{2}{3}$ fallen wird, hat die Wahrscheinlichkeit 64, 86 %, daß er zwischen 9 und 11 sein wird, die Wahrscheinlichkeit 81, 84 % usw.

Die Dispersion im Gesamtkollektiv ist symmetrisch und infolgedessen ist es auch die Dispersion der Mittelwerte der Stichproben. Die letztere zeigt ungefähr die Glockenform der sogenannten "normalen" Dispersionsfunktion und das ist auch bei der ersteren der Fall. Insolange die Dispersion des Gesamtkollektivs symmetrisch und verhältnismäßig normal verläuft, ist der direkte Schluß nicht schwierig, wenigstens nicht der nach der Wahrscheinlichsten Dispersion bei den Stichproben.

Wir erkennen jedoch leicht, daß der inverse Şchluß, wenn man das Gesamtkollektiv nicht kennt, schon bezüglich des arithmetischen Mittels auf recht große Schwierigkeiten stößt. Man muß zumindest wissen, daß im Gesamtkollektiv weder ungewöhnlich kleine Kollektivmaßzahlen vorkommen, denn wäre z. B. eine sehr große da, die zufällig in keine der entnommenen Stichproben gelangt ist, so könnten das arithmetische Mittel der einen Stichprobe und selbst das arithmetische Mittel mehrerer Stichproben von jenem des Gesamtkollektivs erheblich abweichen. Es gewinnen dann eben die einschränkenden Voraussetzungen der Markoff'schen, bzw. Tschebyscheff'schen Ungleichungen ihre praktische Bedeutung. Wir überlassen es dem Leser, das obige Zahlenbeispiel auf Stichprobenentnahmen zu je 4 Exemplaren auszudehnen, wobei es allerdings schon 660 mögliche Kombinationen gibt.

IX. Korrelationstheorie

Unter K o r r e l a t i o n versteht der Statistiker die funktionalen Abhängigkeiten, die zwischen zwei oder mehreren Zahlengruppen bestehen. Diese Abhängigkeiten festzustellen und übersichtlich darzustellen, ist die korrelative Tätigkeit des mathematischen Statistikers. Es handelt sich dabei darum, empirische Gesetzmäßigkeiten der wirklichen Tatsachen und Abläufe zu erforschen und auf die möglichen oder wahrscheinlichsten Ursaehen zu schließen. Die Korrelationstheorie ist dazu da, für die erwähnte praktische Tätigkeit des Statistikers Richtlinien zu entwickeln, für die verschiedenen Fälle eine systematische Ordnung anzugeben und gegen irrtümliche Schlußfolgerungen Sicherungen zu schaffen. Manches auf diesem theoretischen Gebiet ist dem Streit der Gelehrten noch nicht entrückt, das meiste kann aber heute doch als genügend geklärt angesehen werden. Auf diese Streitfragen werden wir uns in diesem Grundriß der mathematischen Statistik nicht weiter einlassen, sondern uns damit begnügen, einen Überblick über das gesicherte Wissens- und Erkenntnisgut zu vermitteln.

Nach neuerer Bezeichnungsweise versteht man unter Korrelation nur die funktionalen Abhängigkeiten, die zwischen verschiedenen Merkmalsgrößen der Exemplare eines Kollektivs bestehen, also z. B. die Abhängigkeit des Körpergewichts von der Körpergröße einer Gruppe von Personen. Entstammen die ermittelten Merkmalsgrößen hingegen verschiedenen Stichproben aus einem Kollektiv oder gar aus verschiedenen Kollektiven, dann wird von den französischen Statistikern die Bezeichnung K o v a r i a t i o n für die funktionalen Abhängigkeiten verwendet und diese Bezeichnungsweise hat sich nun international eingebürgert. Tatsächlich sind die beiden Arten von Abhängigkeiten von einander wohl zu unterscheiden und die Nichtbeachtung des Unterschiedes hat früher zu erheblichen Irrtümern und Fehlschlüssen geführt. Als Beispiele der Kovariation kann man etwa anführen, wenn man aus **einer** großen Zahl von Bauernhöfen zwei Stichproben entnimmt, aus der einen Stichprobe die zugehörige landwirtschaftliche Bodenfläche, aus der anderen die Großviehbestände herauszieht, oder wenn man aus dem Verlauf einer Wirtschaftskrise die Zahlen der Eigentumsverbrechen (Kollektiv I), die Zahlen der Konkurse (Kollektiv II), die Zahlen der Clearinghausumsätze (Kollektiv III) entnehmen und ihren Zusammenhang betrachten würde.

1. Korrelation zweier Merkmale

Am besten ist es, zunächst an einem einfachen Zahlenbeispiel das Korrelationsproblem bei zwei ponderablen Merkmalen zu betrachten. Das Kollektiv bestehe aus 50 Exemplaren und an jedem gibt es zwei verschiedene ponderable Merkmale, wie etwa bei einer Gruppe von Rekruten die Körpergröße und das Körpergewicht jedes einzelnen. Dabei hätten wir jedoch keine ganzzahligen Werte und deshalb wollen wir ein abstraktes Zahlenschema in Betracht ziehen. Die Werte der beiden Merkmalsgrößen seien allgemein mit x bzw. mit y bezeichnet. Das Kollektiv sei nach steigenden x-Größen und jede Teilgruppe mit gleichem x nach steigendem y geordnet.

Nummer des Exemplares	x	y		x	y		x	y		x	y		x	y
1	2	1	11	3	2	21	4	1	31	5	1	41	6	2
2	2	1	12	3	2	22	4	1	32	5	3	42	6	3
3	2	1	13	3	2	23	4	1	33	5	4	43	6	6
4	2	1	14	3	2	24	4	2	34	5	6	44	6	7
5	2	1	15	3	2	25	4	2	35	5	6	45	6	7
6	2	1	16	3	2	26	4	6	36	5	6	46	6	7
7	2	1	17	3	2	27	4	6	37	5	6	47	6	7
8	2	2	18	3	4	28	4	7	38	5	6	48	6	7
9	2	5	19	3	5	29	4	7	39	5	6	49	6	7
10	2	6	20	3	7	30	4	7	40	5	6	50	6	7

Auf den ersten Blick kann man da keine Korrelationsregel erkennen, sondern nur die Tatsache, daß jedes x bei 10 Exemplaren das gleiche ist, daß also die relative Häufigkeit jeder bestimmten Größe von x deren es 5 gibt, 1/5 ist.

Man kann auch eine sogenannte Korrelationstabelle aufstellen, auf der die gleichen y-Werte in Reihen übereinander, die gleichen x-Werte in Kolumne unter einander stehen. In jedem Felde der Tabelle wird die Zahl der Exemplare eingetragen, die derselben Reihe und derselben Kolumne zugehören. Das ergibt bei unserem Zahlenbeispiel das nebenstehende Bild. Eine soge - nannte "V e r d i c h t u n g" des Materials ist hier schon vorgenommen, aber noch immer ist keine Korrelationsregel ersichtlich. Erst wenn man für jede Untergruppe gleichen x-Wertes das arithmetische Mittel der zugehörigen y-Werte berechnet, so

		Werte x					
Werte y		2	3	4	5	6	Summe
	1	7		3	1		11
	2	1	3	2		1	11
	3				1	1	2
	4		1		1		2
	5	1	1				2
	6	1		2	7	1	11
	7		1	3		7	11
Summe:		10	10	10	10	10	50

findet man für $x = 2$ ein $\overline{y}_2 = 2$, für $x = 3$ ein $\overline{y}_3 = 3$, für $x = 4$ ein $\overline{y}_4 = 4$, für $x = 5$ ein $\overline{y}_5 = 5$ und für $x = 6$ ein $\overline{y}_6 = 6$. Es besteht also die einfache korrelative Beziehung, daß $y_i = x_i$ ist.

Aber es wäre sehr verfehlt, daraus zu schließen, daß auch $\overline{x}_i = y$ gelten muß, denn wir erhalten für $y = 1$ ein $\overline{x}_1 = 2\frac{9}{11}$, für $y = 2$ ein $\overline{x}_2 = 3\frac{4}{14}$, für $y = 3$ ein $\overline{x}_3 = 5\frac{1}{2}$, für $y = 4$ ein $\overline{x}_4 = 4$, für $y = 5$ ein $\overline{x}_5 = 2\frac{1}{2}$, für $y = 6$ ein $\overline{x}_6 = 4\frac{4}{11}$ und für $y = 7$ ein $\overline{x}_7 = 5\frac{2}{11}$.

Das arithmetische Mittel $\bar{x}$ ist, wie wir wissen gleich der mathematischen Erwartung Ex. Es gibt also das korrelative Erwartungsgesetz $x_i = E^{(i)}_y$, nicht aber auch

$$y_i = E^{(i)}_x .$$

Gehen wir nun zur allgemeinen Betrachtung der Korrelationsprobleme über und setzen wir wieder ein Kollektiv vom Umfang N voraus, in dem jedes Exemplar zwei Merkmale aufweist, deren Kollektivmaßgröße wir mit x, bzw. mit y bezeichnen. Es sollen darunter m verschiedene Werte x_i und m verschiedene Werte y_j vorkommen. Die Anzahl der Exemplare, welche x_i und y_j aufweisen, sei mit n_{ij} bezeichnet. Wir haben dann folgendes Schema der Korrelationstabelle

	x_1	x_2	$\cdots\cdots x_m$	Summe
y_1	n_{11}	n_{21}	$\cdots\cdots n_{m1}$	n_{01}
y_2	n_{12}	n_{22}	$\cdots\cdots n_{m2}$	n_{02}
$\vdots$	$\vdots$	$\vdots$	$\vdots$	
$y_{m'}$	$n_{1m'}$	$n_{2m'}$	$\cdots\cdots n_{mm'}$	$n_{0m'}$
Summe	n_{10}	n_{20}	n_{m0}	N

Die Summenbezeichnungen darin sind:

$$\sum_{j=1}^{m'} n_{ij} = n_{10} \quad \text{und allgemein} \quad \sum_{j=1}^{m'} n_{ij} = n_{i0} \left.\right\}$$

$$\sum_{i=1}^{m} n_{i1} = n_{01} \quad \text{und allgemein} \quad \sum_{i=1}^{m'} n_{ij} = n_{0j} \quad \cdots 1)$$

Ferner gilt
$$\sum_{i=1}^{m} n_{i0} = N = \sum_{i=1}^{m'} n_{0j} \qquad \cdots 2)$$

Für die mathematische Erwartung des Wertes y, welcher den Werten x_1 zukommen soll, haben wir die Formel

$$E^{(i)}_y = \frac{1}{n_{10}} \sum_{j=1}^{m'} n_{ij} y_j$$

und allgemein

$$E_y^{(i)} = \frac{1}{n_{io}} \sum_{j=1}^{m'} n_{ij} y_j \qquad \ldots\ldots 3)$$

Führt man nun die relativen Häufigkeiten $P_{yj}(x_i) = \dfrac{n_{ij}}{n_{io}} \qquad \ldots 4)$

ein, so kann man statt 3.) auch

$$E_y^{(i)} = \sum_{j=1}^{m'} P_{yj}(x_i)\, y_j \qquad \ldots 5)$$

und analog anstatt

$$E_x^{(j)} = \frac{1}{n_{oj}} \sum_{i=1}^{m} n_{ij}\, x_i \qquad \ldots\ldots 6)$$

auch

$$E_x^{(j)} = \sum_{i=1}^{m} P_{xi}(y_j)\, x_i \qquad \ldots\ldots 7)$$

schreiben.

Wie wir aus dem Zahlenbeispiel gesehen haben, ist aus der Korrelationstabelle irgendeine korrelative Beziehung zwischen der Zahlengruppe der x_i und der Zahlengruppe y_j nicht ohne weiteres erkennbar. In der Regel muß man eine solche hypothetisch voraussetzen und nachsehen, ob sie wenigstens angenähert stimmt.

Setzt man z.B. eine lineare Beziehung zwischen x_i und $E_y^{(i)}$ voraus, so wäre sie durch die Gleichung

$$E_y^{(i)} = a_1 + b_1 x_i \qquad (i = 1, 2, \ldots, m) \qquad \ldots\ldots 8)$$

gegeben. Hierin sind a_1 und b_1 Invarianten (Parameter), die man aus den empirisch ermittelten Werten für $E_y^{(i)}$ und x_i zu rechnen hat. Die Invariante a_1 kann man ausschalten, indem man anstatt der Größen x_i und y_j ; deren Abweichungen von ihren arithmetischen Mittelwerten in Betracht zieht. Die Zahlen n_{ij} der Tabelle bleiben daher offenbar unverändert und wir haben

$$E_x = \bar{x} = \frac{1}{N}\left(n_{10} x_1 + n_{20} x_2 + \ldots + n_{mo} x_m\right) = \frac{1}{N} \sum_{i=1}^{m} n_{io} x_i \qquad \ldots 9)$$

sowie

$$E_y = \bar{y} = \frac{1}{N}\left(n_{01} y_1 + n_{02} y_2 + \ldots + n_{om} y_m\right) = \frac{1}{N} \sum_{j=1}^{m'} n_{oj} y_j \qquad \ldots 10)$$

Bezeichnen wir nun die Abweichungen mit

$$\xi_i = x_i - \bar{x} \quad \text{und} \quad \eta_j = y_j - \bar{y} \qquad \dots\dots 11)$$

so erhalten wir anstatt 8.) die Beziehung

$$E_\eta^{(i)} = b_1 \xi_i \quad (i = 1, 2, \dots, m) \qquad \dots\dots 12)$$

Wie wir gesagt haben, ist diese Gleichung zunächst nur eine hypothetische, deren Zutreffen erst festgestellt werden muß (in obigem Zahlenbeispiel trifft sie zu). Theoretisch ist die Menge der hypothetischen Funktionen, die im Raum eines Kontinuums möglich sind, eine transzendente Zahl (f). Aber man wird in der Regel nur einfache Funktionen voraussetzen und deren Menge ist begrenzt.

Haben wir hypothetisch die lineare Beziehung (Formel 8.) gewählt, so haben die Werte η_j, die einem bestimmten x_i zugehören die absoluten Häufigkeiten n_{i1}, $n_{i2}, \dots, n_{im}$. Die einzelnen η_j werden von der durch die lineare Beziehung gegebenen Erwartungsgröße $E_\eta^{(i)}$ um $\varepsilon_j^{(i)}$ abweichen, was wir durch $\varepsilon_j^{(i)} = \eta_j - E_\eta^{(i)}$

oder
$$\eta_j = E_\eta^{(i)} + \varepsilon_j^{(i)} \qquad \dots\dots\dots\dots 13.)$$

ausdrücken. Darin ist $E_\eta^{(i)}$ das gewogene arithmetische Mittel der empirisch festgestellten Werte der η_j. Bringt man Formel 13. in die Form von 12., so hat man

$$\eta_j = b_1 \xi_i + \varepsilon_j^{(i)} \qquad \dots\dots 14)$$

Bilden wir nun die gewogene Summe aller Produkte $\xi \eta$ die der i-ten Kolumne der Korrelationstabelle. Sie ist

$$\sum_{j=1}^{m'} n_{ij} \xi_i \eta_j = \sum_{j=1}^{m'} n_{ij} \xi_i \left[b_1 \xi_i + \varepsilon_j^{(i)} \right]$$

$$= b_1 \xi_i^2 \sum_{j=1}^{m'} n_{ij} + \xi_i \sum_{j=1}^{m'} n_{ij} \varepsilon_j^{(i)} \qquad \dots\dots 15)$$

Da
$$\sum_{j=1}^{m'} n_{ij} \varepsilon_j^{(i)} = 0 \qquad \dots\dots 16)$$

ist, vereinfacht sich 15.) in

$$\sum_{j=1}^{m'} n_{ij}\, \xi_i\, \eta_i = b_1\, n_{io}\, \xi_i^2 \quad \dots\dots\dots 17)$$

oder mit Rücksicht auf 12.) in

$$\sum_{j=1}^{m'} n_{ij}\, \xi_i\, \eta_i = n_{io}\, \xi_i\, E_{\eta}^{(i)} \quad \dots\dots\dots 18)$$

Summiert man die linken und rechten Seiten der Gleichungen 17. über alle Kolumnen der Korrelationstabelle, so erhält man offenbar die Summe aller möglichen Produkte $\xi\eta$, die im betrachteten Kollektiv an den einzelnen Exemplaren vorkommen können und deren Zahl N ist. Das ergibt

$$\sum_{i=1}^{m} \sum_{j=1}^{m'} n_{ij}\, \xi_i\, \eta_j = \sum_{h=1}^{N} \xi_h\, \eta_h = b_1 \sum_{i=1}^{m} n_{io}\, \xi_i^2 \quad \dots\dots 19)$$

und hierin bedeutet der Index h die Nummer des betreffenden Exemplars im Kollektiv.

Nun ist

$$\sum_{i=1}^{m} n_{io}\, \xi_i^2 = \sum_{h=1}^{N} \xi_h^2 \quad \dots\dots\dots 20)$$

und deshalb wird 19.) unter Division durch N

$$\frac{1}{N} \sum_{h=1}^{N} \xi_h\, \eta_h = \frac{b_1}{N} \sum_{h=1}^{N} \xi_h^2 \quad \dots\dots\dots 21)$$

Nach den Formeln für die Momente im vorigen Abschnitt (42) haben wir

$$m_{1|0} = Ex \; ; \; m_{0|1} = Ey \; ; \; m_{2|0} = Ex^2 \; ; \; m_{0|2} = Ey^2 \; ;$$

$$m_{1|1} = Ex_h y_h \dots\dots 22)$$

und

$$\mu_{0|2} = \frac{1}{N} \sum_{h=1}^{N} \xi_h^2 = E(x_h - Ex)^2 = m_{0|2} - m^2_{0|1} \dots\dots 23)$$

---

(42) Die dortige Schreibweise $m_{1,0}$ bezog sich nur auf die eine Veränderliche x, da es aber hier zwei Veränderliche x und y gibt, ist zum Unterschied die Bezeichnungsweise $m_{1/0}$ üblich geworden, wobei sich die Indexzahl links von dem senkrechten Strich auf die Veränderliche x bezieht, die Indexzahl rechts vom senkrechten Strich auf die Veränderliche y.

ferner
$$\mu_{1|1} = \frac{1}{N} \sum_{h=1}^{N} \xi_h \eta_h = \frac{1}{N} \sum_{h=1}^{N} (x_h - Ex)(\eta_h - E\eta)$$

$$= E\left[(x_h - \bar{x})(y_h - \bar{y}) \right] = E\left(x_h y_h - \bar{x}\,\eta_h - x_h \bar{y} + \bar{x}\,\bar{y} \right)$$

$$= m_{1|1} - m_{1|0} \ \ldots \ldots \ldots \ 24)$$

Da nach 21) $\; E\,\xi\,\eta = \overline{\xi\,\eta} = b_1'\, E\,\xi^2 = b_1\, \overline{\xi^2} \;$ ist, haben wir

$$\mu_{1|1} = b_1\, \mu_{2|0} \quad \text{und daraus} \quad b_1 = \frac{\mu_{1|1}}{\mu_{2|0}} \ \ldots \ldots \ldots \ 25)$$

Zur gleichen Formel gelangt man und sogar unmittelbarer, wenn man im Korrelationssystem $\xi\,\eta$ für die isolierten Punkte $\xi_h \eta_h$ unter Betrachtung der n_{ij} als Wahrscheinlichkeitsgewichte die mittlere lineare Funktion $\bar{\eta} = b_1 \xi$ sucht (43), für welche die Bedingung $\Sigma \varepsilon^2 = $ Min! oder $\Sigma \varepsilon = 0$ gilt. Voraussetzung ist dabei, daß die relative Häufigkeiten von ξ_i und ε_i von einander unabhängig sind (stochastische Unabhängigkeit). Siehe die Abbildung.

Wenn wir die Formel 25) auf unser Zahlenbeispiel anwenden, so finden wir

$$\mu_{1|1} = m_{1|1} - m_{1|0}\, m_{0|1} = \frac{900}{50} - 4 \cdot 4 = 2 \quad \text{und}$$

$$\mu_{2|0} = m_{2|0} - m_{1|0}^{\,2} = \frac{900}{50} - 16 = 2$$

es ist also $b_1 = \dfrac{2}{2} = 1$, was der korrelativen Beziehung $x_i = E \dfrac{(i)}{y}$ entspricht, die wir empirisch festgestellt haben.

Wir haben schon an unserem Zahlenbeispiel dargetan, daß aus der korrelativen Beziehung $E\dfrac{(i)}{\eta} = b_1 \xi_i$ noch keineswegs eine lineare Beziehung

$$E\xi^{(j)} = b_1\, \eta_j \ (j = 1, 2, \cdots m')$$

folgen muß. Aber möglich ist es wohl, daß eine solche wenigstens angenähert gilt. Wir haben dann analog $b_I = \dfrac{\mu_{1|1}}{\mu_{0|2}}$ Der britische Statistiker Francis G o l t o n , der

---

(43) Wir setzen hier einen schrägen Strich über η, um anzudeuten, daß es sich um die Ordinate einer mittleren Funktion handelt.

als Begründer der Korrelationstheorie gilt, hat die Parameter b_1 und $b_{\overline{I}}$ als Re-
gressionskoeffizienten bezeichnet, in neuer Zeit ist jedoch von den Fran-
zosen die Bezeichnung Progressionskoeffizienten eingeführt und üblich
geworden.

Man kann auch beide Parameter zu einem einzigen verbinden, indem man das
geometrische Mittel beider bildet. Das ergibt

$$
\nu_{1|1} = \sqrt{b_1 b_{\overline{1}}} = \sqrt{\frac{\mu_{1|1}}{\mu_{2|0}}\,\frac{\mu_{1|1}}{\mu_{0|2}}} = \frac{\mu_{1|1}}{\sqrt{\mu_{2|0}\,\mu_{0|2}}}
$$

und man bezeichnet den Koeffizienten $\nu_{1|1}$ als den aprioristischen Korre-
lationskoeffizienten. Es läßt sich noch nachweisen, daß er immer kleiner als 1
oder höchstens gleich 1 sein muß. Zum Unterschied von diesem Koeffizienten gibt
es auch einen empirischen Korrelationskoeffizienten, der aus n Stichproben
gewonnen wird. Die Formel für denselben lautet

$$
\nu'_{1|1} = \frac{\sum_{i=1}^{n} (x_i - \bar{x})(y_i - \bar{y})}{\sqrt{\sum_{i=1}^{n}(x_i - \bar{x})^2 \; \sum_{i=1}^{n}(y_i - \bar{y})^2}}
$$

Bei der Verwendung des aprioristischen und des empirischen Korrelationskoeffizienten ist eine gewisse Vorsicht am Platze und er ist vor allem umso unzuverläs-
siger, je schlechter die Annäherung der einen oder der anderen mittleren linearen
Funktion an das vorliegende Beobachtungsmaterial ist.

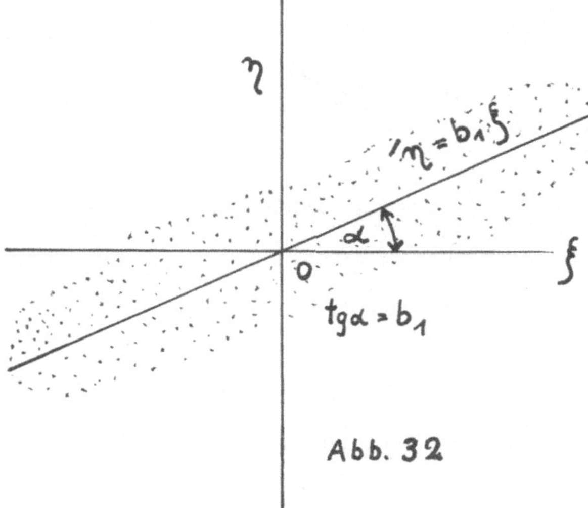

Es ergibt sich nun die Aufgabe
festzustellen, inwieweit die hypothetisch angenommene mittlere Funktion mit der Wirklichkeit übereinstimmt. Setzen wir
allgemein $\eta = f(\xi)$ und bezeichnen wir den Wert der Ordinate
für die Abszisse ξ_i mit η_i, den
Mittelwert aller η, welche in der
gleichen Abszisse vorkommen
mit $\bar{\eta}_i$. In unserem Zahlenbeispiel ist genau $\bar{\eta}_i = \eta'_i$, aber das

braucht selbstverständlich nicht immer der Fall zu sein. Für die Güte der Annäherung gibt es ganz ähnliche Argumente wie für die Streuungen, denn man kann ja die Differenzen $\eta_i - \eta_i$ auch als Streuungsabweichungen ansehen.

Das üblichste Maß für die Güte der Annäherung der mittleren Funktion ist die gewogene Summe der Quadrate der Abweichungen, also der Ausdruck

$$\sum_{i=1}^{m} (\bar\eta_i - \widehat\eta_i)^2$$

Je kleiner diese Summe ist, desto besser ist die Annäherung. Wenn man für ein und dasselbe Kollektiv mehrere hypothetische Funktionen $f_a, f_b, f_c, \dots$ versucht hat und die Güte der Annäherungen vergleichen will, so ist dieses Maß ohne weiteres brauchbar. Man wird dann jener Funktion f den Vorzug geben, welche

die kleinste Summe $\displaystyle\sum_{i=1}^{m} (\bar\eta_i - \widehat\eta_i)^2$ · aufweist.

Es kann aber sein, daß diese Funktion verhältnismäßig kompliziert ist, während eine andere einfachere Funktion, etwa eine lineare oder eine logarithmische, eine ebenfalls recht gute, wenn auch keine ganz so gute Annäherung zeigt. In diesem Falle kann man aus Zweckmäßigkeitsgründen bei der einfacheren Funktion bleiben, aus der Erkenntnis heraus, daß es praktisch eine vollkommene Präzision nur sehr selten, eine zweckmäßigste jedoch stets gibt.

Handelt es sich jedoch darum, die Annäherungsgüte hypothetisch vorausgesetzten Funktionen v e r s c h i e d e n e r Kollektive zu beurteilen, dann ist das Argument χ^2 nach <u>Pearson</u> besser zu verwenden, weil es kein absolutes, sondern ein relatives Maß ergibt. Man verwendet dabei nicht die Größen ξ und η, die schließlich nur bei linearer Funktion f einen Vorteil bieten, sondern direkt die Größen x und y.

Man hat dann $\displaystyle \chi^2 = \frac{\sum_{i=1}^{m} (\bar y_i - \widehat y_i)^2}{\sum_{i=1}^{m} y_i}$

Je kleiner χ^2 wird, desto besser ist die Güte der Annäherung. In unserem obigen Zahlenbeispiel, das ja willkürlich so konstruiert ist, wird selbstverständlich sowohl $\sum_{i=1}^{m} (\bar\eta_i - \widehat\eta_i)^2$ als auch χ^2 gleich Null.

Insoweit es sich darum handelt, eine korrelative Beziehung zwischen nur zwei ponderablen Merkmalen aufzuspüren, ist die Sache nicht allzu schwierig, wenn auch manchmal bei Kollektiven größeren Umfangs zeitraubend. Weit schwieriger und verwickelter wird die Aufgabe schon, wenn es sich um drei ponderable

Merkmale handelt, deren Kollektivmaßgrößen wir mit $x, y, z,$ bezeichnen wollen. Dabei möge x durch m, y durch m' und z durch m'' verschiedener Werte vertreten sein. Man hat dann m'' Korrelationstabellen von der Art jener auf S. .... . Natürlich ist es möglich, jeden Wert von z zunächst als invariant anzusehen und für jeden eine korrelative Beziehung zwischen den Größen x und y zu suchen, wodurch die Aufgabe einfach auf m'' Aufgaben der früheren Art zurückgeführt wird. Man hätte dann etwa die korrelativen Beziehungen

$$\bar{y}_1 = \varphi_1(x)\,,\quad \bar{y}_2 = \varphi_2(x)\,,\ \ldots\ldots\,,\quad \bar{y}_{m''} = \varphi_{m''}(x) \quad \text{mit den Parametern}$$

$$a_1, b_1, a_2, b_2, \ldots\ldots, a_{m''}, b_{m''}$$

gefunden. Zwischen den Parametern a und b kann es nun wieder eine korrelative Beziehung $b = \psi(a)$ und aus allen diesen korrelativen Beziehungen zwischen je zwei Variablen könnte man dann auf eine Beziehung zwischen allen drei Variablen x, y, z schließen. Diese könnte etwa die Gestalt

$$\bar{z} = \phi(x, y) \quad \text{oder} \quad z = \phi(x, y)$$

annehmen. Das sind in graphischer Darstellung Flächenfunktionen im Koordinationssystem xyz.

In einem solchen Koordinationssystem erscheinen die zu einem Exemplar des Kollektivs gehörigen bestimmten Werte von xyz als isolierte Raumpunkte. Zu dieser Schar von Raumpunkten kann man eine hypothetisch vorausgesetzte mittlere Flächenfunktion nach den Bedingungsgleichungen von <u>Tschebyscheff</u> rechnen und käme auf diese Weise direkt zum Ziel.

Setzen wir hypothetisch eine ebene Flächenfunktion ϕ voraus, sie entspräche der Gleichung $\bar{y} = a_0 + bx - cz$ wobei wiederum zwischen xy und z stochastische Unabhängigkeit bestehen möge. In die Ebene der graphischen Darstellung (s. Abb. 33) fallen die Geraden, welche die Funktionen $y_1 = \varphi_1(x)$, $y_2 = \varphi_2(x)$, $y_3 = \varphi_3(x)$, $\cdots\cdots$ darstellen und bilden eine Schar paralleler Linien, die gegen die xz-Ebene den gleichen Neigungswinkel α haben. Wie wir wissen, ist der Parameter b die Tangente dieses Winkels. Die Gleichungen dieser Linien müssen also von der Gestalt $\bar{y}_1 = a_1 + bx$, $\bar{y}_2 = a_2 + bx$, $\bar{y}_3 = a_3 + bx$, $\ldots$ sein. Die Größen $a_1, a_2, a_3, \cdots$ sind in der graphischen Darstellung offenbar die Ordinaten in

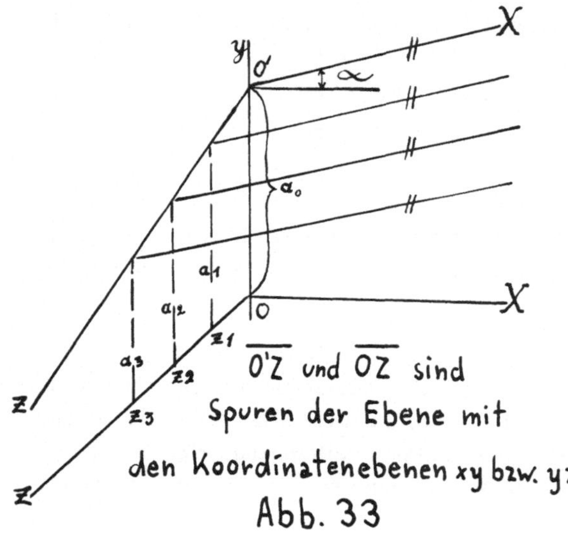

Abb. 33

der yz-Koordinatenebene, die über den Punkten z_1, z_2, z_3 errichtet werden. Man ersieht aus der Abbildung, daß auch eine lineare Beziehung $a = a_0 - cz$ bestehen muß.

Wenn wir also nach dem früheren Verfahren gefunden hätten, daß die Parameter $b_1, b_2, \dots b_m$ wenigstens angenähert einander gleich sind, und auch die Paramemeter $a_1, a_2, \dots a_m''$ wenigstens angenähert einer linearen Beziehung $a = a_0 \pm cz$ entsprechen, dann ist daraus zu schließen, daß die hypothetische Annahme einer korrelativen Beziehung zwischen x, y und z, die einer ebenen Funktion $\overline{\Phi}$ ent - spricht, berechtigt ist. Für die Güte der Annäherung hat man analog angewendet dieselben Vergleichsmaße, wie bei zwei Veränderlichen.

Es gibt zahlreiche korrelative Beziehungen, bei denen die Hypothese einer linearen Beziehung eine zu unbefriedigende Annäherung wäre. So ist z.B. der Bedarf des Menschen an reinen Nährkalorien nach Freiherrn v. Pirquet proportional zum Quadrat der Sitzhöhe des Menschen. Bezeichnen wir den Kalorienbedarf mit y und die Sitzhöhe mit x, so hätten wir als korrelative Beziehung $\overline{y} = a x^2$, eine parabolische Funktion. Hätten wir bei einer größeren Reihe von <u>Personen</u> gleichen Berufskreises festgestellt, bei welcher Kalorienzufuhr ihr Körpergewicht unverändert bleibt, und die verschiedenen Sitzhöhen gemessen, so ergäbe dies ein statistisches Kollektiv, dessen Exemplare zwei ponderable Merkmale a und y aufweisen. Würden wir hypothetisch als korrelative Beziehung eine lineare Funktion rechnen, so würde uns diese für kleine und große Werte x ein zu niedriges $\overline{y}$, für mittlere Werte x hingegen ein zu großes $\overline{y}$ angeben. Die Abweichungen $y_i - \overline{y}_i$ könnten dann nicht mehr als zufällig angesehen werden und die Summe ihrer Quadrate würde nicht gering sein. Wir kommen hier zu einer allgemeinen Regel: <u>Wechseln mit zunehmendem x die positiven und negativen Abweichungen $y_i - \overline{y}_i$ häufig ab, so können sie als zufällig angesehen werden, häufen sich hingegen die positiven bzw. die negativen Abweichungen an bestimmten Stellen der Funktion $\overline{y} = \Psi(x)$, so sind sie überwiegend systematisch durch eine falsche Hypothese hervorgerufen worden.</u>

Es gibt in letzterem Fall neben den systematischen Abweichungen auch noch zufällige, durch welche die ersteren teils vergrößert, teils vermindert werden. Es ist dann nicht leicht, die beiden Arten von Abweichungen zu separieren. Die systematischen Abweichungen kann man durch eine bessere Hypothese beseitigen oder doch vermindern, die zufälligen selbstverständlich nicht.

Bisher wurden nur die Fälle betrachtet, in denen die ponderablen Merkmale x und y den Exemplaren eines und desselben Kollektivs angehören. Es gibt jedoch noch Abhängigkeiten zweier oder mehrerer Zahlengruppen, von denen jede den Exemplaren eines anderen Kollektivs angehört. Diese Abhängigkeiten nennen die Franzosen konvariante Funktionen und die Theorie der Kovaration ist erheblich schwieriger als die der Korrelation, wenn man nach allgemeinen Regeln sucht. Wir wollen nur den einfacheren Fall herausgreifen, dass zwei Zeitfunktio-

nen konvariant verlaufen und sich nur durch eine zeitliche Verschiebung voneinander unterscheiden.

Um die Ideen zu fixieren, wie der Franzose sagt, wählen wir das konkrete Beispiel, das durch das Nachhinken der Generalindexzahlen des Kleinhandels hinter
dem des Großhandels gegeben ist. Die Zeitfunktion des ersteren sei durch $y_2 = \varphi(t)$,
die Zeitfunktion des letzteren durch $x_{(t)} = \psi(t)$ symbolisiert; mit y_0 und x_0
bezeichnen wir die bezüglichen Indexzahlen, welche für den Anfangszeitpunkt t_0
der von uns betrachteten Epoche gegolten haben, wobei wir annehmen, daß er
nicht zu fern in der Vergangenheit liegt (44).

Es kann nur die Kovarianz einfach darin bestehen, daß

$$y_{(t)} = b\, x_{(t-\tau)} \qquad \dots\dots 1)$$

worin b und τ Invarianten sind. Die Zeitspanne τ ist dann offenbar die, um welche der Kleinhandelsindex dem Großhandelsindex nachhinkt, wenn dieser in eine
aufsteigende oder absinkende Bewegung gerät. Die Invariante b ergibt sich daraus, daß die beiden Indexzahlen z. Zt. t_0 einander nicht gleich waren, wobei
man voraussetzt, daß das Verhältnis zwischen beiden unverändert bliebe, wenn
kein Nachhinken einträte. Unter dieser Voraussetzung ist

$$b = \frac{y_0}{x_0}$$

Rechnet man mit dieser für verschiedene Zeitpunkte aus den empirisch gefundenen Indexzahlen die Invariante τ aus, so wird sich jedesmal ein etwas anderes
τ ergeben, also für den Zeitpunkt t_1 das Intervall τ_1, für den Zeitpunkt t_2 das
Intervall τ_2 usw. Man läßt dann das arithmetische Mittel der verschiedenen Werte
von τ als Invariante gelten und untersucht die Abweichungen der empirisch gefundenen $y(t)$ von den nach Gleichung 1 gefundenen. Zeigen diese ungefähr normale Dispersion, so kann man sie als zufällige ansehen. Die Größe τ nennt man
das Verzögerungsargument.

---

(44) Das ist nicht etwa der Basiszeitpunkt der Indexrechnung, für welchen x = y = 100
wäre; man beachte dabei auch, daß oft als Basiszahlen der Indexrechnung nicht Größen
angenommen werden, die zu einem Zeitpunkt galten, sondern mittlere Größen aus einer
vergangenen Epoche.

Ergänzungen

Vorbemerkung

Die mathematische Statistik ist nichts anderes als die logische Anwendung der
Kollektivmaßlehre. Ihre Anfänge findet man schon bei Quintelet, doch
ist die systematische Ausbildung dieser Lehre erst um die letzte Jahrhundertwende
namentlich durch die deutschen Mathematiker Fechner und Bruns erfolgt.
Die Statistiker, insbesondere die der Versicherungsinstitute, haben bei ihren praktischen Rechnungen allerdings schon vorher mathematische Methoden entwickelt,
die aber nur auf mehr oder minder spezielle Aufgaben paßten und von denen man
erst später erkannte, daß sie eine einheitliche systematische Logik enthalten.

Die Kollektivmaßlehre hat andererseits viele Erkenntnisse der von Gauss und
Laplace begründeten Fehlertheorie benutzt, die wieder auf die noch ältere Wahrscheinlichkeitslehre zurückgeht und als deren Vater der Schweizer Mathematiker Bernoulli gilt. Will man systematisch in das Denken der
mathematischen Statistik eindringen, so hätte man eigentlich mit der Wahrscheinlichkeitslehre zu beginnen. Wir haben uns damit begnügt, die wichtigsten
Sätze, die in die mathematische Statistik eingegangen sind, in einem vorhergehenden Kapitel zu behandeln.

Wir schließen nun die mathematische Fehlertheorie und die Kollektivmaßlehre
an, worauf dann die mathematische Statistik verhältnismäßig leicht begriffen
werden kann. Ein anderer Weg wäre gewesen, die mathematische Statistik von
vornherein als selbständige Wissenschaft zu behandeln und auf die Einführung über
die Fehlertheorie und die Kollektivmaßlehre zu verzichten. Um auf diesem Wege
zu folgen, würde es dem Leser ungleich größere Schwierigkeiten bereiten, insbesondere demjenigen, der von der mathematischen Statistik nur wenige Vorkennt-
nisse besitzt. An diese wendet sich jedoch in erster Linie der "Grundriss" und deshalb haben wir uns zu diesen Ergänzungen entschlossen.

X. Mathematische Fehlertheorie

In der soziologischen und in der wirtschaftlichen Statistik kommt die Fehlertheorie praktisch nicht zur Anwendung, obwohl sie bei der Errechnung von mittleren Hektarerträgen, mittleren Preisen und manchen anderen Mittelwerten schließlich teilweise auch verwendbar wäre. Eine große Bedeutung hat sie dagegen in der Geodäsie, für die sie auch speziell entwickelt worden ist, und in der wissenschaftlichen Statistik. Das Hauptproblem ist, bei mehreren von einander unabhängig durchgeführten Feststellungen einer und derselben natürlichen Größe, wenn diese Feststellungen nicht genau übereinstimmen, jene Größenzahl herauszufinden, welche mit größter Wahrscheinlichkeit als die w a h r e Größe anzusehen ist, bzw. dieser so nahe kommt, als dies zweckmäßigerweise überhaupt erreicht werden kann. Ein Nebenproblem entsteht dann, wenn zwei oder mehrere gemessene Größen nach einem natürlichen Gesetz in Beziehung zu einander stehen, ihre empirische Feststellung jedoch mit diesem Gesetz nicht vollständig übereinstimmt. Das typische Beispiel dafür sind die 3 Winkel eines Dreiecks. Ihre Summe muß genau 180° nach alter bzw. 200° nach neuer Winkelteilung ergeben. Wenn aber ein Geometer die 3 Winkel eines Dreiecks der kleinen oder gar großen Triangulierung mißt, so wird die Winkelsumme von dem naturgegebenen Soll etwas abweichen. Dadurch entsteht das sogenannte F e h l e r a u s g l e i c h s p r o b l e m , das darauf beruht, die Korrekturen ausfindig zu machen, durch welche die gemessenen Winkel der wahren natürlichen Größen am nächsten gebracht werden können, bzw. welche Korrekturen als die wahrscheinlichst richtigen anzusehen sind. Über die Entstehung der Fehler bei Beobachtungen kann man zunächst mit Sicherheit nur sagen, daß sie in der Regel aus dem Zusammenwirken verschiedener Fehlerursachen entspringen, die wenigstens zum Teil von einander unabhängig sind. Je komplizierter der Apparat ist, der zur Messung dient, je mehr einzelne Vorgänge bei der Durchführung einer Beobachtung vorkommen, desto größer ist die Zahl der Ursachen, welche störend wirken.

Bei jeder Art von Beobachtungen wird man eine Gruppe von Fehlerursachen vorfinden, die das Gesamtergebnis in s y s t e m a t i s c h e r Weise beeinflussen, wobei eine einseitige Störung von gewissen Umständen abhängt, die von vornherein erkennbar oder feststellbar sind. Diese Ursachen rufen regelmäßig unter gleichen Umständen gleiche Abweichungen hervor, die man s y s t e m a t i s c h e Fehler nennt. So wird bei der Abmessung einer geraden Strecke durch sukzessives Auflegen eines Maßstabes ein systematischer Fehler dadurch entstehen, daß der Maßstab nie ganz genau in der Richtung der Strecke liegt, so daß diese stets etwas zu groß gemessen wird. Mit der Tagestemperatur ändert sich die Länge des verwendeten Maßstabes und dies ruft ebenfalls einen systematischen Fehler hervor. Es ist Sache des Beobachters, die systematischen Fehler durch bessere Organisation der Beobachtung, durch Rektifizierung der verwendeten Instrumente oder der erhaltenen Resultate zu beseitigen, mindestens aber auf ein so geringes Ausmaß herabzudrücken, daß sie vernachlässigt werden können.

Wenn die systematischen Fehler auf diese Weise ausgeschaltet wurden, bleiben immer noch Fehler zurück, die zumeist auf einer großen Zahl von Ursachen beruhen, wobei die Wirkung einer Ursache in der Regel gering ist. Solche Ursachen entziehen sich der Kontrolle und deshalb betrachtet man die Fehlerwirkung als z u f ä l l i g entstanden und bezeichnet die Fehler als z u f ä l l i g e. Der Charakter der Zufälligkeit äußert sich darin, daß die Fehler unregelmäßig und zweiseitig auftreten, mit angenähert gleicher Häufigkeit positiv oder negativ werden und erst mit zunehmender Zahl der Beobachtungen eine wachsende Annäherung an eine gewisse Gesetzmäßigkeit erkennen lassen. Die Erfahrung und nachherige Verwertung dieser Gesetzmäßigkeit, die man als eine Grenzgesetzmäßigkeit bezeichnen kann, bilden den Gegenstand der <u>allgemeinen mathematischen Fehlertheorie</u>, die sich also nur mit den zufälligen Fehlern befaßt.

Zweierlei Eigenschaften der zufälligen Fehler sind theoretisch leicht zu erkennen und werden durch praktische Erfahrungen bestätigt: <u>Positive und negative Fehler gleichen Ausmaßes sind angenähert gleich häufig und kleine Fehler sind relativ häufiger als große; daß der absolute Wert des Fehlers eine gewisse Grenze übersteigt, ist entweder ausgeschlossen oder doch so unwahrscheinlich, daß es nicht zu erwarten ist.</u> Diese Erkenntnis kann man schon gewinnen, wenn man eine kleine Zahl zusammenwirkender Ursachen annimmt und die möglichen Kombinationen der Wirkungen in Betracht nimmt. Wir hätten etwa drei Ursachen, die mit gleicher Leichtigkeit die folgenden Fehlerwirkungen hervorrufen können:

$$1. \text{ Ursache } -2 \quad -1 \quad 0$$

$$2. \text{ Ursache } \quad -1 \quad 0 \quad 1$$

$$3. \text{ Ursache } \quad -1 \quad 0 \quad 1 \quad 2 \quad 3$$

Durch Kombinationen können die Gesamtfehler

$$-4 \quad -3 \quad -2 \quad -1 \quad 0 \quad 1 \quad 2 \quad 3 \quad 4$$

mit den absoluten Häufigkeiten   1 3 6 8 9 8 6 3 1 entstehen. Daraus erkennt man schon das rasche Abnehmen der absoluten Häufigkeiten mit zunehmender absoluter Größe des Gesamtfehlers und somit auch der zu erwartenden relativen Häufigkeiten. Hätten wir 8 unabhängige Ursachen, von denen jede mit gleicher Leichtigkeit eine ganzzahlige Fehlerwirkung zwischen - 4 und + 4 hervorrufen kann, so würde die Zahl der Möglichkeit gleich der einer Variation von 9 Elementen zur achten Klasse mit Wiederholungen, also $9^8 = 43,046,721$ sein. Der Gesamtfehler kann zwischen - 32 und + 32 liegen, die beiläufigen Häufigkeiten wären:

$$2.300.000 \text{ mal der Gesamtfehler } 0$$

$$1.500.000 \text{ " " " } -5 \text{ und } +5$$

$$950.000 \text{ " " " } -10 \text{ und } +10$$

300.000	"	"	"	-15 und +15
50.000	"	"	"	-20 und +20
3.500	"	"	"	-25 und +25
36	"	"	"	-30 und +30
1	"	" .	"	-32 und +32

Die große Menge der Entstehungsarten der kleineren Gesamtfehler gegenüber der geringeren der großen erklärt sich daraus, daß diese nicht nur aus den kleinen Einzelfehlern entspringen können sondern auch aus den größeren und selbst größten, sobald sich positive und negative gegenseitig kompensieren, während die großen Gesamtfehler nur aus groben Einzelfehlern gleichen Vorzeichens hervorgehen können. Aus dieser Betrachtung geht auch schon die Vermutung hervor, daß die relativen Häufigkeiten, mit der Fehler innerhalb vorgegebener Grenzen (Fehlerintervallen) bleiben, bei einer großen Zahl von Beobachtungen in bestimmtem Zusammenhang mit der mittleren Fehlergröße des Intervalls bzw. mit den beiden Grenzen desselben stehen werden.

Diesen Zusammenhang bei der Annahme einer großen Zahl von kleinen "Elementarfehlerwirkungen" herauszufinden und mathematisch durch ein aproximatives Fehlergesetz darzustellen, hat der britische Mathematiker und Statistiker M. W. Crofton (45) durch seine berühmte Ableitung zuwege gebracht.

1. Ableitung des Fehlergesetzes nach Crofton

Das Fehlergesetz ist nichts anderes als eine Dispersionsfunktion. Es gilt streng genommen nur dann, wenn der arithmetische Mittelwert der wahrscheinlichste ist; aproximativ aber auch dann, wenn dies nicht zutrifft, die Fehler im Verhältnis zur gemessenen Größe jedoch klein bleiben, wie dies bei Längen- und Winkelmessungen oder bei Gewichtswägungen in der Regel der Fall ist. In der graphischen Darstellung hat es dann eine sehr schmale, steil ansteigende und steil abfallende symmetrische Glockenform, von der praktisch nur die nächste Umgebung des Kulminationspunktes (Maximum der Funktion) in Betracht kommt. Crofton geht von der Hypothese aus, daß es eine Reihe von Ursachen gibt, die voneinander unabhängig sind und von denen jede einen ganz kleinen positiven oder negativen Fehler der Beobachtung bewirkt. Diese Fehler seien mit $\varepsilon', \varepsilon'', \varepsilon''' \ldots\ldots$ bezeichnet. Dieselben können beziehungsweise $n', n'', n''', \ldots\ldots$ verschiedene Werte annehmen und sie summieren sich zum Gesamtfehler x der Beobachtung, so daß $x = \varepsilon' + \varepsilon'' + \varepsilon''' + \ldots$ zu setzen ist. Man kann auch voraussetzen, daß das Produkt $n' \cdot n'' \cdot n''' \ldots$

(45) M. W. Crofton „On the Proof of the Law of Errors of Observations“, Lond. Trans. 159 (1869) und „Probability“, Encycl. Brit. 19 (1885); siehe auch F. Y. Edgeworth „Law of Error“, Cambridge, Philos. Trans. XX (1904).

verschiedener Werte fähig ist, doch wollen wir dasselbe für unsere Untersuchung mit dem invarianten Wert N annehmen, wodurch nicht bewirkt werden soll, daß sich die relativen Häufigkeiten der verschiedenen Werte von x ändern. Die Abhängigkeit (Korrelationsfunktion) dieser Häufigkeiten, die wir mit z bezeichnen, von der Größengruppe (Kollektiv) der verschiedenen Werte von x sei symbolisch durch

$$z = f(x) \qquad \dots\dots \quad 1)$$

dargestellt; darin bedeutet $z\,dx$ die Menge der Fehler, die in das Intervall x bis $x+dx$ fallen. Das ist also ganz analog wie bei der Dispersionsfunktion, wenn man eine mittlere stetige Funktion an Stelle einer solchen aus isolierten Punkten setzt. So wie dort setzen wir auch hier voraus, daß $f(x)$ eine a n a l y t i s c h e Funktion ist, die man nach der T a y l o r schen Reihe entwickeln kann.

Streng genommen stimmt dies auch bei Messungen mit der Wirklichkeit allerdings nicht überein, schon aus dem Grunde, weil die Teilung der Skalen an den Messinstrumenten nicht bis zu unendlich kleinen Größendifferenzen geht, so daß wir es immer nur mit Wertstufen zu tun haben und dementsprechend die Funktion in der graphischen Darstellung als eine Kette isolierter Punkte bestehen müßte. Soll jedoch eine alle Fälle umfassende Theorie aufgestellt werden, so bleibt nichts anderes übrig, als sich mit gewissen Annäherungen zufrieden zu geben, welche die Durchführung einer Rechnung ermöglichen und zu solchen Annäherungen gehört eben auch die, daß wir uns an Stelle der Kette isolierter Punkte eine zusammenhängende Linie im Koordinatensystem xz denken, entsprechend etwa einer gutgewählten mittleren stetigen Funktion zur Reihe der isolierten Punkte.

Nach obiger Definition der Bedeutung der Funktion $f(x)$ haben wir zunächst den analytischen Ausdruck $N = \int\limits_{g}^{G} f(x)\,dx$ wenn g die Summe aller kleinster, G die Summe aller größter Elementarfehler $\varepsilon^{(i)}$ bedeuten. Es käme nun ein weiterer Elementarfehler ε hinzu, der n verschiedene Werte annehmen kann, die wir mit $e',e'',e''' \dots , e^{(n)}$ bezeichnen. Alle Fehler, die aus den Werten x des Intervalls x bis $x+dx$ durch Hinzutreten des neuen Elementarfehlers entstehen, mögen in das Intervall X bis $X+dX$ fallen, wobei allgemein $X = x + \varepsilon$ ist. Ihre Anzahl ist darstellbar durch

$$\left\{ f(X-e') + f(X-e'') + \dots \right\} dx$$

ihre relative Häufigkeit, bezogen auf die frühere Gesamtzahl N durch

$$Z = \frac{1}{n} \left\{ f(X-e') + f(X-e'') + \dots \right\}$$

Entwickelt man diesen Ausdruck nach der Taylorschen Reihe bis zur zweiten Ableitung unter Vernachlässigung der höheren Glieder, die infolge der Voraussetzung, daß die Elementarfehler $e^{(i)}$ nur sehr klein sind, fast verschwinden, so erhält man

$$Z = z - \frac{1}{n}\left(e' + e'' + \ldots\right)z' + \frac{1}{2n}\left(e'^2 + e''^2 + \ldots\right)z'' - \ldots \ldots \ldots \ldots \ldots 2)$$

worin z' die erste, z'' die zweite Ableitung von $f(x)$ nach x bedeuten. Setzt man den arithmetischen Mittelwert der $e^{(i)}$ also den Ausdruck

$$\frac{1}{n}\left(e' + e'' + \ldots\right) = \alpha \qquad \ldots \ldots \ldots \ldots 3)$$

und den arithmetischen Mittelwert der Quadrate der $e^{(i)}$, also

$$\frac{1}{n}\left(e'^2 + e''^2 + \ldots\right) = \beta \qquad \ldots \ldots \ldots \ldots 4)$$

so erhalten wir Formel 2 in der kürzeren Schreibweise

$$Z = z - \alpha z' + \frac{\beta}{2} z'' - \ldots \qquad \ldots \ldots \ldots \ldots 2a)$$

Beachten wir, daß α und β die charakteristischen Parameter des neu hinzugetretenen Elementarfehlers sind, und daß ein weiterer hinzutretender Elementarfehler in gleicher Weise die charakteristischen Parameter α_1 und β_1 haben wird, so gilt analog

$$Z_1 = Z - \alpha_1 Z' + \frac{\beta_1}{2} Z'' - \ldots \ldots$$

Die zweimalige Differentiierung von 2a ergibt

$$Z' = z' - \alpha z'' + \ldots \qquad \text{und} \qquad Z'' = z''$$

wenn man die Glieder mit dritten Ableitungen von $f(x)$ wieder vernachlässigt. Man hat also

$$Z_1 = z - (\alpha + \alpha_1)z' + \frac{1}{2}\left(\beta + \beta_1 + 2\alpha\alpha_1\right)z'' - \ldots \quad \text{oder}$$

$$Z_1 = z - (\alpha + \alpha_1)z' + \frac{1}{2}\left[\beta + \beta_1 - \alpha^2 - \alpha_1^2 + (\alpha + \alpha_1)^2\right]z'' \ldots \ldots 5)$$

Es gehen somit irgend zwei Elementarfehler in die Häufigkeitsfunktion des Gesamtfehlers nur in den Verbindungen von $(\alpha + \alpha_1)$, $(\beta + \beta_1)$ und $(\alpha^2 + \alpha_1^2)$ ein; folglich werden alle Elementarfehler im Häufigkeitsgesetz des Gesamtfehlers nur in den Verbindungen

$$\left.\begin{array}{l} \alpha + \alpha_1 + \alpha_2 + \ldots \ldots = a \\ \beta + \beta_1 + \beta_2 + \ldots \ldots = b - \\ \alpha^2 + \alpha_1^2 + \alpha_2^2 + \ldots \ldots = c \end{array}\right\} \ldots \ldots 6)$$

erscheinen, weshalb dieses Gesetz unter Berücksichtigung, daß nach Formel 5 nur die Differenz $\sum \beta - \sum \alpha^2 = b - c$ vorkommt, als Funktion von x, a und $(b-c)$ darstellbar sein, was wir symbolisch mit

$$z = F(x, a, b-c) \qquad \dots\dots\dots\dots 7)$$

anschreiben .

Um zur Kenntnis der Funktion F zu gelangen, läßt man einen Elementarfehler hinzukommen, dessen arithmetischer Mittelwert da ist, und dessen mittleres Quadrat als verschwindende Größe angesehen werden kann, so ist die dadurch hervorgerufene Änderung der Häufigkeit von x einerseits $d_a z = \frac{\partial z}{\partial a} da$ und andererseits nach Formel 2a

$$d_a z = - \frac{\partial z}{\partial x} da \qquad \text{folglich} \qquad \frac{\partial z}{\partial x} = - \frac{\partial z}{\partial a} \qquad \dots\dots 8)$$

Daraus geht hervor, daß x und a in der Funktion F nur als Differenz $(x-a)$ erscheinen können, so daß diese die Struktur

$$z = F(x-a, b-c) \dots\dots\dots 8a)$$

haben muß.

Tritt ferner ein Elementarfehler hinzu, dessen arithmetischer Mittelwert 0 ist, während der arithmetische Mittelwert seines Quadrates db wäre, so drückt sich analog die Änderung der Häufigkeit von x einerseits durch $d_b z = \frac{\partial z}{\partial b} db$ andererseits nach 2a durch $d_b z = \frac{1 \cdot \partial^2 z}{2 \cdot \partial x^2} db$ aus, woraus wir

$$\frac{\partial z}{\partial b} = \frac{1}{2} \cdot \frac{\partial^2 z}{\partial x^2} \qquad \dots\dots\dots 9)$$

erhalten.

Man denke sich nun alle Werte der Elementarfehler im Verhältnis $1 : r$ verändert, dann verändern sich im gleichen Verhältnis auch die Werte von x und a, während sich b und c im Verhältnis $1 : r^2$ ändern. Es werden nun im Intervall rx bis $r(x+dx)$ ebensoviel Werte des Gesamtfehlers liegen wie vorher im Intervall x bis $x+dx$, das ergibt die Gleichung

$$F(x-a, b-c) = F\left[r(x-a), r^2(b-c)\right] r\, dx$$

oder mit Hilfe der Abkürzungen $\xi = x-a$ und $\eta = b-c$

$$F(r\xi, r^2\eta) = \frac{1}{r} F(\xi, \eta)$$

Ist r von der Einheit nur um die sehr kleine Zahl δ verschieden, so ergibt die Entwicklung bis auf Größen der Ordnung δ

$$z + \frac{\partial z}{\partial \xi}\,\delta\xi + 2\,\frac{\partial z}{\partial \eta}\,\delta\eta = z - \delta z,\quad \text{woraus wir}$$

$$\xi\,\frac{\partial z}{\partial \xi} + 2\eta\,\frac{\partial z}{\partial \eta} = -z \quad\dots\dots\quad 10)$$

erhalten. Das ist eine lineare partielle Differentialgleichung, deren allgemeines Integral

$$z = \eta^{-\frac{1}{2}}\,\Psi\left(\xi^{2}\eta^{-1}\right)\;\dots\dots\;11)$$

lautet. Es folgt aber aus $\eta = b - c$, daß $\dfrac{\partial z}{\partial \eta} = \dfrac{\partial z}{\partial b}$ und weiter aus 9) und $\xi = x - a$, daß $\dfrac{\partial z}{\partial \eta} = \dfrac{1}{2}\,\dfrac{\partial^{2} z}{\partial \xi^{2}}$ ist.

Setzt man diese Werte der partiellen Differentialquotienten in 10) ein, so wird

$$\eta\,\frac{\partial^{2} z}{\partial \xi^{2}} + \xi\,\frac{\partial z}{\partial \xi} = -z$$

und die linke Seite dieser Gleichung ist der partielle Differentialquotient nach ξ aus $\eta\,\dfrac{\partial z}{\partial \xi} + \xi z$, einer linearen Funktion von ξ; er muß also beständig Null und

$$\eta\,\frac{\partial z}{\partial \xi} + \xi z = X(\eta)\quad\text{d. h. lediglich eine Funktion von }\eta\text{ sein.}$$

Geht man auf das allgemeine Integral zurück, so erhält man

$$2\xi\,\eta^{-\frac{1}{2}}\,\Psi'\left(\xi^{2}\eta^{-1}\right) + \xi\,\eta^{-\frac{1}{2}}\,\Psi\left(\xi^{2}\eta^{-1}\right) = X(\eta)$$

Demnach soll eine Funktion von $\xi^{2}\eta^{-1}$ identisch mit einer Funktion von η sein und das kann nur zutreffen, wenn beide invariant sind, wenn also

$$X(\eta) = \eta\,\frac{\partial z}{\partial \xi} + \xi z = J$$

Da aber nach 11) ξ und $\dfrac{\partial z}{\partial \xi}$ zugleich verschwinden, muß auch die Invariante $J = 0$ sein, so daß wir zur Gleichung

$$\eta\,\frac{\partial z}{\partial \xi} + \xi z = 0 \quad\dots\dots\quad 12)$$

gelangen. Unter der Abkürzung $\xi^{2}\eta^{-1} = n$ erhält man aus 11) und 12) zur Bestimmung von Ψ die Gleichung $2\Psi'(n) + \Psi(n) = 0$, aus der durch Integration $\Psi(n) = C e^{-\frac{1}{2}n}$

folgt. Geht man jetzt von n auf ξ und η und von diesen auf die ursprünglichen Argumente x, a, b, c　zurück, so erhält man als aproximatives Gesetz der Häufigkeit des Fehlers x

$$z = \frac{C}{\sqrt{b-c}}\; e^{-\frac{(x-a)^2}{2(b+c)}} \quad \cdots \cdots \cdots \; 13)$$

Dividiert man $z\,dx$ durch N, die Zahl aller Fehlerwerte, welche sich durch das über diese Werte ausgedehnte $\int z\,dx$ ergibt, so erhält man die relative Häufigkeit, d. i. die Wahrscheinlichkeit eines im Intervall x bis $x{+}dx$ liegenden Fehlers; mit Rücksicht auf die außerordentlich rasche Abnahme von z bei wachsendem Wert von x darf man die Grenzen der Integration mit $-\infty$ und $+\infty$ ansetzen. Dadurch ergibt sich

$$N = \frac{C}{\sqrt{b-c}}\; \int_{-\infty}^{\infty} e^{-\frac{(x-a)^2}{2(b-c)}}\; dx$$

$$= C\sqrt{2}\; \int_{-\infty}^{\infty} e^{-t^2}\,dt \quad = C\sqrt{2\pi}$$

als Bestimmungsgleichung für die Integrationsvariante C. Die erwähnte Wahrscheinlichkeit wird dann

$$\eta\,dx = \varphi(x)\,dx = \frac{1}{\sqrt{2\pi(b-c)}}\cdot e^{-\frac{(x-a)^2}{2(b-c)}}\; dx \cdots \cdots \; 14)$$

Die Funktion $\varphi(x)$ bezeichnet man als das Gesetz der Fehlerwahrscheinlichkeit oder kurz als Fehlergesetz.

Bemerkt sei, daß die Differenz $b-c$ wesentlich positiv ist, denn nach 3) und 4) ist

$$\beta - x^2 = \frac{1}{n}\sum e^2 - \frac{1}{n^2}\left(\sum e\right)^2$$

$$= \frac{1}{n^2}\left[(1+1+\ldots)(e'^2+e''^2+\ldots)-(e'+e''+\ldots)^2\right]$$

$$= \frac{1}{n^2}\left[(e'-e'')^2+(e'-e''')^2+\ldots+(e''-e''')^2\right] > 0$$

daher unter Berücksichtigung von 6) auch $b-c > 0$.

Setzt man als Abkürzung $\frac{1}{2}(b-c)^{-1} = h^2$, so wird in einfacherer Schreibweise

$$\varphi(x) = \frac{h}{\sqrt{\pi}}\cdot e^{-h^2(x-a)^2} \quad \ldots \ldots \; 15)$$

Aus dem grundlegenden Zusammenhang $x = \varepsilon' + \varepsilon'' + \ldots$ folgt wegen der vorausgesetzten Unabhängigkeit der Elementarfehler, daß der arithmetische Mittelwert von x der Summe der Mittelwerte der ε gleich ist; infolgedessen ist a der Mittelwert von x . Da $\varphi(x')$ bei $x = a$ seinen größten Wert erlangt, so bedeutet a zugleich den relativ wahrscheinlichsten Beobachtungsfehler.

Die Wahrscheinlichkeit, daß der Beobachtungsfehler von diesem wahrscheinlichsten Betrag höchstens um δ nach auf- oder nach abwärts abweicht, drückt sich durch

$$P = \frac{h}{\sqrt{\pi}} \int_{a-\delta}^{a+\delta} e^{-h^2(x-a)^2} dx = \frac{2}{\sqrt{\pi}} \int_0^{h\delta} e^{-t^2} dt = \Phi(h\delta)$$

aus und kann bei bekanntem h mit Hilfe der Tafeln für das Integral von <u>Laplace</u> gefunden werden.

2. Die Ableitung von Fehlergesetzen aus dem zweiten Satz von Bayes

Während die Ableitung von C r o f t o n nur für relativ kleine Fehler gilt, bei denen der arithmetische Mittelwert als aproximativ angesehen werden kann, ist die Ableitung aus dem Satz von B a y e s im Allgemeinen unabhängig davon und ergibt für verschiedene Mittelwerte verschiedene Fehlergesetze. Wir werden uns hier nur mit der Ableitung unter der Voraussetzung, dass das arithmetische Mittel der wahrscheinlichste Wert ist, näher befassen.

Der wahre Wert X einer beobachteten Größe ist uns unbekannt. Man habe sie unter gleichen Umständen und mit gleicher Sorgfalt n -mal gemessen, wobei man die Werte $\ell_1, \ell_2, \ldots \ell_n$ erhielt. Wie groß ist auf Grund dieser empirischen Feststellung die Wahrscheinlichkeit, daß der unbekannte Wert X im Intervall x bis $x + dx$ liegt? Die Frage ist offenbar identisch mit der nach der relativen Häufigkeit. Den Beobachtungen haften die w a h r e n Fehler

$$\varepsilon_1 = X - \ell_1 , \quad \varepsilon_2 = X - \ell_2 , \ldots , \quad \varepsilon_n = X - \ell_n \qquad \ldots \ldots 1)$$

an und sie sind ebenso unbekannt wie X . Macht man über X die Annahme, daß sein Wert im Intervall ξ bis $\xi + d\xi$ liege, so ist damit auch die Annahme getroffen, daß die bei den Beobachtungen aufgetretenen Fehler zwischen den Grenzen $\delta_1 = \xi - \ell_1$ und $\delta_1 + d\xi$, bzw. $\delta_2 = \xi - \ell_2$ und $\delta_2 + d\xi$ bzw. $\delta_n = \xi - \ell_n$ und $\delta_n + d\xi$ $\ldots \ldots 2)$ liegen werden.

Bezeichnet man die Wahrscheinlichkeit a priori, daß der Wert von X im Intervall ξ bis $\xi + d\xi$ liegt, mit $w(\xi)d\xi$, worin w als stetige Funktion von ξ gedacht ist; ferner die Wahrscheinlichkeit, irgendeiner Beobachtung ℓ_i hafte ein Fehler im Intervall δ_i bis $\delta_i + d\xi$ an, mit $\varphi(\delta)d\xi$, worin φ eine stetige Funktion von δ bedeutet, so ist nach dem zweiten Satz von <u>Bayes</u> die Wahrscheinlichkeit a posteriori $y\,d\xi$ für die über X getroffene Annahme auf Grund der vorliegenden Erfahrung (empirischen Feststellung)

$$y\,d\xi = \frac{w\xi \cdot \varphi(\delta_1) \cdot \varphi(\delta_2)\ldots\ldots \varphi(\delta_n)\,d\xi}{\displaystyle\int_{-\infty}^{\infty} w(\xi) \cdot \varphi(\delta_1) \cdot \varphi(\delta_2)\ldots \varphi(\delta_n)\,d\xi} \quad \ldots\ldots 3)$$

Damit wäre die gestellte Frage beantwortet, wenn die Funktion W und φ bekannt wären, und dann könnte auch die weitere Frage erledigt werden, welcher denn der wahrscheinlichste Wert ξ , bzw. welche die wahrscheinlichste Hypothese über die unbekannte Größe X wäre. Wir nehmen an, daß $w(\xi)$ invariant ist, das heißt, daß von vornherein kein Wissen über den Wert der Unbekannten besteht und die empirische Beobachtung allein entscheidend ist. Das Problem läuft nun darauf hinaus, das Fehlergesetz herauszufinden, daß bei einer bestimmten Annahme des **wahrscheinlichsten** Wertes x (arithmetisches oder geometrisches Mittel usw.) gelten wird.

Kann man annehmen, daß das arithmetische Mittel der wahrscheinlichste Wert x ist, also

$$x = \frac{1}{n} \sum_{i=1}^{n} \ell_i \qquad \ldots\ldots 4)$$

zu setzen ist, so sind die hypothetischen Fehler 2 im besonderen

$$\left.\begin{aligned} \lambda_1 &= x - \ell_1 \\ \lambda_2 &= x - \ell_2 \\ \lambda_n &= x - \ell_n \end{aligned}\right\} \qquad \ldots\ldots 5)$$

Wir wollen sie als die plausibelsten Fehler bezeichnen, wie aus den Formeln 4 und 5 hervorgeht, ist

$$\sum_{i=1}^{n} \lambda_i = 0 \qquad \ldots\ldots 6)$$

Da aber die Annahme $\xi = x$ das Produkt der varianten Funktionen in 3, also das Produkt

$$\varphi(\lambda_1)\,\varphi(\lambda_2)\ldots \varphi(\lambda_n)$$

oder die Summe der natürlichen Logarithmen dieser Funktionen, also

$$\sum_{i=1}^{n} \lg \varphi(\lambda_i)$$

zu einem Maximum werden läßt, so wird von der Funktion gefordert, daß die Gleichung

$$\frac{\varphi'(\lambda_1)}{\varphi(\lambda_1)} + \frac{\varphi'(\lambda_2)}{\varphi(\lambda_2)} + \ldots\ldots + \frac{\varphi'(\lambda_n)}{\varphi(\lambda_n)} = 0 \ldots\ldots\ldots 7)$$

erfüllt ist, worin φ' selbstverständlich die erste Ableitung von φ bedeutet. Schreibt man diese Gleichung

$$\sum_{i=1}^{n} \frac{\varphi'(\lambda_i)}{\lambda_i\,\varphi(\lambda_i)}\,\lambda_i = 0 \ldots\ldots\ldots 7a)$$

so erkennt man, dass sie neben 6 nur bestehen kann, wenn

$$\frac{\varphi'(\lambda_i)}{\lambda_i\,\varphi(\lambda_i)} = \varkappa$$

einer Invarianten ist, unabhängig von $\varkappa$. Die Integration dieser Differential-gleichung ergibt

$$\lg\varphi(\lambda) = \lg C + \frac{\varkappa}{2}\lambda^2 \quad\text{oder}\quad \varphi(\lambda) = C\,e^{\frac{1}{2}\varkappa\lambda^2} \qquad \ldots 8)$$

Auf Grund der Tatsache, daß die relative Häufigkeit eines Fehlers mit wachsen-der Größe desselben abnimmt, muß $\frac{1}{2}\varkappa$ negativ sein und wir schreiben dafür $-h^2$, so daß

$$\varphi(\lambda) = C\,e^{-h^2\lambda^2}$$

wird. Die Integrationskonstante C erhält man aus der Bedingung, daß die Summe aller relativen Häufigkeiten (Wahrscheinlichkeiten) gleich eins sein muß, also aus der Gleichung

$$\int_{-\infty}^{\infty} \varphi(\lambda)\,d\lambda = 1$$

Streng genommen ist ein ∞ großer Fehler undenkbar, die relative Häufigkeit von Fehlern über eine gewisse Grenze hinaus, ist jedoch so gut wie 0 und deshalb ist die Begrenzung des Integrals von $-\infty$ bis $+\infty$ gestattet. Es hat den Wert

$$C\int_{-\infty}^{\infty} e^{-h^2\lambda^2}\,d\lambda = \frac{C}{h}\int_{-\infty}^{\infty} e^{-t^2}\,dt = C\,\frac{\sqrt{\pi}}{h} = 1$$

woraus $\quad C = \dfrac{h}{\sqrt{\pi}}$

folgt. Somit lautet das Fehlergesetz für den arithmetischen Mittelwert

$$\varphi(\lambda) = \frac{h}{\sqrt{\pi}}\,e^{-h^2\lambda^2} \qquad \ldots\ldots 9)$$

Dieses Ergebnis unterscheidet sich von jenem nach der Ableitung von C r o f t o n nur dadurch, daß die graphische Darstellung bei letzterem eine Symmetrie für die Abszisse $\varkappa = a$ zeigt, wobei $\varkappa$ den Fehler und a das arithmetische Mittel der Fehler bezeichnet. Diese Ableitung gilt eben angenähert auch dann, wenn das arithmetische Mittel der Fehler nicht gleich Null ist. Bei der Ableitung aus dem zweiten Satz von B a y e s haben wir jedoch das arithmetische Mittel der beobachteten Werte von ξ als den wahrscheinlichsten Wert angenommen und infolgedessen ist der wahrscheinlichste Fehler $a = 0$. In diesem Falle werden also die beiden Formeln des Fehlergesetzes identisch und die Symmetrie besteht in beiden bezüglich der Abszisse $x = 0$ bzw. $\lambda = 0$. Es kann jedoch sein, daß a priori oder auf Grund sehr zahlreicher Messungen a posteriori die größte Wahrscheinlichkeit nicht dem arithmetischen sondern dem geometrischen Mittel zukommt. Dann ist der arithmetische Mittelwert der Abweichungen hiervon, der zu erwarten ist, nicht gleich Null, sondern ein positives a , das aber ein kleiner Wert sein wird, wenn die Fehler relativ zur gemessenen Größe gering sind. Das Fehlergesetz nach C r o f t o n gilt als Annäherung auch dann, nur verschiebt sich die Symmetrieachse vom geometrischen Mittel der gemessenen Größe etwas nach der Richtung der Abszissenachse. Man gelangt zum gleichen Ergebnis, wenn man zum asymmetrischen Fehlergesetz des geometrischen Mittels die beste Annäherung eines symmetrischen C r o f t o n ' s c h e n   G e s e t z e s nach der Methode der kleinsten Quadrate sucht (siehe Abb. 34, in der a größer gezeichnet ist, als es bei relativ kleinen Fehlern sein würde).

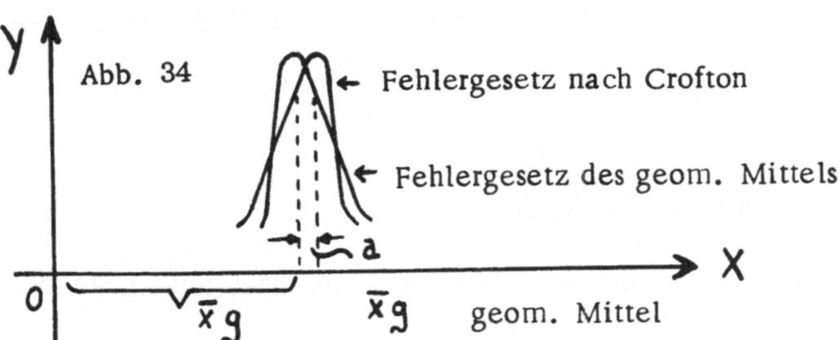

Das Verschwinden des Mittelwertes a gilt als Merkmal   z u f ä l l i g e r   Fehler, wenn das arithmetische Mittel der gemessenen Größe der wahrscheinlichste Wert ist, weil eine Bevorzugung des einen oder des anderen Vorzeichens der Fehler dann als ausgeschlossen gilt. Einseitig wirkende Fehlerursachen würden dagegen einen von Null verschiedenen Mittelwert der Fehler verursachen, und aus demselben kann man auf das Vorhandensein systematischer neben dem zufälligen schließen. Wenn jedoch ein anderes als das arithmetische Mittel der gemessenen Größe als wahrscheinlichster Wert zu gelten hat, dann wird auch bei rein zufälligen Fehlern ein von Null verschiedenes a zu erwarten sein.

Die obige Ableitung des Fehlergesetzes aus dem zweiten Satz von B a y e s ist schon von G a u s s angegeben worden; der auch darauf hingewiesen hat, daß die Invariante h von der Genauigkeit der Messungen abhängig ist, und deshalb die Größe h als "Präzisionsmaß" vorgeschlagen. Tatsächlich wächst h mit der Präzision der Meßinstrumente, einer absoluten Präzision, bei der alle Fehler gleich Null wären, würde ein Präzisionsmaß $h = \infty$ entsprechen, weil $e^{-\infty} = 1$ ist.

Die Voraussetzungen dieser Ableitung sind:

1) Unter den unbegrenzt vielen dankbaren Verbindungen der Beobachtungswerte wird das arithmetische Mittel gewählt.

2) Es wird ihm die Eigenschaft zugesprochen, der wahrscheinlichste Wert der gemessenen Größe zu sein.

3) Die Wahrscheinlichkeit, einen gewissen Fehler zu begehen, ist nur von seiner Größe abhängig.

4) Die Wahrscheinlichkeit a priori, ein ξ sei der wahre Wert der gemessenen Größe, ist für alle Werte ξ gleich groß.

Von anderen Mathematikern, die sich gleichfalls mit der Ableitung von Fehlergesetzen befaßt haben, sind vor allem H. Poincaré und B. Meidell zu erwähnen. Ersterer schaltet die Voraussetzung 4 von Gauss überhaupt aus und ändert 3 etwas ab; er gelangt jedoch zum Ergebnis, daß die Voraussetzung 4 als Folgerung von 1 bis 3 nachweisbar ist ($w(\xi)$ invariant). Der letztere trachtet auch, die Voraussetzungen 1 und 2 zu vermeiden. Ferner haben sich der Franzose Bertrand und der Deutsche Bernstein mit dem Gegenstand befaßt; letzterer ist auf funktionstheoretischer Grundlage zum <u>Gauss'schen Gesetz</u> gelangt (46).

3. Fehlergesetze einer linearen Funktion

Es sei von vornherein zwischen den Beobachtungsgrößen eine Beziehung gegeben, die sich durch die lineare Funktion

$$F = K + \alpha_1 X_1 + \alpha_2 X_2 + \ldots\ldots + \alpha_n X_n$$

ausdrücken läßt. Die Beobachtungsergebnisse an den Größen X_i seien $\ell_1, \ell_2, \ldots, \ell_n$. und sie mögen aus Messungen gewonnen sein, deren Fehler dem Gesetz von Gauss folgen, und zwar mit den Präzisionsmassen $h_1, h_2, \ldots, h_n$. Setzt man

$$f = K + \alpha_1 \ell_1 + \alpha_2 \ell_2 + \ldots + \alpha_n \ell_n \, ,$$

so ist der dadurch begangene Fehler

$$F - f = \alpha_1 (X_1 - \ell_1) + \alpha_2 (X_2 - \ell_2) + \ldots\ldots + \alpha_n (X_n - \ell_n) = \sum_{i=1}^{n} \alpha_i (X_i - \ell_i)$$

oder kürzer geschrieben

$$E = \sum_{i=1}^{n} \alpha_i \, \varepsilon_i$$

---

(46) Siehe auch E. Czuber, „Theorie der Beobachtungsfehler", 1891.

Es wäre die Wahrscheinlichkeit zu bestimmen, daß E im Bereich z bis $z+dz$ liegt. Man gelangt zum Fehlergesetz

$$y = \frac{H}{\sqrt{\pi}}\, e^{-H^2(z-A)^2}$$

worin A das gewogene arithmetische Mittel der Größen d_i und

$$H = \frac{h}{\sqrt{d_1^2 + d_2^2 + \dots + d_n^2}} \qquad (47)$$

ist. Unter der Voraussetzung, daß die Fehler ε_i klein sind, gilt das Gesetz näherungsweise auch für jede analytische Funktion, die nach dem T a y l o r ' s c h e n S a t z entwickelbar ist, denn wenn man sich mit der Annäherung begnügt, die Entwicklungsreihe mit den ersten Ableitungen abzubrechen, so hat man eben eine lineare Funktion von obiger Gestalt vor sich.

4. Genauigkeitsmaße

Daß man die Invariante h des Fehlergesetzes als Genauigkeitsmaß verwenden kann, wissen wir bereits. Es sind jedoch auch noch andere Genauigkeitsmaße möglich und in Anwendung gekommen. Man kann die Bestimmung einer Größe durch Beobachtung (Messung) mit einem Spiel vergleichen, bei dem es nur Verluste geben kann, denn jeder Fehler, ob positiv oder negativ, bedeutet als Abweichung von der Wahrheit einen Verlust; der mit einem Spiel verbundenen Verlustgefahr entspricht hier der Befürchtung eines Fehlers im Endergebnis der Beobachtung, von deren Ausmaß die G e n a u i g k e i t abhängen wird, die man dem erhaltenen Bestimmungsergebnis zuschreibt.

Wie nun beim Spiel in der Verlustriske ein Maß für die Gefährlichkeit desselben erkannt worden ist, kann eine analogerweise gebildete Größe bei Beobachtungen als Maß für deren Genauigkeit Verwendung finden. Während jedoch zur Ermittlung der Spielriske beim mathematisch geordneten Spiel entweder nur die Verluste oder nur die Gewinne herangezogen werden, sind bei der Errechnung der F e h l e r r i s k e alle möglichen Fehler in Betracht zu ziehen. Dagegen entsteht die Frage, wonach man die Bedeutung eines Fehlers, den mit ihm verbundenen Nachteil, beurteilen soll. Wird zunächst allgemein die Bedeutung eines Fehlers ε als Funktion seiner Größe aufgefasst und mit $\Psi(\varepsilon)$ bezeichnet, so ergibt sich die Begriffsdefinition der Fehlerriske: Sie ist die Summe der Produkte aus den Wahrscheinlichkeiten aller möglichen Fehler mit den entsprechenden Funktionswerten $\Psi(\varepsilon)$

Die Wahrscheinlichkeiten sind durch das Fehlergesetz $\varphi(\varepsilon)$ gegeben, und wenn man von der Summe zum Integral übergeht, so erhalten wir die Definition der Fehlerriske R in mathematischer Form

$$R = \int \Psi(\varepsilon)\, \varphi(\varepsilon)\, d\varepsilon \qquad \dots \dots \text{{}} {}^{1})$$

---

(47) Die Formel gilt nur, wenn die Präzisionsmaße h_i wenig voneinander abweichen!

wobei man sich die Integration über alle möglichen Werte von ε ausgedehnt zu denken hat. Es liegt in der Natur der Sache, dem Fehler eine von seinen Vorzeichen unabhängige und mit seinem Betrage wachsende Bedeutung beizulegen, d.h. die Funktion $\Psi(\varepsilon)$ so zu wählen, daß sie den Bedingungen

$$\Psi(\varepsilon) = \Psi(-\varepsilon) \quad \text{und} \quad \Psi(\varepsilon') > \Psi(\varepsilon), \qquad \text{wenn} \quad \varepsilon' > \varepsilon \qquad \dots 2)$$

entspricht.

Auf Grund dieser allgemeinen Festsetzungen kann man zunächst nachweisen, daß unter Geltung des Fehlergesetzes

$$\varphi(\varepsilon) = \frac{h}{\sqrt{\pi}}\, e^{-h^2(\varepsilon-a)}$$

(Crofton) die mit Größenbestimmung verbundene Fehlerriske **am kleinsten** wird, wenn $a = 0$ ist. Es folgt nämlich aus

$$R = \frac{h}{\sqrt{\pi}} \int \Psi(\varepsilon)\, e^{-h^2(\varepsilon-a)}\, d\varepsilon$$

durch Differentiierung nach a

$$\frac{dR}{da} = \frac{2h^3}{\sqrt{\pi}} \int_{-\infty}^{\infty} \Psi(\varepsilon)\,(\varepsilon-a)\, e^{-h^2(\varepsilon-a)^2}\, d\varepsilon$$

$$= \frac{2h^3}{\sqrt{\pi}} \int_{-\infty}^{\infty} \Psi(t+a)\, t\, e^{-h^2 t^2}\, dt\,.$$

Zerlegt man den Bereich des Integrals in zwei Teile von $-\infty$ bis 0 und von 0 bis $+\infty$, so erhält man auf Grund von 2)

$$\frac{dR}{da} = \frac{2h^3}{\sqrt{\pi}} \int_{0}^{\infty} \left[\Psi(t+a) - \Psi(t-a)\right] t\, e^{-h^2 t^2}\, dt$$

und darin nimmt t nur positive Werte an. Ist daher $a > 0$, so ist nach Formel 2)

$$\Psi(t+a) - \Psi(t-a) > 0$$

also auch

$$\frac{dR}{da} > 0$$

für $a < 0$ besteht das Umgekehrte. Es hat also $\dfrac{dR}{da}$ immer das gleiche Vorzeichen wie a, folglich erlangt R für $a = 0$ sein Minimum.

Die Fehlerriske wird ferner um so kleiner, je größer h ist, vorausgesetzt, daß tatsächlich $a = 0$ ist, denn es ist dann

$$R = \frac{h}{\sqrt{\pi}} \int_{-\infty}^{\infty} \Psi(\varepsilon)\, e^{-h^2\varepsilon^2}\, d\varepsilon = \frac{2}{\sqrt{\pi}} \int_{0}^{\infty} \Psi\frac{t}{h}\, e^{-t^2}\, dt,$$

folglich j e d e s zu einem Wert von t gehörige Element des Integrals nach 2 umso kleiner, je größer h ist, was somit auch für R gilt.

Durch diese Beziehung der Fehlerriske zum Präzisionsmaß ist erwiesen, daß jede
Fehlerriske, die unter Einhaltung der Bedingungen 2 errechnet wurde, sich zur
B e u r t e i l u n g d e r G e n a u i g k e i t eignet. Es ist wichtig zu bemerken, daß
die Fehlerriske R gleichbedeutend mit dem M i t t e l - o d e r D u r c h s c h n i t t s -
w e r t der Funktion $\Psi(\varepsilon)$ ist. Liegt demnach eine Reihe von Fehlerwerten
$\varepsilon_1, \varepsilon_2, \ldots, \varepsilon_n$ vor, wie sie durch Zufall entstanden ist, d.h. wie sie sich aus einer
Serie von gleich sorgfältigen Beobachtungen ergeben hat, so darf nach dem Theo-
rem von <u>Bernoulli</u>

$$\overline{\Psi(\varepsilon)} = \frac{1}{n} \sum_{i=1}^{n} \Psi(\varepsilon_i)$$

um so sicherer als ein Näherungswert von R angesehen werden, je größer n ist,
denn mit beständig wachsendem n nähert sich dieser Ausdruck der Grenze R .
Selbstverständlich kann man die Fehlerriske auch zur gemessenen Größe X ins Ver-

hältnis setzen und erhält so die r e l a t i v e Fehlerriske $r = \frac{R}{X}$, die eine gewisse

Analogie zur "moralischen" Riske beim Spiel hat. Die relative Fehlerriske ist ein
Genauigkeitsmaß, durch das die Verschiedenheit der Ganauigkeiten bei irgend-
welchen verschiedenen Messungen unmittelbar hervorgeht, sie bildet also einen
Vergleichsmaßstab; man drückt sie gewöhnlich im Prozentsatz $\varsigma = 100 \, \frac{R}{X}$

oder bei sehr genauen Messungen im Promillesatz $\qquad \varsigma = 1000 \, \frac{R}{X} \qquad$ aus.

D e r D u r c h s c h n i t t s f e h l e r. Die einfachste Wahl der Funktion Ψ, die den
Bedingungen 2 entspricht, ist $\Psi(\varepsilon) = |\varepsilon|$. Der daraus hervorgehende Wert wird
als d u r c h s c h n i t t l i c h e r Fehler bezeichnet. Seine Bedeutung ist die des
arithmetischen Mittelwertes der absolut genommenen Fehlerbeträge. Liegen demnach n Fehler vor, so ist der Näherungswert des Durchschnittsfehlers

$$\vartheta = \frac{1}{n} \sum_{i=1}^{n} |\varepsilon_i|$$

Befolgt der Fehler das <u>Gauss'sche Fehlergesetz,</u> so wird die Fehlerriske

$$R = \frac{h}{\sqrt{\pi}} \int_{-\infty}^{\infty} |\varepsilon| e^{-h^2 \varepsilon^2} d\varepsilon = \frac{2}{h\sqrt{\pi}} \int_{0}^{\infty} t \, e^{-t^2} dt = \frac{1}{h\sqrt{\pi}}$$

D e r m i t t l e r e F e h l e r. - Er ist die Quadratwurzel aus der Fehlerriske, die aus
der Wahl $\Psi(\varepsilon) = \varepsilon^2$ hervorgeht und von <u>Gauss</u> unter diesem Namen in die Theorie
eingeführt worden. Die Fehlerriske ist nach dem früheren bei n Messungen

$$\frac{1}{n} \sum_{i=1}^{n} \varepsilon_i^2$$

Befolgen die Fehler das Gesetz von G a u s s, so erhalten wir für das Quadrat des mittleren Fehlers μ die Formel

$$\mu^2 = \frac{h}{\sqrt{\pi}} \int_{-\infty}^{\infty} \varepsilon^2 e^{-h^2\varepsilon^2} d\varepsilon$$

$$= \frac{2}{h^2\pi^2} \int_0^{\infty} t^2 e^{-t^2} dt = \frac{1}{2h^2} \quad \text{und} \quad \mu = \frac{1}{h\sqrt{2}}$$

Auch der mittlere Fehler ist also dem Präzisionsmaß h und daher der Genauigkeit umgekehrt proportional, eignet sich somit ebensogut wie der Durchschnittsfehler zum Maß derselben. Der mittlere Fehler entspricht der mittleren Riske bei Unternehmungen, die dem Zufall unterliegen.

Der wahrscheinliche Fehler. - Obwohl nicht auf der Fehlerriske aufgebaut, bildet er ebenfalls ein Instrument zur Beurteilung der Genauigkeit eines Messungsverfahrens. Man versteht darunter jene Fehlergrenze, für deren Überschreitung die Wahrscheinlichkeit 1/2 besteht, so daß auch die Fehler, die unter dieser Grenze bleiben, mit der gleichen Wahrscheinlichkeit 1/2 zu erwarten sind. Vorausgesetzt wird wieder, daß die relativen Fehlerhäufigkeiten durch das Fehlergesetz von Gauss bestimmt sind, was - wie wir wissen - angenähert auch dann gilt, wenn a priori ein anderes Fehlergesetz, etwa das dem geometrischen Mittel entsprechende zutreffen müßte, sobald nur die Fehler entsprechend klein im Verhältnis zur gemessenen Größe sind. Unter dieser Voraussetzung hat man zur Bestimmung des wahrscheinlichen Fehlers r die Gleichung

$$\frac{1}{2} = \frac{2h}{\sqrt{\pi}} \int_0^{r} e^{-h^2\varepsilon^2} d\varepsilon = \frac{2}{\sqrt{\pi}} \int_0^{rh} e^{-t^2} dt$$

woraus man $rh = 0{,}476936 = \varrho_0$

errechnen kann. Es ist also auch r dem Präzisionsmaß umgekehrt proportional, somit als Genauigkeitsmaß ebenso verwendbar wie ϑ und μ.

Liegt eine Reihe zufällig entstandener n Fehler vor und ist sie nach steigenden absolut genommenen Beträgen geordnet, so ist bei ungeradem n der mittlere Fehler ungefähr gleich r, bei geradem n der Mittelwert der beiden mittelsten Fehler. Das stimmt umso genauer, je größer n ist. Diese angenäherte Bestimmung ist bequemer und jedenfalls zulässig, wenn die Reihe angenähert symmetrische relative Häufigkeiten der Fehler erkennen läßt.

Nach Hausdorff kann man den wahrscheinlichen Fehler zur Berechnung des Präzisionsmasses h benutzen. Zerlegt man die Reihe der nach ihrem absoluten Wert geordneten Fehler so, daß 84 % der Fehler unter und 16 % über der Grenze liegen, die die Zerteilung angibt, so ist der reziproke Wert des Fehlers, der an der Grenze liegt, gleich dem Präzisionsmaß h oder nur sehr wenig von diesem verschieden.

Beziehungen zwischen den Genauigkeitsmaßen

Mit den drei Maßen, die wir behandelt haben, sind die Möglichkeiten noch lange nicht erschöpft, denn es gibt noch unzählige andere Funktionen Ψ, die den allgemeinen Bedingungen der Formel 2 Genüge leisten. Unter diesen sind jene, die nach Art des Durchschnitts- und des mittleren Fehlers aus Mittelwerten hervorgehen, genauer untersucht worden. Wählt man z. B. $\Psi(\varepsilon) = \varepsilon^m$ bei geradem m, bzw. bei ungeradem m $\Psi(\varepsilon) = |\varepsilon^m|$, so ist bei Geltung des Fehlergesetzes von <u>Gauss</u>

$$R_m = \frac{2h}{\sqrt{\pi}} \int_0^\infty \varepsilon^m e^{-h^2\varepsilon^2} d\varepsilon = \frac{2}{h^m \sqrt{\pi}} \int_0^\infty t^m e^{-t^2} dt = \frac{\Gamma\left(\frac{m+1}{2}\right)}{h^m \sqrt{\pi}} .$$

Hierin ist Γ die bekannte **Eulersche Funktion** und ihr Wert ist 1 für $m = 1$ $\frac{1}{2}\sqrt{\pi}$ für $m = 2$, 1 für $m = 3$, $\frac{1 \cdot 3}{2^2}\sqrt{\pi}$ für $m = 4$, $1{,}2$ für $m = 5$, $\frac{1 \cdot 3 \cdot 5}{2^3}\sqrt{\pi}$ für $m = 6$ usw. Wie man sieht, ist $\sqrt[m]{R_m}$ dem Präzisionsmaß h umgekehrt proportional und daher als Genauigkeitsmaß ebenso verwendbar, wie die drei vorbehandelten.

Für die Entscheidung der Frage, welches von allen diesen Genauigkeitsmaßen am vorteilhaftesten zu wählen wäre, kann man - abgesehen vom Zweckmäßigkeitskalkül der einfacheren Berechnung - die folgende theoretische Überlegung anstellen. In der statistischen Praxis wird für R_m immer nur ein Näherungswert aus einer nicht sehr großen Zahl von Einzelfehlern $\varepsilon_1, \varepsilon_2, \ldots, \varepsilon_n$ gewinnbar sein. Dies nach den Formeln $R_m = \frac{1}{n} \sum_{i=1}^{n} \varepsilon_i^m$ bei geradem m bzw. $R_m = \frac{1}{n} \sum_{i=1}^{n} |\varepsilon_i^m|$ bei ungeradem m. Nun hat **Helmert** durch eine eingehende Untersuchung gezeigt, daß diese beiden Formeln nicht für jedes m gleich rasch dem theoretisch genauen Wert von R_m als Grenzwert zustreben, mit anderen Worten, daß bei gegebenem (großen) n die Grenzen, innerhalb der die Differenz $R_m - \frac{1}{n}\sum_{i=1}^{n}\varepsilon_i^m$ mit vorgegebener Wahrscheinlichkeit zu erwarten ist, von m abhängt und am engsten für $m = 2$ werden, daß also die Beurteilung der Genauigkeit nach dem <u>Gaußschen Mittelwert</u> μ am sichersten ist. Die Sicherheit, die bei Verwendung des Durchschnittsfehlers ($m = 1$) vorliegt, ist nach der gleichen Untersuchung nicht viel geringer. Trotzdem und obwohl der Durchschnittsfehler ϑ die einfachere Rechnung zuläßt, ist der mittlere Fehler μ nach Gauß das üblichste Genauigkeitsmaß geworden.

Stellt man die Formeln für den Durchschnitts-, für den mittleren und den wahrscheinlichen Fehler nebeneinander, so erkennt man leicht die Abhängigkeit von-

einander; ist einer von dreien bekannt, so sind auch die beiden anderen und das
Präzisionsmaß h bestimmt. Wir haben

$$\vartheta = \frac{1}{h\sqrt{\pi}} \quad ; \quad \mu = \frac{1}{h\sqrt{2}} \quad ; \quad r = \frac{s_0}{h}$$

daher $\mu = \vartheta\sqrt{\frac{\pi}{2}} = 1,25331\,\vartheta$;

$$r = \mu\,s_0\sqrt{2} = 0,67449\,\mu = \vartheta\,s_0\sqrt{\pi} = 0,84533\,\vartheta ;$$

$$h = \frac{1}{\vartheta\sqrt{\pi}} = \frac{1}{\mu\sqrt{2}} = \frac{s_0}{r} \approx 0,56419\,\frac{1}{\vartheta} = 0,70710\,\frac{1}{\mu} = 0,47694\,\frac{1}{r} .$$

Hat man zwei oder mehrere dieser Größen unabhängig voneinander berechnet, so
liefert ihre Prüfung auf Grund obiger Bezeichnung ein generelles Kalkül dafür, ob
die betreffenden Einzelfehler tatsächlich dem Fehlergesetz von Gauß folgen, das
bei der Berechnung der Größen vorausgesetzt wurde.

Eine e i n g e h e n d e Probe hätte sich auf die Feststellung der relativen Häufigkeit
der Fehler in den Stufen einer Skala zu erstrecken unter Vergleich mit den Wahrscheinlichkeiten, die sich aus dem Fehlergesetz von Gauß ergeben, nach dem man
die Invariante h aus μ berechnet hat. Unter h Fehlern sollte die eine Hälfte positiv, die andere negativ sein, ferner sollten

$$\frac{2n}{\sqrt{\pi}} \int_0^{ah} e^{-t^2}\,dt = n\,\phi\,(ah)$$

Fehler zwischen den Grenzen $-a$ und $+a$ zu erwarten sein. Diese Angaben würden
der w a h r s c h e i n l i c h s t e n Verteilung entsprechen. Umfangreiche Untersuchungen (48), die in dieser Richtung angestellt wurden, haben bestätigt, daß das
Fehlergesetz von Gauß in jedem Falle eine g u t e a p r o x i m a t i v e Darstellung
der relativen Fehlerhäufigkeiten gibt, so lange die Fehler im Verhältnis zur gemessenen Größe klein genug bleiben.

Für die Wahrscheinlichkeit P_α , daß irgendein Fehler des Messungsverfahrens das
K -Fache des Durchschnittsfehlers, also $K\vartheta$ nicht überschreitet, gilt die Formel

$$P_\alpha = \frac{2}{\sqrt{\pi}} \int_0^{Kh\vartheta} e^{-t^2}\,dt = \phi\left(\frac{K}{\sqrt{\pi}}\right)$$

analog gelten für die Wahrscheinlichkeiten P_m und P_w , daß das K -Fache des mittleren bzw. des wahrscheinlichen Fehlers nicht überschritten wird, die Formeln

$$P_m = \frac{2}{\sqrt{\pi}} \int_0^{Kh\mu} e^{-t^2}\,dt = \phi\left(\frac{K}{\sqrt{2}}\right)$$

$$\text{und} \quad P_w = \frac{2}{\sqrt{\pi}} \int_0^{Khr} e^{-t^2}\,dt = \phi\,(Ks_0)$$

---

(48) Näheres darüber findet man bei C. S. P e i r c e , „On the Theorie of Errors of Observations", Coast and Geod. Survey 1870.

Die Werte der Funktion Φ hat man für verschiedene K in Tabellen zusammengestellt und wir geben eine solche von C z u b e r wieder. Wahrscheinlichkeiten P, daß der Einzelfehler einer Beobachtung den K -fachen durchschnittlichen, mittleren und wahrscheinlichen Fehler nicht überschreitet:

K	$(0, K\,\vartheta)$	$(0, K\,\mu)$	$(0, K\,r)$
	P_α	P_m	P_w
0,2	0,12678	0,15849	0,10731
0,4	25038	31079	21268
0,6	36786	45142	31430
0,8	47672	57621	41052
1,0	57506	68261	50000
1,2	66166	76956	58171
1,4	73602	83851	65498
1,6	79825	89034	71949
1,8	84904	92818	77528
2,0	88945	95446	82266
2,2	92079	97212	86216
2,4	94449	98360	89450
2,6	96196	99066	92051
2,8	97452	99489	94105
3,0	98331	99730	95698
3,2	98933	99916	96910
3,4	99333	99933	97817
3,6	99592	99966	98482
3,8	99757	99980	98962
4,0	99859	99994	99302

An Hand dieser Tabelle wollen wir die Frage beantworten, welcher g r ö ß t e F e h - l e r in einer Beobachtungsreihe mutmaßlich vorkommen wird. Bei einer bestimm- ten Gattung von Beobachtungen von einem größten Fehler schlechtweg zu spre- chen, wäre abwegig, denn bis zu welcher Größe Fehler auftreten, wenn man die dem Gesetz von Gauß entsprechende Verteilung der relativen Häufigkeiten voraus- setzt, hängt bei jeder Gattung von Beobachtungen vom Umfang d. h. von der Zahl n der Messungen ab. Ist P_m die Wahrscheinlichkeit, daß ein absolut genommener Fehlerbetrag $K\mu$ nicht überschreitet, so ist $n(1-P)$ die erwartungsgemäße Anzahl der Fehler jenseits dieser Grenze; nur wenn diese Zahl 1 oder größer als 1 ist, sind Fehler zu erwarten, die die Grenze $K\mu$ überschreiten. Man kann daher durch Auf- lösung der Gleichung $1 = n(1-P)$ nach n den Umfang der Beobachtungsreihe fest- stellen, bei der $K\mu$ als größter Fehler zu erwarten wäre. Mit Benützung der Ta- bellenwerte erhalten wir $n = 21$ für $K = 2$, $n = 81$ für $K = 2,4$, $n = 196$ für $K = 2,8$, $n = 389$ für $K = 3$ usw. Man ersieht daraus, wie rasch n im Vergleich zu K wächst und daß die Beobachtungsreihe schon recht umfangreich sein müßte, wenn das dreifache des mittleren Fehlers vorkommen soll. Selbst bei 100 Messungen einer Größe wird der größte Fehler voraussichtlich nicht den 2 1/2 fachen mittleren Fehler überschreiten

5. Verwendung der Messungsunterschiede zur Ermittlung des Genauigkeitsgrades

Bei der Beobachtung einer Größe durch wiederholte Messung ergeben sich in der Regel kleine Abweichungen der Messungsergebnisse untereinander. Es liegt nahe, diese Differenzen direkt, d. h. ohne Beachtung eines Mittelwertes der betreffenden Größe, zur Feststellung der Messungsgenauigkeit zu verwenden. Es seien die unbekannte wahre Größe wieder mit X, die n Messungsergebnisse mit $\ell_i \, (i = 1$ bis $n)$ die Messungsfehler mit ε_i und die Differenzen der Messungsergebnisse mit $\Delta_{ij} \, (j \neq i)$ bezeichnet. Es ist dann

$$X = \ell_1 + \varepsilon_1 = \ell_2 + \varepsilon_2 = \ldots\ldots\ldots$$

$$\text{daher} \quad \Delta_{12} = \ell_1 - \ell_2 = \varepsilon_2 - \varepsilon_1 \quad \text{usw.}$$

allgemein $\Delta_{ij} = \ell_i - \ell_j = \varepsilon_j - \varepsilon_i$. Befolgen die Fehler das Gesetz von <u>Gauß</u>, so unterliegen die Fehlerdifferenzen dem Gesetz

$$y = \frac{h}{2\sqrt{\pi}} \, e^{-\frac{1}{2} h^2 \Delta^2}$$

und infolgedessen ist der arithmetische Mittelwert der Größen $|\Delta_{ij}|$, also

$$\overline{\Delta} = \frac{\sqrt{2}}{h\sqrt{\pi}} = \vartheta \sqrt{2}$$ und das arithmetische Mittel der Quadrate der Differenzen

$$\overline{\Delta^2} = \frac{1}{h^2} = 2\mu^2.$$

Stehen s unabhängige Messungsdifferenzen Δ_{ij} zur Verfügung, so kann man, umso genauer

$$\vartheta \sqrt{2} = \frac{1}{s} \sum |\Delta| \quad \text{und} \quad 2\mu^2 = \frac{1}{s} \sum \Delta^2$$

setzen, je größer s ist. Daraus ergibt sich

$$\vartheta = \frac{1}{s\sqrt{2}} \sum |\Delta| \quad \text{und} \quad \mu = \sqrt{\frac{1}{2s} \sum \Delta^2}.$$

Aus n Messungsergebnissen an der Größe X lassen sich $s = \frac{1}{n} \, (n-1)$ Messungsdifferenzen bilden, unter denen es auch gleiche geben kann. Diese s Differenzen jedoch nicht unabhängig voneinander, denn es kann nur $n-1$ unabhängige geben, die man nach Belieben groß auswählen kann, während die anderen durch lineare Gleichungen als Funktionen der ersteren erscheinen. Trotzdem haben A n d r e a und H e l m e r t nachgewiesen, daß auch bei Verwendung aller s Differenzen ohne Rücksicht auf die Abhängigkeiten die obigen Formeln stimmen.

XI. Exkurs über die Kombinationen von Beobachtungen

1. Direkte Beobachtungen gleicher Genauigkeit

Man kann beweisen, daß der arithmetische Mittelwert der Messungen die Bestimmung der Unbekannten X gibt, mit der die kleinste Fehlerriske verbunden ist. Üblicherweise versteht man unter der Bezeichnung "direkte Beobachtung" einen Messungsvorgang, bei dem die Messung an der zu bestimmenden Größe selbst vorgenommen wird. Über eine physikalische Größe X mögen n gleich genaue Messungen ℓ_i $(i = 1 \text{ bis } n)$ vorliegen und es soll das <u>Gaußsche Fehlergesetz</u> gelten. Wir suchen die Funktion $x = f(\ell_1, \ell_2, \dots, \ell_n)$, bei der die Fehlerriske ein Minimum wird. Bezeichnet man die partielle Ableitung von f nach ℓ_i mit α_i, so hat man folgende Entwicklung der Funktion f

$$f(X, X, \dots X) = x + \alpha_1 (X - \ell_1) + \alpha_2 (X - \ell_2) + \dots + \alpha_n (X - \ell_n) + \Omega,$$

wenn Ω die Zusammenfassung der Glieder höherer Ordnung in Bezug auf die Differenzen $X - \ell_i$ bedeutet. Setzt man diese Differenzen als sehr klein voraus, so kann man Ω vernachlässigen und erhält

$$f(X, X, \dots, X) = x + X \sum_{i=1}^{n} \alpha_i \ell_i$$

Selbstverständlich muß man $f(X, X, \dots X) = x$ sein, denn in dem Falle, daß alle Messungen fehlerfrei gewesen wären, dürfte die zur Kombination verwendete Funktion f nicht davon abweichendes liefern.

Sonach gewinnt man aus der letzten Gleichung

$$X \left(1 - \sum_{i=1}^{n} \alpha_i \right) = x - \sum_{i=1}^{n} \alpha_i \ell_i$$

Soll x durch die Beobachtungsergebnisse allein bestimmt sein, so darf es von X nicht abhängen; hierzu ist $\sum_{i=1}^{n} \alpha_i = 1$ erforderlich;

dann aber ist $x = \sum_{i=1}^{n} \alpha_i \ell_i$ während $X = \sum_{i=1}^{n} \alpha_i (\ell_i + \varepsilon_i)$

ist, wenn wie bisher mit ε der Fehler bezeichnet wird, woraus $X - x = \sum_{i=1}^{n} \alpha_i \varepsilon_i$

folgt. Die lineare Funktion der ε_i, somit auch $X - x = z$ befolgen nun das Gesetz

$$y = \frac{H}{\sqrt{\pi}} e^{H^2 z^2},$$ wenn die einzelnen Fehler ε_i sich nach dem Fehlergesetz von <u>Gauß</u>

richten und es ist nach dem, was wir beim Fehlergesetz linearer Funktion gelernt haben, $H = \dfrac{h^2}{\sum\limits_{i=1}^{n} d_i^2}$ Die Fehlerriske wird am kleinsten, wenn H ein Maximum

ist. Demnach sind die Koeffizienten des Ausdrucks $x = \sum\limits_{i=1}^{n} d_i \ell_i$, damit er den vor-

teilhaftesten Wert darstellt, so zu bestimmen, daß $\sum\limits_{i=1}^{n} d_i = 1$ und $\sum\limits_{i=1}^{n} d_i^2$ ein

Minimum wird. Dies führt aber zu $d_1 = d_2 = \cdots d_n = \dfrac{1}{n}$ und zu $x = \dfrac{1}{n} \sum\limits_{i=1}^{n} \ell_i$ Das

heißt: Unter den eingangs gemachten Voraussetzungen ist der arithmetische Mittelwert der Messungsergebnisse die vorteilhafteste (mit geringster Fehlerriske behaftete) Bestimmung der Unbekannten x!

Das Gesetz, welchem die Fehler dieser Bestimmung folgen, lautet nach den vor

stehenden Entwicklungen $y = \dfrac{h\sqrt{n}}{\sqrt{\pi}}\, e^{-nh^2 z^2}$

das Präzisionsmaß ist $H = h\sqrt{n}$, der mittlere Fehler

$$\mu_x = \frac{1}{H\sqrt{2}} = \frac{1}{h\sqrt{2n}} = \frac{\mu}{\sqrt{n}} ,$$

wenn μ den mittleren Fehler einer Beobachtung bedeutet.

Bemerkt sei hier, daß die Art der Skalenteilung unserer Meßgeräte das arithmetische Mittel als vorteilhaftesten Wert begünstigt. Ansonst könnte man in analoger Weise dartun, daß das geometrische Mittel mit der kleinsten Fehlerriske verbunden ist, wenn das Fehlergesetz gilt, das man aus dem Satz von Bayes unter Annahme dieses Mittels ableitet.

2. Die Methode der kleinsten Quadrate

Haben wir n Messungen mit den wahren Fehlern ε_i ($i = 1$ bis n) und gilt das Fehlergesetz von G a u s s , so ist die Wahrscheinlichkeit a priori, daß bei weiteren n erst anzustellenden Messungen die gleichen Fehler erscheinen, proportional zu Ausdruck

$$e^{-h\sum \varepsilon_i^2}.$$

Liegt dagegen die Beobachtung durch n Messungen bereits vor, so hat die Annahme, x sei der wahre Wert der beobachteten Größe, eine dem Ausdruck

$$e^{-h^2\sum (x-\ell_i)^2}$$

proportionale Wahrscheinlichkeit, wenn die ℓ_i wie bisher die einzelnen Messungsergebnisse bezeichnen. Diese Wahrscheinlichkeit wird am größten, wenn

$$\sum (x-\ell_i)^2$$

ein Minimum wird. Daraus ergibt sich für x die Bestimmung

$$x = \frac{1}{n} \sum_{i=1}^{n} \ell_i.$$

Das arithmetische Mittel ist somit der wahrscheinlichste Wert der Unbekannten x, wenn das vorausgesetzte Fehlergesetz von G a u s s gilt. Die Bedingung

$$\sum (x - \ell_i)^2 = \text{Min}!$$

ist grundlegend für die allgemeine Anwendung der Methode.

Handelt es sich zum Beispiel darum, zu einer Reihe von isolierten Punkten x_i, y_i in einem Koordinatensystem eine mittlere Funktion von der Gestalt $y = F(a, b, c, x)$ zu legen, in der a, b und c invariante Parameter bedeuten, so hat man sie so lange zu variieren, bis

$$\Phi(x) = \sum_{i=1}^{n} \left\{ y_i - F(a, b, c, x_i) \right\}^2$$

ein Minimum wird. Dafür gelten die Bedingungen

$$\frac{\partial \Phi(x)}{\partial a} = 0 \quad ; \quad \frac{\partial \Phi(x)}{\partial b} = 0 \quad ; \quad \frac{\partial \Phi(x)}{\partial c} = 0$$

Ist anstelle der isolierten Punkte eine stetige Funktion $z = f(x)$ gegeben und soll zu ihr eine in der Regel einfachere Funktion $y = F(a, b, c, x)$ mit größter Annäherung gesucht werden, so haben wir uns anstelle der endlichen Zahl isolierter Punkte eine unendliche Zahl aneinandergereihter Punkte zu denken und erhalten unter der Anwendung des Satzes, daß $\sum (y - z)^2$ ein Minimum sein soll, die Forderung

$$\Phi(x) = \int_{z_1}^{z_2} \left\{ f(x) - F(a, b, c, x) \right\}^2 dx = \text{Min}!$$

Hierin sind z_1 und z_2 die Grenzwerte von $f(x)$, innerhalb der die Annäherung gelten soll.

Die Bedingungsgleichungen dafür sind dieselben wie oben. Die Verwendung dieser mittleren Funktionen tritt in der Fehlertheorie ein, wenn man auf Grund <u>zahlreicher</u> Messungen einer Größe, wobei die gleichen Messungsergebnisse mehrmals vorkommen, so daß man die Häufigkeit eines bestimmten Ergebnisses beurteilen kann, empirisch ein angenähertes Fehlergesetz finden will. Selbstverständlich muß man da irgendein Fehlergesetz voraussetzen und dessen Parameter nach obiger Minimumforderung bestimmen. Es wird dann die Funktion $\Phi(x)$ einen bestimmten Wert Y_1 als Minimum besitzen. Setzt man ein anderes Fehlergesetz voraus und bestimmt für dasselbe wieder die Parameter nach dem Minimumsatz, so wird man für Min $\Phi(x)$ einen anderen Wert, etwa Y_2 erhalten. Es ist jenes Fehlergesetz vorteilhafter, bei dem sich der kleinere Wert Y ergibt.

Nach der neueren Theorie der Kollektivmaßlehre gibt es ein systematisches Verfahren, zu einer Funktion beliebiger Genauigkeit zu gelangen.

3. Bestimmungen der Genauigkeit der Beobachtungen und ihres arithmetischen Mittels

Die Frage lautet: Wenn die w a h r e n Beobachtungsfehler ε_i ($i=1$ bis n), das sind die Abweichungen der Beobachtungsergebnisse, vom wahren Wert X dem Fehlergesetz von G a u s s folgen, welches Fehlergesetz besteht dann für die Abweichungen der Messungsergebnisse von ihrem arithmetischen Mittelwert x , das sind die s c h e i n b a r e n Fehler λ_i ?

Wir haben zunächst $\displaystyle\sum_{i=1}^{n} \lambda_i = 0$ ferner $\varepsilon_i - \lambda_i = X - x$

und infolgedessen $\displaystyle\sum \varepsilon_i = n(X-x)$

Mit Hilfe dieser Gleichungen lassen sich die scheinbaren Fehler λ_i als Funktionen der wahren Fehler ε_i wie folgt ausdrücken:

$$\lambda_1 = \frac{n-1}{n}\,\varepsilon_1 - \frac{1}{n}\sum_{i=2}^{n}\varepsilon_i$$

$$\lambda_2 = -\frac{1}{n}\,\varepsilon_1 + \frac{n-1}{n}\,\varepsilon_2 - \sum_{i=3}^{n}\varepsilon_i \qquad \text{u. s. w.}$$

Es stellt sich somit jeder scheinbare Fehler λ_i als eine lineare Funktion sämtlicher wahrer Fehler ε_i dar, infolgedessen befolgen, wie wir wissen, auch die scheinbaren Fehler ein Gesetz von der Form des <u>Gauss'schen</u>, nur mit einem anderen Präzisionsmaß h' , das für alle λ_i das gleiche ist. Nach der Regel für das Präzisionsmaß linearer Funktionen bei einheitlichen h der einzelnen Messungen gilt

$$h' = \frac{h}{\sqrt{\dfrac{n-1}{n^2} + \left(\dfrac{n-1}{n}\right)^2}} = h\sqrt{\frac{n}{n-1}}$$

Es verhält sich also $\quad h' : h = \sqrt{n} : \sqrt{n-1}$

das heißt, h' ist größer als h , nähert sich demselben jedoch umsomehr, je größer n ist. Der Durchschnittswert von $|\lambda_i|$ ist einerseits nach dem früheren

$$\frac{1}{h\sqrt{\pi}\,\dfrac{n}{n-1}}$$

andererseits ergibt sich aus der Reihe der einzelnen Werte λ_i , je größer n wird, eine umso verläßlichere Annäherung durch

$$\frac{1}{n} \sum |\lambda_i|$$

Setzt man beide Bestimmungen einander gleich und beachtet, daß

$$\frac{1}{h\sqrt{\pi}}$$

der Durchschnittsfehler ϑ einer Beobachtung ist, so erhält man für diesen die Formel

$$\vartheta = \frac{\sum |\lambda_i|}{\sqrt{n(n-1)}}$$

Für den Mittelwert von λ_i^2 erhält man in analoger Weise den theoretischen Ausdruck

$$\frac{1}{2\frac{n}{n-1} \cdot h^2}$$

während die Einzelwerte dafür den Näherungswert $\dfrac{1}{n} \sum \lambda_i^2$

liefern. Setzt man wieder beide Ausdrücke einander gleich und berücksichtigt, daß der mittlere Fehler einer Beobachtung

$$\mu = \frac{1}{h\sqrt{2}}$$

ist, so erhält man für diesen die praktisch verwendbare Formel

$$\mu = \sqrt{\frac{\sum \lambda_i^2}{n-1}}$$

Man kann diese Hauptformeln ohne Bezugnahme auf das Fehlergesetz aus den oben entwickelten Darstellungen der λ_i als Funktion der ε_i elementar ableiten. Aus der Darstellung von λ_1 ergibt sich

$$\overline{\lambda_1^2} = \left(\frac{n-1}{n}\right)^2 \overline{\varepsilon_1^2} + \frac{1}{n^2} \sum_{i=2}^{n} \overline{\varepsilon_i^2}$$

und wir erhalten schließlich

$$\frac{1}{n} \sum_{i=1}^{n} \lambda_i^2 = \left\{ \left(\frac{n-1}{n}\right)^2 + \frac{n-1}{n} \right\} \mu^2 = \frac{n-1}{n} \mu^2$$

sowie $\mu^2 = \dfrac{1}{n-1} \sum \lambda_i^2$

Alle Darstellungen der anderen λ_i führen zum gleichen Ergebnis.

Der wahrscheinliche Fehler r einer Beobachtung läßt sich nun aus μ oder ϑ durch einfache Multiplikation mit einem Zahlenkoeffizienten ableiten, wie wir es bei Untersuchung über die Beziehung der verschiedenen Fehlermittelwerte gefunden haben.

Nach der schon früher abgeleiteten Formel

$$\mu_x^2 = \frac{1}{n}\mu^2$$

steht der mittlere Fehler des arithmetischen Mittels zum mittleren Fehler einer Beobachtung in der Beziehung, daß

$$\mu_x = \frac{\mu}{\sqrt{n}}$$

ist, weshalb auch

$$\mu_x = \sqrt{\frac{\sum \lambda_i^2}{n(n-1)}}$$

gelten muß.

4. Ungleiche Präzisionen der Messungen oder der Gruppen von Messungen - Begriff des Wahrscheinlichkeitsgewichtes -

Eine unbekannte Größe X sei n-mal, aber nicht unter gleichen Umständen oder nicht mit gleich präzisen Instrumenten gemessen worden, sondern den Messungsergebnissen l_i ($i=1$ bis n), deren Fehler einzeln dem Gesetz von <u>Gauss</u> unterworfen sein mögen, kommen die verschiedenen entsprechenden Präzisionsmaße h_i zu, die wir als bekannt voraussetzen. Wenn wir die analoge Untersuchung durchführen, wie für die Beobachtungen gleicher Präzision, so gelangen wir zu einer Bestimmung von x nach der linearen Gleichung

$$x = \sum \alpha_i l_i$$

worin die α_i die Koeffizienten sind, die sich zur Einheit ergänzen, so daß

$$\sum \alpha_i = 1$$

zu setzen ist. Den vorteilhaftesten Wert für x (den mit der kleinsten Fehlerriske behafteten) erhalten wir, wenn die Bedingung

$$\sum \frac{\alpha_i^2}{h_i^2} = \text{Min} !$$

erfüllt ist.

Auf Grund derselben ergeben sich die vorteilhaftesten Werte der α_i aus der Beziehung

$$\alpha_i = \frac{h_i}{\sum h_i^2}$$

und infolgedessen die Formel für das vorteilhafteste x mit

$$x = \frac{\sum h_i^2 l_i}{\sum h_i^2} \quad \dots \dots 1)$$

Es ist dies unter den getroffenen Voraussetzungen auch der wahrscheinlichste

Wert der Unbekannten, weil er die Fehlerfunktion $y = e^{-\sum h_i^2 (x - \ell_i)^2}$

zu einem Maximum macht, denn die Gleichung 1 führt zu einem Minimum der

Summe $\sum h_i^2 (x - \ell_i)^2$

Man kann die Genauigkeit der einzelnen Messungen anstatt durch die Präzisionsmasse auch durch die mittleren Fehler charakterisieren, wobei man h Gruppen von Messungen, von denen jede mit ihrem einheitlichen Präzisionsmaß h_i durchgeführt wurde, vorgenommen denkt. Ist μ_i der mittlere Fehler von der Gruppe der Messungen, aus der man ℓ_i erhalten hat, so ist nach den Beziehungen zwischen den Präzisionsmaßen

$$h_i^2 = \frac{1}{2\mu_i^2}$$

zu setzen. Dann geht die Formel 1 über in

$$x = \frac{\sum \dfrac{\ell_i}{\mu_i^2}}{\sum \dfrac{1}{\mu_i^2}} \quad \dots \dots \dots 2)$$

Multipliziert man Zähler und Nenner mit der beliebig gewählten positiven Zahl

μ^2 und setzt $\dfrac{\mu^2}{\mu_i^2} = p_i$ so kann man auch schreiben

$$x = \frac{\sum p_i \ell_i}{\sum p_i} \quad \dots \dots \dots 3)$$

Das ist die Formel für das gewogene arithmetische Mittel, wenn man die p_i als Wahrscheinlichkeitsgewichte auffaßt. Sie sind, wie wir sehen, proportional den Quadraten der Genauigkeit der Messungsgruppen. Man kann durch entsprechende Wahl von μ^2 bewirken, dass $\sum p_i = 1$ wird, oder auch, daß die p_i ganze Zahlen werden, mindestens aber unter Vernachlässigung von kleinen Bruchzahlen durch ganze Zahlen ersetzbar sind. Für $\mu_i = \mu$ wird $p_i = 1$; es hat also die eingeführte Zahl μ die Bedeutung des mittleren Fehlers einer fingierten Messungsgruppe, der das Gewicht 1 zukommen würde. Man nennt aus diesem Grunde μ den "mittleren Fehler der Gewichtseinheit".

Hätte man eine Menge $\sum p_i$ an Beobachtungen von der Art der fingierten angestellt, also vom Wahrscheinlichkeitsgewicht 1, und hätte man davon die Teilmenge p_i mit dem Ergebnis ℓ_i erhalten, so ergäbe sich aus diesen gleich genauen Beobachtungen der Mittelwert nach Gleichung 3. Es wiegt demnach eine Beobachtung, deren Gewicht p ist, p Beobachtungen vom Gewicht 1 auf, zunächst in Bezug auf die Bildung des Mittelwertes. Das Wahr scheinlichkeitsgewicht tritt zu den bisher betrachteten Genauigkeitsmaßen als ein neues hinzu. Die Formel 3 kann auch als Bedingung

$$\sum p_i \, (x - \ell_i)^2 = \text{Min} \; !$$

abgeleitet werden. Wir erhalten eine Verallgemeinerung des Satzes von den "kleinsten Quadraten", nach der <u>die Summe der mit ihrem Wahrscheinlichkeitsgewicht multiplizierten Quadrate der scheinbaren Fehler</u> ein Minimum zu werden hat, wenn man den vorteilhaftesten Wert der Unbekannten erhalten will.

Die Formel 3 kann auch angewendet werden, wenn die ℓ_i nicht unmittelbare Messungsergebnisse, sondern arithmetische Mittel aus Messungsgruppen darstellen; die μ_i bedeuten dann die mittleren Fehler dieser arithmetischen Mittel. Sind letztere aus gleich genauen Beobachtungen von mittleren Fehlern μ in den Mengen ν_i entstanden, so ist $\mu_i^2 = \dfrac{\mu^2}{\nu_i}$. Wählt man also die Anzahl der Beobachtungen als Gewichtseinheit, so wird das Gewicht der Beobachtung, die ℓ_i ergab, durch

$$p_i = \frac{\mu^2}{\mu_i^2} = \nu_i$$

gegeben sein.

Für die wahren und scheinbaren Fehler (ε_i und λ_i) der Beobachtungen bestehen wie früher die Definitionsgleichungen $\varepsilon_i = X - \ell_i$ und $\lambda_i = x - \ell_i$; daraus folgt die Rücksicht auf 3.)

$$\sum p_i \lambda_i = 0 \, .$$

Durch Verbindung beider Fehlergruppen erhält man $\displaystyle\sum p_i \varepsilon_i = (X - x)\sum p_i$

und daraus $X - x = \displaystyle\sum \frac{p_i}{\sum p_i} \, \varepsilon_i \, .$

Demnach befolgt der Fehler der Bestimmung x das Gesetz $y = \dfrac{H}{\sqrt{\pi}} \, e^{-H^2 \varepsilon^2}$

wobei $\dfrac{1}{H^2} = \displaystyle\sum \frac{p_i^2}{h_i^2 (\sum p_i)^2}$ ist. Da aber $h_i^2 = \dfrac{1}{2\mu_i^2} = \dfrac{p_i}{2\mu^2}$

ist, so kann man auch schreiben

$$H^2 = \frac{\sum p_i}{2\mu^2}$$

und daraus ergibt sich der m i t t l e r e F e h l e r d e s M i t t e l s x mit

$$\mu_x = \frac{1}{H\sqrt{2}} = \frac{\mu}{\sqrt{\sum p_i}} \quad \cdots \cdots \cdots \; 4).$$

Man sieht daraus, daß das gewogene arithmetische Mittel einem gewöhnlichen arithmetischen Mittel aus einer Menge $\sum p_i$ an Beobachtungen vom Gewicht 1 equivalent ist.

Setzt man in Gleichung 4 anstatt p_i die ihnen entsprechenden Ausdrücke $\dfrac{\mu^2}{\mu_i^2}$ ein, so gelangt man zu einer Formel, die den mittleren Fehler von x durch die mittleren Fehler der zu einer Messungsgruppe gehörigen l ausdrückt, nämlich

$$\mu_x = \frac{1}{\sqrt{\sum \frac{1}{\mu_i^2}}}$$

Es handelt sich jetzt noch darum, mit Hilfe der bekannten Gewichte und der scheinbaren Fehler die Genauigkeitsbestimmung vorzunehmen, den "mittleren Fehler der Gewichtseinheit" und des Mittels x zu berechnen. Zwischen dem mittleren Fehler μ_i einer Beobachtung vom Gewicht p_i und dem mittleren Fehler μ einer Beobachtung vom Gewicht 1 besteht die Beziehung

$$\mu = \mu_i \sqrt{p_i}.$$

Überträgt man diese Beziehung auf die einzelnen Abweichungen vom Mittel, so wird der Abweichung λ_i einer Beobachtung vom Gewicht p_i bei einer Beobachtung vom Gewicht 1 die Abweichung

$$\lambda'_i = \lambda_i \sqrt{p_i}$$

entsprechen. Aus den transformierten Abweichungen λ'_i aber kann man den "mittleren Fehler der Gewichtseinheit" nach der früheren Formel

$$\mu = \sqrt{\frac{\sum (\lambda'_i)^2}{n-1}}$$

bestimmen, und wenn man wieder auf die scheinbaren Fehler λ_i zurückgeht, erhält man schließlich

$$\mu = \sqrt{\frac{\sum p_i \lambda_i^2}{n-1}}$$

Mittels analoger Schlüsse erhält man für den "Durchschnittsfehler der Gewichtseinheit" die Formel

$$\vartheta = \frac{|\lambda_i \sqrt{p_i}|}{\sqrt{n(n-1)}}$$

Den mittleren Fehler des Mittels μ_x kann man nun auch durch

$$\mu_x = \sqrt{\frac{\sum p_i \lambda_i^2}{(n-1)\sum p_i}}$$

ausdrücken. Die beiden Formeln, die wir für μ_x erhalten haben, werden im allgemeinen nicht zu ganz übereinstimmenden Ergebnissen führen, weil die erste mit den mittleren Fehlern, die zweite mit den wirklichen Abweichungen der Beobachtungen rechnet.

Markoff hat durch einen eleganten Beweis gezeigt, daß das gewogene arithmetische Mittel auch ohne Bezugnahme auf ein bestimmtes Fehlergesetz eine gute Annäherung an die wahre Größe X liefert. (Siehe Kapitel V, Abschnitt 5 "Vorbereitender Satz Markoff").

5. Kurzgefaßte Anleitung zur praktischen Rechnung

Bei n Beobachtungen gleicher Genauigkeit erhält man das vorteilhafteste

$$x = \frac{1}{n} \sum_{i=1}^{n} \ell_i$$

daraus die scheinbaren Abweichungen $\lambda_i = x - \ell_i$

deren richtige Berechnung durch die Beziehung $\sum_{i=1}^{n} \lambda_i = 0$

kontrolliert werden kann; weiters den mittleren Fehler $\mu = \sqrt{\dfrac{\sum_{i=1}^{n} \lambda_i^2}{n-1}}$

und hieraus den mittleren Fehler des arithmetischen Mittels $\mu_x = \dfrac{\mu}{\sqrt{n}}$

Das Ergebnis der Ausgleichung stellt man gewöhnlich durch den Ausdruck $x \pm \mu_x$

dar. Die Summe $\displaystyle\sum_{i=1}^{n} \lambda_i^2$

rechnet man aus den einzelnen λ_i mittels Tafeln für Quadrate. Man kann sie zur Kontrolle auch aus den ℓ_i auf Grund der Beziehung

$$\sum \lambda_i^2 = \sum \ell_i^2 - \frac{1}{n} \left(\sum \ell_i \right)^2 \quad \text{gewinnen.}$$

Bei n Beobachtungen ungleicher Genauigkeit, wenn außer den ℓ_i auch die zugehörigen Wahrscheinlichkeitsgewichte p_i gegeben sind, erhält man

$$x = \frac{\sum_{i=1}^{n} p_i \ell_i}{\sum_{i=1}^{n} p_i} \quad \text{und daraus die} \quad \lambda_i = x - \ell_i$$

wofür es die Kontrolle $\displaystyle\sum_{i=1}^{n} p_i \lambda_i = 0$

ergibt, für den mittleren Fehler hat man $\mu = \sqrt{\dfrac{\sum\limits_{i=1}^{n} p_i \lambda_i^2}{n-1}}$

und für den mittleren Fehler des gewogenen arithmetischen Mittels $\mu_x = \dfrac{\mu}{\sqrt{\sum\limits_{i=1}^{n} p_i}}$

Das Ergebnis wird wieder in der üblichen Form $x = \overset{-}{+} \mu_x$ angegeben.

Wenn nicht die Wahrscheinlichkeitsgewichte, sondern die mittleren Fehler μ_i der ℓ_i gegeben sind; so muß man zuerst die Gewichte berechnen. Man wählt für die p_i in passender Weise Zahlen, die den Brüchen $1/\mu_i^2$ proportional sind, entweder so, daß die p_i ganze Zahlen sind, oder so, daß $\sum p_i = 1$ wird. Die Summe

$$\sum p_i \lambda_i^2$$

kann ausser aus den λ_i auch aus den ℓ_i gewonnen werden, und zwar nach der

Formel $\sum p_i \lambda_i^2 = \sum p_i \ell_i^2 - \dfrac{\left(\sum p_i \ell_i\right)^2}{\sum p_i}$

In diesen Anweisungen ist nur auf die Genauigkeitsbestimmung, durch den m i t t - l e r e n Fehler Bedacht genommen; will man andere Genauigkeitsmaße erhalten, so verwendet man die schon früher angegebenen Beziehungen zwischen den Genauigkeitsmaßen oder die Formeln, welche direkt zu diesen führen.

Z a h l e n b e i s p i e l e :

Wir verwenden zunächst die Zahlen, die aus einem Seminarexperiment Prof. Dr. E. C z u b e r s (1900) gewonnen wurden, weil hierbei auch die w a h r e n Fehler feststellbar waren. Aus einer Urne, die 6 von 1 bis 6 benummerte sonst gleiche Kugeln enthielt, wurde 1 Kugel gezogen, die Nummer notiert und die Kugel wieder in die Urne zurückgelegt, darauf deren Inhalt durchgerüttelt. Es erfolgte eine Serie von 100 solchen Ziehungen und das Experiment wurde 37mal wiederholt. Das Ziehen einer Kugel mit ungerader Nummer betrachtete man als das Ergebnis E, dessen relative Häufigkeit in einer Serie man als ℓ_i ansah. Die Betrachtung ergab

$$\sum_{1}^{37} \ell_i = 18{,}54$$

woraus man $x = \dfrac{18{,}54}{37} = 0,501$ rechnete. Wäre der Inhalt der Urne unbekannt gewesen, so hätte man diesen Wert von x als den vorteilhaftesten ansehen können, der wahre Wert ist selbstverständlich $x = 0,5$. Von den scheinbaren Fehlern waren 21 positiv und 16 negativ (gegenüber der a priori wahrscheinlichsten Verteilung 19 zu 18 oder 18 zu 19); ihre Summe war 0,003 anstatt 0, was aber lediglich von der Abkürzung des Wertes x herrührte. Die Summe der wahren Fehler ε_i

ergab - 0, 04. Die Genauigkeit der Beobachtungen konnte man als gleich ansehen, weil in jeder Serie gleich viel Ziehungen waren. Die Summe der scheinbaren Fehlerquadrate war $\sum\limits_{1}^{37} \lambda_i^2 = 0{,}067757$, die der wahren Fehlerquadrate

$$\sum_{1}^{37} \varepsilon_i^2 = 0{,}0678,$$ die Summe der absolut genommenen scheinbaren Fehler

$$\sum_{1}^{37} |\lambda_i| = 1{,}305$$ und die Summe der absolut genommenen wahren Fehler

$$\sum_{1}^{37} |\varepsilon_i| = 1{,}30.$$

Für den mittleren Fehler einer Beobachtung (Serie von 100 Ziehungen) ergaben die beiden Bestimmungsarten

$$\mu = \sqrt{\frac{0{,}067757}{36}} = 0{,}0434 \quad \text{und} \quad \mu = \sqrt{\frac{0{,}0678}{37}} = 0{,}0428;$$

daraus das Präzisionsmaß $\quad h = \dfrac{1}{0{,}0434\sqrt{2}} = 16{,}32$ und

$$h = \frac{1}{0{,}0428\sqrt{2}} = 16{,}53;$$

für den Durchschnittsfehler $\quad \vartheta = \dfrac{1{,}305}{36{,}37} = 0{,}0358$ und

$$\vartheta = \frac{1{,}30}{37} = 0{,}0351$$

aus diesen für das Präzisionsmaß $\quad h = \dfrac{1}{0{,}0358\sqrt{\pi}} = 15{,}75$ und

$$h = \frac{1}{0{,}0351\sqrt{\pi}} = 16{,}05.$$

Diesen aus den beobachteten Abweichungen berechneten Werten des Präzisions-maßes steht der theoretisch a priori bestehende Wert

$$h = \sqrt{\frac{100}{2 \cdot \frac{1}{2} \cdot \frac{1}{2}}} = 14{,}14 \quad \text{gegenüber.}$$

Aus dem ersten Wert von μ errechnete sich der w a h r s c h e i n l i c h s t e Fehler mit $r = 0{,}4769 \cdot 0{,}0434 \cdot \sqrt{2} = 0{,}0292;$
durch Abzählung an den in steigender Größe geordneten λ_i bzw. ε_i erhielt man $r = 0{,}031$, bzw. $0{,}03$. Der mittlere Fehler des arithmetischen Mittels aus dem ersten Wert von μ ergab

$$\mu_x = \frac{0{,}0434}{\sqrt{37}} = 0{,}0072;$$

somit war der wahre Wert X innerhalb der Grenzen $0,501 \overset{-}{\underset{+}{}} 0,007$ zu erwarten, tatsächlich war er selbstverständlich $0,5$.

Die beobachtete Verteilung der λ_i nach ihrer absoluten Größe, verglichen mit der, die man aus dem Fehlergesetz nach Gauss

$$y = \frac{16,32}{\sqrt{\pi}}\, e^{-16,32^2 \lambda^2}$$

errechnet, ist in der folgenden Tabelle angegeben.

λ zwischen	beobachtet	berechnet
0,000 und 0,020	14	13,2
" " 0,040	22	23,8
" " 0,060	31	30,8
" " 0,080	36	34,3
" " 0,100	37	36,2

Man kann also sagen, daß das Experiment, obwohl die Beobachtungsreihen nur von mäßigem Umfang waren, das Ergebnis der theoretischen Rechnung in befriedigter Weise bestätigt hat.

Als zweite Variante wurde bei dem Experiment als Ereignis E das Erscheinen der Nummer 1 betrachtet. Aus theoretischen Überlegungen ist hier eine größere Genauigkeit zu erwarten, denn der wahre Wert X der Wahrscheinlichkeit E ist a priori $1/6$ und gibt mit der entgegengesetzten Wahrscheinlichkeit $5/6$ ein kleineres Produkt als $\frac{1}{2} \cdot \frac{1}{2} = \frac{1}{4}$ bei der ersten Variante; daraus entspringt eine größere Präzision. Man erhielt

$$\sum \ell_i = 6,11 \; ; \; \sum \lambda_i = 0,0013 \; ; \; \sum \lambda_i^2 = 0,037524 \text{ und } \sum |\lambda_i| = 0,9151$$

Daraus berechnet man $\quad x = \dfrac{6,11}{37} = 0,1651$ (wahrer Wert $0,16$);

$$\mu = \sqrt{\frac{0,037524}{36}} = 0,0323 \quad \text{und} \quad h = \frac{1}{0,0323\,\sqrt{2}} = 21,46 \quad \text{gegen}$$

$$\sqrt{\frac{100}{2 \cdot \frac{1}{6} \cdot \frac{5}{6}}} = 18,97 \quad \text{nach der theoretischen Formel; der Durchschnittsfehler}$$

ergab sich mit $\quad \vartheta = \dfrac{0,95\,151}{\sqrt{37 \cdot 36}} = 0,0251$

und das Verhältnis des mittleren zum Durchschnittsfehler mit $\dfrac{\mu}{\vartheta} = 1,287$

gegen den theoretischen Wert $\dfrac{\sqrt{\pi}}{2} = 1,236$.

Der mittlere Fehler des arithmetischen Mittels war $\mu_x = \dfrac{0,0323}{\sqrt{37}} = 0,0053$

und daher $X = 0,1651 \mp 0,0053$.

Die beobachtete und die theoretisch berechnete Verteilung waren nun

λ zwischen	beobachtet	theoretisch berechnet
0,00 bis 0,01	9	8,7
" " 0,02	19	16,9
" " 0,03	27	23,5
" " 0,04	30	28,6
" " 0,05	32	32,2
" " 0,08	36	36,4

Theoretisch hätte die Genauigkeit der Beobachtung bei dieser zweiten Variante

$$\frac{1}{2} \cdot \sqrt{\frac{36}{5}} = 1,341$$

mal größer sein sollen als bei der ersten Variante; beurteilt nach den λ_i in beiden Varianten war sie $\dfrac{21,46}{16,32} = 1,315$ mal größer.

Nun ein Zahlenbeispiel aus astronomischen Beobachtungen. Die Polhöhe des Observatoriums auf dem Tafelberg bei Kapstadt wurde in den Jahren 1892 bis 1894 wiederholt gemessen. Man erhielt 15 Werte gleicher Genauigkeit, die in der folgenden Tabelle zusammengestellt sind.

	ℓ	λ	λ^2
$- 33^o\ 56$	3",48	- 0,22	0,0484
" "	3",50	- 0,24	0,0576
" "	3",50	- 0,24	0,0576
" "	3",32	- 0,06	0,0036
" "	3",09	+ 0,17	0,0289
" "	3",98	+ 0,28	0,0784
" "	3",07	+ 0,19	0,0361
" "	3",28	- 0,02	0,0004
" "	3",27	- 0,01	0,0001
" "	3",20	+ 0,06	0,0036
" "	3",30	- 0,04	0,0016
" "	3",25	+ 0,01	0,0001
" "	3",11	+ 0,15	0,0225
" "	3",30	$\mp$ 0,04	0,0016
" "	3",27	- 0,01	0,0001
	48",92	+ 0,86	0.3406
		- 0,88	
		- 0,02	

Daraus erhielt man, wenn man nur die Sekunden mit x bezeichnet, als arithmetisches Mittel der l den Wert $x = \dfrac{48'',92}{15} = 3''26$,

für den mittleren scheinbaren Fehler $\mu = \sqrt{\dfrac{0,3406}{14}} = 0'',16$,

für den Durchschnittsfehler $\vartheta = \dfrac{86+88}{15} = 0'',116$,

für den mittleren Fehler des arithmetischen Mittels $\mu_x = \dfrac{0,16}{\sqrt{15}} = 0'',04$

und als Ergebnis der Ausgleichung die Polhöhe $-33^{\circ}\ 56'\ 3'',26\ \mp\ 0'',04$.

Die relative Häufigkeit der Beobachtungen innerhalb dieser Grenzen ist 1/3, die zwischen den Grenzen $\mp\,0'',04$ und $\mp\,0'',08$ ist $\dfrac{2}{15}$, zwischen $\mp\,0'',08$ und $\mp\,0'',12$ ist sie 0, zwischen $\mp\,0'',12$ und $\mp\,0''16$ ist sie $\dfrac{1}{15}$, desgl. zwischen $\mp\,0'',16$ und $\mp\,0''20$, zwischen $\mp\,0''20$ und $\mp\,0''24$ ist sie anormal $\dfrac{1}{5}$ und im nächsten Intervall wieder $\dfrac{1}{15}$. Die Verdichtung um das arithmetische Mittel liegt vor, so daß man auf Zufälligkeit der Abweichungen schließen kann.

6. Die Genauigkeit von Funktionen direkt beobachteter Größen bei ungleicher Genauigkeit

Es sei $F(X_1, X_2, \ldots, X_n)$ eine beliebige nach der Taylor'schen Reihe entwickelbare Funktion der unabhängigen Größen X_i; für diese seien durch direkte Beobachtung die vorteilhaftesten Werte x_i mit den zugehörigen mittleren Fehlern μ_i ermittelt worden. Es sind der vorteilhafteste Wert f von F und seine Genauigkeit zu ermitteln.

Der erste Teil der Aufgabe ist unmittelbar gelöst, denn die vorteilhafteste Bestimmung f von F ergibt sich bei den vorteilhaftesten Werten x_i, so daß

$$f = F(x_1, x_2, \ldots, x_n) \qquad \ldots\ldots\ 1)$$

ist. Für die Lösung des zweiten Teils der Aufgabe ist das Gesetz für eine lineare Funktion unabhängiger Beobachtungsfehler in Anwendung zu bringen, wenn die wahren Fehler ε_i der Beobachtungen x_i klein sind, denn dann kann man bei der Entwicklung von F nach der Taylor'schen Reihe die Glieder mit den zweiten und höheren Ableitungen vernachlässigen. Man hat

$$F(x_1 + \varepsilon_1, x_2 + \varepsilon_2, \ldots, x_n + \varepsilon_n) = f + \sum_{i=1}^{n} \frac{\partial f}{\partial x_i} \varepsilon_i$$

woraus $\quad F - f = \sum_{i=1}^{n} \frac{\partial f}{\partial x_i} \varepsilon_i \quad$ folgt.

Sind die wahren Fehler ε_i den Fehlergesetzen

$$y = \frac{h_i}{\sqrt{\pi}} e^{-h_i^2 \varepsilon_i^2}$$

unterworfen, so befolgt der Fehler in der Bestimmung f von F das Gesetz

$$y = \frac{H}{\sqrt{\pi}} e^{-H^2 z^2}, \quad \text{worin} \quad \frac{1}{H^2} = \sum_{i=1}^{n} \frac{1}{h_i^2} \left(\frac{\partial f}{\partial x_i} \right)^2 \quad \text{ist.}$$

Nun ist aber $\quad \dfrac{1}{2 h_i^2} = \mu_i^2$

das Quadrat des mittleren Fehlers von x_i, $\quad \dfrac{1}{2 H^2} = \mu_f^2$

das Quadrat des mittleren Fehlers bei der Bestimmung f von F ; die obige Gleichung führt also zu

$$\mu_f = \sum_{i=1}^{n} \left(\frac{\partial f}{\partial x_i} \right)^2 \mu_i^2 \qquad \ldots\ldots\ldots \; 2)$$

Damit ist die allgemeine Lösung des zweiten Teils der gestellten Aufgabe gefunden, das Gesetz, nach dem sich die Unsicherheit in den Bestimmungen der Rechenelemente x_i auf das aus ihnen abgeleitete Ergebnis f überträgt.

Liegt für jede der Größen X_i nur eine Messung ℓ_i vor, so sind die $x_i = \ell_i$ zu setzen und es bedeutet dann μ_i den mittleren Fehler der Messung ℓ_i. Ist insbesondere $F = \sum X_i$, so ist $f = \sum x_i$ und μ_f nimmt, weil jeder partielle Differentialquotient 1 ist, den Ausdruck

$$\mu_f = \sqrt{\sum_{i=1}^{n} \mu_i^2} \qquad \ldots\ldots \; 3)$$

an, eine Formel, die auch dann zur Anwendung kommt, wenn mehrere unabhängige Fehlerquellen, die einzeln durch die mittleren Fehler μ_i charakterisiert sind, sich zu einer Gesamtfehlerwirkung vereinigen. (Siehe Ableitung des Fehlergesetzes nach C r o f t o n).

Sind alle x_i mit gleicher Genauigkeit bestimmt, so daß $h_1 = h_2 = \ldots = h_n$ und $\mu_1 = \mu_2 = \ldots = \mu_n = \mu$ sind, so gilt für den letzten Fall die Formel $\mu_f = \mu \sqrt{n}$
Es wächst also der mittlere Fehler der Summe gleich genau bestimmter Summanden proportional zur Quadratwurzel ihrer Anzahl!

Ist hingegen $F = C X$, worin C einen invarianten Faktor bedeutet, und ist x die

Bestimmung von X, μ ihr mittlerer Fehler, so hat man $f = CX$ und $\mu_f = C\mu$. <u>Der mittlere Fehler eines Vielfachen wächst proportional mit der Zahl der Vervielfachung</u>!

7. Vorteilhafteste Kombinationen der Beobachtungen nach dem Prinzip der kleinsten Fehlerriske - Verallgemeinerung der Methode der kleinsten Quadrate (nach Helmert) -

Eine der unmittelbaren Messung zugängliche Größe V stehe mit den Unbekannten $X, Y, Z, \ldots$, deren Zahl m sei, in der linearen Beziehung

$$V = aX + bY + cZ + \ldots$$

Zu jeder Messung $l_i \; (i = 1 \text{ bis } n)$ gehöre ein System von Werten der Invarianten, z. B. zu l_i die Werte $a_i, b_i, c_i, \ldots$, die entweder a priori bekannt sind oder durch Beobachtung festgestellt und in diesem Fall als frei von Fehlern angesehen werden. Ist ε_i der wahre Fehler von l_i, so führt diese Beobachtung zur Gleichung

$$l_i + \varepsilon_i = a_i X + b_i Y + c_i Z + \ldots \qquad 1)$$

Werden n voneinander unabhängige Beobachtungen gemacht, so ergibt sich ein System von n Gleichungen der Art der Formel 1. Wäre $n = m$ und setze man die unbekannten wahren Fehler ε_i sämtlich gleich Null, so ergäbe sich ein zur Bestimmung der Größen $X, Y, Z, \ldots$ gerade ausreichendes System von Gleichungen. Die so erhaltenen Werte wären jedoch nicht die wahren und man hätte auch kein Mittel, ihre Genauigkeit zu beurteilen. Ist jedoch $n > m$, dann eröffnet sich die Möglichkeit einer mehrfachen Bestimmung der Unbekannten, indem man die verschiedenen möglichen Kombinationen von m Gleichungen aus deren Gesamtmenge n bildet. Die Zahl s dieser Kombinationen ist bekanntlich

$$s = K_n^m = \frac{n!}{(n-m)! \, m!}$$

Jedes dieser Systeme von m Gleichungen kann man nach den Unbekannten auflösen und erhält dadurch für jede Unbekannte s verschiedene Werte und die Abweichungen rühren von der Fehlerhaftigkeit der Messungen l_i bis l_n her. Es entsteht die Aufgabe, aus dem ganzen überzähligen System von n Gleichungen jene m Gleichungen zu kombinieren, die als einzige Lösung die vorteilhaftesten Größen $x, y, z, \ldots$ ergeben. Als vorteilhafteste Größen werden wir diejenigen bezeichnen, die zum Wertesystem mit der <u>kleinsten Fehlerriske</u> gehören.

Die zur Bestimmung dieses Wertesystems nötigen Gleichungen sind aus den Bedingungen der kleinsten Fehlerriske abzuleiten. Die Abweichungen von den vorteilhaftesten Größen bezeichnen wir wieder mit $\lambda_i \; (i = 1 \text{ bis } n)$ und haben dann ein zu 1 analoges Gleichungssystem

$$l_i + \lambda_i = a_i x + b_i y + c_i z + \ldots \qquad 2)$$

Das System 2 muß widerspruchslos in dem Sinne sein, daß sich aus jeder beliebigen Kombination von m aus den n Gleichungen 2 dieselben Werte $x, y, z, \ldots$ ergeben. Im Folgenden wollen wir uns auf $n = 3$ beschränken, weil die Verallgemeinerung auf ein beliebiges großes n ohne Schwierigkeit ist.

Denkt man sich jede der Gleichungen 1 mit einem zunächst unbestimmten Faktor α_i multipliziert und sodann alle addiert, so erhält man

$$\sum \alpha_i l_i + \sum \alpha_i \varepsilon_i = X \sum a_i \alpha_i + Y \sum b_i \alpha_i + Z \sum c_i \alpha_i$$

Unterwirft man nun die Faktoren α_i den Bedingungen

$$\sum a_i \alpha_i = 1; \qquad \sum b_i \alpha_i = 0 \quad \text{und} \quad \sum c_i \alpha_i = 0,$$

so vereinfacht sich die vorstehende Gleichung auf

$$X = \sum \alpha_i l_i + \sum \alpha_i \varepsilon_i \qquad \ldots\ldots\ldots \; 3)$$

Die Anwendung eines zweiten Faktorensystems β_i und eines dritten γ_i unter den Bedingungen

$$\sum b_i \beta_i = 1 \;, \quad \sum a_i \beta_i = \sum c_i \beta_i = 0 \quad \text{bzw.}$$

$$\sum c_i \gamma_i = 1 \;, \quad \sum a_i \gamma_i = \sum b_i \gamma_i = 0$$

führt in analoger Weise zu den Gleichungen

$$\left. \begin{aligned} Y &= \sum \beta_i l_i + \sum \beta_i \varepsilon_i \\ Z &= \sum \gamma_i l_i + \sum \gamma_i \varepsilon_i \end{aligned} \right\} \qquad \ldots\ldots\ldots \; 3a)$$

Wird dasselbe Verfahren mit dem Gleichungssystem 2 vorgenommen, so erhält man analog

$$\left. \begin{aligned} x &= \sum \alpha_i l_i + \sum \alpha_i \lambda_i \\ y &= \sum \beta_i l_i + \sum \beta_i \lambda_i \\ z &= \sum \gamma_i l_i + \sum \gamma_i \lambda_i \end{aligned} \right\} \qquad \ldots\ldots \; 4)$$

Wir setzen zur Abkürzung der Schreibweise

$$A = \sum \alpha_i \lambda_i \;, \quad B = \sum \beta_i \lambda_i \;, \quad C = \sum \gamma_i \lambda_i$$

und subtrahieren die entsprechenden Gleichungen 4 von 3; das führt zu

$$\left. \begin{aligned} X - x &= \sum \alpha_i \varepsilon_i - A \\ Y - y &= \sum \beta_i \varepsilon_i - B \\ Z - z &= \sum \gamma_i \varepsilon_i - C \end{aligned} \right\} \qquad \ldots\ldots\ldots \; 5)$$

Der Fehler in der Bestimmung von x erscheint sonach als eine lineare Funktion der Abweichungen λ_i . Sind die Messungen der ℓ_i gleich genau mit der Präzision h gewesen und befolgen die wahren Fehler ε_i das Gesetz von <u>Gauss,</u> womit sogleich angenommen werden kann, daß es sich um rein zufällige Fehler handelt, so ist $-A$ der arithmetische Mittelwert von $X - x$, daher ist das Gesetz des Fehlers bei der Bestimmung von x durch die Gleichung

$$\varphi(x) = \frac{H}{\sqrt{\pi}} e^{-H^2(\varepsilon - A)^2} \qquad \text{gegeben, worin } H = \frac{h}{\sqrt{\sum \alpha_i^2}} \text{ ist.}$$

Soll die Fehlerriske dieser Bestimmung ein Minimum sein, so ist nach der allgemeinen Regel für Fehlerrisken nötig, daß $A = 0$ und $\sum \alpha_i^2$ ein Minimum wird.

Dazu kommen die ursprünglich aufgestellten für die Summen der Produkte $a\alpha$ usw. Die Durchführung dieses relativen Minimums läuft darauf hinaus, das absolute Minimum der mit den unbestimmten Faktoren Q_{11}, Q_{12}, Q_{13} gebildeten Funktion

$$\sum a_i \alpha_i - 2Q_{11}\left(\sum a_i \alpha_i - 1\right) - 2Q_{12} \sum b_i \alpha_i - 2Q_{13} \sum c_i \alpha_i$$

zu bestimmen; dies aber erfordert, daß alle pertiellen Ableitungen nach den α_i verschwinden. Das führt zur Gleichung

$$\alpha_i = a_i Q_{11} + b_i Q_{12} + c_i Q_{13} \quad \cdots\cdots\cdots\cdots \text{6)}$$

Führt man diese Werte der α_i in die Bedingungsgleichungen für $\sum a\alpha$, $\sum b\alpha$ und $\sum c\alpha$ ein, so erhält man zur Bestimmung der Faktoren Q_{11} , Q_{12} und Q_{13} das Gleichungssystem

$$\left.\begin{aligned}
Q_{11} \sum a^2 + Q_{12} \sum ab + Q_{13} \sum ac &= 1 \\[6pt]
Q_{11} \sum ba + Q_{12} \sum b^2 + Q_{13} \sum bc &= 0 \\[6pt]
Q_{11} \sum ca + Q_{12} \sum cb + Q_{13} \sum c^2 &= 0
\end{aligned}\right\} \quad \cdots\cdots\cdots \text{7)}$$

Die Summen in diesen Gleichungen gehen selbstverständlich von $i = 1$ bis n. Wären Q_{11}, Q_{12} und Q_{13} berechnet, so ergäbe die Einführung ihrer Werte in das Gleichungssystem 6 die Möglichkeit, aus demselben die α_i zu rechnen, die zum vorteilhaftesten Wert x führen. Es läßt sich jedoch ein anderer zweckmäßigerer Weg einschlagen. Vorher sei jedoch bemerkt: <u>Multipliziert man die Gleichungen 6 der Reihe nach mit</u> α_i, β_i <u>und</u> γ_i <u>und bildet jedesmal die Summe für alle</u> i unter Beachtung, daß

$$\sum a\alpha = 1, \quad \sum b\alpha = \sum c\alpha = 0$$

sind, so kommt man zum Ergebnis, daß

$$Q_{11} = \sum \alpha_i^2 \, , \quad Q_{12} = \sum \alpha_i \beta_i \quad \underline{\text{und}} \quad Q_{13} = \sum \alpha_i \gamma_i$$

sind. Wird die Rechnung in der gleichen Weise für die Unbekannten Y und Z durchgeführt, so ergeben sich als Bedingungen der kleinsten Fehlerriske $B = 0$ und

$\sum \beta_i^2 = \text{Min!}$, bzw. $C = 0$ und $\sum \gamma_i^2 = \text{Min!}$, daraus die Bestimmungen

$$\left.\begin{aligned} \beta_i &= a_i\, Q_{21} + b_i\, Q_{22} + c_i\, Q_{23} \\[2mm] \gamma_i &= a_i\, Q_{31} + b_i\, Q_{32} + c_i\, Q_{33} \end{aligned}\right\} \quad \ldots\ldots\ldots \; 6a)$$

Die Faktoren Q wären aus den beiden Gleichungssystemen

$$\left.\begin{aligned} Q_{21} \sum a^2 + Q_{22} \sum ab + Q_{23} \sum ac &= 0 \\[2mm] Q_{21} \sum ba + Q_{22} \sum b^2 + Q_{23} \sum bc &= 1 \\[2mm] Q_{21} \sum ca + Q_{22} \sum cb + Q_{23} \sum c^2 &= 0 \\[2mm] Q_{31} \sum a^2 + Q_{32} \sum ab + Q_{33} \sum ac &= 0 \\[2mm] Q_{31} \sum ba + Q_{32} \sum b^2 + Q_{33} \sum bc &= 0 \\[2mm] Q_{31} \sum ca + Q_{32} \sum cb + Q_{33} \sum c^2 &= 1 \end{aligned}\right\} \quad \ldots\ldots 7a)$$

zu berechnen.

Weiters ergeben sich

$$Q_{21} = \sum \alpha \beta_i \, ; \quad Q_{22} = \sum \beta^2 \, ; \quad Q_{23} = \sum \beta \gamma$$

$$Q_{31} = \sum \alpha \gamma_i \, ; \quad Q_{32} = \sum \beta \gamma_i \, ; \quad Q_{33} \sum \gamma^2$$

Ein Überblick der Gleichungen zeigt ohne weiteres, daß $Q_{12} = Q_{21}$, $Q_{13} = Q_{31}$ und $Q_{23} = Q_{32}$ sein müssen. Die Gleichungen $A = B = C = 0$

bzw. $\sum \alpha \lambda = \sum \beta \lambda = \sum \gamma \lambda = 0$

die mit zu den Bedingungen der kleinsten Fehlerriske gehören, haben drei andere Gleichungen zur Folge, die man in folgender Weise erhält: Multipliziert man die Gleichungen 6 und 6a mit den entsprechenden λ_i und bildet die Summen für alle i, so entsteht mit Rücksicht auf die obigen Minimumsbedingungen das Gleichungs-system

$$\left.\begin{aligned} Q_{11} \sum a\lambda + Q_{12} \sum b\lambda + Q_{13} \sum c\lambda &= 0 \\[2mm] Q_{21} \sum a\lambda + Q_{22} \sum b\lambda + Q_{23} \sum c\lambda &= 0 \\[2mm] Q_{31} \sum a\lambda + Q_{32} \sum b\lambda + Q_{33} \sum c\lambda &= 0 \end{aligned}\right\} \quad \ldots\ldots 8)$$

Die Determinante aus den Koeffizienten Q_{11} bis Q_{33} kann nicht verschwinden, weil dies den ersten Gleichungen der Systeme 7 und 7a widerspräche, in denen doch $\sum a^2$, $\sum ab$ und $\sum ac$ von vornherein bestimmte Größen sind. Daher folgt aus dem Gleichungssystem 8, daß

$$\sum a\lambda = \sum b\lambda = \sum c\lambda = 0 \qquad \dots\dots 9)$$

sein müssen. Diese Gleichungen stellen aber die Bedingungen dar, unter denen $\sum \lambda^2$ unter Variation von $x, y, z \cdot$ ein Minimum wird, denn nach der Definition von λ_i sind

$$\frac{1}{2} \frac{\partial \sum \lambda_i^2}{\partial x} = \sum \lambda_i \frac{\partial \lambda_i}{\partial x} = \sum a_i \lambda_i$$

$$\frac{1}{2} \frac{\partial \sum \lambda_i^2}{\partial y} = \sum \lambda_i \frac{\partial \lambda_i}{\partial y} = \sum b_i \lambda_i$$

$$\frac{1}{2} \frac{\partial \sum \lambda_i^2}{\partial z} = \sum \lambda_i \frac{\partial \lambda_i}{\partial z} = \sum c_i \lambda_i$$

Die vorteilhaftesten, weil mit der kleinsten Fehlerriske verbundenen Werte der Unbekannten, sind also diejenigen, bei denen die Summe der Quadrate der scheinbaren Fehler an der beobachteten Größe γ ein Kleinstwert wird.

Damit ist ausgedrückt, daß das Prinzip der Methode der kleinsten Quadrate, das für direkte Beobachtungen erwiesen wurde, auch für indirekte Beobachtungen allgemein gültig bleibt, denn die in Behandlung stehende Aufgabe umfaßt alle Probleme, die sich der Fehlerausgleichsrechnung bieten können.

Führt man in die drei Gleichungen 9 anstatt λ_i deren Wert aus ihren Definitionsgleichungen 2 ein, so erhält man schließlich das System der sogenannten Normalgleichungen:

$$\left.\begin{array}{l} x \sum a^2 + y \sum ab + z \sum ac = \sum a\ell \\[1mm] x \sum ba + y \sum b^2 + z \sum bc = \sum b\ell \\[1mm] x \sum ca + y \sum cb + z \sum c^2 = \sum c\ell \end{array}\right\} \qquad \dots\dots 10)$$

Durch diese sind die vorteilhaftesten Werte x, y, z eindeutig bestimmt, insofern die Determinante der Summenausdrücke nicht verschwindet.

8. Die Mittelwerte der Unbekannten (49)

Jede Hypothese, die man bezüglich der Unbekannten X, Y, Z aufstellt, führt zu
einem Fehlersystem. Die Hypothese, daß die Werte von X, Y, Z in den Interval-
len ξ bis $\xi + d\xi$, bzw. η bis $\eta + d\eta$, bzw. ζ bis $d\zeta$ liegen, ergibt ein Fehlersystem zwischen den Grenzen

$$\delta_i = -\ell_i + a_i\,\xi + b_i\,\eta + c_i\,\zeta \quad \text{und} \quad \delta_i + d\,\delta_i,$$

die entsprechende Wahrscheinlichkeit sei a priori

$$w(\xi, \eta, \zeta)\,d\xi\,d\eta\,d\zeta.$$

Setzt man von den δ_i voraus, daß sie dem Gesetz von <u>Gauss</u> unterliegen, so erhalten wir für die Wahrscheinlichkeit a posteriori nach dem Satz von <u>Bayes</u> den
Ausdruck

$$\frac{w(\xi, \eta, \zeta)\, e^{-h^2 \sum \delta^2}\, d\xi\,d\eta\,d\zeta}{\int w(\xi, \eta, \zeta)\, e^{-h^2 \sum \delta^2}\, d\xi\,d\eta\,d\zeta}$$

denn die δ_i sind lineare homogene Funktionen von $d\xi, d\eta$ und $d\zeta$ mit invarianten Koeffizienten a_i, b_i, c_i, ihr Produkt ist also unabhängig von ξ, η, ζ und
fällt daher aus der Rechnung heraus. Macht man in Ermangelung eines a priori bestehenden Wissens über die Funktion w, die Annahme, daß sie invariant ist, so
erhält man für den arithmetischen Mittelwert von ξ

$$\bar{\xi} = \frac{\int\int\xi\, e^{-h^2 \sum \delta^2}\, d\xi\,d\eta\,d\zeta}{\int e^{-h^2 \sum \delta^2}\, d\xi\,d\eta\,d\zeta}$$

wobei die Integrale bezüglich aller Veränderlichen von $-\infty$ bis ∞ zu erstrecken
sind.

Beachten wir, daß $\sum \delta_i^2$ eine quadratische Funktion der Größen ξ, η, ζ ist,
von der bekannt ist, daß sie bei

$$\xi = x, \quad \eta = y, \quad \zeta = z$$

ein generelles Minimum hat, somit muß sich $h^2 \sum_i \delta_i^2$
als eine Summe von der Art $\Psi_0 + \Psi$, worin Ψ_0 als Minimum invariant ist, während Ψ eine wesentlich positive Funktion der Argumente

$$\xi - x, \quad \eta - y \quad \text{und} \quad \zeta - z \quad \text{ist.}$$

Hat man zu beweisen, daß $\bar{\xi} = x$ ist, daß also die Methode der kleinsten Quad-

---

(49) Nach H. Poincaré, „Calcul des probab", 1912, S. 238.

rate zugleich die ist, die die arithmetischen Mittelwerte der Unbekannten X, Y, Z liefert, so hat man zu zeigen, daß

$$x = \frac{\int \int \xi \, e^{-\Psi} \, d\xi \, d\eta \, d\zeta}{\int e^{-\Psi} \, d\xi \, d\eta \, d\zeta}$$ also schließlich, daß

$$\int (\xi - x) \, e^{-\Psi} \, d\xi \, d\eta \, d\zeta = 0 \quad \text{ist.}$$

Dies trifft jedoch tatsächlich zu, denn $(\xi - x) \, e^{-\Psi}$

ist in Bezug auf $(\eta - y)$ und $(\zeta - z)$ eine gerade, in Bezug auf $(\xi - x)$ aber eine ungerade Funktion und sie muß deshalb bei Integration aller drei Argumente von $-\infty$ bis ∞ verschwinden. Dies ergibt den Satz:

Befolgen die hypothetischen Fehler das Gesetz von Gauss, so führt die Methode der kleinsten Quadrate zu den arithmetischen Mittelwerten der Unbekannten auch bei indirekten Beobachtungen.

9. Bestimmung des mittleren Fehlers einer Beobachtung aus den scheinbaren Fehlern (50)

Hat man die obige Aufgabe gelöst und auch die Wahrscheinlichkeitsgewichte berechnet, so sind nach unseren Ausführungen auch deren mittlere Fehler bestimmbar. Gehen wir wieder von den Definitionsgleichungen für die wahren und scheinbaren Fehler aus:

$$\ell_i + \varepsilon_i = a_i X + b_i Y + c_i Z$$

$$\ell_i + \lambda_i = a_i x + b_i y + c_i z$$

Durch Subtraktion erhält man daraus

$$\lambda_i = \varepsilon_i - a_i (X - x) - b_i (Y - y) - c_i (Z - z)$$

Bei der vorteilhaftesten Kombination der Streuwerte der Unbekannten müssen $A = B = C = 0$ sein, so daß die Differenzen

$$X - x = \sum \alpha \varepsilon \quad , \quad Y - y = \sum \beta \varepsilon \quad \text{und} \quad Z - z = \sum \gamma \varepsilon$$

werden, weshalb man auch

$$\lambda_i = \varepsilon_i - a_i \sum \alpha \varepsilon - b_i \sum \beta \varepsilon - c_i \sum \gamma \varepsilon$$

schreiben kann. Daraus ersieht man, daß der scheinbare Fehler λ_i homogene lineare Funktion der wahren Fehler ist. Multipliziert man die letzte Gleichung mit

(50) Nach G a u s s , „Theorie combinat." Art. 38.

ε_i und bildet die Summe für alle ι von 1 bis n , so entsteht die Beziehung

$$\sum \varepsilon\lambda = \sum \varepsilon^2 - \sum a\varepsilon \sum \alpha\varepsilon - \sum b\varepsilon \sum \beta\varepsilon - \sum c\varepsilon \sum \gamma\varepsilon$$

Multipliziert man anstatt mit ε_i mit λ_i und bildet wieder die Summe, so kommt man, weil die Summen

$$\sum a\lambda = \sum b\lambda = \sum c\lambda = 0 \text{ sein müssen, zur Gleichung } \sum \lambda^2 = \sum \lambda\varepsilon$$

und aus beiden Gleichungen erhält man für $\sum \lambda^2$ die homogene quadratische Funktion:

$$\sum \lambda^2 = \sum \varepsilon^{-2} - \sum a\varepsilon \sum \alpha\varepsilon - \sum b\varepsilon \sum \beta\varepsilon - \sum c\varepsilon \sum \gamma\varepsilon$$

Nach Entwicklung der Summen hat man

$$
\begin{aligned}
\sum \lambda^2 = \sum \varepsilon^2 \;&- \varepsilon_1^{\,2}\,(a_1\alpha_1 + b_1\beta_1 + c_1\gamma_1) \\
&- \varepsilon_2^{\,2}\,(a_2\alpha_2 + b_2\beta_2 + c_2\gamma_2) \\
&\cdots\cdots\cdots\cdots\cdots \\
&- \varepsilon_n^{\,2}\,(a_n\alpha_n + b_n\beta_n + c_n\gamma_n) \\
&- \varepsilon_1\varepsilon_2\,(a_1\alpha_2 + a_2\alpha_1 + b_1\beta_2 + b_2\beta_1 + c_1\gamma_2 + c_2\gamma_1) \\
&- \varepsilon_1\varepsilon_3\,(a_1\alpha_3 + a_3\alpha_1 + b_1\beta_3 + b_3\beta_1 + c_1\gamma_3 + c_3\gamma_1) \\
&\cdots\cdots\cdots\cdots\cdots \\
&- \varepsilon_{n-1}\varepsilon_n\,(a_{n-1}\alpha_n + a_n\alpha_{n-1} + b_{n-1}\beta_n + b_n\beta_{n-1} \\
&\qquad\qquad\qquad + c_{n-1}\gamma_n + c_n\gamma_{n-1})
\end{aligned}
$$

Man ersetze nun auf der rechten Seite jedes Glied durch sein arithmetisches Mittel und betrachte den so erhaltenen Wert des rechtsseitigen Ausdrucks als gleichwertig mit $\sum \lambda^2$. Dabei ist zu beachten, daß der arithmetische Mittelwert eines jeden $\varepsilon_i^{\,2}$ gleich μ^2 ist, und der arithmetische Mittelwert jedes Produkts $\varepsilon_i\varepsilon_j = 0$ sein muß, weil eine symmetrische Fehlerfunktion vorausgesetzt ist, bei der sich positive und negative Fehler um Null herum in gleicher Häufigkeit verteilen, und weil die Fehler auch als rein zufällige, also frei von einem invarianten Anteil systematische Ursachen angenommen sind. So erhält man schließlich den Ansatz

$$
\begin{aligned}
\sum \lambda^2 &= n\mu^2 - \mu^2\,(a_1\alpha_1 + b_1\beta_1 + c_1\gamma_1) \\
&\quad - \mu^2\,(a_2\alpha_2 + b_2\beta_2 + c_2\gamma_2) \\
&\quad - \cdots\cdots\cdots\cdots \\
&\quad - \mu^2\,(a_n\alpha_n + b_n\beta_n + c_n\gamma_n) \\
&= n\mu^2 - \mu^2\,\Big(\sum a\alpha + \sum b\beta + \sum c\gamma\Big)
\end{aligned}
$$

Nach den grundlegenden Bedingungen für α, β, γ sind aber die Summen

$$\sum a\alpha = \sum b\beta = \sum c\gamma = 1$$

und daher wird

$$\sum \lambda^2 = (n-3)\mu^2 \quad \text{und} \quad \mu = \sqrt{\frac{\sum \lambda^2}{n-3}}\,.$$

Diese Formel gilt für 3 Unbekannte und wird für m Unbekannte

$$\mu = \sqrt{\frac{\sum \lambda^2}{n-m}}\,.$$

10. Vermittelnde Beobachtungen ungleicher Genauigkeit

Es kann der Fall sein, daß die Messungen l_i nicht von der gleichen Genauigkeit sind, sondern für jede ein anderes Präzisionsmaß h_i in Frage kommt. Der wahre

Fehler ε_i befolgt das Gesetz $\dfrac{h_i}{\sqrt{\pi}}\, e^{-h_i^2 \varepsilon_i^2}$

oder wenn man $h_i\,\varepsilon_i = \varepsilon_i'$ setzt das Gesetz $\dfrac{1}{\sqrt{\pi}}\, e^{-\varepsilon_i'^2} \dots \dots 1)$

Denkt man sich jede der Gleichungen

$$l_i + \varepsilon_i = a_i X + b_i Y + c_i Z$$

sowie auch die zugeordneten

$$l_i + \lambda_i = a_i x + b_i y + c_i z \quad \text{mit } h_i$$

multipliziert, so entstehen die Gleichungssysteme

$$l_i' + \varepsilon_i' = a_i' X + b_i' Y + c_i' Z \dots \dots 2)$$

und

$$l_i' + \lambda_i' = a_i' x + b_i' y + c_i' z \dots \dots 3)$$

die sich auf ein einheitliches Fehlergesetz beziehen und daher ebenso zu behandeln sind wie jene, welche für Beobachtungen gleicher Genauigkeit abgeleitet werden.

Es ist jedoch üblicher, die Genauigkeitsunterschiede nicht durch die Präzisionsmaße h_i, sondern durch die mittleren Fehler μ_i oder durch die Wahrscheinlichkeitsgewichte p_i auszudrücken. Wie wir wissen, sind die Präzisionsmaße h_i den mittleren Fehler μ umgekehrt, den Quadratwurzeln der Gewichte p_i direkt proportional. Statt also die Gleichungen auf gleiches Präzisionsmaß zu reduzieren, kann man sie auch mit $\sqrt{p_i}$ multipliziert oder durch μ_i dividiert denken. Wir wollen die Gewichte verwenden.

Befolgt der Fehler ε_i das Gesetz 1, so gilt unter Substitution

$$\varepsilon_i\,\sqrt{p_i} = \varepsilon_i' \quad \text{das Gesetz} \quad \frac{h}{\sqrt{\pi\,p_i}}\,e^{-\frac{1}{p_i}h_i^2\varepsilon_i'^2}$$

und da sich alle Gewichte auf die gleiche Gewichtseinheit beziehen müssen, so ist

$$\frac{h_i}{\sqrt{p_i}} = h$$

unabhängig von i und bezeichnet das P r ä z i s i o n s m a ß   d e r   G e w i c h t s e i n -
h e i t . Es unterliegen also bei diesem Vorgang die Gleichungen 2.) dem einheit -
lichen Gesetz

$$\frac{h}{\sqrt{\pi}}\,e^{-h^2\varepsilon_i'^2}$$

welchem die Gewichtseinheit unterworfen ist.

Wendet man nun die Normalgleichungen an und geht auf die ursprünglichen Grössen zurück, so findet man, daß

$$\sum pa\lambda = \sum pb\lambda = \sum pc\lambda = 0$$

sind und daraus die neuen Gleichungen

$$x\sum pa^2 + y\sum pab + z\sum pac = \sum pa\ell$$

$$x\sum pba + y\sum pb^2 + z\sum pbc = \sum pb\ell$$

$$x\sum pca + y\sum pcb + z\sum pc^2 = \sum pc\ell$$

sowie eine Erweiterung des Satzes von den kleinen Quadraten:

Bei ungleicher Genauigkeit der Beobachtungen erhält man die vorteilhaftesten
Werte der Unbekannten, wenn die Bedingung $\sum_{i=1}^{n} p_i\,\lambda_i^2 = \text{Min}\,!$ erfüllt ist.

Für den m i t t l e r e n   F e h l e r   d e r   G e w i c h t s e i n h e i t   erhält man aus den
auf gleiches Gewicht reduzierten λ_i' die Formel

$$\mu = \sqrt{\frac{\sum \lambda_i'^2}{n-m}} = \sqrt{\frac{\sum p_i\,\lambda_i^2}{n-m}}$$

Aus μ ergibt sich mittels des Gewichts der Unbekannten deren mittlerer Fehler nach den Formeln

$$\mu_x = \frac{\mu}{\sqrt{p_x}} = \mu\sqrt{q_{11}}; \quad \mu_y = \frac{\mu}{\sqrt{p_y}} = \sqrt{q_{22}}; \quad \mu_z = \frac{\mu}{\sqrt{p_z}} = \sqrt{q_{33}} \quad \text{usw.}$$

11. Behandlung der Aufgabe bei nichtlinearen Funktionen der Unbekannten (51)

Wenn die gemessene Größe γ eine nichtlineare, aber nach der Taylorschen Reihe entwickelbare Funktion $\gamma = F(X,Y,Z)$ der Unbekannten ist, so muss zuerst eine vorbereitende Rechnung angestellt werden, ehe man an die eigentliche Ausgleichsrechnung schreiten kann. Die wahren Fehler, bei der Messung von γ bezeichnen wir wieder mit ε_i, was uns die zweite Grundgleichung

$$l_i + \varepsilon_i = F_i(X,Y,Z)$$

liefert. Der Zeiger i soll besagen, daß die Parameter der Funktion F bei jeder Messung andere sind.

Wählt man in zweckmäßiger Weise soviel Beobachtungen aus, als es Unbekannte gibt, so genügen die Gleichungen um die Näherungswerte X_0, Y_0, Z_0 der Unbekannten zu bestimmen. Die wahren Fehler, die man dabei begeht, seien mit ξ, η, ζ bezeichnet. Nur wenn diese genügend klein sind, kann die weitere Rechnung zu einem Erfolg führen, weil man dann bei der Entwicklung der Funktion F nach der Taylorschen Reihe die Glieder mit den zweiten und höheren Potenzen der wahren Fehler, bzw. mit den Produkten derselben vernachlässigen darf. Die Entwicklung ist:

$$F_i(X,Y,Z) = F_i(X_0 + \xi, Y_0 + \eta, Z_0 + \zeta)$$

$$= F_i(X_0 Y_0 Z_0) + \frac{\partial F_i}{\partial X_0}\xi + \frac{\partial F_i}{\partial Y_0}\eta + \frac{\partial F_i}{\partial Z_0}\zeta$$

$$= l_i + \varepsilon_i \dots \dots \dots 1)$$

Setzt man hierin

$$l_i - F_i(X_0, Y_0, Z_0) = l', \quad \frac{\partial F_i}{\partial X_0} = a_i; \quad \frac{\partial F_i}{\partial Y_0} = b_i,$$

und $\quad \dfrac{\partial F_i}{\partial Z_0} = c_i$

so ist das Problem auf eine lineare Funktion zurückgeführt, wie wir sie schon behandelt haben, denn es gelten nun die Grundgleichungen

$$l_i' + \varepsilon_i = a_i\xi + b_i\eta + c_i\zeta \dots \dots \dots 2)$$

$$\text{und } l_i' + \lambda_i = a_i x + b_i y + c_i z \dots \dots \dots 3)$$

---

(51) Nach C z u b e r , „Wahrscheinlichkeitslehre".

worin x, y, z die vorteilhaftesten Korrekturen sind, die man an den Größen X_0, Y_0, Z_0 anzubringen hätte, so daß die Größen $X_0 + x, Y_0 + y, Z_0 + z$ als die vorteilhaftesten Werte der Unbekannten sind.

Aber erst der Erfolg der Rechnung kann uns davon überzeugen, daß die Voraussetzung, nach der wir die Taylorsche Reihe mit den linearen Gliedern abgebrochen haben, genügend erfüllt ist. Sollten sich für x, y, z so große Werte herausstellen, daß man gegen die Annäherung Bedenken haben müßte, dann muß man die erhaltenen Werte $X_0 + x, Y_0 + y, Z_0 + z$ wieder nur als Annäherung gelten lassen und mit ihnen die ganze Ausgleichsrechnung wiederholen. Bei dieser Wiederholung wird man in der Regel zu kleineren Abweichungen gelangen.

Die Verwendung von Näherungswerten empfiehlt sich dann, wenn von Natur aus V eine lineare Funktion der Unbekannten ist, nur hat dies dann bloß den Zweck, die Rechenoperationen zu vereinfachen. Sind nämlich die Messungsergebnisse ℓ_i mehrzifferige Zahlen, so kann durch passende Näherungswerte X_0, Y_0, Z_0 bewirkt werden, daß die reduzierten Beobachtungswerte

$$\ell_i' = \ell_i - (a_i X_0 + b_i Y_0 + c_i Z_0)$$

bequemere Zahlen werden.

Mitunter kann die Umwandlung der nichtlinearen Funktion in eine lineare auch auf anderem Wege erreicht werden, ohne daß man zu Näherungswerten zu greifen braucht, z.B. wenn $\log V$ eine lineare Funktion von X, Y, Z ist. Allgemein, wenn sich eine analytische Operation f finden läßt, durch welche die nichtlineare Funktion F in eine lineare $f(F)$ umgewandelt werden kann, so daß

$$f(V) = f\left\{ F(X, Y, Z) \right\} = K + aX + bY + cZ$$

wird. Nun muß aber beachtet werden, daß die Ausgleichung nicht an den Beobachtungen V sondern an der Funktion $f(V)$ vorgenommen wird, und dies wirkt auf die Wahrscheinlichkeitsgewichte ein. Ist ℓ_i eine Beobachtung von V und ε_i ihr wahrer Fehler, gehören ferner zu dieser Beobachtung die Werte a_i, b_i, c_i der Parameter, so kann man die Gleichung

$$f(\ell_i + \varepsilon_i) = K_i + a_i X + b_i Y + c_i Z$$

anschreiben, in der man bei sehr kleinem ε_i auch

$$f(\ell_i - \varepsilon_i) = f(\ell_i) + \frac{\partial f}{\partial \ell_i} \varepsilon_i \quad \text{einsetzen darf.}$$

Hätte man nun ℓ_i die Präzision h_i und das Wahrscheinlichkeitsgewicht p_i, so besitzt $f(\ell_i)$ die Präzision $h_i' = \dfrac{h_i}{\dfrac{\partial f}{\partial \ell_i}}$ und ein Gewicht

$$p_i' = \frac{p_i}{\left(\frac{\partial f}{\partial \ell_i}\right)^2} \quad \text{weil} \quad p_i' : p_i = \frac{h_i^2}{\left(\frac{\partial f}{\partial \ell_i}\right)^2} : h_i^2 \quad \text{sein muß.}$$

Waren die Beobachtungen ℓ_i von gleicher Genauigkeit und vom Gewicht 1, so bekommt die Gleichung $\ell_i' + \varepsilon_i' = a_i X + b_i Y + c_i Z$ unter Substitution $\frac{\partial f}{\partial \ell_i} \varepsilon_i = \varepsilon_i'$ und $K_i - f(\ell_i) = \ell_i'$ das Gewicht $p_i' = \frac{1}{\left(\frac{\partial f}{\partial \ell_i}\right)^2}$ Auch diese Methode, die nur in ganz besonderen Fällen anwendbar ist, hängt von der Voraussetzung ab, daß die Messungsfehler klein sind, so daß die höheren Glieder der Taylorschen Reihe vernachlässigt werden dürfen. Praktische Anweisungen für die Durchführung derartiger Ausgleichsrechnungen findet man bei H e l m e r t "Die Ausgleichsrechnung", 2. Auflage 1907 Leipzig, S. 131 bis 136 und 148 bis 171.

12. Die Bedeutung der Ergebnisse - Ableitung empirischer Formeln -

Bei der Ableitung von Formeln für die Behandlung indirekter (vermittelnder) Beobachtungen haben wir die Voraussetzung gemacht, daß die Parameter $a, b, c, \ldots$ der Beziehungsgleichungen zwischen den Unbekannten f e h l e r f r e i sind, abgesehen von der Annahme, daß die wahren Fehler bei Messung der Größe V dem Fehlergesetz von Gauß unterworfen sind. Von dem Zutreffen dieser Voraussetzung, bzw. vom Grad der Näherung an dieses Zutreffen hängt es ab, welche Bedeutung man den Ergebnissen zuschreiben darf. Nur wenn eine genügende Erfüllung der Voraussetzungen vorliegt, kann man sagen, daß die nach der Methode der kleinsten Quadrate gefundene vorteilhafteste Kombination der Gleichungen

$$\ell_i + \varepsilon_i = a_1 X + b_1 Y + c_1 Z \qquad \ldots\ldots\ldots\ldots\ldots\ldots 1)$$

die mit der k l e i n s t e n F e h l e r r i s k e verbundenen Werte der Unbekannten liefert; dabei verstehen wir unter Fehlerriske deren allgemeinen Begriff nach dem Ausdruck

$$R = \int \psi(\varepsilon)\, \varphi(\varepsilon)\, d\varepsilon$$

Unter minder einschränkenden Voraussetzungen, nämlich lediglich unter der Annahme, daß die wahren Fehler ε_i von invarianten (systematischen) Anteilen frei sind und einem Fehlergesetz folgen, daß eine gerade Funktion von ε ist, hat G a u ß in seiner "Theorie Combinat" die Methode der kleinsten Quadrate als diejenige lineare Kombination der Gleichungen 1 nachgewiesen, welche Werte der Unbekannten mit den k l e i n s t e n m i t t l e r e n F e h l e r n ergibt. Im Grunde

genommen ist auch dabei der Grundsatz der kleinsten Fehlerriske angewendet
worden, nur in dem besonderen Sinn, daß unter derselben die Quadratwurzel aus
dem mittleren Fehlerquadrat zu verstehen ist.

Die empirische Rechnung von Parametern kommt in der <u>mathematischen Statistik</u>
bei der Bestimmung von Korrelations- oder Kovariationsbeziehungen häufig vor.

Z a h l e n b e i s p i e l (51): Für die Bestimmung einer Invarianten (Parameter) wollen
wir ein Beispiel aus der Physik heranziehen. Es war die Invariante des sog. B a l -
m e r s c h e n G e s e t z e s zu bestimmen, welches die Wellenlängen des Lichtes in
den hellen Streifen des Wasserstoffspektrums betrifft, die gewöhnlich mit H_α, H_β,

H_{γ},... bezeichnet werden. Die Formel des Gesetzes lautet $L = \dfrac{m^2}{m^2-4} J$, worin

L die Wellenlänge, J die Invariante und m eine ganze Zahl von 3 aufwärts bedeuten. Zur Berechnung der Invariante wurden die von A m e s durchgeführten Messungen der Wellenlängen verwendet. Die Ergebnisse sind in der weiter unten stehenden Tabelle zusammengestellt (2. Kolonne). Schreibt man anstatt $\dfrac{m^2}{m^2-4}$ zur

Vereinfachung a und für den vorteilhaftesten (wahrscheinlichsten) Wert der Invariante J den Buchstaben x, so hat man die Fehlergleichungen

$$\lambda_i = a_i x - l_i$$

Es wurde aus einer der Messungen der auf ganze Einheiten abgerundete Näherungswert von J mit $x_0 = 3647$ ermittelt; die vorteilhafteste Korrektur dazu soll mit ξ
bezeichnet werden und anstatt $l - a x_0$ kurz l' geschrieben werden, was die Fehlergleichungen

$$\lambda_i = a_i \xi - l_i'$$

ergibt. Wir haben es in diesem Fall nur mit einer Normalgleichung zu tun, die

$$\xi \sum_{i=1}^{n} a^2 = \sum_{i=1}^{n} a_i l_i'$$

lautet und aus der $\xi = \dfrac{\sum a l'}{\sum a^2}$ resultiert.

Aus der folgenden Tabelle entnehmen wir $\sum a l' = 2,80$ und $\sum a^2 = 17,47$, so daß
wir $\xi = \dfrac{2,80}{17,47} = 0,16$ und $x = x_0 + \xi = 3647 + 0,16 = 3647,16$ erhalten. Somit lautet das empirisch gefundene Gesetz

$$L = 3647,16 - \frac{m^2}{m^2-4}$$

---

(52) Entnommen aus W. N e r n s t , „Theoretische Chemie", 2. Aufl. 1896, S. 195—96.

Linie	m	a	ℓ	ℓ'	a^2	$a\ell'$	$\ell - L$
H α	3	1,8000	6564,97	0,37	3,2400	0,68	0,08
β	4	1,3333	4862,93	0,39	1,7769	0,52	0,06
γ	5	1,1905	4342,00	0,25	1,4285	0,48	0,07
δ	6	1,1250	4103,11	0,33	1,2656	0,37	0,05
ε	7	1,0889	3971,40	0,18	1,1859	0,19	0,02
ζ	8	1,0667	3890,30	0,15	1,1385	0,16	0,02
η	9	1,0519	3836,80	0,34	1,1067	0,36	0,17
ϑ	10	1,0417	3799,20	0,12	1,0858	0,12	0,09
ι	11	1,0342	3771,90	0,17	1,0692	0,17	0,01
κ	12	1,0286	3751,30	0,00	1,0588	0,00	-0,01
λ	13	1,0242	3735,30	0,04	1,0486	0,04	-0,27
μ	14	1,0208	3722,80	-0,17	1,0424	-0,17	-0,23
ν	15	1,0181	3712,90	-0,11	1,0363	-0,11	-0,27

In der letzten Kolonne der Tabelle ist die Differenz zwischen dem Messungsergebnis ℓ und der nach der Formel errechneten Wellenlänge L zusammengestellt. Eine Genauigkeitsbestimmung wurde nicht vorgenommen, weil man die Übereinstimmung zwischen den Ergebnissen des Experiments und der Berechnung als befriedigend ansah.

13. Bedingte Beobachtungen

Für die Größen $X_1, X_2, \ldots, X_n$ hätte man durch Messung die Werte $\ell_1, \ell_2, \ldots, \ell_n$ erhalten. Sind die Größen **unabhängig** voneinander, so ist der Vorgang bei vermittelnder Messung anwendbar, indem man sich eine Funktion

$$V = a X_1 + b X_2 + \ldots \ldots + g X_n$$

denkt, in der man den Parameter $a = 1$ und die anderen Parameter gleich 0 setzt, so daß $V_1 = \ell_1$ der ersten Messung entspricht; dann setzt man $b = 1$ und die anderen Parameter gleich 0, so daß $V_2 = \ell_2$ der zweiten Messung entspricht, usw. bis $V_n = \ell_n$.

Man hat dann das System der scheinbaren Fehler $\lambda_i = x_i - \ell_i$, wenn x_i der vorteilhafteste Wert von X_i ist. Das daraus folgende System der Normalgleichungen würde $x_i = \ell_i$ liefern, was nur besagt, daß in diesem Falle die durch Messung direkt gewonnenen Werte der Größen X_i die vorteilhaftesten sind. Die $\sum \lambda^2$ nimmt

dabei den absoluten kleinsten Wert, nämlich 0 an. Daraus kann man aber selbstverständlich nicht den Schluß ziehen, daß die Messungen fehlerfrei waren. Wenn
man jede Größe X_i nur einmal mißt, können sich eben keine Widersprüche erge-

ben und deshalb steht kein Mittel zur Beurteilung der Genauigkeit zur Verfügung.

Anders gestaltet sich die Sache, wenn die Größen X_i nicht unabhängig von
einander sind, sondern Beziehungen zwischen denselben bestehen, die à priori
durch Gleichungen gegeben sind. Dann muß man an die vorteilhaftesten Werte x_i

die Forderung stellen, daß auch sie die Bedingungsgleichungen widerspruchslos
erfüllen. Da die Messungsergebnisse ℓ_i nicht fehlerfrei sind, werden sie ohne Kor-

rekturen λ_i im allgemeinen keine solche Erfüllung bringen und die Aufgabe be-

steht darin, ein Gleichungssystem aufzustellen, aus dem man die λ_i rechnen kann,

die die vorteilhaftesten Werte $x_i = \ell_i + \lambda_i$ herbeiführen. Es seien à priori die Be-

ziehungsgleichungen

$$f_1(X_1, X_2, \ldots, X_n) = 0 ;$$
$$f_2(X_1, X_2, \ldots, X_n) = 0 ;$$
$$\cdot \ \cdot \ \cdot \ \cdot \ \cdot \ \cdot \ \cdot \ \cdot \ \cdot \ \cdot$$
$$f_m(X_1, X_2, \ldots, X_n) = 0$$

bekannt, denen die Größen X_i unterworfen sind, wobei notwendigerweise $m < n$

sein muß. Dann ist zu fordern, daß jede der Gleichungen

$$f_j(x_1, x_2, \ldots x_n) = f_j(\ell_1 + \lambda_1, \ell_2 + \lambda_2, \ldots, \ell_n + \lambda_n) = 0$$

erfüllt wird. Entwickelt man dieselben nach der <u>Taylorschen Reihe</u> und setzt zur
Kürzung der Schreibweise $f_j(\ell_1, \ell_2, \ldots, \ell_n) = w_j;$

$$\frac{\partial f_1}{\partial \ell_i} = a_i ; \qquad \frac{\partial f_2}{\partial \ell_i} = b_i \quad \text{..usw., so erhält man die Gleichungen}$$

$$w_1 + \sum a\lambda = 0 ; \cdot w_2 + \sum b\lambda = 0 ; \ldots w_m + \sum g\lambda = 0 \qquad \ldots \ldots 1)$$

Diese Bedingungsgleichungen sind streng genau, wenn die Funktionen f_j linear

waren, im anderen Falle handelt es sich um Annäherungen, die um so zutreffender sind, je kleinere λ_i zur Korrektur erforderlich sind, d.h. je präziser die Mes-

sung der ℓ_i war. Wie aus ihrer Definition zu ersehen ist, bedeuten die w_j jene

Widersprüche, die sich ergeben würden, wenn man in die Beziehungsglei-

chungen f_j an Stelle der wahren Werte die Messungsergebnisse ℓ_i eingesetzt hätte.
Die Gleichungen 1 gestatten, m von den λ_i, etwa λ_1 bis λ_m durch die übrigen linear auszudrücken. Ist beispielsweise $n = 7$ und $m = 4$ und schreibt man ξ für λ_5,
η für λ_6 und ζ für λ_7, so erhält man

$$\ell_1 + \lambda_1 = \alpha_1 \xi + \beta_1 \eta + \gamma_1 \zeta$$
$$\ell_2 + \lambda_2 = \alpha_2 \xi + \beta_2 \eta + \gamma_2 \zeta$$
$$\ell_3 + \lambda_3 = \alpha_3 \xi + \beta_3 \eta + \gamma_3 \zeta \qquad \dots\dots\dots 2)$$
$$\ell_4 + \lambda_4 = \alpha_4 \xi + \beta_4 \eta + \gamma_4 \zeta$$
$$\lambda_5 = \xi \ ; \ \lambda_6 = \eta \ ; \ \lambda_7 = \zeta$$

Das ist aber ein System von Fehlergleichungen, wie wir es bei vermittelnden Beobachtungen hatten. Hat man unter der Forderung $\sum \lambda^2 = \text{Min}!$ die vorteilhaftesten
Werte von ξ, η, ζ berechnet und mittels derselben λ_1 bis λ_7 bestimmt, so sind
auch die vorteilhaftesten Werte x_1 bis x_7 gefunden.

<u>Satz:</u> Die Ausgleichung von n Messungsergebnissen bei m Beziehungsgleichungen
zwischen den zu messenden Größen ist auf die Ausgleichung von n vermittelnden
Messungen bei $n-m$ Unbekannten rückführbar.

Das wäre eine indirekte Lösung des Problems, es gibt aber auch eine direkte. Man
stellt die Forderungen

$$\sum \lambda^2 = \text{Min}!$$
$$W_1 + \sum a\lambda = W_2 + \sum b\lambda = \dots = W_m + \sum g\lambda = 0 \dots 3)$$

Diese sind erfüllt, wenn man die Größen λ_i und K_i so bestimmt, daß die Funktion

$$\sum \lambda^2 - 2K_1 (W_1 + \sum a\lambda) - 2K_2 (W_2 + \sum b\lambda) - \dots$$
$$- 2K_m (W_m + \sum g\lambda)$$

ein generelles (absolutes) Minimum wird unter gleichzeitiger Befriedigung der
Gleichungen 3.

Bei drei Beziehungsgleichungen f_1, f_2, f_3 erhält man dann zur Bestimmung der
λ_i das folgende Gleichungssystem:

$$\left.\begin{aligned}
\lambda_1 &= a_1 K_1 + b_1 K_2 + c_1 K_3 \\
\lambda_2 &= a_2 K_1 + b_2 K_2 + c_2 K_3 \\
&\ \cdot \ \cdot \ \cdot \ \cdot \ \cdot \ \cdot \ \cdot \\
\lambda_n &= a_n K_1 + b_n K_2 + c_n K_3
\end{aligned}\right\} \dots\dots 4)$$

Dieses besteht aus n Gleichungen und dazu kommen noch die drei Gleichungen von der Art 3; im allgemeinen hat man $n+m$ Gleichungen, was zur Bestimmung der Größen λ_i und K_j gerade ausreicht. Die Hilfsgrößen K_j nennt man Korrelaten (von Helmert ausgeführte Bezeichnung), die Gleichungen, welche die λ_i durch jene ausdrücken, die Korrelatengleichungen.

Durch Einsetzen der Werte aus 4 in 3 erhält man die Normalgleichungen

$$K_1 \sum a^2 + K_2 \sum ab + K_3 \sum ac + w_1 = 0$$

$$K_1 \sum ab + K_2 \sum b^2 + K_3 \sum bc + w_2 = 0$$

$$K_1 \sum ac + K_2 \sum bc + K_3 \sum c^2 + w_3 = 0$$

die ganz ähnlich gebaut sind, wie die Normalgleichungen für Ausgleichungen vermittelnder Messungen und zur Berechnung der Korrelaten K_j dienen. Die Einsetzung in 4 liefert die vorteilhaftesten Werte λ_i und damit auch das System der vorteilhaftesten Werte x_i der gemessenen Größen. Durch $\sum \lambda^2 + \sum Kw = 0$ erhält man eine Rechnungskontrolle. Man kann auch eine Genauigkeitsstimmung vornehmen.

14. Bei ungleicher Genauigkeit der Messung

Sind die Wahrscheinlichkeitsgewichte p_i der mit ungleicher Genauigkeit gemessenen ℓ_i bekannt, so bestehen folgende Forderungen:

$$\sum p\lambda^2 = \text{Min}! \quad W_1 + \sum a\lambda = W_2 + \sum b\lambda = W_3 + \sum c\lambda = 0$$

Durch partielle Differentiation der Funktionen

$$\sum p\lambda^2 - 2K_1 \left(w_1 + \sum a\lambda\right) - 2K_2 \left(w_2 + \sum b\lambda\right) - 2K_3 \left(w_3 + \sum c\lambda\right)$$

nach den einzelnen λ_i und Nullsetzen der partiellen Ableitungen erhält man die Korrelatengleichungen

$$\left.
\begin{aligned}
\lambda_1 &= \frac{1}{p_1}\left(a_1 K_1 + b_1 K_2 + c_1 K_3\right)\\[4pt]
\lambda_2 &= \frac{1}{p_2}\left(a_2 K_1 + b_2 K_2 + c_2 K_2\right)\\[4pt]
&\cdots \cdots \cdots \cdots\\[4pt]
\lambda_n &= \frac{1}{p_n}\left(a_n K_1 + b_n K_2 + c_n K_n\right)
\end{aligned}
\right\} \quad \cdots \cdots 5)$$

Durch die Einführung derselben in die Beziehungsgleichungen gelangt man zu den Normalgleichungen für diesen Fall

$$K_1 \sum \frac{a^2}{p} + K_2 \sum \frac{ab}{p} + K_3 \sum \frac{ac}{p} + w_1 = 0$$
$$K_1 \sum \frac{ab}{p} + K_2 \sum \frac{b^2}{p} + K_3 \sum \frac{bc}{p} + w_2 = 0 \left.\right\} \cdots 6)$$
$$K_1 \sum \frac{ac}{p} + K_2 \sum \frac{bc}{p} + K_3 \sum \frac{c^2}{p} + w_3 = 0$$

Diese können nach dem gleichen Schema aufgelöst werden wie die Normalgleichungen bei bedingten Beobachtungen gleicher Genauigkeit. Mit Hilfe der Korrelaten K_1, K_2, K_3 berechnet man aus den Gleichungen 5 die vorteilhaftesten Korrekturen λ_i die an den ℓ_i anzubringen sind, um ausgeglichene Messzahlen zu erhalten.

Für den mittleren Fehler der Gewichtseinheit gilt nun die Formel $\mu = \sqrt{\dfrac{\sum p \lambda^2}{m}}$

wenn m die Zahl der Beziehungsgleichungen ist. Die Beobachtung ℓ_i vor der Ausgleichung hat den mittleren Fehler

$$\mu_i = \frac{\mu}{\sqrt{p_i}}$$

die Bestimmung des mittleren Fehlers der ausgeglichenen Messzahl $x_i = \ell_i + \lambda_i$ ist etwas umständlich aber nicht schwierig. Es gibt ferner die Kontrollbeziehung

$$\sum p \lambda^2 + \sum K w = 0.$$

XII. Kompendium der Kollektivmaßlehre

1. Begriff eines Kollektivs

Die Objekte und Erscheinungen der Natur, sowie die Erzeugnisse der Lebewesen können als Einzelgegenstände i n d i v i d u e l l beschrieben werden. Mit solchen Beschreibungen hat die Kollektivmaßlehre eigentlich nichts zu tun, insoweit sie nicht das Urmaterial zur Zusammenfassung in Gruppen, Arten, Gattungen und dergleichen bilden. Erst wenn solche abgegrenzt sind, ergeben sich Möglichkeiten zu k o l l e k t i v e n Beschreibungen durch die Anführung von Merkmalen, die bei diesen Gesamtheiten von Gegenständen (oder abstrakten Begriffen) auftreten. Zeigen a l l e Gegenstände einer solchen Gesamtheit wenigstens ein Merkmal, das graduell unterschiedlich auftritt, wobei der Grad durch Zählung, Messung, Wägung oder sonstwie zahlenmäßig feststellbar ist, so bezeichnet man die Gesamtheit als ein Kollektiv zum Unterschied von einer M e n g e , bei der hypothetisch alle Elemente gleich sind, oder praktisch die Unterschiede für die geplante Untersuchung belanglos sind, so daß es nur auf die Zahl der Elemente (M ä c h t i g k e i t der Menge) ankommt. Anstatt der Bezeichnung Elemente ist es üblich geworden, bei Kollektiven von E x e m p l a r e n zu sprechen und anstatt der Mächtigkeit von einem U m f a n g des Kollektivs (= Zahl der zugehörigen Exemplare) (53). Nach den Anforderungen der modernen Logistik stößt eine präzise Definition in Worten auf gewisse Schwierigkeiten, weil der Begriff außerordentlich umfassend ist und im Laufe der Entwicklung der Kollektivmaßlehre ständig erweitert wurde.

So hat man beispielsweise auch Gruppen reiner Zahlen, wie z. B. Wahrscheinlichkeitszahlen, als Kollektive aufgefaßt, ebenso Gruppen von ganz abstrakten etwa rein geometrischen Vorstellungen, wie Kreise oder Kugeln mit verschiedenen Halbmessern, oder eine Schar algebraischer Funktionen, welche als gemeinsames Merkmal dieselbe Differentialgleichung haben, deren Integrationskonstanten jedoch verschieden sind; auch jede Schar von Funktionen, die sich lediglich durch die Werte ihrer invarianten Parameter voneinander unterscheiden, kann als Kollektiv aufgefaßt werden, z. B. die Schar der parabolischen Funktionen $y^2 = 2ax$ in welchen der Parameter a verschiedene Werte aufweist. Selbstverständlich können die Exemplare eines Kollektivs auch zwei oder mehrere ponderable Eigenschaften aufweisen, ebenso die Funktionen einer Schar zwei oder mehrere unterschiedliche Parameter. Es lassen sich - allerdings nur im abstrakten Denken des Menschen

---

(53) Die übliche Definition für den Begriff des Kollektivs lautet nach C z u b e r : „Eine Menge von gleichartigen Objekten, die in bezug auf ein veränderliches zahlenmäßig darstellbares Merkmal geordnet werden können, bezeichnet man als Kollektivgegenstand."

vorkommend - Kollektive mit einem unendlichen Umfang denken, wie etwa die
Schar der Ordinaten eines endlichen Kurvenstückes in einem zweiachsigen Koordinatensystem (54). Schließlich kann man auch Gruppen von Gegenständen, die
wenigstens ein gemeinsames nichtponderables Merkmal besitzen, während ein
zweites ebenfalls nichtponderables bei manchen Exemplaren aber nicht bei allen
auftritt, als Kollektiv auffassen, indem man bei Vorhandensein des zweiten Merkmals den Kollektivmaßwert 1, bei Nichtvorhandensein den Kollektivmaßwert 0
fingiert. Die allgemeinen Regeln für Kollektivmaßzahlen gelten durchaus auch
dann, zumeist unter erheblicher Vereinfachung.

Wir sehen daraus, daß der Begriff des Kollektivs sehr vielseitig anwendbar ist,
weshalb auch die Kollektivmaßlehre eine sehr allgemeine Bedeutung erlangt hat
und für sehr viele systematische Verarbeitungen wissenschaftlichen Stoffes die me-
thodologische Grundlage abzugeben vermag. Es seien zur Vervollständigung der
Begriffsfassung noch einige Arten von Kollektiven aufgeführt.

Kollektivgegenstand	Exemplar	ponderables Merkmal	Kollektivmaß-einheit
1) Ein Bündel Lichtstrahlen	Einzelner Strahl	Wellenlänge	1 cm
2) Eier einer Hühnerrasse	ein Ei	Gewicht	1 g
3) Komposite Blüten einer Art	einzelne Blüte	Zahl der Staub-fäden	1
4) Messungen einer physik. Größe	einzelne Messung	Messungsfehler	1 mm
5) Temperaturverhältnisse an einem Ort	mittlere Tagestem-peratur	Wärmegrad der Luft	1° C
6) Geburten einer Bevölke-rung in bestimmter Epoche	Serie von s Geburts-fällen	rel. Häufigkeit männl.Geburten	1 %
7) Gestorbene männl. Geschl.	Einzelperson	Sterbealter	1 Jahr
8) Rekruten einer Musterung	Rekrut	Sitzhöhe	1 cm
9) Kugelziehungen aus einer Urne mit n Kugeln	Serie von m Zie-hungen	rel.Häufigkeit weißer Kugeln	1 %

Die Voraussetzung einer zahlenmäßigen Beschreibung des Grades, in welchem
das Merkmal auftritt, ist unmittelbar gegeben, wenn das Merkmal von Natur aus
quantitativer Art ist, wenn sein Grad also durch Messung, Wägung, Zählung und
dergleichen festgestellt werden kann. Die Forderung nach Gleichartigkeit der
Exemplare kann in mehrfacher Weise gestellt sein. Etwa durch das Vorhandensein
eines oder mehrerer nichtponderabler Merkmale an allen Exemplaren. Je schärfer

---

(54) Für ein solches Kollektiv wurde von W e i l die Bezeichnung „K o n t i n u u m"
eingeführt.

man die Forderung stellt, desto kleiner wird im allgemeinen der Umfang des Kollektivs werden; ein zu kleiner Umfang gestattet jedoch nicht, eine wissenschaftlich wertvolle Aussage zu machen. Ist die Forderung nach Gleichartigkeit so dehnbar, daß der Umfang des Kollektivs zu groß wird, so kann das angestrebte Ergebnis ebenfalls wertlos werden. Ist dieses z. B. die mittlere Sitzhöhe einer Menschengruppe, so wäre es falsch, Kinder und Erwachsene zusammenzuwerfen, man müßte eine Unterteilung in Altersstufen vornehmen und hätte dann ein Kollektiv mit zwei ponderablen Merkmalen (Alter und Sitzhöhe) vor sich.

2. Argument - stetige und unstetige Kollektivgegenstände -

Die veränderliche Zahl x, die in ihrem individuellen Wert den Grad kennzeichnet, in welchem das betreffende Merkmal an einem Exemplar auftritt, nennt man das Argument des Kollektivgegenstandes. Es kann in der Natur des letzteren liegen, daß x nur einer endlichen Zahl bestimmter Werte fähig ist; dies tritt immer ein, wenn das Kollektivmaß als Ergebnis einer Zählung erscheint. Wählt man im Beispiel 9 die absolute Zahl der in einer Serie hervorgekommenen weißen Kugeln

in jeder Serie, so kann x die Werte $0, \frac{1}{s}, \frac{2}{s}, ..., \frac{s-n}{s}, 1$ annehmen und keine

sonstigen. In allen diesen Fällen ist das Argument als eine u n s t e t i g e Veränderliche anzusehen und diese Bezeichnung überträgt man auch auf den Kollektivgegenstand, indem man von einem u n s t e t i g e n K o l l e k t i v g e g e n s t a n d spricht.

Andererseits sagt man, daß es sich um einen s t e t i g e n Kollektivgegenstand handelt, wenn das Argument x innerhalb gewisser Grenzen jeden beliebigen Wert annehmen kann, weshalb es als eine stetig variable Größe aufzufassen ist. Dies trifft in der Regel dann zu, wenn das Argument eine physische Größe ist, eine Länge, ein Volumen, eine Kraft, eine Temperatur, ein Zeitintervall usw.

Das Ordnen eines unstetigen Kollektivgegenstandes erfolgt zunächst dadurch, daß man zu jedem x_i die Zahl z_i angibt, in der die Exemplare mit dem Argument x_i auftreten. Bei einem stetigen Kollektivgegenstand teilt man in der Regel den Umfang in Teilumfänge ein und den Spielraum der x_i in Stufen, wobei es meist zweckmäßig ist, g l e i c h e Stufen des Arguments zu wählen und die Teilumfänge so anzusetzen, daß die Argumente einer Stufe zusammengefaßt werden (55), denen dann näherungsweise der Mittelwert der Stufe als Argument zugeschrieben wird. Als zugehörige Zahl z_i wird entweder die absolute Zahl der in die betreffende

---

(55) G. F. L i p p e bezeichnet in seiner „Theorie der Kollektivgegenstände", Leipzig 1902, die in eine Stufe fallenden Exemplare als eine „Variante" des Kollektivs, die Bezeichnung ist aber nicht allgemein geworden.

Stufe fallenden Exemplare oder deren relative Häufigkeit im ganzen Kollektiv

$y_i = \frac{z_i}{\Sigma z_i}$ genommen. Selbstverständlich gilt dann stets $\quad \sum y_i = 1$

Bei unsteten Kollektivgegenständen ist der Bereich der möglichen Argumentwerte meist eindeutig abgegrenzt, wie wir dies schon bei unserem Beispiel 9 gesehen haben. Ebenso ist es im Beispiel 6; wenn man in die Serie der Beobachtungen etwa $S = 100$ setzt und die absolute Häufigkeit der männlichen Geburten als Argument wählt, so sind alle ganzen Zahlen zwischen 0 und 100 als Argumente möglich aber außerdem keine; wählt man die relativen Häufigkeiten als Argument, so liegt es zwischen 0 und 1. Bei stetigen Kollektivreihen kann man die Grenzen meist nicht so genau angeben, aber die Wahrscheinlichkeit, mit der Argumente nach außerhalb vorgegebenen Grenzen fallen könnten. Sind diese Wahrscheinlichkeiten sehr klein, so kann man sie näherungsweise gleich Null setzen; es ist dann bei manchen Überlegungen zweckmäßig, als Grenzen der möglichen Argumente $-\infty$ und $+\infty$ gelten zu lassen.

3. Verteilungstafeln

Bei der statistischen Erhebung eines Kollektivgegenstandes werden die einzelnen Argumentwerte zunächst in der zufälligen Reihenfolge notiert, in der sie erfaßt werden; bei stetigen Kollektiven wird hierbei meist nicht der genaue, sondern ein abgerundeter Wert notiert und in die Liste eingetragen, wodurch gleich bei der Erhebung eine Stufeneinteilung des Umfangs eintritt. Die Stufen hängen dann mit dem Grad der Abrundung zusammen. Ist beispielsweise bei einer statistischen Bevölkerungserhebung das Alter der einzelnen Personen Argument, so kann man die Abrundung auf ganze Jahre vornehmen und dann fallen in die Stufe x_i Jahre alle Personen, die im Alter von $x_i - \frac{1}{2}$ bis $x_i + \frac{1}{2}$ Jahren standen. Wird beispielsweise die Sitzhöhe von Rekruten auf ganze Zentimeter abgerundet, so zählt man in der Stufe x_i cm alle Rekruten, deren Sitzhöhe zwischen $x_i - \frac{1}{2}$ cm und $x_i + \frac{1}{2}$ cm lag usw.

Das Ergebnis der statistischen Erhebung nennt man die Ur l i s t e , des Kollektivgegenstandes. Sie bildet die Grundlage für das Ordnen (56). Die Zusammenstellung der gleichen Argumentwerte bzw. der Stufen in ihrer natürlichen Reihenfolge, etwa vom kleinsten ansteigend zum größten Argumentwert oder umgekehrt, und die Angabe der zugehörigen absoluten Häufigkeiten z_i bzw. der relativen y_i

---

(56) Grundsätzlich ist das Ordnungsprinzip willkürlich wählbar, und die Wahl hängt lediglich von Zweckmäßigkeitserwägungen ab; so ist es z. B. zweckmäßig, in einer Angebot-Nachfrage-Tabelle die Angebotspreise steigend, die Nachfragepreise hingegen abfallend zu ordnen.

ergibt die Verteilungstafel des Kollektivgegenstandes als dessen erste Beschreibung.

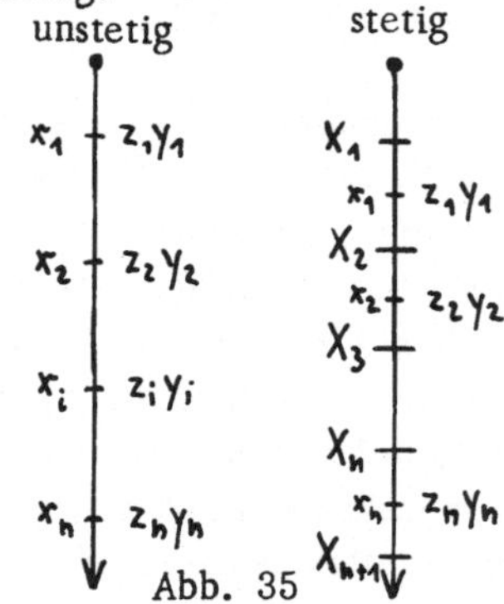

Das Schema von Verteilungstafeln ist in der nebenstehenden Abbildung 35 für unstetige und stetige Kollektivgegenstände angedeutet. Anstatt der Zahlentafeln in vertikaler Anordnung kann man auch eine g r a p h i s c h e Darstellung wählen, die dann meist in horizontaler Anordnung vorgenommen wird, wie es die beiden untenstehenden Abbildungen 36 dartun.

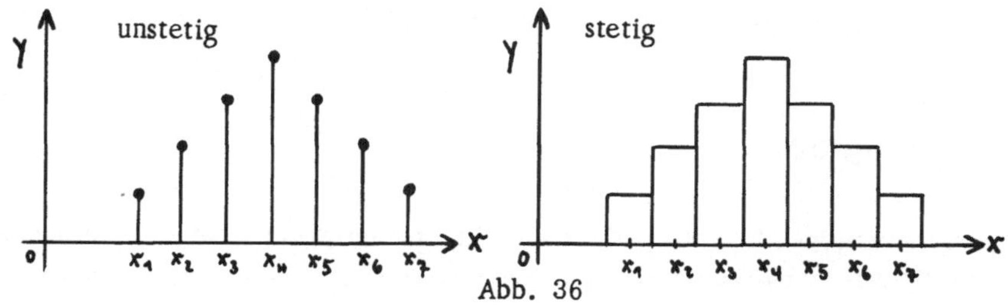

Die primäre Verteilungstafel kann aus verschiedenen Gründen unzweckmäßig sein und man pflegt dann meist mehrere benachbarte Stufen zusammenzufassen. Das Ergebnis nennt man dann eine r e d u z i e r t e Verteilungstafel. Als Argument der größeren Stufen verwendet man in der Regel den arithmetischen Mittelwert der Argumente der kleineren Stufen. Bei dieser Zusammenfassung können sich verschiedene reduzierte Tafeln ergeben, je nachdem mit welchem Argument man die Zusammenfassung beginnt; faßt man je 3 Stufen zusammen, so gibt es 3 verschiedene reduzierte Tafeln.

B e i s p i e l : Eine nach dem Sterbealter von 18 bis 35 Jahre geordnete Personengemeinschaft sieht auf der Verteilungstafel so aus, wie es die linke der beiden folgenden Tabellen zeigt; die rechte Tabelle ist die auf Q u i n q u e n i e n reduzierte Tabelle von 18 bis 53 Jahre.

Abge- rundetes Alter x_i	Intervall x_i bis x_{i+1}	Absolute Häufig- keit z_i	Abge- rundetes Alter x_i	Intervall x_i bis x_{i+1}	Absolute Häufig- keit z_i
18	17 1/2 - 18 1/2	1	18	15 1/2 - 20 1/2	9, 5
19	18 1/2 - 19 1/2	3	23	20 1/2 - 25 1/2	195
20	19 1/2 - 20 1/2	5, 5	28	25 1/2 - 30 1/2	1153
21	20 1/2 - 21 1/2	9	33	30 1/2 - 35 1/2	2910, 5
22	21 1/2 - 22 1/2	17, 5	38	35 1/2 - 40 1/2	4717
23	22 1/2 - 23 1/2	31	43	40 1/2 - 45 1/2	6387, 5
24	23 1/2 - 24 1/2	55	48	45 1/2 - 50 1/2	7555
25	24 1/2 - 25 1/2	82, 5	53	50 1/2 - 55 1/2	8133, 5
26	25 1/2 - 26 1/2	121			
27	26 1/2 - 27 1/2	176			
28	27 1/2 - 28 1/2	232, 5			
29	28 1/2 - 29 1/2	287			
30	29 1/2 - 30 1/2	336, 5			
31	30 1/2 - 31 1/2	425			
32	31 1/2 - 32 1/2	502			
33	32 1/2 - 33 1/2	576, 5			
34	33 1/2 - 34 1/2	671, 5			
35	34 1/2 - 35 1/2	737, 5			

Da bei der Einteilung in Q u i n q u e n i e n die zwei Jahresstufen 15 1/2 bis 16 1/2 und 16 1/2 bis 17 1/2 fehlen würden, so nimmt man diese als sogenannte leere Intervalle hinzu. Würde man die Quinquenien mit 16 1/2 Jahren beginnen lassen, so würde man eine andere reduzierte Tafel erhalten; im Ganzen gäbe es 5 verschiedene reduzierte Tafeln. Die 5 Zehntel bei manchen Häufigkeitszahlen rühren von einer rechnerischen Vorbehandlung her (zweifelhaftes Sterbealter einzelner Personen).

4. Verteilungsfunktion

Die Erforschung und Beschreibung von Kollektivgegenständen ist mit der Verteilungstafel oder deren graphische Darstellung noch nicht erschöpft. Sie beginnt im Gegenteil eigentlich erst, wenn man versucht, für die Verteilungskurve der graphischen Darstellung eine algebraische Darstellungsform zu finden, die durch bestimmte Invarianten (Parameter) charakterisiert ist, und wenn man verschiedene Kollektivmaßreihen bezüglich ihrer Verteilung mit Hilfe der Parameter zu vergleichen trachtet.

Es gibt Kollektivmaßreihen, die aus wiederholten Versuchen (Kugelziehungen aus Beuteln) hervorgegangen sind, und für welche man die Verteilungsfunktion auf Grund der Wahrscheinlichkeitslehre à priori ableiten kann. Sie gelten mit gewissen

Ausnahmen auch für alle rein zufälligen Größenvariationen. An solche Fälle
knüpfen auch die ersten Ansätze zu einer Kollektivmaßlehre an, die man schon
bei dem belgischen Statistiker A. Q u e t e l e t findet (57). Dieser nahm ohne
weiteres an, daß eine volle analogie zwischen der Verteilung variierender Kör-
perlängen an Tieren oder Menschen und jener der Wiederholungszahlen weißer
oder schwarzer Kugeln in gleich großen Ziehungsserien aus einer Urne bei ent-
sprechendem Umfang der Serien besteht. Die Grenzform dieser Verteilung ist ganz
ähnlich dem Fehlergesetz von G a u ß . Auch der eigentliche Begründer der Kollektivmaßlehre G. Th. F e c h n e r (58) schloß seine Überlegungen an dieses Gesetz an.
Er nahm in seine Definition des Kollektivgegenstandes ausdrücklich das Moment
der Zufälligkeit auf, indem er einen solchen als eine Gesamtheit von nach Zufall variierenden Exemplaren bezeichnet, die durch einen Art- oder Gattungsbe-
griff zusammengefaßt sind.

Seine vielfachen Untersuchungen an schon vorhandenen oder von ihm eigens ge-
schaffenen Kollektivmaßreihen führten ihn dann zu weiteren Schlüssen. Während
nämlich das Fehlergesetz von <u>Gauß</u> in Bezug auf das Maximum der Fehlerfunktion

$$ y = \frac{h}{\sqrt{\pi}}\, e^{-h^2 (x - x_0)^2} $$

das in der Abszisse $x = x_0$ liegt, Symmetrie zeigt, fand <u>Fechner</u> Kollektivgegenstände, bei denen die empirisch ermittelte Verteilungsfunktion von der Symmetrie derartig abwich, daß diese Abweichung nicht als zufällige Störung einer von
Natur aus symmetrischen Verteilung angesehen werden konnte. Doch anstatt daraus den richtigen Schluß zu ziehen, daß in diesen Fällen nicht der arithmetische
sondern ein anderer Mittelwert zutreffender sein müsse, versuchte er die Lösung,
indem er wohl beim <u>Gaußschen Exponentialgesetz</u> blieb, aber links und rechts
vom d i c h t e s t e n Wert der Verteilungsfunktion je ein anderes Präzisionsmaß h
(bei Kollektivgegenständen richtiger als Dispersionsmaß bezeichnet) in Anwendung brachte (nach seiner Bezeichnungsweise h_1 und h').

Selbstverständlich ist es möglich, zu einer empirisch gefundenen Verteilung mit
dem dichtesten Wert x_0 für $x < x_0$ eine m i t t l e r e Funktion

$$ y = \frac{h_1}{\sqrt{\pi}}\, e^{-h_1^2 (x - x_0)^2} $$

und für $x > x_0$ ebenso eine mittlere Funktion $\quad y = \dfrac{h'}{\sqrt{\pi}}\, e^{-h'^2 (x - x_0)^2}$

zu rechnen (59);

---

(57) „Lettres sur la theorie des probabilités etc.", Brüssel 1846.

(58) „Kollektivmaßlehre", herausgegeben von G. F. L i p p e s , Leipzig 1897.

(59) In diesen Formeln ist $h = \frac{1}{2}$ (h₁ + h') zu setzen, weil die Maxima der beiden Funktionen gleich groß sein müssen (Annäherung); F e c h n e r führt eine ziemlich umständliche Rechnung durch, um die Übereinstimmung zu erzielen.

aber es ist selbstverständlich abwegig, dies als einen natürlichen Tatbestand anzusehen.

Das Verdienst Fechners beruht weniger auf dieser anfechtbaren systematischen Behandlung von unsymmetrischen Kollektivreihen als in der Erstellung einer einheitlichen Terminologie für den Zweig der angewandten Mathematik, der sich mit den Kollektivgegenständen befaßt. Allerdings glaubte er damit eine selbständige Wissenschaft begründet zu haben, was nicht ganz zutrifft, denn sie ist ja nur eine Weiterbildung der Wahrscheinlichkeitslehre und Verallgemeinerung der Erkenntnisse der Fehlertheorie, in welche die Kollektivmaßlehre hineinfällt, wenn man supponiert, daß gewisse Abweichungen wirklicher Größen vom vorteilhaftesten Wert F e h l e r   d e r   W i r k l i c h k e i t   sind (60).

Um den Unterschied zwischen einer F e h l e r f u n k t i o n der Beobachtung einer und derselben wirklichen Größe und der V e r t e i l u n g s f u n k t i o n verschiedener wirklicher Größen gleicher Art zu markieren; wollen wir (nach H. B r u n s) die erstere wie bisher mit dem griechischen Buchstaben $\varphi(x)$, die letztere mit dem Frakturbuchstaben $\mathfrak{w}(x)$ bezeichnen, doch ist der Sinn beider durchaus analog und die mathematische Behandlung beider ist vollkommen gleich. Es ist ebenso wie bei der Fehlerfunktion $\int_a^b \mathfrak{w}(x)\,dx$ die relative Häufigkeit (Wahrscheinlichkeit) der Exemplare, deren Argument zwischen a und b liegt und $m\int_a^b \mathfrak{w}(x)\,dx$ die Anzahl solcher Exemplare, die in einer Kollektivreihe vom Umfang m zwischen den Grenzen a und b zu erwarten sind. Ebenso wie außergewöhnlich große Fehler der Beobachtung so gut wie ausgeschlossen sind, so daß man ihre Wahrscheinlichkeit gleich Null setzen kann, sind auch außergewöhnlich kleine oder außergewöhnlich große Kollektivmaßzahlen in der Regel so gut wie gar nicht zu erwarten, so daß man auch deren Wahrscheinlichkeit als verschwindend ansehen darf. Man kann deshalb für das Integral von $\mathfrak{w}(x)\,dx$ unbedenklich die Grenzen $-\infty$ und $+\infty$ bzw. 0 und $+\infty$ gelten lassen. Wenn man z. B. die relative Häufigkeit der Argumente unter X definieren will, so kann dies durch $\int_{-\infty}^x \mathfrak{w}(x)\,dx$ geschehen, bzw. durch $\int_0^x \mathfrak{w}(x)\,dx$, wenn X nur positive Werte annehmen kann. Selbstverständlich gilt auch hier

$$\int_{-\infty}^{+\infty} \mathfrak{w}(x)\,dx = 1 \qquad \text{bzw.} \qquad \int_0^{+\infty} \mathfrak{w}(x)\,dx = 1$$

genauso wie bei Fehlerfunktionen. Dies ist die übliche Bezeichnungsweise bei stetigen Kollektivgegenständen.

Die Ordinate der Verteilungsfunktion eines unstetigen Kollektivgegenstandes sei

---

(60) Die neuere Erkenntnis der physikalischen Vorgänge (Atomforschung) hat dazu geführt, daß die Wirklichkeit tatsächlich Fehler macht, die sich mit den Beobachtungsfehlern überschneiden.

dagegen mit $\mathfrak{V}(x)$ bezeichnet; sind $x_1, x_2, \ldots, x_n$ die möglichen Argumentwerte, so ist x nur auf diese angewiesen und die Funktion besteht in der grphischen Darstellung aus n isolierten Punkten. Man hat dann in $\sum_1^i v\, \mathfrak{V}(x_v)$ die relative Häufigkeit aller jener Exemplare, deren Argument kleiner oder gleich x_i ist und selbstverständlich gilt wiederum

$$\sum_1^n v\; \mathfrak{V}(x_v) = 1$$

Die Beziehung der Verteilungsfunktion zur Verteilungstafel ist in den beiden unterschiedenen Fällen nicht die gleiche. Bei einem unstetigen Kollektivgegenstand gibt die Verteilungstafel unmittelbar empirische Werte von $\mathfrak{V}(x)$, indem theoretisch $y_i = \mathfrak{V}(x_i)$ und $z_i = n\,\mathfrak{V}(x_i)$ ist. Handelt es sich hingegen um einen stetigen Kollektivgegenstand, so ist aus der Tafel ein unmittelbarer Aufschluß über $\mathfrak{W}(x)$ nicht gegeben, sondern nur über bestimmte Integrale hiervon, indem

$$y_i = \int_{x_i}^{x_{i+1}} \mathfrak{W}(x)\,dx \text{ und } z_i \text{ ein bestimmtes Vielfaches davon ist.}$$

Es sind schon sehr zahlreiche Kollektivgegenstände auf ihre Verteilung hin untersucht worden und man kann sagen, daß die graphische Darstellung der Verteilungsfunktion, die Verteilungskurve, in der Mehrzahl der untersuchten Fälle einen gewissen typischen Verlauf gezeigt hat; sie steigt von den Enden des möglichen Argumentbereiches zunächst mit zunehmender Steilheit an, passiert dann Wendepunkte, hinter denen die Steilheit abnimmt, bis ein Höchstpunkt erreicht wird, der dem d i c h t e s t e n Wert des Argumentes entspricht, um den herum die Exemplare mit der größten relativen Häufigkeit auftreten. Es ist dies die bekannte Glockenform, symmetrisch oder asymmetrisch. Selbstverständlich kommen nicht selten Störungen des regelmäßigen Verlaufs vor, in der Regel gegen die Enden des Bereichs stärkere als um den höchsten Punkt der Kurve herum, ferner bei kleinerer Zahl der beobachteten Exemplare häufigere und größere als bei erheblichem Umfang des Kollektivs. Im außergewöhnlichen Bereich fällt die Verteilungskurve mit der Argumentachse zusammen.

Die Kollektivmaßlehre ist in den letzten Jahrzehnten ein wichtiges Forschungsmittel der biologischen Wissenschaft geworden. Die sogenannte V a r i a t i o n s - s t a t i s t i k ist nichts anderes als eine Darstellung von Reihen biologischer Untersuchungsobjekte und biologischer Erscheinungen überhaupt unter der Form von Kollektivgegenständen und sie bildet die Grundlage für die eigentliche biologische Forschung moderner Prägung, die nach den Ursachen der durch Kollektivmaßreihen festgestellten quantitativen Beziehungen sucht und sie insbesondere zur Erklärung der Artenbildungen und Artenentwicklungen im Tier- und Pflanzenreich zu benützen bestrebt ist. Es kommen dabei sowohl stetige als unstetige Kollektivgegenstände vor. Davon geben wir zwei Beispiele.

Die Zahl der Stacheln in der Rückenflosse des K a u l b a r s c h e s ist nicht bei allen Exemplaren gleichmäßig, sondern variiert innerhalb gewisser Grenzen. Empirisch fand man eine asymmetrische Verteilungsfunktion. Die weitere Untersuchung dieser Erscheinung, welche auch durch Experimente unterstützt wurde, führte zur Vermutung, daß in die Kollektivreihen auch Kreuzungen des Kaulbarsches mit dem Flußbarsch hineingeraten seien, dessen häufigste Stachelzahl größer als die des Kaulbarsches ist. Die Vermutung erwies sich auf Grund systematischer Kreuzungsversuche als richtig.

Über eine S t r a n d k r a b b e n a r t wurden zwei zeitlich weit auseinanderliegende Beobachtungen angestellt und in Kollektivreihen festgehalten, die eine charakteristische Dimension betrafen. Von der früheren zur späteren Beobachtung stellte sich eine Verminderung des mittleren Arguments heraus. Die Forschung nach der Ursache führte zur Vermutung, daß zwischenzeitiges Eindringen von feinem Ton in den Hafen, welchem die Exemplare entnommen waren, zu einer die schmäleren Tiere begünstigenden Selektion geführt haben mochte. Auch in diesem Fall wurde die Annahme durch systematische Versuche gestützt (61).

5. Die Summenfunktion

Man versteht unter der Summenfunktion diejenige, welche die Summe der Argumentwerte der Verteilungsfunktion bzw. deren Integral vom Anfangspunkt des möglichen Argumentbereichs bis zu einem beliebig gewählten Argumentwert, bzw. bis zu einer beliebig gewählten Ordinate der stetigen Verteilungsfunktion angibt. Bezeichnet man die Summenfunktion allgemein symbolisch mit $\mathcal{F}_{(x)}$, so ist bei unstetiger Verteilungsfunktion $\mathcal{F}_{(x_i)} = \sum \mathcal{U}_{(x_i)}$ und bei stetiger Verteilungsfunktion $\mathcal{F}_{(x_i)} = \int_{-\infty}^{x_i} \mathcal{W}_{(x)}\,dx$. Die Funktion $\mathcal{F}_{(x_i)}$ wächst bei unstetigen Kollektivgegenständen mit jedem dazukommenden Argumentwert sprunghaft und bleibt zwischen je zwei benachbarten Argumentwerten konstant; ihren Größtwert erreicht sie mit dem Hinzutreten des letzten Argumentwertes x_n. Ihr graphisches Bild fällt vor x_1 mit der Argumentachse zusammen, verläuft weiterhin stufenförmig und nach x_n parallel zur Achse im Abstand 1. Dagegen wächst die Funktion $\mathcal{F}_{(x_i)}$ bei stetigen Kollektivgegenständen von 0 kontinuierlich bis 1, anfangs mit steigendem Winkel gegen die Argumentachse bis zu einem Wendepunkt, der dem Maximum von $\mathcal{W}_{(x)}$ entspricht, dann bei sich verringerndem Neigungswinkel gegen die Argumentachse bis zum Wert 1. Siehe Abbildungen 37 und 38.

---

(61) H. P r z i b r a m , „Anwendung elementarer Mathematik auf biolog. Probleme", 1908.

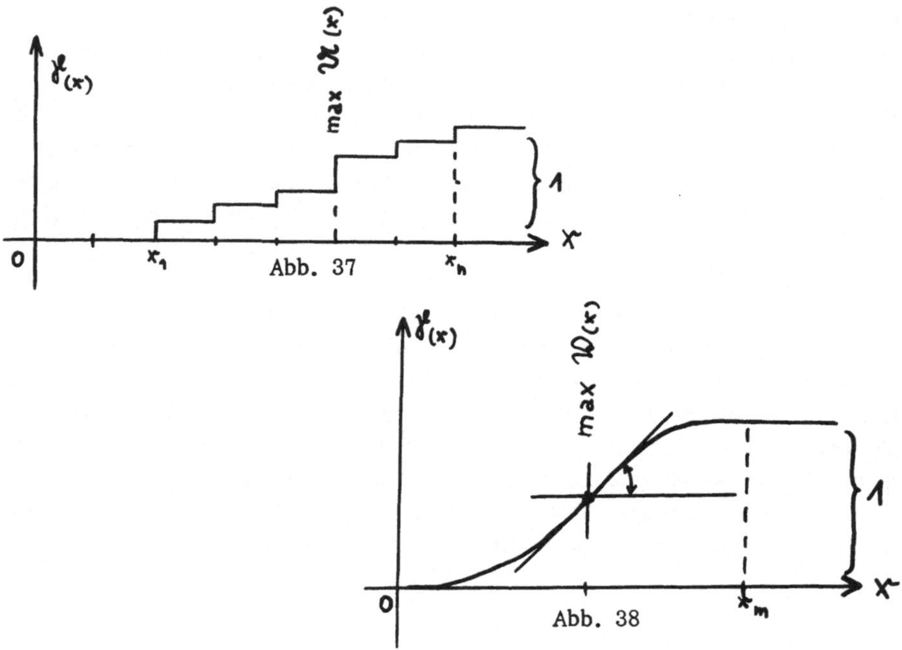

Rein analytisch aufgefaßt wäre es gleichgültig, ob man direkt die Summenfunktion oder die Verteilungsfunktion bestimmt, denn $\mathfrak{f}_{(x)}$ ergibt sich aus $\mathfrak{W}_{(x)}$ durch Integration und $\mathfrak{W}_{(x)}$ aus $\mathfrak{f}_{(x)}$ durch Differentiation. Praktisch verdient jedoch häufig die Summenfunktion den Vorzug, da sie in der Regel einen gleichmäßigeren Verlauf zeigt, der weniger Störungsschwankungen enthält; nicht selten auch deswegen, weil man aus der Verteilungstafel empirische Werte der Summenfunktion ohne weiteres erhält, was hinsichtlich der Verteilungsfunktion in der Regel nicht der Fall ist. Außerdem gibt es noch andere Überlegenheiten der Summenfunktion.

6. Durchschnittswerte

Es sei $f_{(x)}$ irgendeine gegebene Funktion des Arguments x. Das Wahrscheinlichkeitsgewicht eines Wertes von $f_{(x)}$ soll $\mathfrak{W}_{(x)}$ sein. Dann gilt für den Durchschnittswert der Funktion die Definitionsgleichung

$$\vartheta\,[f_{(x)}] = \int_{-\infty}^{+\infty} f_{(x)}\,\mathfrak{W}_{(x)}\,dx \quad \dots\dots\dots\dots 1)$$

Dieser Begriff entspricht dem des gewogenen arithmetischen Mittels in der Fehlertheorie, wenn man so wie in dieser $\mathfrak{W}_{(x)}\,dx$ als die relative Häufigkeit auffaßt, mit der das Argument in das Intervall x bis $x+dx$ fällt. Die Annahme $f_{(x)} = x$ führt zum D u r c h s c h n i t t d e r A r g u m e n t w e r t e nach Maßgabe ihrer Dich-

tigkeit (relativen Häufigkeit) und man pflegt von einem A r g u m e n t d u r c h -
s c h n i t t zu sprechen, in welchem man seit jeher eine für den untersuchten Kollektivgegenstand charakteristische Größe erblickt hat. Bezeichnet man ihn mit A,
so ist die Definitionsgleichung

$$A = \int_{-\infty}^{+\infty} x \, \mathfrak{w}_{(x)} \, dx \quad \dots\dots\dots\dots 2)$$

Ebenso wie man in der Fehlertheorie zur Kennzeichnung der Streuung einer Beobachtungsreihe die arithmetischen Mittelwerte von Potenzen der Abweichungen
vom dichtesten Wert heranzieht, kam man auch in der Kollektivmaßlehre dazu,
einen analogen Weg einzuschlagen. Man bildet etwa den Durchschnitt von
$f_{(x)} = (x-A)^p$, für denen die Definitionsgleichung

$$\vartheta\left[(x-A)^p\right] = \int_{-\infty}^{+\infty} (x-A)^p \, \mathfrak{w}_{(x)} \, dx \quad \dots\dots\dots 3)$$

gilt, worin man $p = 1, 2, 3 \dots$ setzen kann. Aus dem Vergleich dieser Durchschnittswerte bei verschiedenen Kollektivmaßreihen lassen sich Schlüsse über die
Verwandtschaft der Verteilungsfunktionen der Reihen ziehen. Setzt man $f_{(x)} =$
$|x-A|$ so erhält man die durchschnittliche a b s o l u t e Abweichung der Argumentwerte von ihrem arithmetischen Mittel und wir bezeichnen sie wie in der
Fehlertheorie mit ϑ und haben die Definitionsgleichung

$$\vartheta = \vartheta(|x-A|) = \int_{-\infty}^{\infty} |x-A| \, \mathfrak{w}_x \, dx \quad \dots\dots\dots 4)$$

Die Annahme $p = 1$ in Formel 3 führt dagegen ebenso wie in der Fehlertheorie zur
Beziehung

$$\vartheta_{(x-A)} = \int_{-\infty}^{\infty} (x-A) \, \mathfrak{w}_x \, dx = 0. \quad \dots\dots\dots 5)$$

7. Das Exponentialgesetz

Wenn die Verteilungstafel in starkem Maße Symmetrie zeigt, so ist in der Regel
das dem Gaußschen Fehlergesetz entsprechende Exponentialgesetz

$$\varphi(\lambda) = \frac{h}{\sqrt{\pi}} e^{-h^2\lambda^2}$$

als mittlere Verteilungsfunktion gut anwendbar; hierin bedeutet $\varphi(\lambda_i)$ die relative
Häufigkeit von Argumenten zwischen $x_i - \tfrac{1}{2}$ und $x_i + \tfrac{1}{2}$, λ die Abweichung
vom Durchschnittswert und h das Streuungsmaß, entsprechend dem Präzisions-
maß in der Fehlertheorie.

Hiervon ging Fechner aus. Um diese Annahme an der Verteilungstafel prüfen zu
können, braucht man den Parameter h der Fehlerfunktion. Diesen erhält man, wie
wir aus der Fehlertheorie wissen, aus der Durchschnittsabweichung ϑ nach der Formel $h = \frac{1}{\vartheta\sqrt{\pi}}$ und ϑ bestimmt man empirisch nach der Formel

$$\mathfrak{H} = \frac{1}{m} \sum_i |\lambda_i| \qquad (i = 1 \text{ bis } m), \text{ wobei}$$

$$\lambda_i = A - x_i \text{ und } A = \frac{1}{m} \sum x_i z_i = \sum x_i y_i$$

zu setzen sind. Hat man h berechnet, so gilt

$$m \int_{X'}^{X''} \varphi(\lambda)\,d\lambda = m \left\{ \int_0^{X''} \varphi(\lambda)\,d\lambda - \int_0^{X'} \varphi(\lambda)\,d\lambda \right\}$$

$$= \frac{m}{2} \left\{ \Phi(hX'') - \Phi(hX') \right\}$$

das ist die rechnungsmäßige Anzahl der zwischen die Wechselpunkte X' und X'' fallenden Exemplare, die nun mit der beobachteten Anzahl zu vergleichen ist. Das Integral $\Phi(\lambda)$ ist schon von <u>Gauß</u> in Tabellen zusammengestellt worden und kann aus diesen entnommen werden.

Als Zahlenbeispiel hat F e c h n e r die Rekrutenmaße von 20 Jahrgängen Leipziger Studenten bearbeitet, die wir hier wiedergeben. Die Größen x_i sind in sächsischen Zoll (23,6 mm) angegeben.

x_i	beobachtetes z_i	nach Gauß berechnetes z_i	Differenz	nach Fechner berechnetes z_i	Differenz
60	1	-	-1	-	-1
61	0	-	0	-	0
62	0	-	0	0,5	+0,5
63	0	1	+1	1,5	+1,5
64	2	3,5	+1,5	4	+2
65	15,5	10	-5,5	12	-3,5
66	26	26	0	28	+2
67	54	58	+4	59	+5
68	108	110	+2	108	0
69	172	179	+7	174	+2
70	253	252	-1	243	-10
71	290	304	+14	298	+8
72	330,5	315	-15,5	318	-12,5
73	296	282	-14	291	-5
74	223,5	217	-6,5	226	+2,5
75	142	143	+1	145,5	+2,5
76	75	81	+6	80,5	+5,5
77	38	40	+2	37	-1
78	13	17	+4	15	+2
79	3,5	6	+2,5	5	+1,5
80	2	2	0	1	-1
81	1	0,5	-0,5	-	-1
82	0,5	-	-0,5	-	-0,5
83	0,5	-	-0,5	-	-0,5
$\sum$	2047	2047	0,0 abs.90	2047	1,0 abs.72

Das gewogene arithmetische Mittel beträgt 71,75, das gewogene geometrische
Mittel 71,38; beide stimmen ziemlich genau mit den dichtesten Werten. Die
Asymmetrie ist nur schwach und deshalb ist die Übereinstimmung der F e c h n e r -
schen R e c h n u n g nur um weniges besser als die nach G a u ß .

8. Algebraische Darstellung willkürlicher Funktionen

Schon zu Beginn des vorigen Jahrhunderts hat der französische Mathematiker
F o u r i e r gezeigt, daß mit Hilfe seiner transzendentalen Reihen andere Funktionen (mit gewissen Ausnahmen) bis zu einer beliebigen Genauigkeit darstellen
kann. Später hat der deutsche Mathematiker W e y e r s t r a s s ein Verfahren angegeben, nach dem man jede willkürliche (etwa rein empirisch festgestellte)
Funktion systematisch durch eine algebraische Reihe ebenfalls bis zu beliebiger
Genauigkeit der Übereinstimmung auszudrücken vermag. Darauf fußend hat B r u n s
in seinem schon zitierten Wert ein Verfahren entwickelt, wie man speziell bei
willkürlichen Verteilungsfunktionen von Kollektivgegenständen zu einem algebraischen Ausdruck jener Funktionen gelangen kann, nach dem rechnungsmäßig
mit beliebig geringer durchschnittlicher Abweichung die gleichen relativen Häufigkeiten der Summenfunktion errechnet werden können, die empirisch beobachtet
worden sind. Der Franzose Ch. H e r m i t e gab dann in seiner Arbeit "Sur un nouveau
développment en serie des fonctions" (62) ein ähnliches Verfahren auch für die
Verteilungsfunktion an. Andere Arbeiten darüber gibt es von R. v. M i s e s "Über
die Grundbegriffe der Kollektivmaßlehre", Jahresbericht des Mathematiker -Vereins
XXI (1922), und von A. K n e s e r "Untersuchungen über die Darstellung willkürlicher Funktionen in der mathematischen Physik"? Mathematische Annalen LVIII
(1904).

9. Analytische Näherung an empirische Summenfunktion nach Bruns

Stellt man sich die Aufgabe, zu einer empirisch gegebenen Funktion (isolierte
Punkte) eine analytische Näherungsformel, sei es durch ein Integral, sei es durch
eine Reihe, zu finden, so kann man eine zweckmäßig erscheinende Funktion annehmen und als mittlere Funktion der Punktreihe berechnen oder man kann das
systematische Verfahren nach <u>Bruns</u> in Anwendung bringen, wenn es sich um eine
Summenfunktion $\gamma_{(x)}$ einer Verteilungsfunktion $w_{(x)}$ handelt. Wir geben die Ableitung des Verfahrens nach <u>Bruns</u> wieder.

Teilt man den Bereich des Arguments durch einen Wechselpunkt X in zwei Teile,
so hat man zunächst die bekannte Regel, daß das Integral der Verteilungsfunktion
über den ganzen Bereich des Arguments gleich der Einheit sein muß. Als Grenzen
des Bereichs kann man, wie wir wissen, stets auch $-\infty$ und $+\infty$ ansehen, so daß man
schreiben kann.

$$\int_{-\infty}^{X} w_{(x)}\, dx + \int_{X}^{\infty} w_{(x)}\, dx = 1$$

---

(62) Erschienen in Compt. rend. LVIII, Paris, 1864.

Verwendet man den sogenannten Diskontinuitätsfaktor $\operatorname{sgn}(X-x)$, zu lesen signum $(X-x)$ und definieren wir ihn so, daß er 1 für $X > x$ und -1 für $X < x$ sein soll, so haben wir anstelle obiger Gleichung

$$\int_{-\infty}^{X} \operatorname{sgn}(X-x)\,\mathcal{W}_{(x)}\,dx - \int_{X}^{\infty} \operatorname{sgn}(X-x)\,\mathcal{W}_{(x)}\,dx = 1$$

zu schreiben. Da nun $\displaystyle\int_{-\infty}^{X} \operatorname{sgn}(X-x)\,\mathcal{W}_{(x)}\,dx = \int_{-\infty}^{X} \mathcal{W}_{(x)}\,dx = \mathcal{J}_{(x)}$

ist, gilt $\displaystyle\int_{X}^{\infty} \operatorname{sgn}(X-x)\,\mathcal{W}_{(x)}\,dx = \mathcal{J}_{(x)}-1$

und folglich auch

$$\int_{-\infty}^{X} \operatorname{sgn}(X-x)\,\mathcal{W}_{(x)}\,dx + \int_{X}^{\infty} \operatorname{sgn}(X-x)\,\mathcal{W}_{(x)}\,dx = 2\,\mathcal{J}_{(x)}-1$$

und mit Rücksicht auf die Definition des Durchschnittswertes $\vartheta\,[f(x)]$ schließlich

$$2\,\mathcal{J}_{(x)}-1 = \int_{-\infty}^{+\infty} \operatorname{sgn}(X-x)\,\mathcal{W}_{(x)}\,dx = \vartheta\,[\operatorname{sgn}(X-x)] \qquad \ldots\ldots 1)$$

Diese Gleichung benützt man zur analytischen Darstellung von $\mathcal{J}_{(x)}$ die ja zur Kennzeichnung des Kollektivgegenstandes ebenso brauchbar ist, wie die Verteilungsfunktion $\mathcal{W}_{(x)}$.

Eine diskontinuierliche Funktion sign ξ kann man auf verschiedene Weise analytisch definieren und die Wahl ist frei; wir wählen

$$\int_{-\infty}^{\infty} \frac{\sin 2\xi v}{v}\,dv = \begin{cases} \pi & \text{für } \xi > 0 \\ 0 & \text{, } \xi = 0 \\ -\pi & \text{„ } \xi < 0 \end{cases}$$

Infolgedessen gilt für den Wert von ξ $\operatorname{sgn}\xi = \dfrac{1}{\pi} \displaystyle\int_{-\infty}^{\infty} \frac{\sin 2\xi v}{v}\,dv$

Da man den Ausdruck $\sin 2\xi v = \dfrac{e^{2\xi v i} - e^{-2\xi v i}}{2i}$

setzen kann; worin i die imaginäre Einheit bedeutet, und da

$$\int_{-\infty}^{\infty} \frac{e^{-2\xi v i}}{v}\,dv = -\int_{-\infty}^{\infty} \frac{e^{2\xi v i}}{v}\,dv$$

ist, so gelangt man schließlich zur Definition

$$\operatorname{sgn}\xi = \frac{1}{\pi} \int \frac{e^{2\xi v i}}{v i}\,dv \qquad \ldots\ldots 2)$$

Zur Auswertung des Integrals $K = \int_{-\infty}^{\infty} e^{-v^2} \cos 2\xi\, dv$

gelangt man durch Differentiation nach dem Parameter ξ

$$\frac{dK}{d\xi} = -\int_{-\infty}^{\infty} 2v\, e^{-v^2} \sin 2\xi\, v\, dv$$

$$= \left[e^{-v^2} \sin 2\xi\, v \right]_{-\infty}^{\infty} - 2\xi \int_{-\infty}^{\infty} e^{-v^2} \cos 2\xi\, v\, dv = -2\xi K$$

woraus man $K = C e^{-\xi^2}$ erhält. Die Integrationskonstante C berechnet man, indem man $\xi = 0$ setzt, also aus der Gleichung

$$C = \int_{-\infty}^{\infty} e^{-v^2}\, dv = \sqrt{\pi} \qquad \text{und somit erhalten wir}$$

$$K = \sqrt{\pi} \cdot e^{-\xi^2} \qquad \dots\dots\dots\dots\dots\dots\dots 3)$$

Man erkennt sofort die Verwandtschaft mit der uns bekannten Summenfunktion der Fehlerfunktion für das arithmetische Mittel

$$\Phi(\xi) = \frac{2}{\sqrt{\pi}} \int_0^{\xi} e^{-t^2}\, dt.$$

Bezeichnet man die q-te Ableitung derselben nach ξ mit $\Phi(\xi)_{q}$, so erhält man durch einmalige Differentiation

$$e^{-\xi^2} = \frac{1}{2} \sqrt{\pi}\, \Phi(\xi)_1$$

und mit Rücksicht auf Formel 3 und die ursprüngliche Bedeutung von K

$$\Phi(\xi)_1 = \frac{2}{\pi} \int_{-\infty}^{\infty} \frac{e^{-v^2}}{v} \sin 2\xi\, v\, dv$$

Ersetzt man wieder $\sin 2\xi v$ durch $\frac{1}{2i}\left(e^{2\xi vi} - e^{-2\xi vi} \right)$

und beachtet man die durch Zeichenänderung erweisbare Gleichheit

$$\int_{-\infty}^{\infty} \frac{1}{v} e^{-v^2 - 2\xi vi}\, dv = -\int_{-\infty}^{\infty} \frac{1}{v} e^{-v^2 + 2\xi vi}\, dv$$

so kann man auch schreiben

$$\Phi(\xi) = \frac{1}{\pi} \int_{-\infty}^{\infty} \frac{1}{vi} e^{-v^2 + 2\xi vi}\, dv$$

woraus sich die q-te Ableitung nach ξ ergibt.

$$\Phi(\xi)_q = \frac{1}{\pi} \int_{-\infty}^{\infty} \frac{1}{vi}\, e^{-v^2 + 2\xi vi}\, (2vi)^q\, dv \qquad \dots 4)$$

Die Exponentialfunktion $e^{-v^2 - 2\xi v}$ gestattet eine durchaus konvergente Entwicklung nach Potenzen von v, die Koeffizienten werden rationale Funktionen von ξ sein, wir können also die Entwicklung in der folgenden Form symbolisch anschreiben:

$$e^{-v^2 - 2\xi v} = \mathfrak{R}(\xi)_0 + \mathfrak{R}(\xi)_1\, 2v + \mathfrak{R}(\xi)_2\, (2v)^2 + \dots\dots$$

$$= \sum_0^\infty 2\,\mathfrak{R}(\xi)_q\, (2v)^q \qquad \dots\dots 5)$$

Andererseits kann man jeden der beiden Faktoren e^{-v^2} und $e^{-2\xi v}$ für sich entwickeln und das ergibt

$$e^{-v^2 - 2\xi v} = \left(\frac{1}{0!} - \frac{v^2}{1!} + \frac{v^4}{2!} - \frac{v^6}{3!} + \dots\dots \right)$$

$$\left(\frac{1}{0!} - \frac{2\xi v}{1!} + \frac{(2\xi v)^2}{2!} - \frac{(2\xi v)^3}{3!} + \dots\dots \right)$$

Durch Vergleichung der Koeffizienten gleicher Potenzen erhält man die Werte der $\mathfrak{R}$

$$\mathfrak{R}(\xi)_0 = 1 \;;\quad 2\,\mathfrak{R}(\xi)_1 = \frac{-2\xi}{0!\,1!} \;;\quad 2^2\,\mathfrak{R}(\xi)_2 = \frac{(2\xi)^2}{0!\,3!} + \frac{2\xi}{1!\,1!} \;;$$

$$2^3\,\mathfrak{R}(\xi)_3 = -\frac{(2\xi)^3}{0!\,3!} + \frac{2\xi}{1!\,1!} \;;$$

$$2^4\,\mathfrak{R}(\xi)_4 = \frac{(2\xi)^4}{0!\,4!} - \frac{(2\xi)^2}{1!\,2!} + \frac{1}{2!\,0!} \qquad \text{usw.} \dots\dots 6)$$

und allgemein

$$2^{2p}\,\mathfrak{R}(\xi)_{2p} = \frac{(2\xi)^{2p}}{0!\,(2p)!} - \frac{(2\xi)^{2p-2}}{1!\,(2p-2)!}$$

$$+ \frac{(2\xi)^{2p-4}}{2!\,(2p-4)!} - \dots + \frac{(-1)^p}{p!\,0!}$$

bzw.

$$2^{2p+1}\,\mathfrak{R}(\xi)_{2p+1} = -\frac{(2\xi)^{2p+1}}{0!\,(2p+1)!} + \frac{(2\xi)^{2p-1}}{1!\,(2p-1)!}$$

$$- \frac{(2\xi)^{2p-3}}{2!\,(2p-3)!} + \dots - \frac{(-1)^{p+1}\,2\xi}{p!\,1!} \qquad \dots 7)$$

Gehen wir nun auf die Definition 2 von sgn ξ zurück und schreiben sie mit dem Argument $(X-x)$, so haben wir

$$\operatorname{sgn}(X-x) = \frac{1}{\pi} \int_{-\infty}^{\infty} \frac{1}{vi}\, e^{2Xvi - 2xvi}\, dv = \frac{1}{\pi} \int_{-\infty}^{\infty} \frac{1}{vi}\, e^{2Xvi - v^2}\, e^{v^2 - 2xvi}\, dv$$

Daraus ergibt sich nach Formel 5:
$$e^{v^2-2vi} = \sum_0^\infty q\,\Re(x)_q\,(2vi)^q$$

somit
$$\operatorname{sgn}(X-x) = \frac{1}{\pi}\sum_0^\infty q\,\Re(x)_q \int_{-\infty}^{\infty}\frac{1}{vi}\,e^{-v^2+2Xvi}\,(2vi)^q\,dv$$

und schließlich mit Rücksicht auf 4:
$$\operatorname{sgn}(X-x) = \sum_0^\infty q\,\Re(x)_q\,\Phi(X)_q$$

Vorteilhaft ist es in der Regel, anstatt direkt mit den empirisch erhaltenen Argumentwerten x mit deren Abweichungen von einem Ausgangswert a zu operieren; führt man dementsprechend - die Größe a vorläufig unbestimmt lassend - unter Verwendung einer einstweilen ebenfalls freibleibenden positiven Konstante h die neue Variable

$$v = h(x-a) \qquad\qquad \ldots\ldots 8)$$

ein, so erreicht man damit und durch passende Wahl von a und h eine erhebliche Vereinfachung; dabei soll

$$V = h(X-a) \qquad\qquad \ldots\ldots 8a)$$

der zu X gehörige Wert von v sein.

Da nun offenbar $V-v = h(X-x)$ das gleiche Vorzeichen wie $X-x$ hat, so besteht auch der Ansatz

$$\operatorname{sgn}(V-v) = \sum_0^\infty q\,\Re(v)_q\,\Phi(V)_q\ .$$

Die Einführung dieses Ausdrucks in 1, wobei zu beachten ist, daß sich die ϑ-Operation lediglich auf das von x abhängige $\Re(v)_q$ erstreckt, liefert uns das Endergebnis

$$2\,\vartheta(X)-1 = \sum_0^\infty x\,\vartheta\left[\Re(v)_q\right]\Phi(V)_q \qquad \ldots\ldots 9)$$

Dies ist die von <u>Bruns</u> angegebene Φ-Reihe zur analytischen Darstellung beliebiger empirisch gefundener Verteilungen durch die Vermittlung der Summenfunktion. Ihre praktische Verwendbarkeit ist von der Raschheit der Konvergenz ihrer Glieder abhängig. Wir hätten jetzt nur noch die bisher symbolisch angeschriebenen Koeffizienten $\vartheta[\Re(v)_q]$ herzustellen, doch wollen wir dies besser mit der Durchführung des ganzen Rechenschemas verbinden.

10. Die Koeffizienten der Φ - Reihe

Da die $\Re(\xi)_q$ laut 6 nach ξ geordnete Polinome sind, werden die $\Re(v)_q = \Re[h(x-a)]_q$

nach Potenzen von $x-a$ fortschreiten und es wird daher bei der Durchschnittsbildung auf die Durchschnittswerte der verschiedenen Potenzen der Abweichungen vom Ausgangswert a ankommen; wir setzen nun allgemein

$$\eta_p{}^p = \vartheta\left[(x-a)^p\right] = \int_{-\infty}^{\infty}(x-a)^p\,\mathfrak{W}(x)\,dx \qquad \ldots\ldots 10)$$

Dann ist insbesondere

$$\eta_1 = \vartheta(x-a) = \vartheta(x)-a = A-a \qquad \ldots\ldots 11)$$

und η_1 verschwindet somit, wenn man den Durchschnittswert der Argumente x als

Ausgangswert genommen hat. Wir können also anstatt das übliche Zeichen μ
schreiben, wobei

$$\mu_p{}^p = \vartheta\left[(x-A)^p\right] = \int_{-\infty}^{\infty}(x-A)^p\,\mathfrak{W}(x)\,dx \ldots\ldots 12)$$

ist. Unter Festhaltung des Ausgangswertes A werden auf Grund von Formel 6:

$$\vartheta\left[\mathfrak{R}(v)_0\right] = 1\,;\quad 2\,\vartheta\left[\mathfrak{R}(v)_1\right] = -2h\,\vartheta(X-A) = 0 \quad \text{und}$$

$$2^2\,\vartheta\left[\mathfrak{R}(v)_2\right] = 2h^2\vartheta\left[(x-A)^2\right]-1 = 2h^2\mu_2{}^2 -1.$$

Nun wählen wir die freigebliebene Größe h so, daß $2h^2\mu_2{}^2 = 1$; somit

$$h = \frac{1}{\mu_2\sqrt{2}} \qquad\ldots\ldots\ldots\ldots\ldots\ldots 13)$$

wird und es verschwindet auch das mit $\mathfrak{R}(v)_2$ behaftete Glied der Φ-Reihe.

Die Größe μ_1 als Wurzel aus dem Durchschnitt der Quadrate der Abweichungen
vom arithmetischen Mittel entspricht dem mittleren Fehler (nach Gauß) in der
Fehlertheorie und der so gewählte Parameter h dem Präzisionsmaß, wie die For-
mel 13 zeigt. Bruns hat μ_2 unter der Bezeichnung "S t r e u u n g von x "$\left[\mathrm{str}(x)\right]$
als charakteristisches Element eingeführt, das ein Urteil über die "A u s b r e i -
t u n g" der Kollektivreihe der x gestattet (62).

Sowie nur eine sehr geringe Wahrscheinlichkeit dafür besteht, daß der Fehler einer
Messung den dreifachen mittleren Fehler aus einer Serie von Messungen derselben
Größe überschreitet, ist auch anzunehmen, daß die Ausbreitung eines Argumentbereichs eines üblichen Kollektivgegenstandes die s e c h s f a c h e Streuung nicht
überschreitet, mit anderen Worten, daß die weit überwiegende Anzahl der Exemplare innerhalb dieses Intervalls sein wird, die Formel 13 kann hiernach auch

$$h = \frac{1}{\mathrm{str}(x)\sqrt{2}} \qquad\ldots\ldots\ldots\ldots\ldots 13a)$$

geschrieben werden.

---

(63) Die Variationsstatistiker nennen die Ausbreitung, das Intervall zwischen dem kleinsten
und größten Argument x die „V a r i a t i o n s b r e i t e“, die Briten „r a n g e“.

In weiterer Auswertung der Formel 6 und unter steter Berücksichtigung der obigen
Fortsetzung von a und h erhält man nun

$$2^3 \, \vartheta \left[\mathcal{R}(v)_3 \right] = - \frac{8}{6} h^3 \mu_3{}^3 + 2h \mu_1 = - \frac{4}{3} h^3 \mu_3{}^3$$

$$2^4 \, \vartheta \left[\mathcal{R}(v)_4 \right] = \frac{16}{24} h^4 \mu_4{}^4 - \frac{4}{2} h^2 \mu_2{}^2 + \frac{1}{2} = \frac{2}{3} h^4 \mu_4{}^4 - \frac{1}{2}$$

$$2^5 \, \vartheta \left[\mathcal{R}(v)_5 \right] = - \frac{32}{120} h^5 \mu_5{}^5 + \frac{8}{6} h^4 \mu_4{}^4 - \frac{2}{2} h \mu_1$$

$$= - \frac{4}{15} h^5 \mu_5{}^5 + \frac{4}{3} h^3 \mu_3{}^3$$

$$2^6 \, \vartheta \left[\mathcal{R}(v)_6 \right] = \frac{64}{720} h^6 \mu_6{}^6 - \frac{16}{24} h^4 \mu_4{}^4 + \frac{4}{4} h^2 \mu_2{}^2 - \frac{1}{6}$$

$$= \frac{4}{45} h^6 \mu_6{}^6 - \frac{2}{3} h^4 \mu_4{}^4 + \frac{1}{3}$$

Setzt man zur Abkürzung $D_3 = - \frac{2}{3} h^3 \mu_3{}^3$; $D_4 = \frac{1}{3} h^4 \mu_4{}^4 - \frac{1}{4}$;

$$D_5 = - \frac{2}{15} h^5 \mu_5{}^5 + \frac{2}{3} h^3 \mu_3{}^3 ; \quad D_6 = \frac{2}{45} h^6 \mu_6{}^6 - \frac{1}{3} h^4 \mu_4{}^4 + \frac{1}{6} \quad \text{usw.} \ \dots 14)$$

So ist die Formel 9 endgültig in der Form anzuschreiben:

$$2 \vartheta(x) - 1 = \Phi(V) - \frac{1}{4} D_3 \Phi(V)_3 + \frac{1}{8} D_4 \Phi(V)_4 - \frac{1}{16} D_5(V)_5 + \dots 15)$$

Bruns bezeichnet den Ausdruck der rechten Seite als die Normalform der Φ-Reihe
mit Rücksicht auf die Vereinfachung, die sie durch die von uns geforderte Wahl
der Größe a und h erhalten hat.

Der umständlichste Teil der Arbeit bei praktischer Auswertung der Formel 15 ist
die Ausrechnung der Koeffizienten $D_3, D_4, \dots$; für die Funktion $\Phi(V)$ gab es
schon von Gauß berechnete Tabellen, für die Funktionen $\frac{1}{2^q - 1} \Phi(V)_q$ hat Bruns
Tabellen bis $q = 6$ zusammengestellt, die die Arbeit erleichtern.

Beschränkt man die Reihe der Formel 15 auf das erste Glied so gibt sie

$$\vartheta(x) = \frac{1}{2} + \frac{1}{2} \Phi(V) = \frac{1}{2} + \frac{1}{\pi} \int_{-\infty}^{V} e^{-t^2} dt,$$

also einen dem Fehlergesetz von Gauß entsprechenden Ausdruck der Summenfunktion einer Verteilung der Exemplare eines Kollektivgegenstandes. Die weiteren
Glieder der Formel bedeuten somit die Abweichung von diesem Gesetz, das streng
genommen nur für symmetrische Normalverteilung gilt. Je geringer die Abweichung
von dieser Normalverteilung ist, desto weniger weitere Glieder der Reihe braucht

man zur befriedigenden Annäherung der analytischen Darstellung der Summenfunktion an die empirisch gegebene.

Hat man $\mathcal{F}(X)$ unter Beschränkung auf eine bestimmte Zahl von Gliedern der
Reihe für die Werte $X_1, X_2, \dots, X_{n+1}$ bestimmt, so ist noch zu prüfen, inwieweit
die Rechnungsergebnisse mit der empirisch erhaltenen Verteilungstafel übereinstimmen. Man wählt die $X_1, X_2, \dots$ so, daß sie Wechselpunkten der Verteilungstafeln entsprechen, worauf man die Größen $Y_1, Y_2, \dots, Y_n$ ohne weiteres mit den
entsprechenden Differenzen

$$\eta_1 = \mathcal{F}(X_2) - \mathcal{F}(X_1)$$

$$\eta_2 = \mathcal{F}(X_3) - \mathcal{F}(X_2),$$

$$\dots\dots\dots\dots$$

$$\eta_n = \mathcal{F}(X_{n+1}) - \mathcal{F}(X_n)$$

vergleichen kann. So wie beim Fehlergesetz ist

$$\sum_1^n (\eta_\nu - Y_\nu)^2$$

ein Maß für die Güte der Übereinstimmung, doch wird meist die durchschnitt-
liche Abweichung $\vartheta |\eta_\nu - Y_\nu|$ als Maß verwendet, oder die mittlere Abweichung
der Zahlen $z_1, z_2, \dots, z_n$ von den Zahlen $n\eta_1, n\eta_2, \dots n\eta_n$, wenn man die
absoluten Häufigkeiten der Beobachtung mit den aus der $\bar{\phi}$-Reihe errechneten vergleicht.

Man kann auch eine $\bar{\phi}$-Reihe ableiten, die für jede beliebige Zahl des Ausgangswertes a gilt; dies ist mit etwas umständlichen Überlegungen als es die obigen sind,
verbunden. Wenn die Zahl der empirisch gegebenen Intervalle des Arguments
nicht groß ist, und wenn auch die Argumentunterschiede relativ gering sind, so
kann man die so abgeleitete Formel auch ganz gut verwenden, indem man etwa
das kleinste Argument als Ausgangswert verwendet.

Ferner ist es möglich, auch andere Theoreme von Weierstraß zur Darstellung
willkürlicher empirischer Funktionen zu verwenden, z. B. die Annäherung durch
eine Integralfunktion. Es sei die empirisch gegebene Funktion symbolisch mit
$f(x)$ bezeichnet; sie sei eindeutig definiert und stetig. Eine beliebige zweite Funktion $\Psi(x)$ werde gewählt, welche ebenfalls eindeutig definiert und stetig ist, außerdem symmetrisch zur Ordinatenachse verläuft, so daß $\Psi(-x) = \Psi(x)$ ist, und deren
Integral nach x von $-\infty$ bis $+\infty$ einen endlichen Wert w besitzt. Mit Zuhilfenahme
eines positiven Parameters k konstruiert man die Funktion

$$F(x, k) = \frac{1}{2kw} \int_{-\infty}^{\infty} f(v)\, \Psi\left(\frac{v-x}{k}\right) dv$$

Von einer solchen Funktion hat <u>Weierstraß</u> nachgewiesen, daß $\lim\limits_{k=0} F(x,k) = f(x)$ ist, so daß mit Hilfe von F jede willkürliche empirische Funktion unter beliebiger Annäherung analytisch dargestellt werden kann.

Da e^{-x^2} alle von der Funktion $\Psi(x)$ geforderten Eigenschaften besitzt und W in diesem Fall den Wert $\frac{1}{2}\sqrt{\pi}$ hat, so ist die Funktion

$$F(x,k) = \frac{1}{k\sqrt{\pi}} \int_{-\infty}^{\infty} f(v) \cdot e^{-\frac{1}{k}(v-x)^2} \, dv$$

Setzt man zur einfacheren Schreibweise $\frac{1}{k}(v-x) = t$, so lautet die Definition von

$$F(x,k) = \frac{1}{\sqrt{\pi}} \int_{-\infty}^{\infty} f(x+kt) \, e^{-t^2} \, dt$$

Hier ist die Verwandtschaft mit dem Exponentialgesetz von <u>Gauß</u> schon sehr deutlich.

Es ist auch gelungen, ein systematisches Verfahren zu finden, das direkt zur angenäherten analytischen Darstellung der Verteilungsfunktion führt. Es wurde vom Franzosen Ch. H e r m i t e angegeben und ist auch bei M i s e s zu finden. Alle diese systematischen Verfahren haben den Vorteil, daß nach ihrem Schema auch rechnerische Hilfskräfte der statistischen Ämter oder der Versicherungsanstalten imstande sind, die Rechnungen auszuführen.

11. Zahlenbeispiel

Nach <u>Bruns</u> wurde die Verteilung der Brustumfänge schottischer Soldaten auf Grund der folgenden Verteilungstafel untersucht, x_i ist darin in englichen Zoll (25,4 mm) angegeben.

Verteilungstafel

x_i	z_i	$x_i \cdot z_i$
33	3	99
34	18	612
35	81	2.835
36	185	6.660
37	420	15.540
38	749	28.462
39	1075	41.925
40	1079	43.160
41	934	38.294
42	658	27.636
43	370	15.910.
44	92	4.048
45	50	2.250
46	21	966
47	4	188
48	1	48
	5740	228.633

$$\overline{x} = \frac{228.633}{5.740} = 39,84$$

Summenfunktion

x_i	berechnet nach Bruns·	beobachtet	Differenz
35,5	0,017	0,018	-0,001
36,5	0,051	0,050	+0,001
37,5	0,126	0,123	+0,003
38,5	0,257	0,254	+0,003
39,5	0,437	0,441	-0,004
40,5	0,631	0,629	+0,002
41,5	0,794	0,792	+0,002
42,5	0,904	0,906	-0,002
43,5	0,962	0,971	-0,009

Das gewogene arithmetische Mittel ist 39,84 Zoll, was mit den beobachteten Häufigkeitszahlen recht gut übereinstimmt, trotzdem die Reihe eine gewisse Asymmetrie zeigt. Die Übereinstimmung der berechneten Summenfunktion mit der Beobachtung ist beinahe verblüffend.

Die analytische Näherungsformel auf Grund obiger empirischer Feststellung ist

$$2\,\Phi(x) - 1 = \Phi(V) - \frac{1}{4}\,0{,}007954\,\Phi(V)_3 + \frac{1}{8}\,0{,}0052\,\Phi(V)_4$$

Die Reihe konvergiert ziemlich rasch.

12. Ein Zahlenbeispiel aus der Altersversicherung

Wenn man die Sterbefälle eines bestimmten Personenkreises unter Notierung des Sterbealters verzeichnet, so erhält man einen Kollektivgegenstand, den man als stetig betrachten kann, obwohl die Verteilungstafel nur Argumentwerte von ganzen Jahren enthält. Als solche erscheinen die Alterszahlen, wobei man die Häufigkeit des n-ten Jahres die Sterbefälle mit dem Sterbealter $n - 1/2$ bis $n + 1/2$ einrechnet. Professor Dr. E. C z u b e r , Wien, hat zur Ermittlung einer angenäherten analytischen Verteilungsfunktion die Tafel österreichischer Versicherungsanstalten über das Ableben männlicher versicherter Personen benutzt, die 62,765 Todesfälle umfaßt. Das niedrigste beobachtete Sterbealter fiel zwischen 17 1/2 und 18 1/2, das höchste zwischen 92 1/2 und 93 1/2 Jahre. Die in der folgenden Tabelle angegebenen absoluten Häufigkeitszahlen Z sind nicht das Ergebnis einer unmittelbaren Zählung, sondern sie gingen aus einer Aufteilungsrechnung hervor, bei der es in einzelnen Sterbefällen fraglich war, ob die betreffende Per-

Tabelle

x	z	$S^{(1)}$	$S^{(2)}$	$S^{(3)}$	$S^{(4)}$
18	1	1	1	1	1
19	3	4	5	6	7
20	5, 5	9, 5	14, 5	20, 5	27, 5
21	9	18, 5	33	53, 5	81
22	17, 5	36	69	122, 5	203, 5
23	31	67	136	258, 5	462
24	55	122	258	516, 5	978, 5
25	82, 5	204, 5	462, 5	979	1957, 5
26	121	325, 5	788	1767	3724, 5
27	176	501, 5	1289, 5	3056, 5	6781
28	232, 5	734	2023, 5	5080	11861
29	278	1021	3044, 5	8124, 5	19985, 5
30	336, 5	1357, 5	4402	12526, 5	32512
31	425	1782, 5	6184, 5	18711	51223
32	502	2284, 5	8469	27180	78403
33	576, 5	2861	11330	38510	116913
34	671, 5	3532, 5	14862, 5	53372, 5	170285, 5
35	735, 5	4268	19130, 5	72503	242788, 5
36	803, 5	5071, 5	24202	96705	339493, 5
37	881, 5	5953	30155	126860	466353, 5
38	940	6893	37048	163908	630261, 5
39	1017, 5	7910, 5	44958, 5	208866, 5	839128
40	1074, 5	8985	53943, 5	262810	1101938
41	1128, 5	10113, 5	64057	326867	1428805
42	1223	11336, 5	75393, 5	402260, 5	1831056
43	1283	12619, 5	88013	490273, 5	2321339
44	1356	13975, 5	101988, 5	592262	2913601
45	1397	15372, 5	117361	709623	3623224
46	1400, 5	16773	134134	843957	4466981
47	1502	18275	152409	996166	5463147
48	1567, 5	19842, 5	172251, 5	1168417, 5	6631564, 5
49	1528	21390, 5	193622	1362039, 5	7993604
50	1557	22927, 5	216549, 5	1578589	9572193
51	1580	24507, 5	241057	1819646	50370893, 5
52	1605	26112, 5	267169, 5	11391839	
53	1649	27761, 5	2086815, 5		
54	1635, 5	294932			
55	1664				

x	z	$S^{(1)}$	$S^{(2)}$	$S^{(3)}$	$S^{(4)}$
56	1680	333694,5			
57	1681,5	30024	2460621		
58	1689,5	28342,5	303670,5	13944656,5	
59	1630,5	26653	275328	2156950,5	63985502,5
60	1562,5	25022,5	248675	1881622,5	11787706
61	1562	23460	223652,5	1632947,5	9906083,5
62	1568	21898	200192,5	1409295	8273136
63	1452,5	20330	178294,5	1209102,5	6863841
64	1404,5	18877,5	157964,5	1030808	5654738,5
65	1466,5	17475	139087	872843,5	4623930,5
66	1465,5	16006,5	121614	733756,5	3751087
67	1386,5	14541	105607	612142,5	3017330,5
68	1304,5	13154,5	91066,5	506535	2405188
69	1316	11850	77912	415468,5	1898653
70	1275,5	10534	66062	337556,5	1483184,5
71	1149	9258,5	55528	271494,5	1145628
72	1030,5	8109,5	46269,5	215966,5	874133,5
73	963,5	7079	38160	169697	658167,5
74	923	6115,5	31081	131537	488470
75	807	5192,5	24965,5	100456	356933
76	732	4385,5	19773	75490,5	256477
77	686	3653,5	15387,5	55717,5	180986,5
78	609	2967,5	11734	40330	125269
79	531,5	2358,5	8766,5	28596	84939
80	423,5	1827	6408	19829,5	56343
81	344,5	1403,5	4581	13421,5	36513,5
82	308,5	1059	3177,5	8840,5	23092
83	249	750,5	2118,5	5663	14251,5
84	176	501,5	1368	3544,5	8588,5
85	126	325,5	866,5	2176,5	5044
86	71	199,5	541	1310	2876,5
87	34,5	128,5	341,5	769	1557,5
88	33,5	94	213	427,5	788,5
89	27,5	60,5	119	214,5	361
90	16,5	33	58,5	95,5	146,5
91	10	16,5	25,5	37	51
92	4	6,5	9	11,5	14
93	2,5	2,5	2,5	2,5	2,5

son im n-ten oder im $(n+1)$-ten Jahr verstarb; daher kommen die Dezimalstellen
in den Häufigkeitszahlen.

Zur Ausrechnung wurde das Verfahren für einen beliebigen Ausgangswert a angewendet und $a = 55$ Jahre angenommen. Die Summierungen der Tafelwerte

wurden von beiden Enden der Tafel gegen die Mitte zu vorgenommen, um nicht zu große Summenzahlen zu erhalten. Die Verteilung ist nicht ganz symmetrisch, aber die Asymmetrie ist auch nicht sehr erheblich. Deswegen gibt die Exponentialfunktion nach <u>Gauß</u> auch eine verhältnismäßig gute Annäherung; besonders wenn man die Verteilungstafel auf 5-jährige Epochen reduziert. Bei diesem etwas umständlichen Verfahren muß man auch die Summen höherer Ordnung auf der Verteilungstafel ausrechnen, wie dies in der vorstehenden Tabelle geschehen ist.

Als angenäherte analytische Form der Summenfunktion erhält man

$$2\,\Upsilon(x)-1 = \oint (\widetilde{V}) - \tfrac{1}{4}\,0{,}00253 \oint (\widetilde{V})_3 + \tfrac{1}{8}\,0{,}05698 \oint (\widetilde{V})_4.$$

Die Alterserwartung E_x oder das durchschnittliche Lebensalter $D(X)$ ist 55, 6544 Jahre, die Streuung errechnet man mit str $(x) = \mathcal{M}_2 = 13.247$, den Parameter h mit

0, 05338. Die sechsfache Streuung beträgt somit rund 79 1/2 Jahre, das Intervall zwischen den äußersten Wechselpunkten, 16 1/2 und 92 1/2 Jahre, 76 Jahre, ist also etwas kleiner als die sechsfache Streuung. Wir geben noch die auf 5-jährige Epochen reduzierte Verteilungstafel mit den berechneten und beobachteten Summenwerten.

Tabelle

Intervall in Jahren	Reduzierte Verteilungstafel		Summentafel			Differenz zwischen Berechnung und Beobachtung in Wahrscheinlichkeitspromille
	x	z	Absolute Summe $(s)^1$	Berechnete Summe $\Upsilon(X)$	Beobachtete Summe $\Upsilon(X)$	
15, 5-20, 5	18	9, 5	9, 5			
20, 5-25, 5	23	195	204, 5	0, 0073	0, 0033	+ 4, 0
25, 5-30, 5	28	1153	1357, 5	0, 0269	0, 0216	+ 5, 3
30, 5-35, 5	33	2910, 5	4268	0, 0681	0, 0680	+ 0, 1
35, 5-40, 5	38	4717	8985	0, 1379	0, 1432	- 5, 3
40, 5-45, 5	43	6387, 5	15372, 5	0, 2371	0, 2449	- 7, 8
45, 5-50, 5	48	7555	32927, 5	0, 3597	0, 3653	- 5, 6
50, 5-55, 5	53	8133, 5	31061	0, 4950	0, 4949	+ 0, 1
55, 5-60, 5	58	8244	39305	0, 6309	0, 6262	+ 4, 7
60, 5-65, 5	63	7453, 5	46758, 5	0, 7553	0, 7450	+10, 3
65, 5-70, 5	68	6748	53506, 5	0, 8570	0, 8525	+ 4, 5
70, 5-75, 5	73	4873	58379, 5	0, 9290	0, 9301	- 1, 1
75, 5-80, 5	78	2982	61361, 5	0, 9718	0, 9776	- 5, 8
80, 5-85, 5	83	1204	62565, 5	0, 9923	0, 9968	- 4, 5
85, 5-90, 5	88	183	62748, 5			
90, 5-95, 5	93	16, 5	62765			

Wie die letzte Kolumne zeigt, heben sich die positiven und die negativen Abweichungen fast gegenseitig auf, denn die Summe dieser Kolumne beträgt nur 1,5 $^o/oo$; die Annäherung ist also als recht gut zu bezeichnen.

Aber es bleibt fraglich, ob sich die ganze umständliche Rechnung lohnt, denn nach der einfachen Exponentialformel von <u>Gauß</u>, bei der $\gamma(x) = \frac{1}{2} + \frac{1}{2} \Phi(V)$ wird, erhält man ebenfalls eine fast ebensogute Annäherung wie die folgende Tabelle zeigt, die wir nur über den Bereich von 35 bis 44 Jahren erstrecken.

Tabelle

x	$\gamma(x)$ berechnete	beobachtete	Differenz in Wahrscheinlichkeitspromille
33,5	0,017	0,018	-1
36,5	0,052	0,050	+2
37,5	0,128	0,123	+5
38,5	0,258	0,254	+4
39,5	0,436	0,441	-5
40,5	0,628	0,629	-1
41,5	0,792	0,792	0
42,5	0,904	0,906	-2
43,5	0,963	0,971	-8

Bei Ausdehnung der Rechnung über den ganzen Bereich von 17 bis 94 Jahren wären die Abweichungen allerdings etwas größer. Bei der praktischen Benutzung der analytischen Näherungsformel zur versicherungsmathematischen Rechnung und zur Bemessung der Versicherungsprämien kommt es auf eine übermäßige Genauigkeit der analytischen Näherungsformel schon deswegen nicht an, weil die Voraussetzungen der versicherungsmathematischen Rechnung (vor allem Stabilität der empirischen Verteilungstafel und des richtigen Rechnungszinsfußes) n i c h t z u t r e f f e n . Die versicherungsmathematische Rechnung erstreckt sich auf etliche Jahrzehnte in die Zukunft und die Annahme, daß auf so lange Zeit empirische Sterbetafeln und angemessener Rechnungszinsfuß unverändert bleiben werden, ist nur eine große Annäherung. Man muß sie gleichwohl anstellen, um überhaupt zu einer versicherungsmathematischen Rechnung zu gelangen.

13. Funktionstheoretische Ableitungen von Streuungsfunktionen bzw. von Fehlergesetzen

Es sei die Frage gestellt, wie müßte die Streuungsfunktion sein, wenn ein bestimmt definierter Mittelwert als der wahrscheinlichste Wert eines Arguments gelten soll? Bezeichnet man das Argument mit x und die einzelnen Streuwerte mit $x_1, x_2, \ldots .. x_i, \ldots x_n$ so hat man als gebräuchlichste Mittelwerte bekanntlich; das arithmetische

Mittel $\bar{x} = \frac{1}{n} \sum\limits_{i=1}^{n} x_i$ das geometrische Mittel $\bar{x}_g = \left(\prod\limits_{i=1}^{n} x_i \right)^{\frac{1}{n}}$

und das harmonische Mittel $\bar{x}_h = \dfrac{n}{\sum\limits_{i=1}^{n} \frac{1}{x_i}}$

außerdem wird nicht selten auch der Medianwert als Mittel genommen, der in der Mitte einer Kollektivreihe liegt.

Mit $y_i = f(x_i, \bar{x})$ bezeichnen wir die Ordinate der Streuungsfunktionen, bzw. des Fehlergesetzes, die der Abszisse x_i entspricht und sie gibt die relative Häufigkeit, bzw. Wahrscheinlichkeit an, mit welcher das Argument x_i auftritt bzw. zu erwarten ist. Wir nehmen an, daß y eine algebraische Funktion ist, die für alle möglichen Werte des Arguments gleichmäßig gilt. K e y n e s ging bei seiner Überlegung von der allgemeinen Bedingung aus, die für den wahrscheinlichsten Wert gilt. Sie lautet

$$\prod\limits_{i=1}^{n} y_i = \text{Min} \, !$$

und diese führt zur allgemeinen Differentialgleichung von Streuungsfunktionen bzw. Fehlergesetzen:

$$\sum\limits_{i=1}^{n} \frac{y_i'}{y_i} = 0 \qquad\qquad \dots\dots\dots 1)$$

worin y_i' die Ableitung von y_i nach x bedeutet.

Beim a r i t h m e t i s c h e n Mittel muß Formel 1 tautologisch mit $\sum\limits_{i=1}^{n} (\bar{x} - x_i) = 0$

sein, weil nur dann $\bar{x} = \frac{1}{n} \sum\limits_{i=1}^{n} x_i$

wird. Dies erfordert nun, daß $\dfrac{y_i'}{y_i} = \varphi''(x) \left[\bar{x} - x_i \right]$

ist, worin φ'' die zweite Ableitung nach x einer beliebig wählbaren Funktion von x ist, von der lediglich gefordert wird, daß sie von 0 verschieden und unabhängig von x_i ist. Durch Integration der Differentialgleichung zweiter Ordnung erhält man $\ell y_i = \varphi'(x) \left[\bar{x} - x_i \right] - \varphi(x) + \Psi(x_i)$

worin Ψ wieder willkürlich gewählt werden kann. Die allgemeinste Form einer Streuungsfunktion bzw. eines Fehlergesetzes, die dem arithmetischen Mittelwert als wahrscheinlichstem entspricht, ist somit

$$y_i = e^{\varphi'(x) \left[\bar{x} - x_i \right] - \varphi(x) + \Psi(x_i)} \qquad\qquad \dots\dots 2)$$

die spezielle Annahme $\varphi_{(x)} = -h^2 x^2$;　$\Psi_{(x_i)} = -h^2 x_i^2 + \ell C$

ergibt $y_i = C\,e^{-h^2(\bar{x} - x_i)^2}$ ....3)

also das Exponentialgesetz von <u>Gauß</u>, wonach die Wahrscheinlichkeit einer Abweichung nur von deren Größe abhängt und gleiche positive oder negative Abweichungen vom arithmetischen Mittel auch die gleiche Wahrscheinlichkeit haben.

Soll das g e o m e t r i s c h e Mittel der wahrscheinlichste Wert des Arguments sein, so muß Gleichung 1 die folgende nach sich ziehen

$$\sum_{i=1}^{n} \ell\,\frac{x_i}{\bar{x}_g} = 0$$ ....4)

woraus sich die Differentialgleichung $\dfrac{y'_i}{y_i} = \varphi''_{(x)}\,\ell\,\dfrac{x_i}{\bar{x}_g}$

ergibt, durch deren Integration man

$$y_i = C\,e^{\varphi'_{(x)}\,\ell\,\frac{x_i}{\bar{x}_g} + \int \frac{\varphi'_{(x)}}{\bar{x}_g}\,dx + \Psi_{(x_i)}}$$ ....5)

als allgemeinste Form einer Streuungsfunktion bzw. eines Fehlergesetzes erhält, wenn das geometrische Mittel als wahrscheinlichster Wert des Arguments gelten soll. Die einfachste Annahme, die man bezüglich der willkürlichen Funktion φ und Ψ machen kann, sind　$\varphi'_{(x)} = -K^2 x$;　$\Psi_{(x_i)} = 0$

und daraus folgt das einfachste Fehlergesetz zum geometrischen Mittel

$$y_i = C\left(\frac{\bar{x}_g}{x_i}\right)^{K^2 \bar{x}_g} e^{-K^2 \bar{x}_g}$$ ....6)

Man kann, wie D.M.C. A l i s t e r gezeigt hat, zu einem Fehlergesetz für das geometrische Mittel auch gelangen, wenn man beachtet, <u>daß der log. des geo</u><u>metrischen Mittels der arithmetische Mittelwert der log. der Streuwerte ist.</u> Danach erhält man

$$y_{(\ell x_i)} = C\,e^{-k^2\left(e\,\frac{\bar{x}_g}{x_i}\right)^2} = C\left(\frac{\bar{x}_g}{x_i}\right)^{-k^2\,\ell\,\frac{\bar{x}_g}{x_i}}$$

Die Verwandtschaft der beiden Gesetze ist offenkundig, wenn man beachtet, daß $e^{-k^2 \bar{x}_g}$ eine Invariante ist.

Die Annahme des h a r m o n i s c h e n Mittels als wahrscheinlichstem Argumentwert entspricht der Gleichung $\displaystyle\sum_{i=1}^{n}\left(\frac{1}{x_i} - \frac{1}{\bar{x}_h}\right) = 0$

die mit 1 verglichen zur Differentialgleichung $\dfrac{y_i'}{y_i} = \varphi''(x)\left[\dfrac{1}{x_i} - \dfrac{1}{\bar{x}_h}\right]$

führt, aus deren Integration sich

$$y_i = C\,e^{\;\varphi'(x)\left[\frac{1}{x_i} - \frac{1}{\bar{x}_h}\right] - \int \frac{\varphi'(x)}{\bar{x}_h} + \Psi(x_i)}$$

ergibt. Mit der speziellen Wahl $\varphi'(x) = -k^2 x^2$ und $\Psi(x_i) = -k^2 \bar{x}_h$ gelangt man zur

Formel $\quad y_i = C\,e^{-\frac{k^2}{x_i}(\bar{x}_h - x_i)^2}$ $\qquad \dots\dots 7)$

In diesem Fall hängt also die Wahrscheinlichkeit eines Streuungswertes nicht nur von der Größe seiner Abweichung, sondern auch von der Größe des Streuwertes x_i ab, und ist nicht unabhängig vom Vorzeichen der Abweichung wegen des x_i im Nenner des Exponenten.

Die oben angeführte Definition des Medianwertes kann nicht unmittelbar zur Ableitung eines Fehlergesetzes verwendet werden. Aber die Eigenschaft des Medianwertes, daß die Summe der absoluten Abweichungen von ihm ein Minimum ist, wenn er der wahrscheinlichste Wert sein soll, läßt sich zur Ableitung einer Streuungsfunktion auswerten. Diese Idee hat schon L a p l a c e gehabt, doch ließ er sie in seinem Hauptwerk "Theorie analytique" zugunsten des Exponentialgesetzes von <u>Gauß</u> wieder fallen, das dann zur "Methode der kleinsten Quadrate" geführt hat, die sowohl in der Fehlertheorie wie in der Theorie der Streuungen bei Kollektivgegenständen eine so große Bedeutung erlangt hat.

Aus der Forderung $\quad \displaystyle\sum_{i=1}^{n} |\bar{x}_m - x_i| = \mathsf{Min}!\quad$ geht die Gleichung

$$\sum_{i=1}^{n} \frac{\bar{x}_m - x_i}{z_i} = 0$$

hervor, worin $z_i = |\bar{x}_m - x_i|$ ist. Es hat nämlich jedes Glied von $\sum |\bar{x}_m - x_i|$ die Ableitung $+1$ oder -1, je nachdem $\bar{x}_m - x_i$ oder $x_i - \bar{x}_m$ der absolute Wert, d.h. je nachdem, ob das Argument ℓ_i kleiner oder größer als der Medianwert ist. Diese Werte haben mit dem Ausdruck $\dfrac{\bar{x}_m - x_i}{z_i}$ die gleiche Alternative.

Auf Grund von Formel 1 haben wir beim harmonischen Mittel die allgemeine

Differentialgleichung $\quad \dfrac{y_i'}{y_i} = \varphi''(x)\,\dfrac{\bar{x}_m - x_i}{x_i}\quad$ und ihre Integration

$$y_i = C \, e^{\int \varphi''(x) \frac{\bar{x}_m - x_i}{x_i} dx + \Psi(x_i)}$$

Wählt man als willkürliche Funkt

$$\varphi''(x) = -k^2 \quad \text{und} \quad \Psi(x_i) = \frac{\bar{x}_m - x_i}{z_i} K^2 x_i$$

so vereinfacht sich die Formel auf

$$y_i = C \, e^{-\frac{\bar{x}_m - x_i}{z_i} K^2 \bar{x}_m + \frac{\bar{x}_m - x_i}{z_i} K^2 x_i}$$

$$= C \, e^{-\frac{\bar{x}_m - x_i}{z_i} K^2 (\bar{x}_m - x_i)} = C \, e^{-K^2 z_i}$$

Es haben also auch beim Medianwert, wenn er der wahrscheinlichste ist, gleich große positive oder negative Abweichungen von ihm die gleiche Wahrscheinlichkeit.

Eine axiomatisch durchgeführte funktionstheoretische Ableitung des Exponentialgesetzes von G a u ß haben F. B e r n s t e i n und W. S. B a e r versucht.Eine weitere allgemeine funktionstheoretische Arbeit in Hinsicht von Streuungsfunktionen bzw. Fehlergesetzen lieferte C. V. L. C h a r l i e r . Er geht von dem Ansatz

$$y_i = \sum_0^\infty A_\nu \, f^{(\nu)}(x_i)$$

aus und kommt durch Spezialisierung einerseits zur Φ -Reihe von <u>Bruns</u>, andererseits zu einer den Wahrscheinlichkeitskurven von P e a r s o n ähnlichen Funktionsschar.

14. Die Theoreme von Poisson und von Bernoulli auf Grund der Kolletivmaßlehre

Man kann von der Kollektivmaßlehre ausgehend die Lösung der Theoreme von P o i s s o n und von B e r n o u l l i in eleganter Weise ableiten. Es seien x und y zwei stochastisch unabhängige, zunächst unstetige Argumente, die zwei Reihen von Kollektivmaßgrößen betreffen. Sind $\mathfrak{U}_1(x)$ und $\mathfrak{U}_2(y)$ die zugehörigen Verteilungsfunktionen und bildet man einen Kollektivgegenstand mit zwei Merkmalen, deren Argumente x und y sind, d. h. einen Kollektivgegenstand, dessen Exemplare beide Merkmale besitzen können, so ist die Verteilungsfunktion $\mathfrak{U}(x,y)$ durch die beiden Verteilungsgesetze $\mathfrak{U}_1(x)$ und $\mathfrak{U}_2(y)$ gegeben, denn es ist der Multiplikationssatz der Wahrscheinlichkeitslehre anwendbar nach dem $\mathfrak{U}(x,y) = \mathfrak{U}_1(x) \cdot \mathfrak{U}_2(y)$ ist. Die Durchschnittsberechnung ist nichts anderes als eine Mittelwertsberechnung (arithmetisches Mittel) und deshalb haben wir ferner

$$\vartheta [f(x,y)] = \sum \sum f(x,y) \, \mathfrak{U}(x,y)$$

$$= \sum \sum f(x,y) \, \mathfrak{U}_1(x) \, \mathfrak{U}_2(y)$$

wobei die Summen über alle möglichen Wertverbindungen von x und y zu erstrecken sind, Aus der Mittelwertrechnung wissen wir, daß

$$\vartheta[\varphi(x) + \psi(y)] = \vartheta[\varphi(x)] + \vartheta[\psi(y)] \qquad \ldots\ldots\ldots 1)$$

und $\quad \vartheta[\varphi(x) \cdot \psi(y)] = \vartheta[\varphi(x)] \cdot \vartheta[\psi(y)] \qquad \ldots\ldots\ldots\ldots 2)$

ist, woraus bei $\psi(y) = c$ einer Invarianten,

$$\vartheta[c\,\varphi(x)] = c\,\vartheta[\varphi(x)] \qquad \ldots\ldots\ldots\ldots\ldots\ldots 3)$$

folgt. Die Formeln 2 und 3 kann man auf beliebig viele Argumente ausdehnen, die stochastisch voneinander unabhängig sind, und alle 3 Formeln gelten auch für stetige Argumente.

Nach dem Theorem von P o i s s o n hat man n Urnen U_i $(i = 1$ bis $n)$, die mit weißen (w) und schwarzen (s) Kugeln gefüllt sind. Die Wahrscheinlichkeit, daß aus der Urne U_i eine weiße Kugel gezogen wird, sei $w_{U_i}(w) = p_i$, die, daß eine schwarze Kugel gezogen wird, sei $w_{U_i}(s) = q_i = 1 - p_i$. Die einzelnen Ziehungsreihen erfolgen so, daß aus jeder Urne eine Kugel gezogen und ihre Farbe notiert wird, worauf man die Kugel zurücklegt und den Urneninhalt neu mischt. Derartige Reihen seien m durchgeführt worden und die Ergebnisse nach den relativen Häufigkeiten (w) geordnet; es handelt sich um die Verteilungsfunktion dieses Arguments, das wir allgemein mit x bezeichnen.

Betrachtet man zuerst die Ziehungen aus einer einzelnen Urne, z. B. aus U_i, und bezeichnet die relative Häufigkeit von (w) im e i n z e l n e n Zug mit x_i, so ist dieses Argument nur der zwei Werte 0 und 1 fähig und man erhält durch wiederholte Ziehungen eine m-gliedrige Reihe, deren Glieder den Wert 0 oder 1 haben; die Verteilung dieser zwei Argumente ist jedoch theoretisch a priori angebbar, wenn man die Zusammensetzung des Inhalts der Urne U_i kennt. Es ist

$$U_i(0) = w_{U_i}(s) = q_i \quad \text{und} \quad U_i(1) = w_{U_i}(w) = p_i$$

Auf Grund dieser bekannten Verteilung findet man

$$\vartheta(x_i) = 0 \cdot U_i(0) + 1 \cdot U_i(1) = p_i \qquad \ldots\ldots\ldots 4)$$

und die Streuung ist $str^2(x_i) = \vartheta\left[(x_i - p_i)^2\right]$

$$= (0 - p_i)^2\, U_i(0) + (1 - p_i)^2\, U_i(1) \qquad \ldots\ldots\ldots 5)$$

Betrachten wir nun die Züge einer Ziehungsreihe und ordnen die relativen Häufigkeiten von (w) zu, dann werden die den einzelnen Zügen zugeordneten Zahlen x_1 bis x_n wieder teils 1, teils 0 sein; ihre Summe bedeutet offenbar die absolute

Häufigkeit von (w) in der Reihe. Die relative Häufigkeit ist $\frac{1}{n}$ dieser Summe und gleich dem arithmetischen Mittelwert $\bar{x}$ der x_i, so daß

$$n\,\bar{x} \;=\; \sum_{i=1}^{n} x_i \qquad\qquad \dots\dots\dots 6)$$

schreiben kann.

Die Verteilung eines jeden x_i der Summe ist durch die Elemente Argumentdurchschnitt und Streuung im Sinne der Gleichungen 4 und 5 gekennzeichnet, daraus lassen sich unter Verwendung der vorausgeschickten Regeln 1 bis 3 die analogen Elemente für die Verteilung von x_i ableiten. Es ist nämlich

$$\vartheta(n\bar{x}) \;=\; n\,\vartheta(x) \;=\; \sum_{i=1}^{n} \vartheta x_i \;=\; \sum_{i=1}^{n} p_i$$

woraus $\quad \vartheta(\bar{x}) = \dfrac{1}{n} \displaystyle\sum_{i=1}^{n} p_i = \bar{p}\quad$ und $\quad \bar{q} = 1-\bar{p} = \dfrac{1}{n}\displaystyle\sum_{i=1}^{n} q_i \dots\dots\dots 7)$

folgt. Weiter kann man hieraus mit Rücksicht auf Formel 6

$$n\,(x-p) \;=\; \sum_{i=1}^{n} (x_i - p_i) \quad \text{und}$$

$$n^2\,(\bar{x}-\bar{p})^2 \;=\; \sum_{i=1}^{n} (x_i - p_i)^2 + \sum (x_i - p_i)(x_j - p_j) \qquad (i \neq j)$$

gewinnen und hieraus hat man schließlich

$$\vartheta\left[n^2(\bar{x}-\bar{p})^2\right] \;=\; n^2\,\vartheta\left[(\bar{x}-\bar{p})^2\right]$$

$$=\; \sum_{i=1}^{n} \vartheta\left[(x_i - p_i)^2\right] + \sum_{i=1}^{n} \vartheta(x_i - p_i)\,\vartheta(x_j - p_j) \quad (i \neq j)$$

Da laut 4 jedes $\vartheta(x_i - p_i) = 0$ ist, ergibt sich weiter

$$n^2\,str^2(x) \;=\; \sum_{i=1}^{n} str^2(x_i) \;=\; \sum_{i=1}^{n} p_i q_i \qquad\qquad \dots\dots\dots 8)$$

Setzt man $p_i - p = \delta_i$, so ist $q_i - q = -\delta_i$ und

$$\sum_{i=1}^{n} p_i q_i \;=\; \sum_{i=1}^{n} (p + \delta_i)(q - \delta_i) \;=\; npq - (p-q)\sum_{i=1}^{n}\delta_i - \sum_{i=1}^{n}\delta_i^2$$

Weil aber $\displaystyle\sum_{i=1}^{n} \delta_i = 0$ ist, vereinfacht sich die Formel auf

$$n\,str^2(\bar{x}) \;=\; pq - \frac{1}{n}\sum_{i=1}^{n}\delta_i^2 \qquad \dots\dots\dots 8a)$$

Geht man nun daran, die Verteilung des Arguments $\bar{x}$, das unstetig und lediglich der Werte $0, \frac{1}{n}, \frac{2}{n}, \ldots \frac{n-1}{n}, 1$ fähig ist, bei großem n jedoch wegen der dichten Anordnung der Werte als stetig behandelt werden kann, durch die Φ-Reihe darzustellen und beschränkt man sich bei der Summenfunktion auf das erste Glied der Φ-Reihe, so daß in erster Annäherung $2 \gamma(V) - 1 = \Phi(V)$ genommen wird, so hat man

$$W(X)\, dX = \tfrac{1}{2}\, \Phi(V)_1\, dV$$

wobei $V = h\left[X - \vartheta(x)\right] = h\left[X - p\right]$ und $dV = h\, dX$ zu setzen sind. Somit wird

$$W(X) = \frac{h}{\sqrt{\pi}}\, e^{-h^2 (X-p)^2}$$

und die Parameter dieser Funktion sind nach 7 und 8

$$p = \frac{1}{n} \sum_{i=1}^{n} p_i \quad \text{und h} = \frac{1}{str(x)\sqrt{2}} = \frac{h}{\sqrt{2 \sum_{i=1}^{n} p_i q_i}}$$

Die Wahrscheinlichkeit, daß die Abweichung $X - p = \vartheta$ zwischen den Grenzen

$$\mp \frac{\gamma}{h} = \mp \gamma \frac{1}{n} \sqrt{2 \sum_{i=1}^{n} p_i q_i} \quad \text{bleibt ist sonach}$$

$$\frac{h}{\sqrt{\pi}} \int_{-\frac{\gamma}{h}}^{\frac{\gamma}{h}} e^{-h^2 \vartheta^2}\, d\vartheta = \frac{2}{\sqrt{\pi}} \int_{0}^{\gamma} e^{-t^2}\, dt.$$

Das ist die Lösung des Theorems von P o i s s o n ; die Ableitung hat von der, die P o i s s o n angegeben hat, den Vorzug, daß sie sich an eine allgemeinere Gedankenbildung anlehnt und das Theorem als einen speziellen Fall erkennen läßt, der sich aus einer umfassenderen Fragestellung ergibt. Auch daß es sich bei der vorstehenden Formulierung um eine erste Annäherung handelt, die aber schon bei einigermaßen großem n ausreicht, ist aus dem Gang der Entwicklung klar zu ersehen. Die entsprechende Fortsetzung der Φ-Reihe aus den Daten des Urnenschemas hat B r u n s vorgenommen.

Der Übergang zum Theorem von B e r n o u l l i ist sehr einfach, man braucht nur anzunehmen, daß die Füllung der Urnen gleichmäßig ist, oder daß alle Ziehungen aus einer Urne gemacht werden, so daß man es nur mit einem einzigen $p = W(w)$ und einem einzigen $q = 1 - p = W(s)$ zu tun hat. Dann ergibt sich für die Grenzen

$$\mp \frac{\gamma}{h} = \mp \gamma \sqrt{\tfrac{1}{n} pq}$$

der Abweichung vom normalen (theoretischen) p die Wahrscheinlichkeit

$$\frac{2}{\sqrt{\pi}} \int_{0}^{\gamma} e^{-t^2}\, dt$$

in Übereinstimmung mit der Lösung von B e r n o u l l i .

Bemerkenswert ist an der Streuungsformel die Erkenntnis, daß beim Urnenschema nach Poisson die Streuung kleiner ist als beim Schema nach Bernoulli, und dies mit den gleichen Wahrscheinlichkeiten p und q, die $n s \tau^2(\bar{x}) = pq$ zur Folge haben. Der Unterschied ist durch das Glied $\frac{1}{n} \sum_{i=1}^{n} \delta_i^2$ gegeben und wächst mit der Größe des Gliedes; dieses Glied stellt offenbar das mittlere Quadrat der Abweichungen der p_i vom normalen Wert $\bar{p}$ dar, also die Streuung der p_i. Je ungleich -

artiger somit die Füllung der Urnen ist, desto kleiner wird die Streuung nach 8a; beim gleichen $\bar{p}$ kann sich also die Streuung sehr verschiedenartig gestalten, je nachdem die p_i verteilt sind. Darin liegt der Grund für die größere Anpassungsfähigkeit des Theorems von Bernoulli an verschiedenen Verteilungen.

15. Tabelle der Integralfunktion $\quad \Phi_{(x)} = \dfrac{2}{\sqrt{\pi}} \int_{0}^{x} e^{-\gamma^2}\, d\gamma$

x	$\Phi(x)$	Differenz in Zehntausendstel	x	$\Phi(x)$	Differenz in Zehntausendstel
0,00	0,0000	112,8	0,25	0,2763	105,7
0,01	0,0113	112,8	0,26	0,2869	105,2
0,02	0,0226	112,8	0,27	0,2974	104,6
0,03	0,0338	112,7	0,28	0,3079	104,0
0,04	0,0451	112,6	0,29	0,3183	103,4
0,05	0,0564	112,5	0,30	1,3286	102,8
0,06	0,0676	112,4	0,31	0,3389	102,2
0,07	0,0789	112,2	0,32	0,3491	101,5
0,08	0,0901	112,0	0,33	0,3593	100,9
0,09	0,1013	111,8	0,34	0,3694	100,2
0,10	0,1125	111,6	0,35	0,3794	99,5
0,11	0,1236	111,4	0,36	0,3893	98,8
0,12	0,1348	111,1	0,37	0,3992	98,0
0,13	0,1459	110,8	0,38	0,4090	97,3
0,14	0,1569	110,5	0,39	0,4187	96,5
0,15	0,1680	110,2	0,40	0,4284	95,8
0,16	0,1790	109,8	0,41	0,4380	95,0
0,17	0,1900	109,4	0,42	0,4475	94,2
0,18	0,2009	109,0	0,43	0,4569	93,4
0,19	0,2118	108,6	0,44	0,4662	92,6
0,20	0,2227	108,2	0,45	0,4755	91,7
0,21	0,2335	107,7	0,46	0,4847	90,9
0,22	0,2443	107,3	0,47	0,4937	90,0
0,23	0,2550	106,8	0,48	5027	89,2
0,24	0,2657	106,3	0,49	5117	88,3

x	$\Phi(x)$	Differenz in Zehntausendstel	x	$\Phi(x)$	Differenz in Zehntausendstel
0,50	0,5205	87,4	0,80	0,7421	59,0
0,51	0,5292	86,6	0,81	0,7480	58,1
0,52	0,5379	85,7	0,82	0,7538	57,1
0,53	0,5465	84,8	0,83	0,7595	56,2
0,54	0,5549	83,8	0,84	0,7654	55,3
0,55	0,5633	82,4	0,85	0,7707	54,3
0,56	0,5716	82,0	0,86	0,7761	53,4
0,57	0,5798	81,1	0,87	0,7814	52,5
0,58	0,5879	80,1	0,88	0,7867	51,6
0,59	0,5959	79,2	0,89	0,7918	50,6
0,60	0,6039	78,3	0,90	0,7969	49,7
0,61	0,6117	77,3	0,91	0,8019	48,8
0,62	0,6194	76,3	0,92	0,8068	48,0
0,63	0,6270	75,4	0,93	0,8116	47,1
0,64	0,6346	74,4	0,94	0,8163	46,2
0,65	0,6420	73,5	0,95	0,8209	45,3
0,66	0,6494	72,5	0,96	0,8254	44,5
0,67	0,6566	71,5	0,97	0,8299	43,6
0,68	0,6638	70,6	0,98	0,8342	42,8
0,69	0,6708	69,6	0,99	0,8385	41,9
0,70	0,6778	68,6	1,00	0,8427	41,1
0,71	0,6847	67,7	1,01	0,8468	40,3
0,72	0,6914	66,7	1,02	0,8508	39,5
0,73	0,6981	65,7	1,03	0,8548	38,7
0,74	0,7047	64,8	1,04	0,8586	37,8
0,75	0,7112	63,8	1,05	0,8624	37,1
0,76	0,7175	62,8	1,06	0,8661	36,3
0,77	0,7238	61,9	1,07	0,8698	35,5
0,78	0,7300	60,9	1,08	0,8733	34,8
0,79	0,7361	60,0	1,09	0,8768	34,0

x	$\Phi(x)$	Differenz in Zehntausendstel	x	$\Phi(x)$	Differenz in Zehntausendstel
1,10	0,8802	33,3	1,40	0,9523	15,7
1,11	0,8835	32,5	1,41	0,9539	15,2
1,12	0,8868	31,8	1,42	0,9554	14,8
1,13	0,8900	31,1	1,43	0,9569	14,4
1,14	0,8931	30,4	1,44	0,9583	14,0
1,15	0,8961	29,7	1,45	0,9597	13,6
1,16	0,8991	29,0	1,46	0,9611	13,2
1,17	0,9020	28,4	1,47	0,9624	12,8
1,18	0,9048	27,7	1,48	0,9637	12,5
1,19	0,9076	27,1	1,49	0,9649	12,1
1,20	0,9103	26,4	1,50	0,9661	11,7
1,21	0,9130	25,8	1,51	0,9673	11,4
1,22	0,9155	25,2	1,52	0,9684	11,0
1,23	0,9181	24,6	1,53	0,9695	10,7
1,24	0,9205	23,9	1,54	0,9706	10,4
1,25	0,9229	23,3	1,55	0,9716	10,1
1,26	0,9252	22,8	1,56	0,9726	9,7
1,27	0,9275	22,2	1,57	0,9736	9,4
1,28	0,9297	21,6	1,58	0,9745	9,2
1,29	0,9319	21,5	1,59	0,9755	8,9
1,30	0,9340	20,6	1,60	0,9763	8,6
1,31	0,9361	20,0	1,61	0,9772	8,3
1,32	0,9381	19,5	1,62	0,9780	8,0
1,33	0,9400	19,0	1,63	0,9788	7,8
1,34	0,9419	18,5	1,64	0,9796	7,5
1,35	0,9438	18,0	1,65	0,9804	7,3
1,36	0,9456	17,5	1,66	0,9811	7,1
1,37	0,9473	17,0	1,67	0,9818	6,8
1,38	0,9490	16,6	1,68	0,9825	6,6
1,39	0,9507	16,1	1,69	0,9832	6,4

x	$\Phi(x)$	Differenz in Zehntausendstel	x	$\Phi(x)$	Differenz in Zehntausendstel
1,70	0,9838	6,2	2,00	0,9953	2,0
1,71	0,9844	6,0	2,01	0,9955	1,9
1,72	0,9850	5,8	2,02	0,9957	1,9
1,73	0,9856	5,6	2,03	0,9959	1,8
1,74	0,9861	5,4	2,04	0,9961	1,7
1,75	0,9867	5,2	2,05	0,9963	1,7
1,76	0,9872	5,0	2,06	0,9964	1,6
1,77	0,9877	4,8	2,07	0,9965	1,5
1,78	0,9882	4,7	2,08	0,9967	1,5
1,79	0,9886	4,5	2,09	0,9969	1,4
1,80	0,9891	4,3	2,10	0,9970	1,3
1,81	0,9895	4,2	2,11	0,9972	1,3
1,82	0,9899	4,0	2,12	0,9973	1,2
1,83	0,9903	3,9	2,13	0,9974	1,2
1,84	0,9907	3,8	2,14	0,9975	1,1
1,85	0,9911	3,6	2,15	0,9976	1,1
1,86	0,9915	3,5	2,16	0,9977	1,0
1,87	0,9918	3,4	2,17	0,9979	1,0
1,88	0,9922	3,2	2,18	0,9980	1,0
1,89	0,9925	3,1	2,19	0,9980	0,9
1,90	0,9928	3,0	2,20	0,9981	0,9
1,91	0,9931	2,9	2,21	0,9982	0,8
1,92	0,9934	2,8	2,22	0,9983	0,8
1,93	0,9937	2,7	2,23	0,9984	0,8
1,94	0,9939	2,6	2,24	0,9985	0,7
1,95	0,9942	2,5	2,25	0,9985	0,7
1,96	0,9944	2,4	2,26	0,9986	0,7
1,97	0,9947	2,3	2,27	0,9987	0,6
1,98	0,9949	2,2	2,28	0,9987	0,6
1,99	0,9951	2,1	2,29	0,9988	0,6

x	S. 349 $\bar{\Phi}(x)$	Differenz in Zehntausendstel	x	$\bar{\Phi}(x)$	Differenz in Zehntausendstel
2,30	0,9989	0,6	2,60	0,9998	0,1
2,31	0,9989	0,5	bis		
2,32	0,9990	0,5	2,68		
2,33	0,9990	0,5	ab		
2,34	0,9991	0,5	2,69	0,9999	
2,35	0,9991	0,4			
2,36	0,9992	0,4			
2,37	0,9992	0,4			
2,38	0,9992	0,4			
2,39	0,9993	0,4			
2,40	0,9993	0,3			
2,41	0,9993	0,3			
2,42	0,9994	0,3			
2,43	0,9994	0,3			
2,44	0,9994	0,3			
2,45	0,9995	0,3			
2,46	0,9995	0,3			
2,47	0,9995	0,2			
2,48	0,9995	0,2			
2,49	0,9996	0,2			
2,50	0,9996	0,2			
2,51	0,9996	0,2			
2,52	0,9996	0,2			
2,53	0,9997	0,2			
2,54	0,9997	0,2			
2,55	0,9997	0,2			
2,56	0,9997	0,2			
2,57	0,9997	0,1			
2,58	0,9997	0,1			
2,59	0,9998	0,1			

Literaturverzeichnis

A

A c h e n w a l l , Staatsverfassung der heutigen vornehmsten europäischen Reiche, 2.Aufl., Göttingen 1952.

A d a m , A.: Entropie und Streuung. In: Metrika 1958, Bd.1, H.2, S.99-110.

A l l e n , R.G.D., Mathematik für Volks- und Betriebswirte, übers. v.E.Kosiol, Berlin 1956.

A l l e n , George, Douglas: Statistik für Volkswirte. Aus dem Englischen übertragen von Wolfgang Förster, Tübingen: Mohr 1957. VII, 232 S.

A n d e r s o n , Oskar: Theorie der Glücksspiele und ökonomisches Verhalten.Schweizerische Zeitung für Volkswirtschaft und Statistik, 85 (1949), S.46-53.

A n d e r s o n , O.: Einführung in die Statistik, Springer-Verlag, Wien 1935.

A n d e r s o n , O.: Induktive Logik und statistische Methode. In: Allgemeines Statistisches Archiv, Bd.41, 1957, S.235-241.

A n d e r s o n , O.: Probleme der statistischen Methodenlehre, 3.Aufl. Würzburg: Physika-Verlag 1957. VIII, 358 S. (Einzelschriften der Deutschen Statistischen Gesellschaft. 6.)

A n d e r s o n , O.: Einführung in die mathematische Statistik.

A n t o i n e , H.: Statistische Betriebsüberwachung, München und Berlin 1927.

A m e r i c a n S t a t i s t i c a l A s s o c i a t i o n : Acceptance Sampling. A Symposium. Washington 1950.

B

B a r b e r i , B.: Rilevazioni statistiche. Torino 1957. XV,100 S. (Serie di statistica. Theoria e applicazioni. 1.)

B a r b e r i , B.: Elementi di statistica economica. Torino 1958. VI,192 S.5. (Serie di statistica. Theoria e applicazioni. 6.)

B a u e r , Maria: Die Methoden der deutschen Landwirtschaftsstatistik. Köln 1933: Hauptmann. 108 S. Köln, wirtschafts-u.sozialwiss.Diss.v.30.7.1930.

B a u e r s c h m i d t , Herbert: Die Problematik in Aufbau und Aussagewert von Indexziffern der Lebenshaltung. Erlangen 1957: Müller. Erlangen, staatswiss. Diss. v. 11.7.1957.

B e l o w , Fritz: Wirtschaftsintegration und Integrationsstatistik. Ein Beitrag zum Verständnis der Integrationsprobleme und der statistischen Aufgaben bei der Planung, Vorbereitung und Durchführung von Wirtschaftsintegrationen. Berlin: Duncker & Humblot (1957). 144 S. (Volkswirtschaftl.Schriften.27). Bericht über die wissenschaftliche Arbeitstagung des Instituts für Statistik der Hochschule für Ökonomie am 1. und 2. November 1957, Statistische Praxis, Berlin-Ost, 11/12, 1957, S. 254-258.

B e r n o u l l i , : Specimen Theorial Novae de Mensura Sortes, 1738, deutsch herausgegeben von A. Pringsheim, Leipzig 1896.

B i e n a i m é , : Considerations a l'appui de la decouverte de Laplace sur la loi de propabilité dans la methode des moindres carres (Compt.rend. XXXVII, 1853, Journ.de Liouv., 2e série XII, 1867).

B i x b y , A.F. : Statistik und Kostenvoranschläge der Krankenversicherung für Eisenbahnbedienstete in den Vereinigten Staaten. In: Bulletin der Internationalen Vereinigung für Soziale Sicherheit, Genf, 1958, Nr.6,S.191-201.

B l a s c h k e , Statistik und Versicherung, Prag 1924.

B l e i c h e r , H. : Statistik, Bd.I (Sammlung Göschen Nr. 746), Berlin 1915.

B l o c k : Traité théoretique et pratique de Statistique, Paria 1878 (In deutscher Bearbeitung von v.Scheel).

B o e c k h , Richard: Die geschichtliche Entwickelung der amtlichen Statistik des preußischen Staates. Im Auftrag d.Directors d.Kgl.Statistischen Bureaus Ernst Engel, eine Festgabe für den Internationalen Statistischen Congress in Berlin. Berlin 1863: Kgl.Geh.Ober-Hofbuchdruckerei.

B o r t k i e w i c z L.v. Bevölkerungswesen, Leipzig 1919

B o u s t e d t : Probleme der statistischen Regionalforschung im Rahmen des Internationalen Statistischen Instituts. In: Informationen, Bad Godesberg. Nr. 21, 1957, S. 532-540.

B o w l e y , A.L.: An Elementary Manual of Statistics, 3rd.Ed., London 1923.

B o w l e y , A.L.: Elements of Statistics, 4th. Ed., London 1920.

B o w l e y , A.L.: Mathematical Groundwork of Economics, London 1923.

B r a c h w i t z , W.: Zur Frage der Anwendung des geometrischen Mittels, insbesondere bei Berechnung von Indexzahlen. In: Allgemeines Statistisches Archiv, 1958, H.1, S. 39 - 41.

B r e d a l - B a u e r , J.: Statistiska Centralbyråns Organisation och Verksamhet. In: Statistisk Tidskrift, Stockholm, 11, 1957, S.586 - 594.

B r e m i k e r , C.: Das Risiko der Lebensversicherungen, Berlin 1859.

B r o w n l e e , K.A.: Industrial Experimentation, 4.Auflage. His Majesty's Stationery Office, London, 1949.

B r u n s , H.R.: The dicline of competition, 1936.

B u f f o n : Die Bernoulli'sche Werttheorie, Zeitschrift für Mathematik und Physik, Band 47, 1902.

B u r g d ö r f e r , F.: Ein halbes Jahrhundert im Dienste der Statistik, Zeitschr.d. Bayer.Statistischen Landesamts, Jg.89, 1957. H.1/2.

B y s o w , L.A.: Graphische Methoden in der Planung, Statistik und Erfassung. Berlin 1955. (Übersetzung aus dem Russischen).

C

C a s s e l m a r k , S.E.: Nordiskt samarbete på näringsstatistikens område. In: Kommersiella Meddelanden, Stockholm, 11, 1957, S.407-411.

C o u r n o t , A.: Untersuchungen über die mathematischen Grundlagen der Theorie des Reichtums, 1838 (Deutsche Übersetzung, Jena 1924).

C r a m é r , H.: Mathematical Methods of Statistics. Princetown University Press, Princetown, 1951.

C r o f t o n : Ohn the Proof of the Law of Errors of Observations, Lond.Trans. 159 (1869).

C r o f t o n : Probability, Eneycl.Brit. 19 (1885).

C r o n e r , Fr.: Soziologie und Statistik der Berufe an schwed. Beispielen. In: Statistische Vierteljahresschrift, Wien 1957, Bd.10, H.3/4, S. 107-113.

C r o x t o n , F.E. and C r o w d e n , D.J.: Applied General Statistics. Prentice-Hall, New York 1943.

C z u b e r , E.: Wahrscheinlichkeitslehre.

C z u b e r , E.: Wahrscheinlichkeitsrechnung, 5.Aufl. Leipzig 1938.

C z u b e r , E.: Theorie der Beobachtungsfehler, 1891.

D

D a e v e s , K. : Praktische Großzahl-Forschung, VDI-Verlag, Berlin 1933.

D a e v e s , K. und B e c k e l , A. : Auswertung von Betriebszahlen und Betriebs-
versuchen durch Großzahl-Forschung (3. Auflage), Chemie-Verlag, Berlin 1942.

D a m s , Th. und W e l s l a u , H. : Die Leistungsfähigkeit der Preisstatistik für die
Ermittlung von Handelsspannen auf dem Kartoffelmarkt. In: Berichte über
Landwirtschaft, 1958, H. 3, S. 605-50.
D e u t s c h e S t a t i s t i s c h e G e s e l l s c h a f t
S t r e c k e r , Heinrich : Moderne Methoden in der Agrarstatistik. Würzburg: Physika-
Verlag 1957. 141 S. 1 Kt. (Einzelschriften der Deutschen Statistischen Ge-
sellschaft. 8.)

D e u t s c h e A k a d e m i e f ü r B e v ö l k e r u n g s w i s s e n s c h a f t
a n d e r U n i v e r s i t ä t H a m b u r g .
F r e u d e n b e r g , Karl: Die Sterblichkeit nach dem Familienstande in Westdeutsch-
land 1949/1951, Hamburg 1957, 16 S. (Akademie-Veröffentlichung, Reihe
A, Nr. 1).

D e u t s c h e A k a d e m i e f ü r B e v ö l k e r u n g s w i s s e n s c h a f t
W i t t , Cai Delf : Probleme der Fruchtbarkeitsstatistik. Ein Beitrag zum demo-
graphisch-soziologischen Verständnis, ihrer Bedeutung und ihrer Methodik.
Hamburg: Ärzte-Verl. (1954). VIII, 101 S. (Akademie-Veröffentlichung.
Reihe B, Studie 1.).

D e p t o f S t a t i s t i c s .
University of London, University College.
F i e l l e r , E. C. , T. Lewis and E. S. Pearson: Correlated random normal deviates.
3000 sets of deviates, each giving 9 random pairs with correlations o. 1
(o. 1) o. 9, compiled from Herman Wold's table of random normal deviates
(Tract No. 25.). Cambridge: University Press '57. XV, 60 S. (Tracts for
computers. 26.).

Der *Güter*-Werkverkehr mit Kraftfahrzeugen in Industrie und Großhandel (Ergebnisse einer Sondererhebung) = Monatsberichte des Österreichischen Instituts
für Wirtschaftsforschung 1958, Beil. Nr. 55.

Die Ausbreitung des Fernsprechwesens in der Welt
(Internationale Fernsprechstatistik 1956 des ATT) In: Zeitschrift für das
Post- und Fernmeldewesen 1958, H. 13, S. 499-503.

Die Säuglingssterblichkeit in einzelnen europäischen Ländern im Zeitraum 1950-
1956. In: Statistische Nachrichten, Wien, 1958, Nr. 10, S. 400-401.

D o e h r i n g , C.: Statistik im Umbruch. In: Der Volkswirt, 1958, Nr.41, S.2087
- 2090.

D o n d a , A.: Neue Planmethodik stellt der Handelsstatistik neue Aufgaben. In:
Der Handel. Zeitschrift f.Theorie u.Praxis d.Binnenhandels i.d.DDR, 11,
1957, S. 28 - 31.

D u f r e n o y , J.: Résolutions graphiques et problèmes statistiques. In: Journal de
la Société de Statistique de Paris, 4-6, 1957, S.126-138.

E

E d g e w o r t h , F.Y.: Law of Error, Cambridge Philos. Trans. XX (1904).

E d g e w o r t h , F.Y.: Mathematical Psychics 1881.

E g e r m a y e r , F.: Die gegenwärtigen Auffassungen über die Statistik in den sozialistischen und kapitalistischen Ländern - gekürzte Übersetzung aus "Westnik statistiki" 1958/10. In: Statistische Praxis, Berlin-Ost, 1959, Nr.1, S.
16 - 18.

Eidgenössisches Statistisches Amt. - Schweizerische Bibliographie für Statistik und
Volkswirtschaft. Bd.17, 1955/56. Bern '57.

E i n b e c k , F.: Zur heutigen Struktur des Fernsprechwesens. In: Zeitschrift f.Ver-
kehrswissenschaft, 4, 1957, S.228-239.

E s e n w e i n - R o t h e , I.: Träger der Wirtschaftsstatistik. In: Zeitschrift für Betriebswirtschaft, 3, 1958, S.173-189.

E u l e n b u r g , F.: Naturgesetze und soziale Gesetze, Arch.f.S., Tübingen 1911.

E ž o v , A.J.: Organisation der staatlichen Statistik der UdSSR, Moskau 1957.

F

F a h l b e c k , P.: Die Statistik als selbständige Wissenschaft, Deutsches Statistisches Zentralblatt, Leipzig 1916.

F a r i s , J.E. and W.W. McPherson: Application of linear programming in an analysis of economic changes in farming. In: The Review of Economics and
Statistics, Cambridge, Mass., Mass., USA., 4, 1957, S.421-434.

F e c h n e r : Psychotechnik.

F e l s , E.M.: Einige Erfahrungen mit amerikanischen Statistikkursen. In: Allgem.
statist. Archiv, H.2, 1957, S.155-162.

F e r s c h e l , F.: Entscheidungsproblem und strategische Spiele. In: Unternehmensforschung, 2, 1958, H.2, S.49-59.

F i s h e r , R.A.: Statistical Methods for Research Workers. Oliver and Boyd, and
Edinburgh, 1950.

F i s h e r   a n d   Y a t e s : Statistical Tables for Biological, Agricaltural and Medical
Research, Oliver and Boyd (1949), 1954.

F o r s t e r : D.Bundesländer im Spiegel d.Bevölkerungs-und Eisenbahnstatistik. In:
Archiv f.Eisenbahnwesen. H.3, 1957, S.364 - 374.

F r a s e , H.: Die Statistik der Wirtschaftsrechnungen. In:Statistische Praxis, Berlin-Ost, 1958, H.7, S.146-48.

F r e e m a n : Industrial Statistics. Wiley, London, 1946.

F r e u d e n b e r g , K.: Die Sterblichkeit nach dem Familienstande in Westdeutsch-
land 1949/1951. Hamburg 1957, 16 S.

F u h r m a n n , K.H.: Einige Bemerkungen zur Volks-, Berufs- und Wohnraum-
zählung 1959. In: Statistische Praxis, Berlin-Ost, 11/12, 1957, S.270.

G

G a b a g l i o : Storia e teoria generale della Statistica, Milano 1880.

G a u s s : Theorie combinat, Art. 38.

G e h l e , Heinrich Heribert : Die statistischen Mittelwerte in der Betriebswirtschaft.
Köln 1929: Kerschgens. XII,131 S. Köln, wirtschafts- und sozialwiss.Diss.
v.29.2.1929.

G i l l b e r g , J. and B.G.Rundblad : The use of the population sample register for
enquiries into the mobility of labour. A study in method.(Schwedisch) In :
Statistisk Tidskrift, Stockholm, 1959, H.1, S.32.80;
Geschichte und Einrichtung der amtlichen Statistik im Königreich Bayern,
herausgegeben vom Kgl. Stat. Bureau, München 1895

G l a u e r t , G.: Veränderungen in der Bevölkerungsstruktur Nordafrikas in den letzten Jahrzehnten. In: Die Erde, 3/4, 1957, S.298-319.

G o l l , Hans Peter : Handbuch der Lebensversicherung. Karlsruhe: Versicherungs-
wirtschaft 1957. 252 S.

G o s l a r . Amt für Wirtschaftsförderung und Statistik. Kommunales Leben. Statistik von gestern und heute. 1957/58, Goslar 1958.

Graf , U. : Statistische Qualitätskontrolle durch Stichprobenverfahren. Rationalisierung, München, 1955 Heft 2, S.32.

Graf , U. : Statistische Verfahren für Betriebsüberwachung und -forschung in der Industrie. Allgemeines Statistisches Archiv, München 5, Organ der Deutschen Statistischen Gesellschaft, Verlag Carl Gerber. 1952, S.310.

Graf , U. und Henning, H.J. : Der Einsatz der technischen Statistik in Industrie und Wirtschaft. Allgemeines Statistisches Archiv, München 5, Organ der Deutschen Statistischen Gesellschaft, Verlag Carl Gerber. 1952, S.32.

Graf , U. und Henning, H.J. : Formeln und Tabellen der mathematischen Statistik, Springer-Verlag, Berlin, Göttingen, Heidelberg 1953.

Graunt : Natural and political observations upon the Bills of Mortality, London 1662.

Günther , A.: Geschichte der deutschen Statistik (in: Die Statistik in Deutschland, Ehrengabe für G.v.Mayr, Bd. 1, I), München 1911.

Guldberg , A . : Über Markoffs Ungleichung, Metron, Vol.III Nr.1, 1923.

H

Hagel , J.: Auswirkungen der Teilung Deutschlands auf die deutschen Seehäfen. Eine statistisch-verkehrsgeographische Untersuchung.Marburg 1957, 92,42 S. (Marburger Geographische Schriften. H.9.).

Hamm , W. : Schiene und Straße. Das Ordnungsproblem im Güterverkehr zu Lande, Forsch.Inst.f.Wirtsch.-pol., Universität Mainz, Bd.2, Heidelberg 1954.

Hartig , G.: Die Bedeutung einheitlicher statistischer Unterlagen für die planmäßige Zusammenarbeit der sozialistischen Länder. In: Statistische Praxis, Berlin-Ost, 1958, H.10, S.217-20.

Haupt , Franz : Einführung in die statistische Grundlehre, Wien 1958, 39 S, 8°.

Haushaltsberechnungen von Familien unselbständig Erwerbender, 1956, Die Volkswirtschaft, Bern, H.11, 1957, S.495-501.

Hausdorff , F. : Das Risiko bei Zufallsspielen, Leipzig, Ber.1897.

Heidelberg , K.: Die wirtschaftliche Problematik einer Elektrifizierung des Bundesbahnbetriebs, Duisburg-Hamborn 1957.

Heimbücher , Bruno: Lücken in der Haftpflichtversicherung. In: Versicherungs-Wirtschaft, 1958, Nr.19, S.608 - 610.

H e l m : Treuhandgesellschaften auf dem Gebiete des Versicherungswesens, In "Neumanns Zeitschrift für Versicherungswesen", 1927.

H e i m b ü c h e r , Bruno: Lücken in der Haftpflicht-Versicherung. In: Versicherungs-Wirtschaft, 1958, Nr. 19, S. 608-610

H e l m e r t : Die Ausgleichsrechnung, 2. Aufl. 1907, Leipzig.

H e n n e : Praktische Feuerversicherungsstatistik.

H e n n i n g , H. -J. u. R. Wartmann: Stichproben kleinen Umfanges im Wahrscheinlichkeitsnetz.
In: Mitteilungsblatt für mathematische Statistik, 3, 1957, S. 168-181

H e r d a n , G.: Quality Control by Statistical Methods. Thomas Nelson, London 1848.

H e r m i t e , Ch.: Sur un nouveau développment en serie des fonctions, Compt. rend. LVIII Paris 1864.

H e s s e , A.: Gewerbestatistik und Arbeitsstatistik (Conrads Grundriß zum Studium der Politischen Ökonomie, 4. Teil Statistik, III., 4. Aufl.), Jena 1925

H e s s e , A.: Berufs- und Agrarstatistik (Conrads Grundriß zum Studium der Politischen Ökonomie, 4. Teil Statistik, II., 3. Aufl.), Jena 1924.

H e s s e , A.: Bevölkerungsstatistik (Conrads Grundriß zum Studium der Politischen Ökonomie, 4. Teil Statistik, I. Allgemeine Statistik, Bevölkerungsstatistik, 5. Aufl., Jena 1923, S. 59 - 240).

C o n r a d - H e s s e , Statistik, I. Geschichte, Theorie und Bevölkerungsstatistik, 4. Aufl., Jena 1918; II. Statistik der wirtschaftlichen Kultur, 1. Hälfte, 2. Aufl. 1913; 2. Hälfte, Gewerbestatistik, 2. Aufl. 1914.

H e s s e , A.: Allgemeine Statistik (Conrads Grundriß zum Studium der Politischen Ökonomie, 4. Teil Statistik, I. Allgemeine Statistik, Bevölkerungsstatistik, 5. Aufl. Jena 1923, S. 1-58).

H u b e r , Michel: Statistiques d'entreprises. Vol. 5 von "Cours de statistique appliquée aux affaires". - Actualités scientifiques et industrielles Nr. 1036. Hermann & Cie., Paris 1948.

Handwörterbuch der Staatswissenschaften. 4. Auflage, insbesondere die Artikel "Moralstatistik", "Religions- und Kirchliche Statistik", "Selbstmordstatistik".

I

Idenburg, Ph.J.u.de Wolff: De statistische basis voor financiele en mone-
taire analyses. In: Economisch-statistische Berichten, Den Haag, No.
2108, 1957.

Isaac, Alfred: Betriebswirtschaftliche Statistik, (2. Aufl.), Wiesbaden: Gabler
(um 1950).

Isaac, Alfred: Betriebswirtschaftliche Statistik (Betriebs- und finanzwirtschaft-
wirtschaftliche Forschungen, herausgegeben von F.Schmidt, II.Serie, Heft
18), Berlin 1925.

J

Jastremskij, B.S.: Mathematische Statistik, Moskau 1956.

Jasny, J.: Some thoughts on soviet statistics. An evaluation. In: International
Affairs, London, 1959, Vol.35, Nr.1, S.53-60.

John, V.: Geschichte der Statistik, 1. (einziger) Teil. Von dem Ursprunge bis
auf Quetelet, Stuttgart 1884.

K

Kaufmann, Al.: Theorie und Methoden der Statistik. Ein Lehr- und Lesebuch
für Studierende und Praktiker. Tübingen: Mohr 1913.

Kammer für Arbeiter und Angestellte, Wien. - Löhne der Wiener Arbeiterschaft im
Jahre 1926. Lohnstatistik von 2092 Industriebetrieben mit 170.293 Arbei-
tern im Wiener Industriegebiet. Wien 1929. 212 S. (Statistische Veröffentlichungen...).

Keine Erfolge ohne Opfer. Die Statistik der Unfälle und Berufserkrankungen im
österreichischen Kohlenbergbau, Die Inlandkohle. 12, 1957, S.1-2 = Beil.
Montan Rundschau, 12, 1957.

Kehl, R.: Rechtsfragen der schweizerischen Statistik.
In: Schweizerische Zeitschrift für Volkswirtschaft und Statistik, 4,1957
S. 468-484

Kellerer, Hans: Mathematische Methoden in der Eisenbahnstatistik. München
1931: Huber. 123 S., Berlin TH, Diss. v.10.7.1931.

Kellerer, Hans: Theorie und Technik des Stichprobenverfahrens. Einzelschrift
der Deutschen Statistischen Gesellschaft, München 1953.

Kendall, M.G.: Moderne Statistik im Wirtschaftsleben. In: Metrika. Zeitschrift f. theoretische und angewandte Statistik, 1958, H. 3, S. 223-38.

Kleedorfer, W.: Landwirtschaftliche Produktion und Agrarstatistik seit Kriegsende. In: Statistische Nachrichten, Wien, 1958, Nr. 12, S. 486-88.

Kneser, A.: Untersuchungen über die Darstellung willkürlicher Funktionen in der mathem. Physik, Mathem. Annalen LVIII (1904).

Knies, K.: Die Statistik als selbständige Wissenschaft, 1850.

Koburger: Revision und Kontrolle im Versicherungswesen, in "Zeitschrift f. d. ges. Versicherungswissenschaft", 1913.

Kohlweiler, E.: Statistik im Dienste der Technik, Oldenbourg-Verlag, München und Berlin 1931.

Koller, S.: Graphische Tafeln zur Beurteilung statistischer Zahlen, (3. Auflage) Steinkoff-Verlag, Darmstadt 1953.

Konzentration im Zahlenspiegel. Möglichkeiten und Probleme einer statistischen Durchleuchtung der Unternehmensverflechtungen und -vergrößerungen. In: Der Volkswirt, 1958, Nr. 47, S. 2359-2361.

Köves: Bestimmung der mittleren Entwicklungsintensität. In: Statistische Praxis. H. 10, 1957, S. 229-232.

Kozlov, T.I. (u.a.): Kurs obščej teorii statistiki. Moskva 1956. 346 S. (Kursus einer allgemeinen Theorie der Statistik.)

Küster, Fr.: Die hauptsächlichsten Aufgaben der Industriestatistik im Jahre 1959. In: Statistische Praxis, Berlin-Ost, 1959, Nr. 1, S. 7-9.

Küttner: Wahrscheinlichkeitsrechnung in Technik und Wirtschaft. Technik 3, Nr. 2, S. 83.

Küttner: Über Stichprobenforschung in der Versuchsstatistik. Metallwirtschaft 13, 1944, Heft 11/12, S. 159

Küttner: Das Risiko der Lebensversicherungsanstalten und Unterstützungskassen, Deutscher Verein für Versicherungswissenschaften, Berlin 1906.

L

Laurent, A.: La méthode statistique dans l'industrie. Presses Universitaires de France, Paris 1950 (S. 134).

La Place: Theorie analytique de prohabilite.

Lense, J.: Vorlesungen über höhere Mathematik, München 1948.

Le budget annexe des prestations familiales agricoles. Son évolution depuis 1954. In: Statistiques et Etudes Financières, Paris 1958, Nr. 119, S. 1237-41.

Leinweber, P.: Mathematische -statistische Verfahren im Fabrikbetrieb, Beuth-Vertrieb, Berlin und Köln 1951.

Lexis, Art.: "Statistik (Allgemeines)", in der 3. Aufl. dieses Hdw.'s VII. Bd. S. 824 ff.

Lexis, Art.: Abhandlungen zur Theorie der Bevölkerungs- und Moralstatistik, Jena 1903.

Linder, A.: Mathematische Statistik in der Industrie. Industrielle Organisation, Zürich, Schweizerische Zeitschrift für Betriebswissenschaft, Betriebswissenschaftliches Institut an der Eidgenössischen Technischen Hochschule in Zürich, 1950, Nr. 4 S. 155.

Linder, A.: Statistische Methoden für Naturwissenschaftler, Mediziner und Ingenieure, (2. Auflage), Birkenhäuser-Verlag, Basel 1951.

Linnamo, J.: Das Indexsystem des Geld - und Kapitalmarktes. In: Das Sparwesen der Welt, Amsterdam, 1958, Nr. 6, S. 269-274.

Lippe, G.F.: Theorie der Kollektivgegenstände, Leipzig 1902.

Lippes, G.F.: Kollektivmaßlehre, Leipzig 1897.

Luckey, Paul: Nomographie. Praktische Anleitung z. Entwerfen graph. Rechentafeln mit durchgef. Beispielen aus Wissenschaft und Technik. Mit 65 Bildern. 7. Aufl., durchges. und erw. von Wilhelm Treusch, Stuttgart: Teubner 1954. 123 S. (Mathem. physikal. Bibliothek. Reihe 1, 59/60).

Lustig, N., Pfanzagl, J. und Schmetterer, L.: Moderne Kontrolle, Österreichische Statistische Gesellschaft, Wien 1956.

Lueder, A.F.: Kritische Geschichte der Statistik, Göttingen 1817.

Lüder: Kritik der Statistik und Politik, Göttingen 1812.

M

Maier, W.: Gedanken zur Methodik der Bevölkerungsfortschreibung. In: Allgem. statist. Archiv, H. 2, 1957, S. 128-138.

Mayr, Georg: Die Gesetzmäßigkeit im Gesellschaftsleben. Statistische Studien. München: Oldenbourg 1877. (Die Naturkräfte, Bd. 23).

Mayr, G. von : Statistik und Gesellschaftslehre, 2. Bd., Bevölkerungsstatistik, 2. Aufl., Tübingen 1926.

Mayr, G. von : Statistik und Gesellschaftslehre, Tübingen, I. Theoretische Statistik, 2. Aufl. 1914, II. Bevölkerungsstatistik 1897, 2. Aufl. 1. Lieferung 1922, III. Moralstatistik, 1. Teil der Sozialstatistik 1917.

Mayr, G. von : Zur Systematik der Bevölkerungsstatistik. Allgemeines Statistisches Arch., München, Bd. XIII, S. 65; Zur Systematik der Wirtschaftsstatistik, Allgemeines Statistisches Arch., München, Bd. XI, S. 1 ff.

McCracken, D. D. : Digital computer programming. New York: Wiley 1957.

Meerwarth, R. : Nationalökonomie und Statistik (Handbuch der Wirtschafts- und Sozialwissenschaften, 7. Bd.) Berlin 1925.

Meimberg, P. : Probleme der Agrarstatistik in volkswirtschaftlicher und betriebswirtschaftlicher Sicht. In: Allgemeines Statistisches Archiv, Bd. 41. H. 4, 1957. S. 309-323.

Meitzen, August: Geschichte, Theorie und Technik der Statistik. 2. Auflage. Stuttgart und Berlin: Cotta 1903.

Menges, G. : Das Entscheidungsproblem in der Statistik. In: Allgemeines Statistisches Archiv, 1958, Bd. 42, H. 2, S. 101-107.

Menges, Günther und Kolbeck, Heinrich : Löhne und Gehälter nach den beiden Weltkriegen. Tabellen und Schaubilder auf Grund statistischer Untersuchungen. Meisenheim/Glan: Hain 1958. XIII, 99 S.

Mentha, G. : Statistische Fabrikationsüberwachung in der Industrie. Übersetzung v. Köth, Wiesbaden 1958.

Metzger, H. : Das Kennziffernsystem der Handels- und Transportstatistik wird verbessert. In: Statistische Praxis, Berlin-Ost 1959, Nr. 1, S. 10-12.

Mises, R. von: Über die Grundbegriffe der Kollektivmaßlehre, Jahresbericht des Mathematiker-Vereins XXI (1922).

de Moivres : The doctrine of Chance, 1756.

Molina, E. C. : Poisson's Exponential Binomial Limit. D. Van Nostrand, New York 1942.

Moore, H. L. : Economic cyctes their law and causes, 1914.

Mothes, J. et Rothschild, C. : Méthodes modernes de controle des fabrications. Hommes et Techniques, avril 1948, Paris.

Mudra, Alois: Statistische Methoden für landwirtschaftliche Versuche. Berlin und Hamburg 1958. VIII, 336 S.

Müller, J.: Grundriß der deutschen Statistik, I. Teil, Deutsche Bevölkerungs-statistik, Jena 1926.

Müller, J.: Grundriß der deutschen Statistik, II. Teil, Deutsche Wirtschafts-statistik, Jena 1925.

Müller, J.: Begriffsstatistik, Allgemeines Statistisches Archiv, Bd. XIV, S. 438 ff.

Müller, J.: Theorie und Technik der Statistik, Jena 1927.

Hinter "Menges", vorige Seite, kommt:

Metallgesellschaft, AG. - Metallstatistik 1947-1956, Frankfurt 1957.

N

Nernst, W.: Theoretische Chemie, 2. Aufl. 1896.

Neuhoff, Franz-Josef : Die Kriminalität bei der Deutschen Bundespost im Bezirk der Oberpostdirektion Köln in den Jahren 1947-1954. Bonn 1957.

Nickl, W.: Die Ergebnisse der medizinischen und beruflichen Wiederherstellung (Rehabilitation) in der gewerblichen Unfallversicherung auf Grund der Be-rufsfürsorgestatistik f.d. Jahr 1956, Die Berufsgenossenschaft, 12, 1957, S. 522-525.

Niemann, U.: Ausgebaute amtliche Arbeitszeitstatistik. In: Wirtschaftswissen-schaftl. Mitteilungen, 1, 1958, S. 16-19.

Nyitrai, F.: Calculation of the industrial net production index in the food in-dustry (ungarisch). In: Statisztikai Szemle, Budapest, 1958, Nr. 10, Seite 950-62.

O

Opel, Georg: Die Personalstatistik des Industriebetriebes, insbes. in ihren be-triebswirtschaftlichen Beziehungen. (Hamburg 1956: Photo-Copie), 128 S. Mannheim, wirtschaftswiss. Diss. v. 24. 7. 1956.

Österreichisches statistisches Zentralamt. - Nichtlandwirtschaftliche Betriebs-zählung v. 1. Sept. 1954. Zahl der Betriebe nach Arten der Betriebssystema-tik u. n. Betriebsgrößengruppen i.d. politischen Bezirken sowie in Städten mit mindestens 10. 000 Einwohnern. Wien 1957. 84 S.

P

Párniczky, Gábor und Czepinsky, Andor : Reprezentativ megfigyelés a gazda-
sági statisztikában. Budapest 1956. (Repräsentativ-Beobachtungen in der
Wirtschaftsstatistik).

Pearson, E.S. : British Standard 600 1935. The Application of Statistical Methods to Industrial Standardisation and Quality-Control. British Standards
Institution, London 1935.

Pearson, K. : Tables for Statisticans and Biometricans. Part. II. University Press
London, 1931.

Pearson and Bennet: Statistical Methods. Wiley, New York, 1942.

Pearson, E.S. : Sampling Problems in Industry. Supplement to the Journal of the
Royal Statistical Society, London, Band I, 1934, Nr. 2, S. 107-151.

Peirce, C.S. : On the Theorie of Errors of Observation, Coast and Geod. Survey 1870.

Peters, H. : Die Geburten in der Statistik (I). In: Fortschritte der Medizin, 1958,
Nr. 19, S. 519-20.

Peters, H. : Die Geburten in der Statistik (II). In: Fortschritte der Medizin, 1958,
Nr. 20, S. 545-46.

Pfanzagl, J. : Über die Zerlegung statistischer Reihen. In: Metrika, 1958, Bd. 1
H. 2, S. 130-47.

Platzer, H. : Organisation des statistischen Dienstes (in: Die Statistik in Deutschland, Ehrengabe für v. Mayr, Bd. 1, II), München 1911.

Plaut, H-C. : Fabrikationskontrolle auf Grund statistischer Methoden, VDI-Verlag, Berlin 1930.

Poincaré, H. :   Calcul des probab, 1912.

Poisson : Recherches sur la prohabilité, übers. v. Schnuse.

Przibram, H. : Anwendung elementarer Mathematik auf biolog. Probleme,
1908.

Q

Quetelet, A. : Lettres sur la theorie des probabilités etc., Brüssel 1846

R

Rasp : Statistik der Privatversicherung, 2. Bd. von "Die Statistik in Deutschland".

R i c h t e r , Hans : Wahrscheinlichkeitstheorie, Berlin, Göttingen, Heidelberg:
Springer 1956. XI, 435 S. (Die Grundlehren d. mathematischen Wissenschaften in Einzeldarstellungen mit besonderer Berücksichtigung d.Anwen-
dungegebiete. Bd.86.).

R i e g e l : Zur Neuberechnung d. Index d. Einzelhandelspreise. In: Statistische
Praxis, H.9, 1957, S.173-176.

R i e g e l , W.: Zur Neuberechnung d. Lebenshaltungskostenindex. In: Statistische
Praxis, Berlin-Ost, 11/12, 1957, S.239-242.

R i e t z , H.L., Bauer, F. : Handbuch der mathematischen Statistik, Teubner-
Verlag, Leipzig und Berlin 1930.

R j a b u s k i n , T.V.: Statisticeskie metody izučenija narodnogo chozjajstva.
Moskva 1957, 286 S. (Russ.) (Statistische Forschungsmethoden auf dem
Gebiet der Volkswirtschaft).

R o h r b e r g , Albert : Wegweiser durch die Mathematik. Ein praktisches Nach-
schlagewerk. Bd.1.2. Berlin: Schiele &. Schön (1958).

R o s s o w , E.: Anwendung statistischer Verfahren für die Güteüberwachung und
und Werkstoffentwicklung. Stahl und Eisen, Düsseldorf 1951, Heft 13, S.
649.

R o s s o w , E.: Bemerkungen zur Anwendung statistischer Methoden in der Technik. Mitteilungsblatt für Mathematische Statistik. Deutsche Statistische
Gesellschaft, München 1950, Heft 2, s.105; Heft 3 S.191.

R ü m e l i n : Reden und Aufsätze, Tübingen 1875.

R ü m e l i n , G. und v. Scheel : Statistik (Handbuch der Politischen Ökonomie, herausgeg. v. Schönberg, 4. Aufl. Bd. III, 2), Tübingen 1898, S.199-246.

R u m m e l , K.: Wirtschaftlichkeitsrechnung. Archiv für das Eisenhüttenwesen 10
(1936/37).

S

S a n d e n , H.von : Praktische Mathematik, 4. Aufl.

S a w i n s k i , D.: Russische Industriestatistik in 40 Jahren (russisch). In: Westnik
Statistiki, 1958, No.10, S.31 - 41.

S c h e i b l e r , Albert: Wirtschaftsstatistik in Theorie und Praxis. Düsseldorf:Schil-
ling 1957. 111 S. (Dr.Scheiblers Wirtschaftsgrundrisse, Bd.4).

S c h i f f , W. : Die amtliche Statistik und die neuen Erfordernisse der Zeit, Statistische Monatsschrift, Wien 1919.

S c h l ö z e r , Theorie der Statistik, Göttingen 1804.

S c h m e t t e r e r , Leopold : Einführung in die mathematische Statistik. Wien : Springer, 1956.

S c h m i d t , Werner: Statistische Analysen leicht gemacht. Fortschritte der Forschung und ihrer Anwendung - Aus dem Diagnostik-Institut Hamburg-Bergedorf. In: Hochschul-Dienst. Informationen aus dem Wissenschaftlichen Leben, 1958, Nr. 19, S. 2-3.

S c h m i t z , Johann : Saisonberechnungen unter besonderer Berücksichtigung der Abweichungen. Köln 1941 : Borowsky, Köln, wirtschafts- und sozialwiss. Diss. v. 22. 6. 1939.

S c h m u c k e r , H. : Der Beitrag der Statistik zum Aufbau einer quantitativen, exakten Wirtschaftstheorie. In: Allgemeines Statistisches Archiv, Bd. 41, 1957.

S c h m u c k e r , H. : Die methodische und erkenntnismäßige Entwicklung der Erhebung von Wirtschaftsrechnungen. In: Allgem. statist. Archiv, H. 2, 1957, S. 115 - 127.

S c h n a p p e r - A r n d t : Sozialstatistik, Leipzig 1908.

S c h o t t , S. : Statistik, 2. Auflage, Leipzig und Berlin 1920.

S c h o t t , S. : Statistik (Aus Natur und Geisteswelt, Nr. 442), 1. Aufl., Leipzig 1913, 3. Aufl. ebd. 1923.

S c h ü t z i n g e r , Eberhard : Der Gewinn in der Betriebswirtschaft. (Gießen 1957: Stempel-Kreuter), Mannheim, wirtschaftswiss. Diss. v. 20. 12. 1957.

S c h w a r t z , Ph. : Zur Frage der Verzettelung des statistischen Dienstes, Allgemeines Statistisches Archiv, 1923/24.

S c h w i d e t z k y , I. : Das Problem des Völkertodes. Eine Studie zur historischen Bevölkerungsbiologie. Stuttgart 1954.

S e i b t , G. : Statistik (Die Entwicklung der deutschen Volkswirtschaftslehre im 19. Jahrhundert, Festgabe für G. Schmoller, 2. Teil, XXXVII), Leipzig 1908.

S i e b e r , J. : Das Stichprobenverfahren bei der Lohnsteuerstatistik 1955. In: Zeitschrift des Bayerischen Statistischen Landesamtes, 1958, H. 1/2, S. 14-23.

S i e g e l , S. : Nonparametric statistics for the behavioral sciences. New York 1956. XVII, 312 S.

Simon, Leslie E.: And Engineer's Manual of Statistical Methods. Wiley, New York, 1945.

Smith, A.: Natur und Ursachen des Volkswohlstandes. Deutsch von F. Bülow, Leipzig 1933.

Söder, E.: Die betriebswirtschaftliche Bedeutung des Lebensalters der Arbeitnehmer. Witten/Ruhr 1958. Köln, wirtschafts- u. sozialwiss. Diss. v. 28.7. 1958.

Spending: Investment tails off. In: The Statist, Nr. 4156, 1957.

Spiegelhalter, F.: Zum Leistungsaufbau der betrieblichen Altersversorgung (I) In: Der Arbeitgeber, 1958, Nr. 19, S. 582-86.

Stahn : Das Treuhandwesen im Versicherungsgewerbe. In: "Saskische Zeitschrift", 1927.

Stephan, Frederik F. and Philip J. McCarthy : Sampling opinions. An analysis of survey procedure. New York: Wiley 1958.

Strecker, H.: Moderne Methoden in der Agrarstatistik, Würzburg 1957

Struck, R.: Abschätzung des Stichprobenfehlers am Beispiel der Wirtschaftsrechnungen. In: Statistische Praxis, Berlin-Ost, 1958, H. 7, S. 159-61.

Süßmilch : Die göttliche Ordnung in den Veränderungen des menschlichen Geschlechts, Berlin 1741, 3. Auflage 1765.

Statistika. Moskva 1956. (Statist. Lehrbuch).

Statistische Zentralkommission.
Klezl von Norberg, Felix : Der Aufbau der Statistik in der Staatsverwaltung Deutschösterreichs. Wien: Manzsche Verlags- u. Universitätsbuchhandlung 1919.

Schweizerische Bibliographie für Statistik und Volkswirtschaft, Eidgenössisches Statistisches Amt, Bd. 17, 1955/56, Bern 1957.

T

Tauber : Versicherungsmonopol und Versicherungsstatistik, in "Österr. Volkswirt", 1916.

Teich, I.: Zur Methodik der Berechnung eines Schwankungskoeffizienten der Zahl der Arbeitskräfte. In: Statistische Praxis, Berlin-Ost, 11/12, 1957, S. 249-252.

Tetens, J.N.: Einleitung zur Berechnung von Lebensrenten und Anwartschaften, II. Teil, Leipzig 1786.

Tippet, L.H.C.: Einführung in die Statistik, Humbold-Verlag, Wien, Stuttgart 1952.

Thüring, B.: Einführung in die Methoden der Programmierung kaufmännischer und wissenschaftlicher Probleme für elektronische Rechenanlagen. T.2: Automatische Programmierung dargest. an der Univac Fac-Tronic. Baden-Baden: Göller 1958.

Tinbergen, Jan: The Netherlands Central Economic Plan for 1947. Schweizerische Zeitschrift für Volkswirtschaft und Statistik, 83.Jahrg., 1947.

Tintner, G.: Strategische Spieltheorie und ihre Anwendung in den Sozialwissenschaften. In: Allgemeines Statistisches Archiv, Bd.41, 1957. S.242-251.

Titel'baum, N.P.: Statistik des sowjwtischen Handels, Moskau 1955.

Tönnies, F.: Die Statistik als Wissenschaft. Weltwirtschaftliches Arch., Jena 1919/20.

Tippett, L.H.C.: Einführung in die Statistik, Humbold-Verlag, Wien, Stuttgart 1952

Tschuprow: On the mathematical expectation of the moments of frequency distributions, Biometrika Vol.XII u.XIII 1918 - 1921.

Tschuprow: Statistik als Wissenschaft, Arch.f.S., Tübingen 1906.

Tuffertsammer, K.: Das Dezilog, eine Brücke zwischen Logarithmen, Dezibel, Neper u. Normzahlen, VDI-Zeitschrift, Band 98.

Tyszka, Carl von: Statistik. T.1: Theorie, Methode und Geschichte der Statistik. 2: Die Wirtschaft. Jena: Fischer 1924.

Teorija statistiki. Moskva 1953. (Theorie der Statistik. 2., überarb. und erw. Aufl.).

U

Universität Mainz. Forschungsinstitut für Wirtschaftspolitik.
Hamm, Walter: Schiene und Straße. Das Ordnungsproblem im Güterverkehr zu Lande. Heidelberg: Quelle & Meyer 1954. (Veröffentlichungen... Bd.2.).

Učebnoe posobie po otdel'nym otstrasljam statistiki. Moskva 1958. (Lehrbuch der einzelnen Gebiete der Statistik.

V

Vieweg, R.: Naturwissenschaft und Technik, VDI-Zeitschrift, Band 98 Nr.23.

Vinci, F.: Mannale di Statistika, Introduzione allo studio quantitativo dei fatti sociali, Bologna 1934.

Versicherungs-Lexikon, herausgegeben von A. Manes, 2. Aufl., Berlin 1924 (verschied. einschlägige Artikel).

W

Waerden, B. L.: von der : Mathematische Statistik, Berlin, Göttingen, Heidelberg 1957.

Wagner, G.: Abnahme mit Stichproben, AWF 1/3/1, Beuth-Vertrieb, Berlin u. Köln 1954.

Wagner, Ad.: Art. Statistik im Deutschen Staats-Wörterbuch, herausgegeben von J. C. Bluntschli und K. Brater, 10. Bd. Stuttgart, 1867.

Wallis, W. A. and H. V. Roberts: Statistics, a new approach. Glencoe 1957. XXXV, 646 S.

Walras, L.: (1834-1910), Eléments d'économie pure (1874).

Walter, J.: Stichprobenerhebung über die Einkommensstruktur der Haushalte in der CSR. In: Statistische Praxis, Berlin-Ost, 1958, H. 10, S. 227-28.

Weber, K. H.: Die Messung und Beobachtung des Gesundheitszustandes einer Bevölkerung. In: Bundesgesundheitsblatt 1958, Nr. 21, S. 326-29.

Weber, Christian Egbert: Die Kategorien des ökonomischen Denkens. Berlin: Duncker & Humblot 1958. (Volkswirtschaftliche Schriften). H. 37

Westergaard, Nybolle, H. C.: Grundzüge der Statistik, 2. Aufl. Jena 1928.

Westergaard, H.: Die Lehre von der Mortalität und Morbilität, 2. Auflage, Jena 1901.

Westergaard, H.: Die Grundzüge der Theorie der Statistik, Jena 1890.

Westfield, F. M.: Mathematical note on optimum longevity. In: The Ameri- Economic Review, 1958, Vol. 48, Nr. 3, S. 329-33.

Winkler, Wilhelm: Statistisches Handbuch der europäischen Nationalitäten. Wien, Leipzig: Braumüller 1931.

Winkler, W.: Statistik (Wissenschaft und Bildung, Nr. 201), Leipzig 1925.

Winkler, W.: Die statistischen Verhältniszahlen (Wiener Staatswissenschaftl. Studien, Neue Folge, Bd. II), Leipzig 1923.

Wirminghaus, A.: Art. Statistik im Wörterbuch der Volkswirtschaft, 3. Aufl. 2. Bd., Jena 1911.

Wirth, H.: Reform der landwirtschaftlichen Betriebsstatistik. In: Allgem. stat. Archiv, H. 2., 1957, S. 101-114.

Wirth, H.: Zur Frage der Abgrenzung der landwirtschaftlichen Betriebe bei der amtlichen Betriebsstatistik. In: Agrarwirtschaft, 12, 1957, S. 381-385.

Witthauer, Kurt: Die Bevölkerung der Erde. Verteilung und Dynamik. Gotha: VEB Haack 1958.

Witthauer, Kurt: Naturbedingte Landschaften als Aufbereitungseinheiten der kommenden Volkszählung? In: Statistische Praxis, H. 9, 1957.

Wittstein, Th.: Das mathem. Risiko der Versicherungsgesellschaften, Hannover 1885.

Wobbe, K.: Statistik und Normung. In: Allgem. statist. Archiv, H. 2., 1957, S. 163-167.

Wolff, H.: Theoretische Statistik (Grundrisse zum Studium der Nationalökonomie. Herausgeg. v. K. Diehl und P. Mombert, Bd. 20), Jena 1926.

Wünsche, Julius: Deutsche politische Statistik. Beitrag zu einer theoretischen Grundlegung und Übersicht über Stand und Entwicklung. Berlin: Junker & Dünnhaupt 1936. Münster, Diss. v. 1935.

Wurzbacher, Gerhard: Leitbilder gegenwärtigen deutschen Familienlebens. Methoden, Ergebnisse und sozialpädagogische Folgerungen einer soziologischen Analyse von 164 Familienangehörigen. 3. Aufl., Stuttgart: Enke 1958

Y

Youden, W. J.: Statistical Methods für Chemists. Wiley, New York, 1951.

Z

Zahn, F.: Landes- und Reichsstatistik in staatsrechtlicher Beleuchtung, Z. des Bayerischen Statistischen Landesamtes 1911, S. 163 ff.

Zahn, F.: Zur Frage des Abbaus der Statistik, a. a. O. 1924, S. 197 ff.

Zahn, F.: Zur Frage der Konsolidierung der amtlichen Statistik, eine internationale Betrachtung. Internationale Kulturstatistik. Berichte für die Tagung des Internationalen Statistischen Instituts in Rom 1925.

Zahn, F.: Politische Erziehung und amtliche Statistik, Z. des Bayerischen Statistischen Landesamts, München 1920.

Zahn, F.: Das Studium der Statistik, Z. des Bayerischen Statistischen Landesamts, München 1920.

Z a h n , F. : Die Reform der staatswissenschaftlichen Studien, Schr.d.V.f.S.,
München und Leipzig 1920.

Z a h n , F. : Die Statistik in Deutschland nach ihrem heutigen Stand, Ehrengabe
für G. v. Mayr, II.Bd., München 1911.

Z i z e k , Franz: Wie statistische Zahlen entstehen. Die entscheidenden methodi-
schen Vorgänge. Leipzig, Buske 1937.

Z i z e k , F. : Die statistischen Mittelwerte, Leipzig 1908.

Z i z e k , F . : Grundriß der Statistik, München und Leipzig, 2. Aufl. 1923

Z i z e k , F. : Grundsätze der Statistik, 2. Aufl. München 1922.

Z i z e k , F. : Fünf Hauptprobleme der statistischen Methodenlehre, München und
Leipzig 1922.

Z s c h a a g e : Über die statistische Auswertung v. Meßgrößen zweiter Ordnung. In:
Elektrizitätswirtschaft, H.20, 1957, S.731-734.

Einschlägige Artikel im Handwörterbuch der Staatswissenschaften, 4. Aufl. , Jena
seit 1923. Insbesondere die Artikel "Bevölkerungswesen", ferner: "Gebur-
tenrückgang", "Geburtenstatistik", "Geschlechtsverhältnis der Geborenen",
"Sterbestatistik", "Sterbetafeln", "Lebensdauer", "Lebensversicherung",
"Versicherung", "Auswanderung", "Einwanderung", "Binnenwanderungen".

Weitere Aufsätze finden sich in der vom "Institut für mathematische Statistik an
der Universität Wien" herausgegebenen Zeitschrift: Unternehmensforschung
(Operations Research).

Vergleiche ferner die biographischen Artikel im Handwörterbuch der Staatswissenschaften, 3. u.4. Aufl., und im Wörterbuch der Volkswirtschaft, 3. Aufl.

Einschlägige Artikel im Handwörterbuch der Staatswissenschaften, 4. Aufl. , Jena
seit 1923. Insbesondere die Artikel "Landwirtschaftsstatistik", "Viehstatistik",
"Bergbaustatistik", "Handelsstatistik", "Veredelungsverkehr", "Lohnstatistik", "Eisenbahnen", "Seeschiffahrt", "Post", "Preis", "Indexziffern",
"Geld (Die Messung des Geldwertes)", "Banken", "Finanzstatistik", "Volks-
einkommens, Statistik des", "Volksvermögen".

Zum Erkenntniswert statistischer Meldungen. Zu der Betrachtung "Fehlleistungen
im Devisen-Meldewesen" von H. Siefkes. In: Zeitschrift für das gesamte
Kreditwesen, 1958, H.17, S.742-43.

Zur Entwicklung des Lebenshaltungsaufwandes. In: Emnid-Informationen, 1958,
1958, Nr.43, S. A. 1-2.

Namensverzeichnis

Sachverzeichnis

Verzeichnis der verwendeten mathematischen Zeichen und Symbole und ihre Termini

$\hat{=}$ = entspricht

$\leq$ = kleiner oder gleich, höchstens gleich

$\geq$ = größer oder gleich, mindestens gleich

$\parallel$ = parallel

$\nparallel$ = nicht parallel

$\uparrow\uparrow$ = gleichsinnig parallel

$\uparrow\downarrow$ = gegensinnig parallel

$\perp$ = rechtwinklig zu, senkrecht auf

$\triangle$ = Dreieck

$\cong$ = kongruent

$\sim$ = ähnlich

$\sphericalangle$ = Winkel ($\sphericalangle$ ABC = Winkel zwischen BA und BC)

$\overline{AB}$ = Strecke AB

$\overset{\frown}{AB}$ = Bogen AB

$|\ |$ = Betrag von (Absoluter Wert oder Betrag einer reellen oder komplexen Zahl)

arcz = Arcus von z (Arcus oder Bogen der komplexen Zahl z; arc z ist nur bis auf ein Vielfaches von 2π bestimmt)

! = Fakultät

$\binom{n}{p}$ = n über p, Binomialkoeffizient

Σ = Summe (Grenzbezeichnungen sind unter und über das Summenzeichen gesetzt. Die Summationsveränderliche ist unter das Zeichen gesetzt:
$$\sum_{K=1}^{n} \quad \text{oder} \quad \sum_{K}\Big)$$

Π = Produkt (Grenzbezeichnungen wie beim Summenzeichen)

i od. j = i = j = $\sqrt{-1}$ (imaginäre Einheit)

( ) = Matrix (z. B. eine dreireihige quadratische Matrix)

$|\ \ |$ od. det = Determinante (z. B. eine dreireihige Determinante)

f(x) = f von x (Funktion der Veränderlichen x)

∞ = unendlich

$\longrightarrow$ = gegen, nähert sich, strebt nach, konvergiert nach

lim = Limes

$\sim$ = asymptotisch gleich

$\simeq$ = asymptotisch identisch

$\varDelta$f = Delta f (Differenz zweier Funktionswerte)

d = Differentiationszeichen

$df(x)$ = Differential der Funktion

f_x, f_y = f nach x, f nach y (partielle Ableitungen der Funktion f (x, y) nach x bzw. y)

∂ = d partiell (Zeichen der partiellen Differentiation)

$df(x,y)$ = Vollständiges oder totales Differential der Funktion f (x, y)

$\int$ = Integral

$\int f(x)dx$ = Integral f (x) dx, unbestimmtes Integral

$\int_a^b f(x)dx$ = Integral f (x) dx von a bis b, bestimmtes Integral, a und b sind die Grenzen

$\oint$ = Randintegral, Hüllenintegral

$\bar{a}$ = Mathematische Erwartung

e = Basis der natürlichen Logarithmen e = 2,71828 ...

$\exp x$ = e hoch x, Exponentialfunktion von x $\exp x \equiv e^x$

$\log$ = Logarithmus (allgemein)

$\lg$ = Zehnerlogarithmus ($\lg x = {}^{10}\log x$)

arc sin = Arcussinus (Arcusfunktion)

arc cos = Arcuscosinus (Umkehrungen der trigonometrischen Funktionen)

arc tan = Arcustangens

arc cot = Arcuscotangens

ε_i = Wahrer Fehler

ϑ = Durchschnittsfehler einer Beobachtung

$\varphi(x)$ = Gesetz der Fehlerwahrscheinlichkeit (Fehlergesetz)

r u. φ = Polarkoordinaten von P

$r = \dfrac{R}{x}$ = Relative Fehlerriske

r = Wahrscheinlicher Fehler einer Beobachtung

$\dfrac{1}{n}\Sigma \lambda i^2$ = Näherungswert

λi = Scheinbarer Fehler

$\overline{X}$ = Arithmetischer Mittelwert

$\overline{X}_0$ = Häufungsstelle

$\overline{X}_g$ = Geometrisches Mittel

$/\eta$ = Ordinate einer mittleren Funktion

γ = Gewogenes Mittel

μ = Mittlerer Fehler der Gewichtseinheit

μ_x = Mittlerer Fehler des Mittels

Weitere verwendete mathematische Zeichen und Symbole können den DIN-Blättern 1302, 1303 und 1338 entnommen werden.